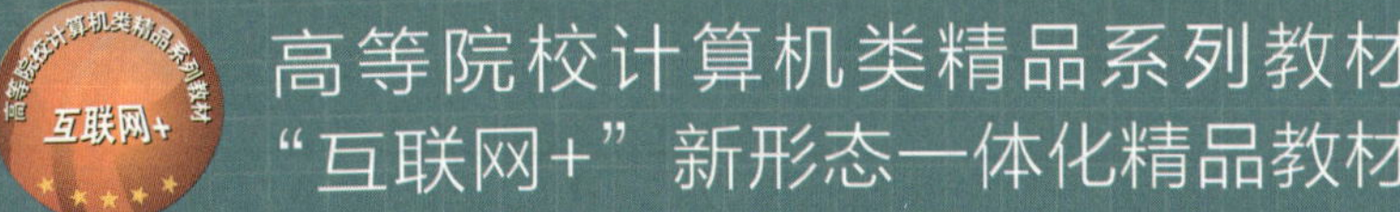

扫一扫
学习资源库

- 微课视频
- 教学课件
- 电子教案
- 素材文件

Photoshop CS6 设计实务教程

主 编◎马宗禹 姜 禹 吴文静

内容提要

为了让读者系统地、快速地掌握 Adobe Photoshop CS6 软件，本书全面细致地介绍了 Adobe Photoshop CS6 的各项功能，包括基础知识、绘图修饰及图像编辑、创建选区、通道和蒙版、图层的应用、文字图层、图层样式、矢量图形和矢量蒙版、图像色彩校正、滤镜的特殊效果和文件的存储，并包含大量的社会实践教学案例。

本书可作为高等学校美术专业计算机辅助设计课程的教材，也可以作为其他各类相关培训班及广大自学人员参考用书。

图书在版编目（CIP）数据

Photoshop CS6 设计实务教程 / 马宗禹，姜禹，吴文静主编 . — 上海：上海交通大学出版社，2021（2022.7 重印）

ISBN 978-7-313-24969-2

Ⅰ . ① P… Ⅱ . ①马… ②姜… ③吴… Ⅲ . ①图像处理软件—高等学校—教材 Ⅳ . ① TP391.413

中国版本图书馆 CIP 数据核字（2021）第 093047 号

Photoshop CS6 设计实务教程
Photoshop CS6 SHEJI SHIWU JIAOCHENG

主　　编：马宗禹　姜禹　吴文静　　**地　　址：**上海市番禺路 951 号
出版发行：上海交通大学出版社　　**电　　话：**6407 1208
邮政编码：200030
印　　制：北京华创印务有限公司　　**经　　销：**全国新华书店
开　　本：889 mm × 1194 mm　1/16　　**印　　张：**18
字　　数：396 千字
版　　次：2021 年 6 月第 1 版　　**印　　次：**2022 年 7 月第 2 次印刷
书　　号：ISBN 978-7-313-24969-2
定　　价：69.80 元

《Photoshop CS6 设计实务教程》

编写委员会

主　编　马宗禹　姜　禹　吴文静

副主编　李　爽　吴瑞峰　杨　凯　夏弘睿　王白鸽　赵祥琨　赵丽华　方　莉　田洪刚

编　委　徐　剑　凤　伟　陶　瑶　徐　凯　胡艳芹

前言

Preface

图形图像时代的今天，设计艺术已经与计算机技术高度融合了，熟练地掌握相关软件是学好艺术设计的前提。

我们意识到，工具是为我们的设计思想服务的。一方面，工具功能的多样性为设计者更好地实现自己的设计思想提供了有利条件，甚至会激发设计师的创意灵感；另一方面，工具永远是为人服务的，没有好的设计思想和理念，再好的工具也不可能发挥应有的作用，甚至使人成为工具的奴隶。因此，我们在学习相关软件的同时就应该与自己的设计理想相联系，除了在专门的课程上学习之外，更要在设计的实践中不断加以运用，只有通过大量地实践运用才会真正体会到软件各工具的功能与作用。学习需要循序渐进，同时，学好一门课也同样需要学会与相关的其他课程相联系，这样才可能事半功倍，举一反三，真正达到课堂学习的目的。

本书共设置了 14 章，系统阐述了 Adobe Photoshop CS6 的基础操作和应用，包括图像的基本概念及操作、选区工具的应用、绘画与修饰工具的操作应用、图层的应用、文字的编辑、图层样式、通道和蒙版的应用、路径工具和 3D 功能的应用、图像色彩调整与校正、滤镜的特殊效果、标志设计与制作、广告设计与制作、包装设计、书籍装帧设计。

本书在编写上具有以下特色：

（1）通过章前的“学习目标”和“知识导图”明确本章要学习的内容，使学生做好学习的准备，帮助学生提高学习兴趣。

（2）在语言简练的基础上，充分利用步骤分解图、过程及最终效果展示图等大量图片对知识点进行形象、直观的描述，图文并茂，帮助学生更好地理解所学课程，内容由浅及深，循序渐进，凸显学习者的认知规律。

（3）本书着重于前沿知识的系统性讲解，并结合主流设计审美与应用场景，文后还附有较为全面的快捷操作汇总，使学生所学知识和技术都与行业联系密切，真正做到学有所用。

此外，本书作者还为广大一线教师提供了服务于本书的教学资源库，有需要者可致电 13810412048 或发邮件至 2393867076@qq.com。

本教材是作者多年从事教学实践的经验总结，可作为高等院校设计相关专业的教学用书，也可作为相关技术人员技术培训或工作的参考用书。由于编写时间仓促，书中存在的不足和疏漏之处，敬请广大读者批评指正，在此表示衷心的感谢。

编　者

目录

Contents

第 5 章 文字的编辑

第 6 章 图层样式

第 7 章 通道和蒙版的应用

第 8 章 路径工具和 3D 功能的应用

第 9 章 图像色彩调整与校正

第1章 图像的基本概念及操作

学习目标

了解 Photoshop CS6 的安装、认识 Photoshop CS6 与之前的版本相比新增了哪些新功能，还应清楚了解位图与矢量图的区别以及常用的图像文件格式，并且能够学会顺利打开文件、保存和关闭文件，更要知道如何缩放文件、更改画布大小等基本操作。

知识导图

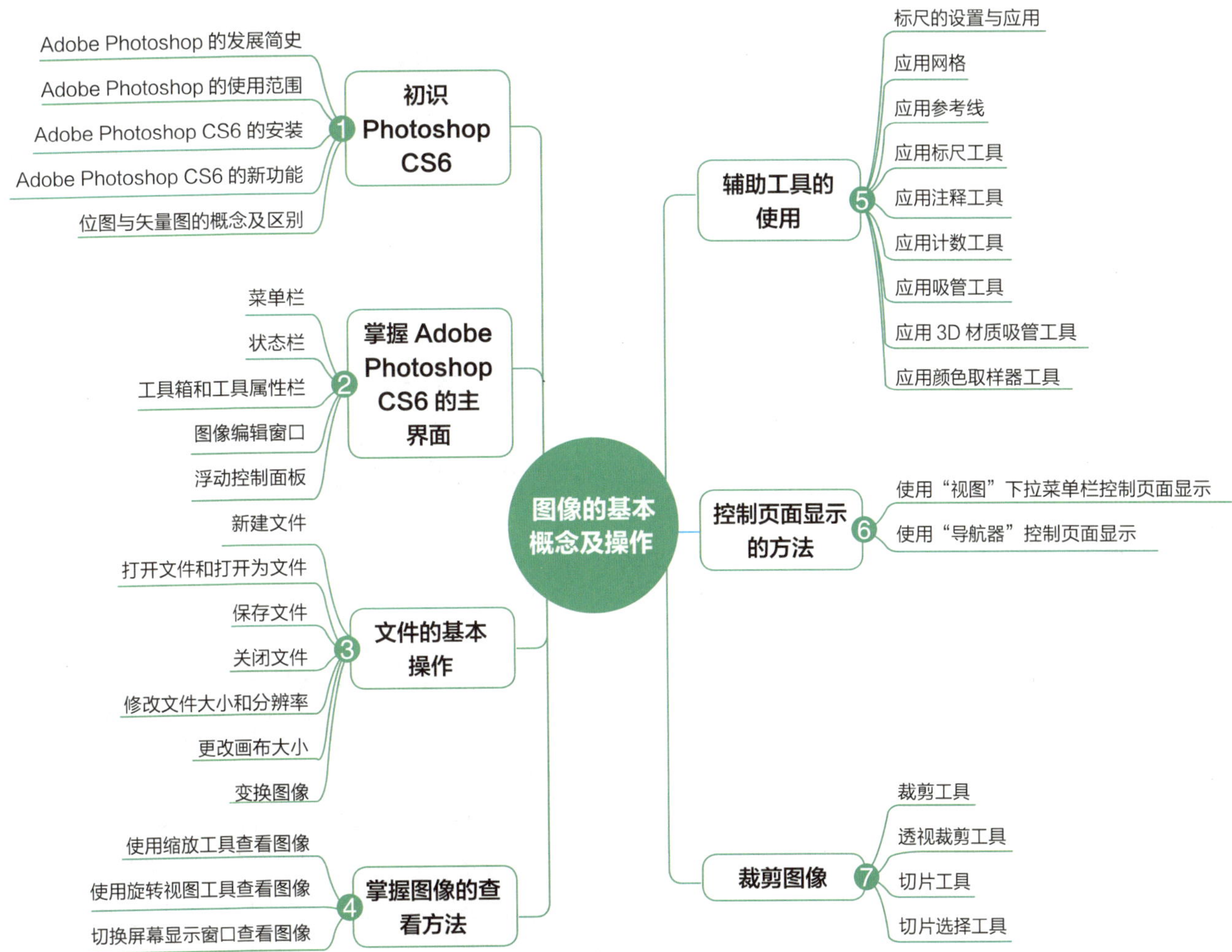

1.1 初识 Photoshop CS6

1.1.1 Adobe Photoshop 的发展简史

由美国Adobe公司开发和发行的Adobe Photoshop图像处理软件，简称“PS”。Photoshop主要处理由“像素”所构成的数字图像，使用其众多的编辑与绘图工具，可以有效地进行图片编辑工作。“PS”功能强大，在图像、图形、文字、视频、出版等方面都有所涉及。

1988 年，Adobe Photoshop 第一个版本问世，1990 年，Adobe 公司发布 Photoshop 1.0.7 版本，随后不断推出新版本，一直到 2003 年，Adobe Photoshop 8 更名为 Adobe Photoshop CS。随后，Photoshop CS2（又称 Photoshop 9）、Photoshop CS3（又称 Photoshop 10）等版本不断推出，直到 2012 年的 Photoshop CS6（又称 Photoshop 12）。在 2013 年 7 月，Adobe 公司推出了新版本 Photoshop CC，自此，Photoshop CS6 版本成了 Adobe Photoshop CS 系列的最后一个版本。

Adobe 仅支持 Windows 操作系统和 Mac OS 操作系统版本的 Photoshop，如果是 Linux 操作系统的用户，可以通过使用 Wine 来运行 Photoshop CS6。

1.1.2 Adobe Photoshop 的使用范围

Adobe Photoshop 的使用范围非常广泛，如平面设计领域内的图书封面、网页设计、公益招贴、广告海报、界面设计和摄影，以及视频的后期处理等。除此之外，还有创意影像，通过 Photoshop 的处理可以对不同对象进行处理，使图像发生根本性变化。

在“e”时代的今天，制作网页时，Photoshop 是必不可少的图像处理软件；三维场景的后期处理中（不论是建筑行业的场景或是游戏运行的场景），其中的环境、人物的调色及合成都需要在 Photoshop 中调整处理。

1.1.3 Adobe Photoshop CS6 的安装

Adobe Photoshop CS6 对计算机硬件有一定的要求，硬件配置过低必会影响其运行速度。目前，计算机硬件发展迅速，市场上一般计算机的硬件配置都高于 Adobe Photoshop CS6 的需求，所以这里不再赘述。

中文版的 Adobe Photoshop CS6 在不同的操作系统中安装略有不同，找到 Adobe Photoshop CS6 安装软件文件所在的位置并双击“Set-up”安装程序，即可开始安装，如图 1-1-1 所示。

图 1-1-1

单击“忽略并继续”按钮，如图 1-1-2 所示。

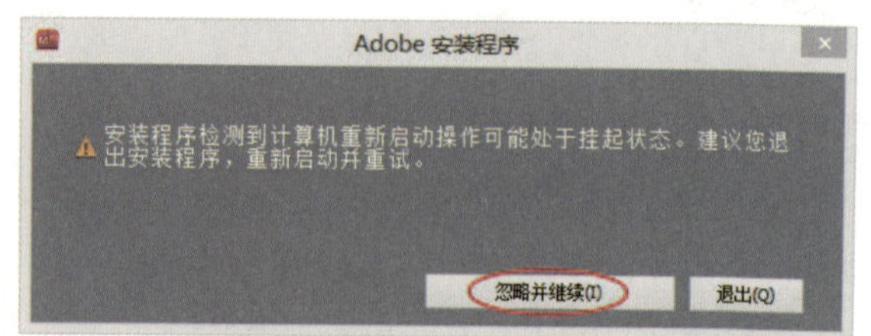

图 1-1-2

开始初始化安装程序，如图 1-1-3 所示。

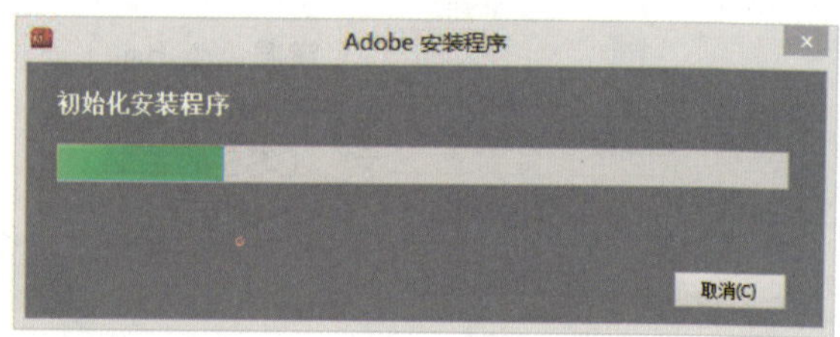

图 1-1-3

单击“接受”按钮，如图 1-1-4 所示。

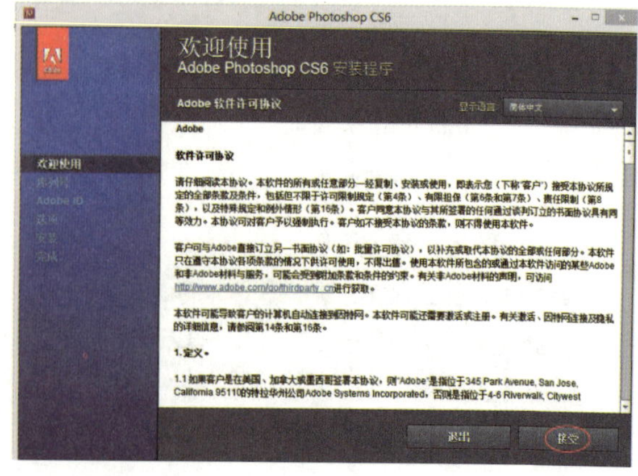

图 1-1-4

查找到安装序列号（也可以安装试用版本），输入后即可安装，如图 1-1-5 所示。这里需要注意语言的选择，如图 1-1-6 所示。

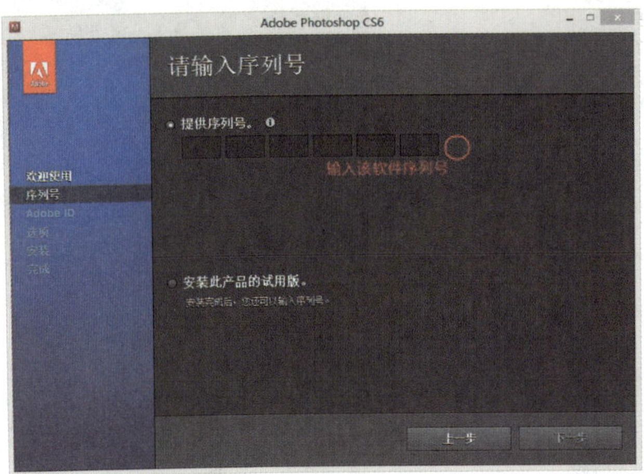

图 1-1-5

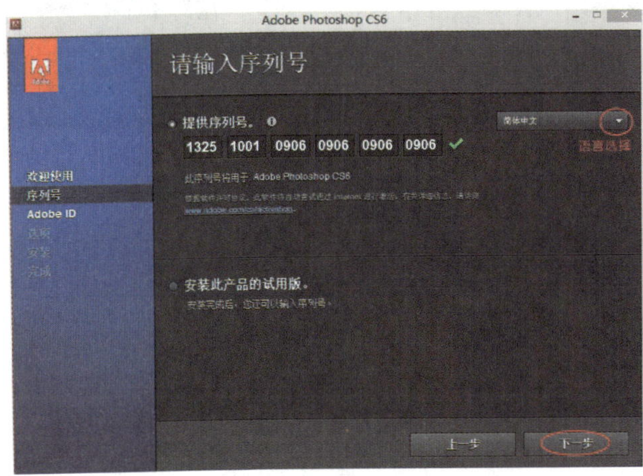

图 1-1-6

根据需要创建 Adobe ID（Adobe 公司为正版用户建立交流互动平台所需要的账号），或者不创建跳过此步骤即可，如图 1-1-7 所示。

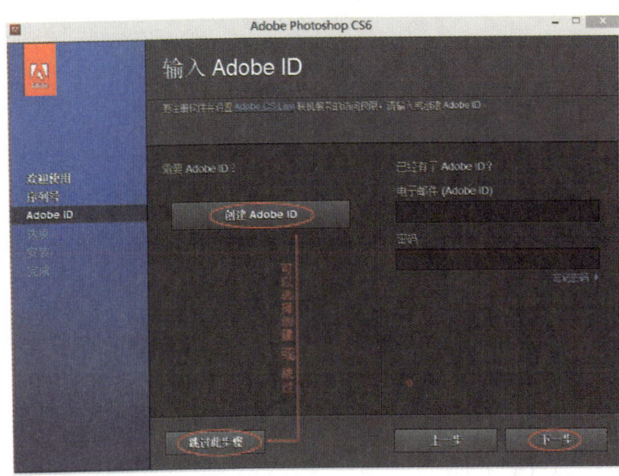

图 1-1-7

选择安装（32 位系统可以选择一个复选框进行安装，64 位系统可以选择两个安装），并注意软件安装盘的选择，如图 1-1-8 所示。

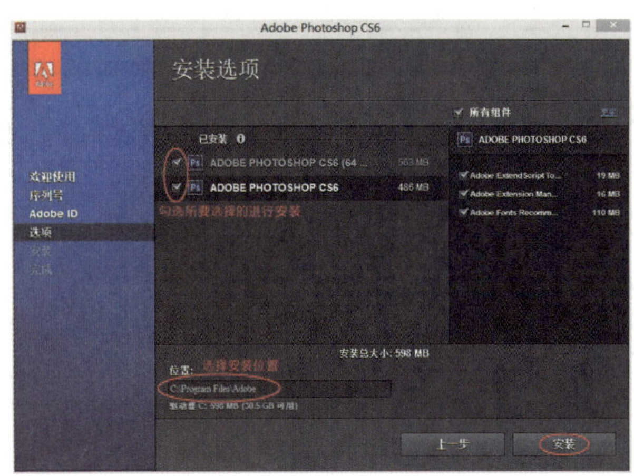

图 1-1-8

正在进行安装，单击“取消”按钮则可退出安装，如图 1-1-9 所示。

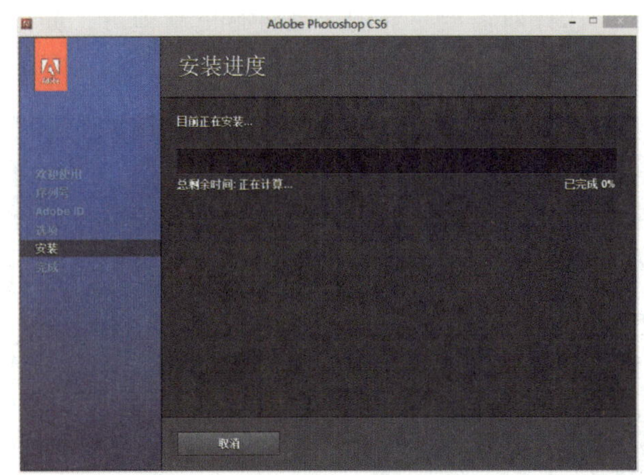

图 1-1-9

安装完成，新软件就可以使用了，如图 1-1-10 所示。

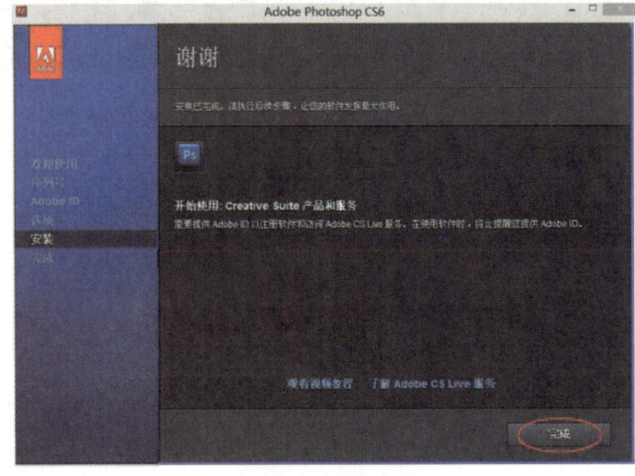

图 1-1-10

打开 Adobe Photoshop CS6 软件，如果需要更新软件请执行主界面的“帮助→更新”命令，如图 1-1-11 所示。

图 1-1-11

选择所需要更新的产品进行更新即可，如图 1-1-12 所示。

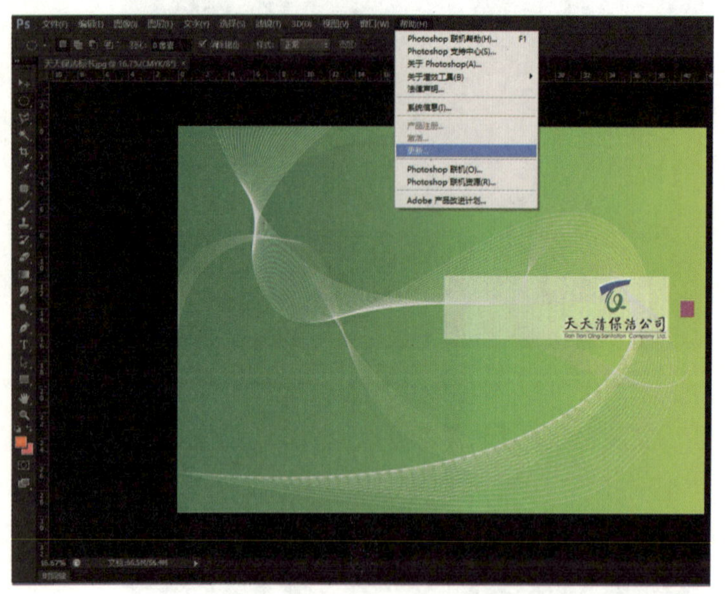

图 1-1-12

1.1.4 Adobe Photoshop CS6 的新功能

1. 主界面

Photoshop CS6 主界面深黑色的颜色相对之前的版本来说更为实用，当然也可以根据自己的需要进行更改。在 Photoshop 中执行菜单“编辑→首选项→常规”命令即可进入 Photoshop 的首选项设置界面，或者直接按“Ctrl+K”组合键，如图 1-1-13、图 1-1-14 所示。

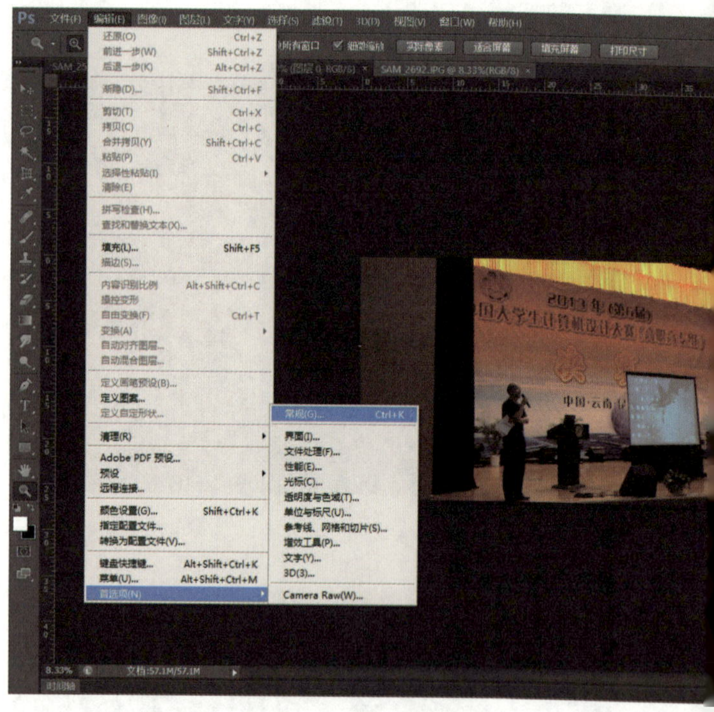

图 1-1-13

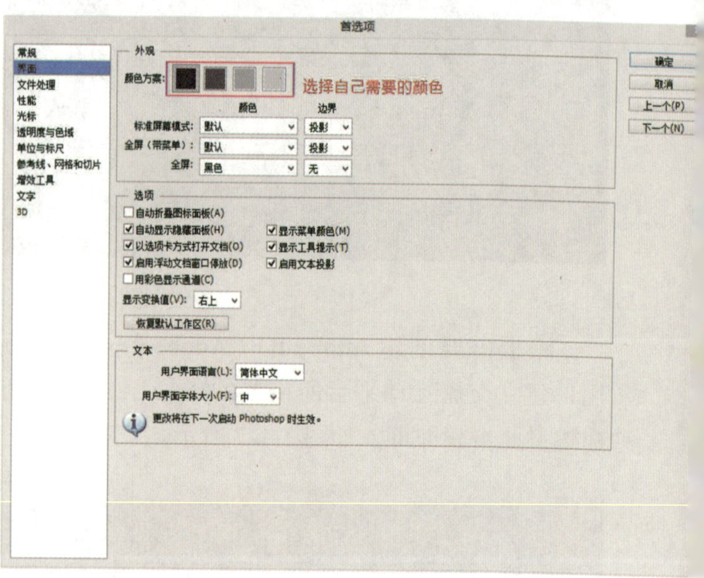

图 1-1-14

按“Alt+F1”组合键可以调暗工作界面的亮度，按“Alt+F2”组合键可以调亮工作界面的亮度，快捷键组合可以更为丰富。

如果在 Photoshop CS6 的工作界面中的图片区域以外的工作区域中右击，将会弹出下拉菜单，可以根据需要进行更多工作界面色彩的设定，如图 1-1-15 所示。

图 1-1-15

2. 文件自动备份

文件自动备份可以解决设计师工作时的后顾之忧，并且还具有三大优点：第一，在 Photoshop CS6 中正常操作时，文件在后台自动保存，不影响操作；第二，文件备份时，在第一个暂存盘目录中将自动创建一个 PSAutoRecover 文件夹，备份文件便保存在这里；第三，当前文件正常关闭时将自动删除相应的备份文件，当前文件非正常关闭时备份文件将会保留，并在下一次启动 Photoshop CS6 后自动打开。执行"编辑→首选项→常规→文件处理"命令就可以看到如图 1-1-16 所示的对话框。

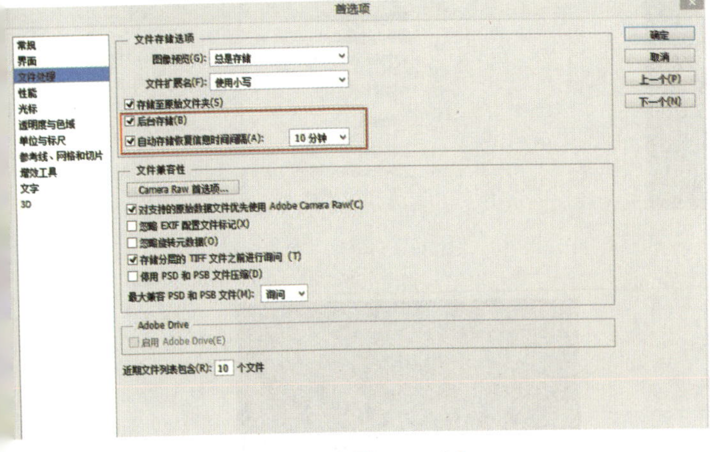

图 1-1-16

3. 全新的裁剪工具

使用该裁剪工具时可以进行多方面的设置裁剪，如增加的透视裁剪可以使得裁剪更为准确、灵活以及可以更好地旋转裁剪等。尤其使用经典模式（就是 Photoshop 以前版本的裁剪模式）的保留，兼顾老用户的使用习惯，更彰显出该软件的人性化，如图 1-1-17、图 1-1-18 所示。

图 1-1-17

图 1-1-18

4. 全新的内容感知移动工具

该工具与修补工具相似，可以对选区四周进行智能感知来修补图像，从而达到和背景融合的视觉效果。可以根据选择区域，利用内容识别移动工具来制作新的修补效果，如图 1-1-19、图 1-1-20 所示。

图 1-1-19

图 1-1-20

5. 全新的混合器画笔工具

在画笔工作组中的混合器画笔工具，是在画笔属性基础上进行的色彩混合，如同蘸了颜料的画笔在没有干的画面上进行绘画，色彩会产生混合效果一样，可以根据工具属性在对话框中设置各种参数，同时也可结合新增的画笔工具中的水彩画笔等绘制，如图 1-1-21 至图 1-1-23 所示。

图 1–1–21　　图 1–1–22

图 1–1–23

6. 人脸识别和快速蒙版工具的增加

选择命令中“色彩范围”增添了对人脸肤色的识别和快速蒙版工具，为我们处理人物摄影图片提供了极大的便利，尤其是在精确选区的创建上，如图 1-1-24 所示。

图 1–1–24

7. 矢量图层工具的更新

这里的形状图层完全借鉴了 AI 软件的钢笔路径工具，该路径不但可以描边，甚至还可以绘制虚线，路径内的填充不再是单色了，可以填充渐变或图案，也就是说 Adobe Photoshop CS6 的矢量组功能更加强大，如图 1-1-25、图 1-1-26 所示。

图 1–1–25　　图 1–1–26

8. 文字样式工具的更新

“字符样式面板”和“段落样式面板”是新增的命令，通过保存某一部分文字样式可以将其方便地应用于其他的段落文字上，从而提高文字编辑的速度，如图 1-1-27、图 1-1-28 所示。

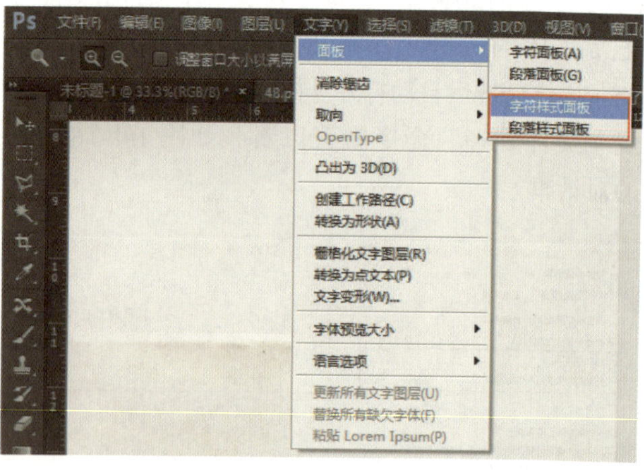

图 1–1–27

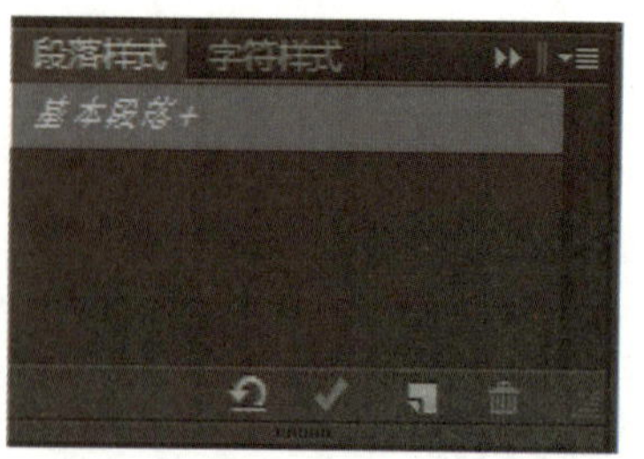

图 1–1–28

9. 图层组的变化

图层组发生了质的变化，具有普通图层具有的各项设置，如添加图层样式、填充不透明度、混合颜色带以及其他高级图层的设置，如图 1-1-29 所示。

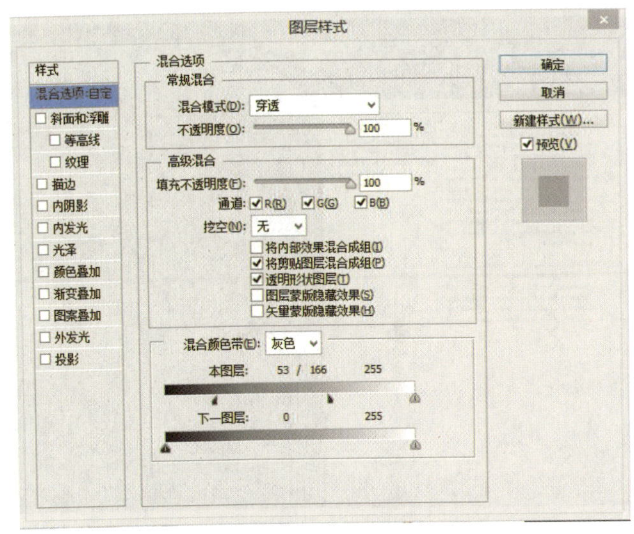

图 1-1-29

另外，在图层调板中还增加了图层过滤器，对应“选择”菜单中的“查找图层”命令，可以根据图层名称过滤图层，从而可以更快地找到需要的图层，如图 1-1-30、图 1-1-31 所示。

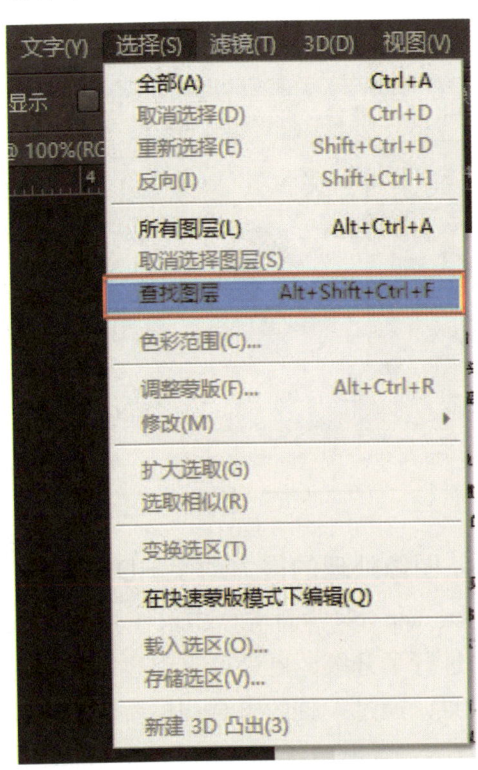

图 1-1-30

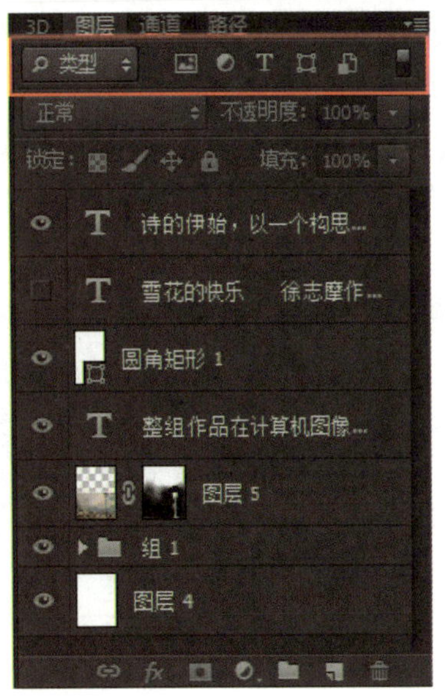

图 1-1-31

10.HDR 色调面板强大的图像处理功能

在“图像→调整”下拉菜单中的 HDR 色调面板中可以依据各参数精确设置出所需要的效果，尤其在默认的预设值中，可以选择“城市暮光”到“超现实”的图像处理命令更是让设计师得心应手，如图 1-1-32 所示。

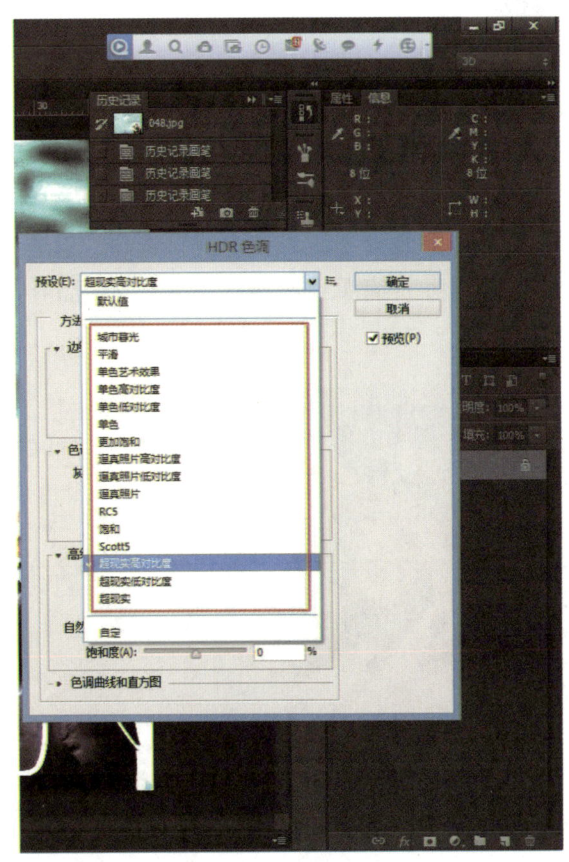

图 1-1-32

11. 滤镜组中增加了新工具

滤镜工具组中增加了自动适应广角滤镜、油画滤镜以及在模糊滤镜中加入的场景模糊、光圈模糊、倾斜模糊。利用各面板参数可以创建出专业的摄影模糊效果，如图 1-1-33 所示。

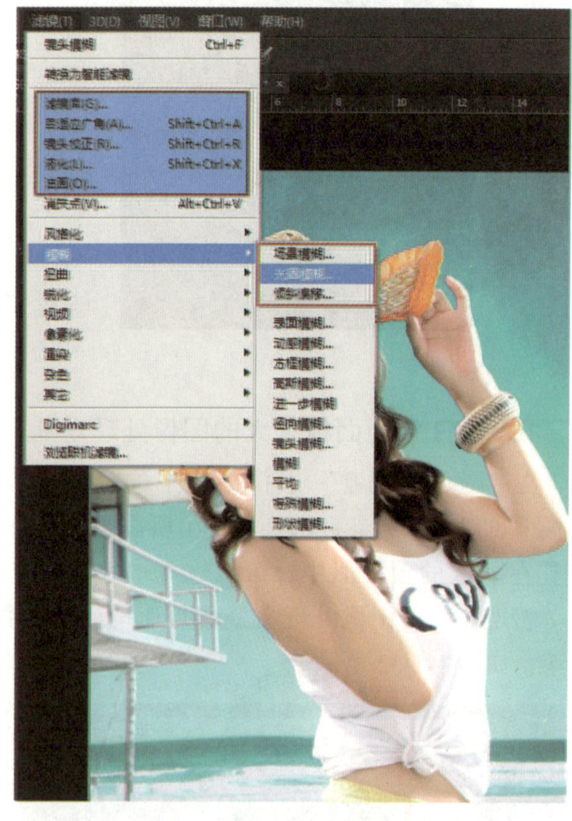

图 1-1-33

液化滤镜去除了镜像工具、湍流工具以及重建模式，但是增设了“高级模式”选项，这样可以根据需要进行简单或高级的设置，如图 1-1-34 所示。

图 1-1-34

12. 全新的光照效果

全新的光照效果可以使我们对图像的处理达到极佳的灯光效果，该滤镜使用 Adobe Mercury 图形引擎进行画面渲染，可以直接预览效果，面板设置更为直观、实用，如图 1-1-35 所示。

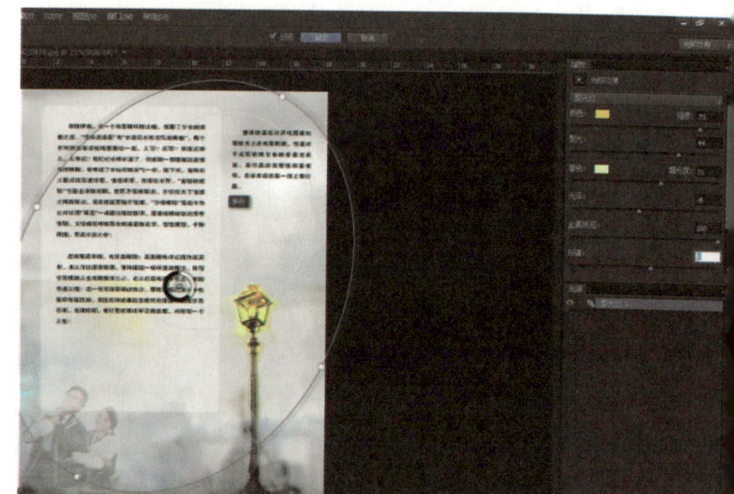

图 1-1-35

13. ACR 升级

ACR 由原来的 6.6 升级到 7.0 版本，功能自然也增加了很多，尤其对一般相机出现的噪点的消除比 Photoshop 本身修复得还要自然、逼真，如图 1-1-36 所示。

图 1-1-36

14. 图像处理的得力助手 HDR 工具

Photoshop CS4 中新增的 HDR 工具在 Photoshop CS6 中进行了升级，更是可以创建照片般的真实图像效果，通过工具的组合调整就能达到设计师的预期效果，如图 1-1-37、图 1-1-38 所示。

图 1-1-37

图 1-1-38

15. 再现强大的 3D 功能

对于 Photoshop CS5 中支持的 3D 明信片功能来说，Photoshop CS6 能把文字和简单图层进行 3D 化，并支持光源、材质，透视等多项参数的设置。可谓是平面图像设计的强心剂，如图 1-1-39 所示。

图 1-1-39

16. 轻松制作个性化视频

Photoshop CS6 对 GIF、视频有了更多的技术支持，对置入的 GIF 文件智能对象可以进行编辑处理，对于植入的视频也可以像 Photoshop CS6 处理图片一样来调节曲线、色调以及蒙版等操作。还有支持关键帧、剪切、转场、实时预览、导出及导出图像序列、GIF 格式的导出等“动画”工具，如图 1-1-40 所示。

图 1-1-40

17. 自定义首选项

安装了 Photoshop CS6 之后，第一件要做的事就是应该按照自己的喜好和习惯来进行各种设置。下面根据常规对 Photoshop CS6 软件中的首选项进行设置，供用户学习参考。打开 Photoshop CS6 软件，在“编辑”菜单栏的下拉菜单中找到“首选项”常规设置，如图 1-1-41 所示。

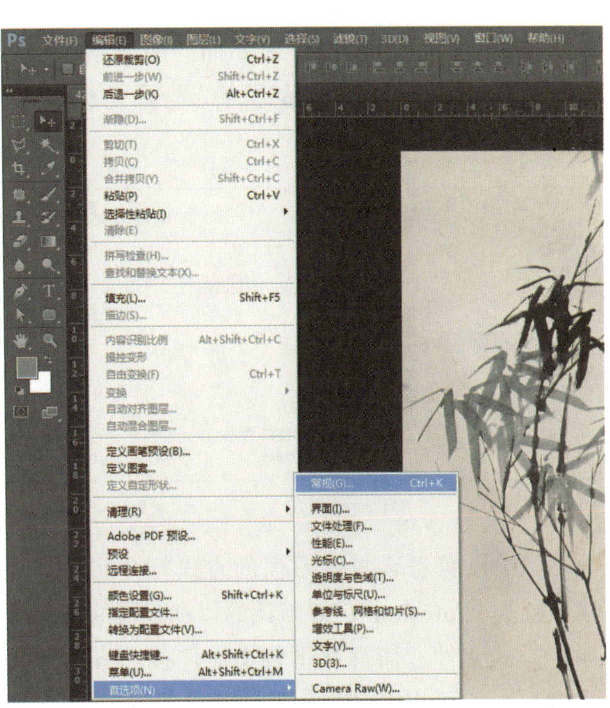

图 1-1-41

（1）内存设置。作为图像处理软件，Photoshop 一直对计算机的硬件有一定的要求。因为图像处理需要存储大量的数据，所以我们需要确保 Photoshop 有足够的内存空间，在这里我们可以设置“内存使用情况”“暂存盘”的更改以及“历史记录状态”的步骤等。

通过设置“历史记录状态”来确保工作中随时恢复已经对照片做过的处理。Photoshop 默认“历史记录状态”数值是 20，可以将其设为 40、60 甚至 1000，这就需要计算机使用大量的内存来存储更多的数据信息，也会使得其运行速度明显降低，如图 1-1-42 所示。

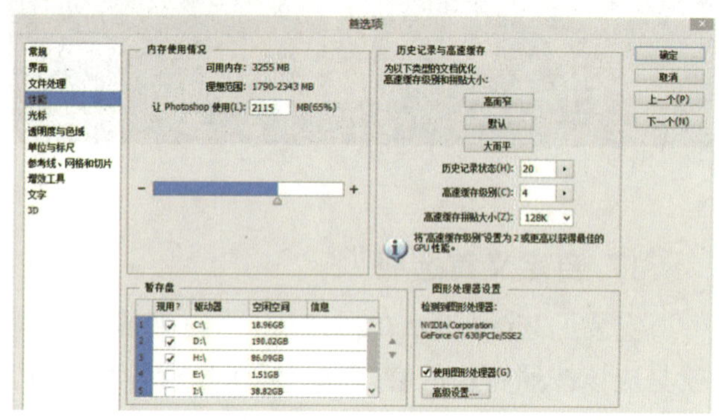

图 1-1-42

（2）设置绘画光标。一般情况下，我们使用“正常画笔笔尖”的光标，就是有“十字架”显示在中间的光标。不同的光标对不同图像的具体操作有不同的作用，所以针对不同的图像制作，可以逐个尝试，直到找到最适合的绘画光标即可，如图 1-1-43 所示。

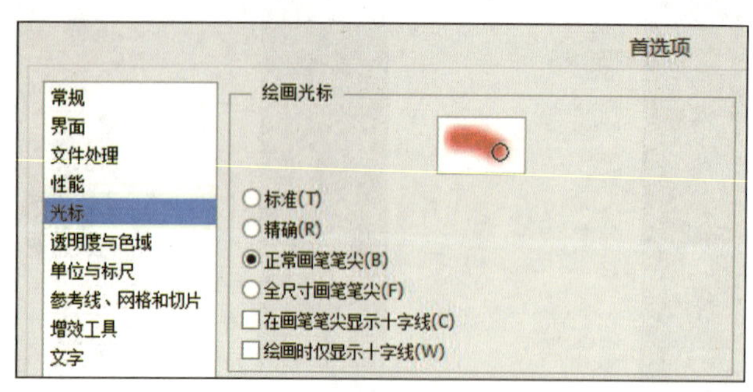

图 1-1-43

（3）设置符合自己习惯的方式打开文件。如果不喜欢 Photoshop CS6 默认的以标签页的方式排列打开的文件，而喜欢将各个文件独立自由浮动在窗口中，可以在“界面”设置中取消对“以选项卡方式打开文档”和“启用浮动文档窗口停放”复选框的选择。

另外，在这里还可以选择不同的颜色主题，这是 Photoshop CS6 的新功能。如果不习惯默认的深灰色，也可以换回熟悉的 Photoshop CS5 风格的浅灰色，如图 1-1-44 所示。

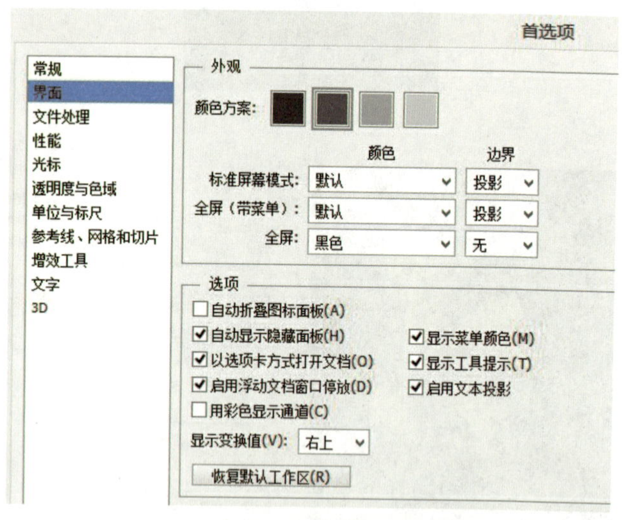

图 1-1-44

（4）设置文件的保存位置。Photoshop CS6 允许将文件“另存为”时默认存储到原始文件夹还是上一次保存的文件夹中，可以根据自身需要，在“文件处理”设置中勾选或取消“存储至原始文件夹”复选框，选择文件的保存位置，如图 1-1-45 所示。

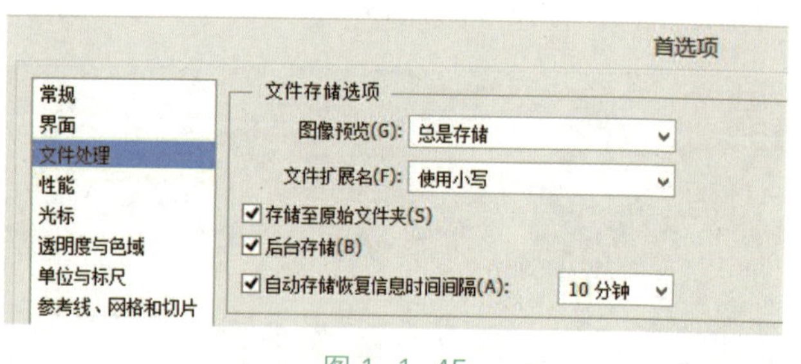

图 1-1-45

（5）记录操作历史。在进行大项目的制作时，为保证可以回到以前操作的任意一步骤，一般都会开启“常规”设置中的“历史记录”功能。选择将历史记录保存为文本文件，并选择“详细”，这样 Photoshop CS6 会尽可能地将所有做过的操作都记录下来。注意第一次选择文本文件时需要选择文件保存的位置和名称，如图 1-1-46 所示。

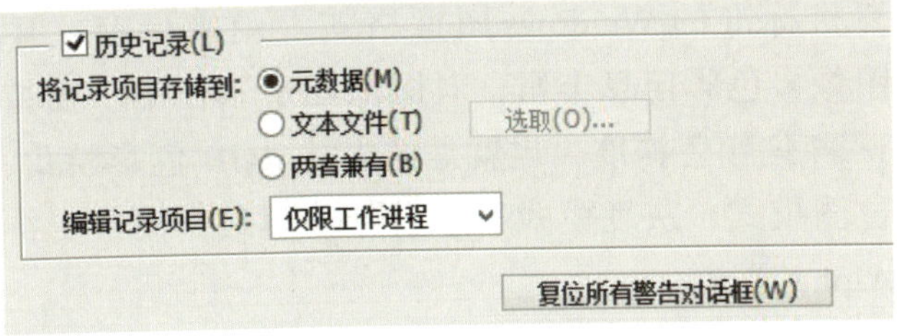

☑ 历史记录(L)
将记录项目存储到：◉ 元数据(M)
○ 文本文件(T) 选取(O)...
○ 两者兼有(B)
编辑记录项目(E)：仅限工作进程
复位所有警告对话框(W)

图 1-1-46

以上简单地介绍了 Photoshop CS6 首选项的部分设置，可以根据需要进行其他的设置，设置的最终目的是使该软件操作起来更加得心应手，以提高图形图像的处理速度。

1.1.5 位图与矢量图的概念及区别

1. 位图

位图又称点阵图，每一个组成该图的点称之为像素（Pixel），不同色彩的像素密集排列形成图像。

像素是组成图像的最小单位，形态为一方点，图像就是其以横竖组合排列而成的。通过每一个像素点信息来清晰地记录五彩斑斓的图像，像素的密度越大（像素值越高），文件也就越大，图像品质也就越好，清晰度也就越高，当然占用的磁盘空间也就越大，如图 1-1-47 所示。

图 1-1-47

生活中，数码相机拍摄的图片和通过扫描仪扫描的图像都是位图图像，其色彩丰富、自然逼真。大多数软件也适用于位图的编辑处理，如即要学习的 Photoshop，除此之外，还有 Fireworks、Painter 和 PhotoImpact 等。

2. 矢量图

矢量图形又称为向量式图形，其采用数学公式以线条和色块的形式来模拟图形和记录数据，因而与图像分辨率无关，其图像放大或缩小以至于旋转都不存在图像失真，而且图像占用的磁盘空间也比较小，但是制作色彩较为丰富的图像，以及软件之间交换文件时不宜使用矢量图。如图 1-1-48 所示，放大的花朵图像依然光滑，没有出现像位图的锯齿状边缘。

图 1-1-48

矢量软件较适合于标志设计、插图设计以及工程绘图等领域，常见的矢量软件有 Adobe Illustrator、CorelDRAW、Inkscape、Xara Xtreme 以及 AutoCAD 等。

3. 像素和分辨率

在介绍位图时已经介绍了像素的含义，像素是组成位图图像的最小单位，而像素的紧密排列是通过分辨率来描述的。所谓分辨率就是一定单位长度上像素的数量（需要注意的是分辨率是长度单位），目前采用的单位是 pixels/in（像素 / 英寸），即 ppi。

常见的分辨率有图像分辨率、显示器分辨率、打印（印刷）分辨率。

1）图像分辨率

图像分辨率是指图像中单位长度里含有的像素数量。如果图像的分辨率很高，那么图像一定非常清晰，当然图像占用的磁盘空间也就越大。这就是选择相机要选择 1000 万、2000 万像素的原因，高像素的图像分辨率越大，图像也就越清晰。

2）显示器分辨率

显示器分辨率是指显示器上每个单位长度显示的像素的数量。常规的计算机显示器为 72ppi，较早的 Mac OS 显示器分辨率为 96ppi。

那么我们就明白了为什么在显示器上显示很大、很清晰的一张图在输出打印后变得很小了，这是因为两者的分辨率不同，显示器分辨率是 72ppi，而打印分辨率一般需要 300dpi 或更高。

3）打印（印刷）分辨率

打印（印刷）分辨率也称输出分辨率（dpi），是指照排机或者激光打印机等输出设备需要的每英寸所含有的点。通常激光打印机的输出分辨率在 300~600dpi 之间，而照排机分辨率可达到 1 200~2 400dpi，甚至更高。

常用图像的输出方式以及分辨率的要求如表 1-1-1 所示。

表 1-1-1　常用图像输出方式以及分辨率的要求

图像输出方式	输出分辨率/dpi	图像输出方式	输出分辨率/dpi
喷绘	25~50	写真	72~150
报纸印刷、打印	150~300	商业印刷	300~350
屏幕、网络	72~96	精美彩色印刷	350~600

4. 常用的图像文件格式

1）PSD 格式

PSD 格式是 Photoshop 默认的图像文件格式，也是唯一可以支持任何图像模式的文件格式，它可以保存文件中的所有图层、通道、路径、文字及图层样式等信息。一般制作 Photoshop 文件后都会保存 PSD 格式，以便可以随时修改调整，同时 PSD 格式也可以直接置入 Adobe Illustrator、Adobe InDesign、Adobe Premiere 等软件中使用。

2）PSB 格式

PSB 格式是 Photoshop 软件新建的一种文件格式，除了具有 PSD 格式文件的属性外，还支持最高达 30 万像素的文件。一个文件可以达到占用 2G 的磁盘存储空间，甚至更大，而且只能在 Photoshop 中打开，所以应用性不是很强。

3）BMP 格式

BMP 是 Bitmap（位图）的缩写，其格式是计算机标准的 Windows 图像格式，用来保存文图图像，色彩信息丰富，对图像几乎不压缩。支持 1~24 位颜色深度，也就是说支持 RGB 色彩模式、位图模式、灰度模式和索引色彩模式，但不支持 Alpha 通道。

4）JPEG 格式

JPEG 格式是有损图像真色彩的、压缩性的文件格式，是联合图像专家组设计开发的文件格式，其主要特点是文件较小，在高速网络时代其应用领域较广。JPEG 格式也支持 RGB 色彩模式、CMYK 色彩模式和灰度模式，但不支持 Alpha 通道。因其高压缩后的图像色彩失真，不适合在制作精美、高档的印刷设计品时使用。

5）PDF 格式

PDF 格式（Portable Document Format）是由 Adobe Systems 创建的一种通用文件格式，支持位图数据和矢量数据，具有电子文档搜索和导航功能，是 Adobe Acrobat、Adobe Illustrator 的主要存储格式。PDF 格式也支持 RGB 色彩模式、CMYK 色彩模式、位图模式、灰度模式和索引色彩模式，但不支持 Alpha 通道 ，PDF 文件还可被嵌入到 Web 的 HTML 文档中。

6）GIF 格式

GIF 格式分为静态 GIF 和动画 GIF 两种，扩展名为 gif，是一种压缩位图格式，支持透明背景图像，适用于多种操作系统，其“体型”很小，网上很多的小动画都是 GIF 格式。其实，GIF 是将多幅图像保存为一个图像文件，从而形成动画，所以归根到底 GIF 仍然是图片文件格式。GIF 采用 LZW 压缩，限定在 256 色以内的色彩，它与 jpg 格式一样，也是一种在网络上非常流行的图形文件格式。

7）EPS 格式

EPS 格式是针对 PostScript 印刷设备而输出的图像文件格式，是一种通用的行业标准格式，它同时可以包含像素信息和矢量信息，除了多通道模式的图像以外，其他图像都可以存储为 EPS 格式。

如果需要把一幅图像置入到 Adobe Illustrator、QuarkXPress 等软件时，最好选择 EPS 格式，但是，EPS 格式在保存的过程中图像体积过大，一般保存文件不选择 EPS 格式。只有当文件要打印到 PostScript 的打印机时才使用 EPS 格式，普通打印可以选择 TIFF 或 JPEG 格式。

8）TIFF 格式

TIFF（Tag Image File Format，标签图像文件格式）是 Aldus 公司在 Mac 初期开发的，目的是使扫描图像标准化，它是跨越 Mac 与 PC 平台最广泛的图像打印格式。TIFF 使用 LZW 无损压缩方式，图像色彩信息基本不受损失。另外，TIFF 格式特殊的功能是其可以保存通道、图层和路径信息，在 Photoshop 中对于处理图像是非常有帮助的。

9）TGA 格式

TGA（Targa）格式是计算机上应用最广泛的图像文件格式，其既有 BMP 的图像质量，又兼顾了 JPEG 的体积优势，并有可以存储通道效果以及方向性的特点。在 CG 领域常作为影视动画的序列输出格式，兼具体积小和效果清晰的特点。

10）PNG 格式

PNG 格式是试图替代 GIF 格式和 TIFF 格式的文件格式，同时也增加了一些 GIF 文件格式所不具备的特性。PNG 格式用来存储灰度图像时，灰度图像的深度可多达 16 位；存储彩色图像时，彩色图像的深度可多达 48 位，并且还可以存储多达 16 位的 Alpha 通道数据，还可以产生无锯齿状的透明背景图，文件也较小，所以在网页设计上应用较多。

1.2 掌握 Adobe Photoshop CS6 的主界面

打开 Photoshop CS6 软件后，就可以看到全新的深灰色工作界面，许多功能显隐更加有序和标准。Photoshop CS6 的主界面主要由菜单栏、工具栏、工具属性栏、图像编辑窗口、状态栏以及各类工具的浮动控制面板等组成，如图 1-2-1 所示为 Photoshop CS6 的主界面。

图 1-2-1 Photoshop CS6 的主界面

1.2.1 菜单栏

菜单栏位于界面的正上方，主要包含“文件”“编辑”“图像”“图层”“文字”“选择”“滤镜”“3D”“视图”“窗口”以及“帮助”共 11 个菜单命令，如图 1-2-2 所示。

文件(F) 编辑(E) 图像(I) 图层(L) 文字(Y) 选择(S) 滤镜(T) 3D(D) 视图(V) 窗口(W) 帮助(H)

图 1-2-2

单击或将鼠标指针移到任一命令之上就会对应弹出如图 1-2-3（a）、（b）、（c）所示的下拉菜单。

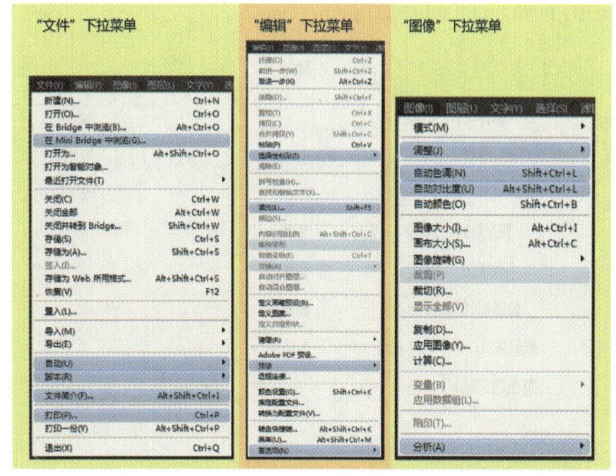

（a）

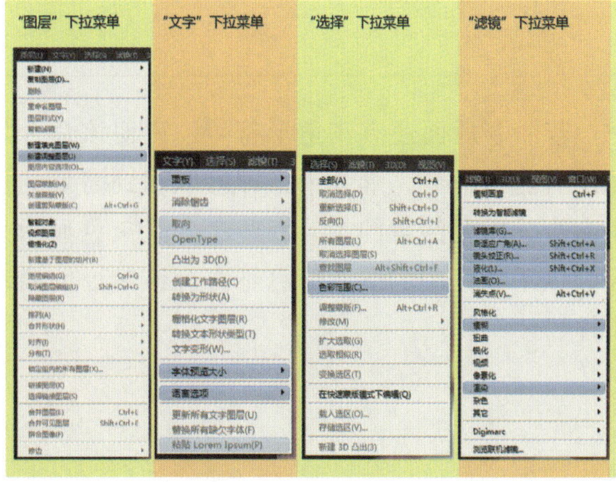

（b）

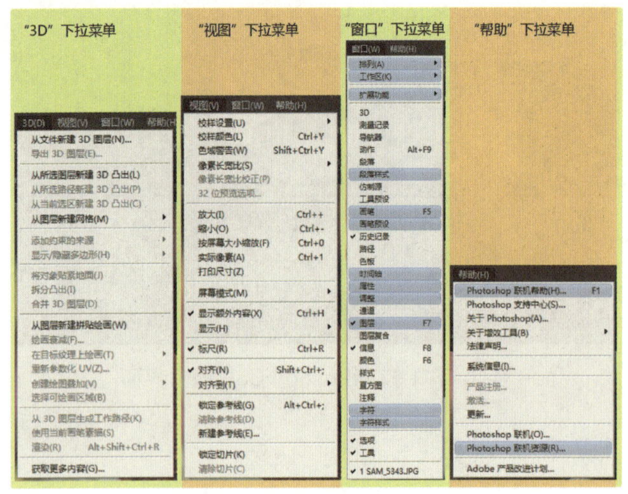

（c）

图 1-2-3

在菜单面板中，单击“文件（F）”下拉菜单，第一个命令就是“新建（N）......Ctrl+N”，如同用户按“Alt+F”组合键，再按“N”键就可以弹出“新建”对话框，如图 1-2-4 所示，也就是等于在键盘上按“Ctrl+N”组合键新建文件，这两种方法都属于快捷操作方式。“Ctrl+N”组合键就是我们通常所说的快捷键命令，各种快捷键的命令可参考本书后面的附录。

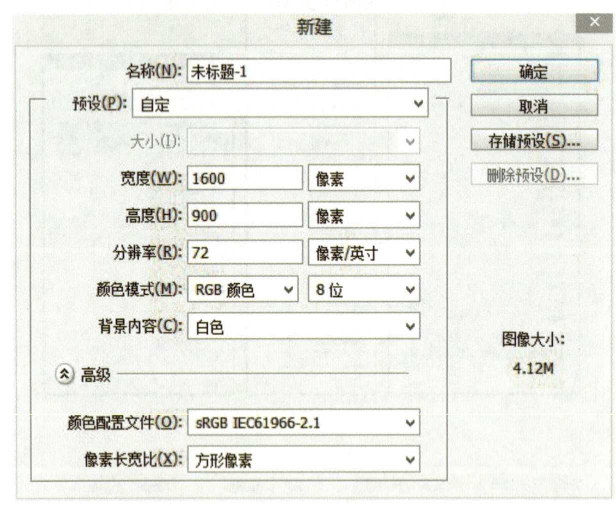

图 1-2-4

若命令后面还有三角形符号，说明该命令后面还有隐藏命令，继续单击即可以找到需要的操作命令。需要注意的是，有些命令呈灰色显示是因为该工作区中的图像信息不符合该命令的启动条件。

1.2.2 状态栏

状态栏位于图像编辑窗口的底部偏左，用来显示和记录当前图像文件的各种信息，主要包含文件显示比例、文件当前所选信息和提示信息三部分，如图 1-2-5 所示。

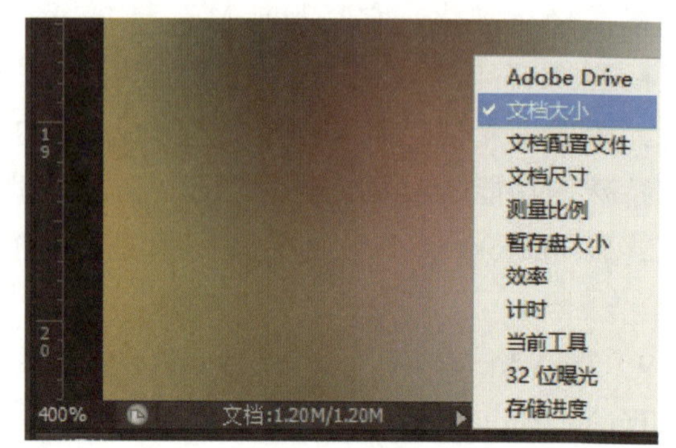

图 1-2-5

图 1-2-5 的显示比例是 400%，单击此处输入 100%，再按“Enter”键就可以按 1 ∶ 1 显示。

单击右边的三角形按钮可以弹出当前文件图像所需选择的信息选项，包含文档大小、文档配置文件、文档尺寸、暂存盘大小等。

1.2.3 工具箱和工具属性栏

工具箱位于 Photoshop CS6 工作界面的左边，既可以单栏显示也可以双栏显示，单击工具箱最顶端的双三角形按钮即可实现切换，如图 1-2-6（a）、（b）、（c）所示。

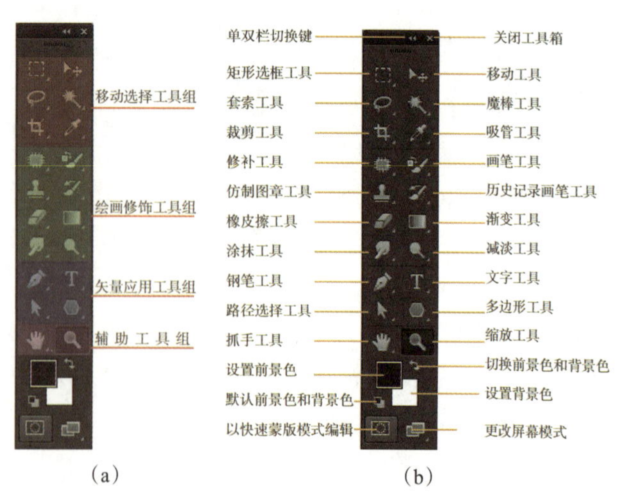

（a）　　（b）

（c）

图 1-2-6

鼠标指针指向任一工具上，都会有该工具的提示信息。如果单击工具图标右下方的三角形按钮，可以查看隐藏的各种工具，套索工具下的隐藏工具如图 1-2-7 所示。

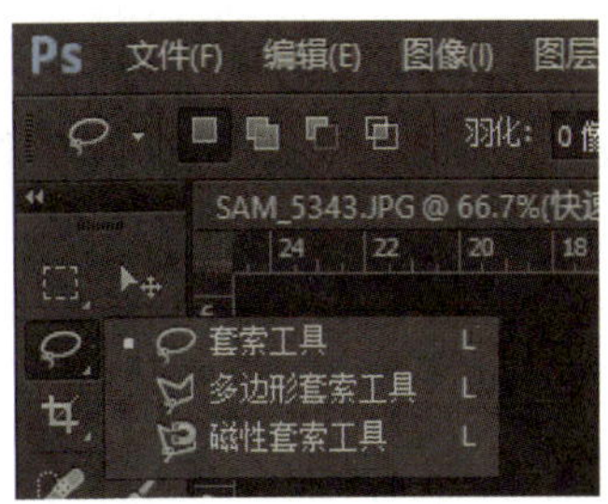

图 1-2-7

工具箱中共有 65 个工具，每一个工具都设定有快捷键，当计算机在英文输入法的模式下，按键盘上的字母即可选中该工具。这时，工具属性栏就会显示不同的参数设定。如按下字母“P”，就会选中钢笔工具，工具属性栏的参数选项如图 1-2-8 所示。

图 1-2-8

单击钢笔工具旁边的小三角按钮，就会弹出工具预设面板，如图 1-2-9（a）、（b）所示。

在这里可以选择载入的各种工具命令，也可以通过新建→重命名→删除工具预设以及设置文本显示还是列表显示，并可以进行复位→载入→存储→替换工具预设。

最后一栏是各种软件自带的工具预设，可供选择使用，具体属性这里不再赘述。

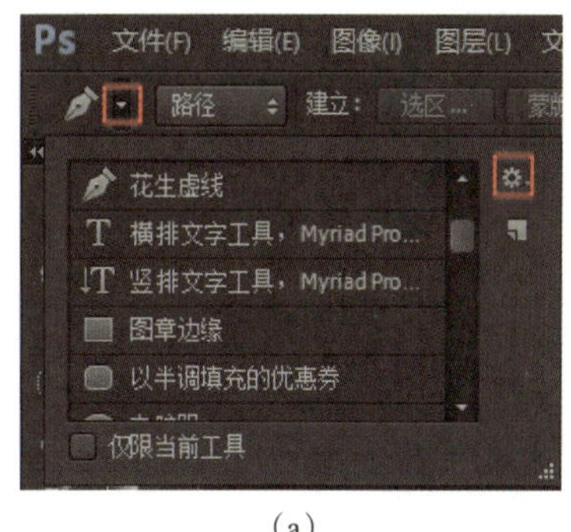

（a）

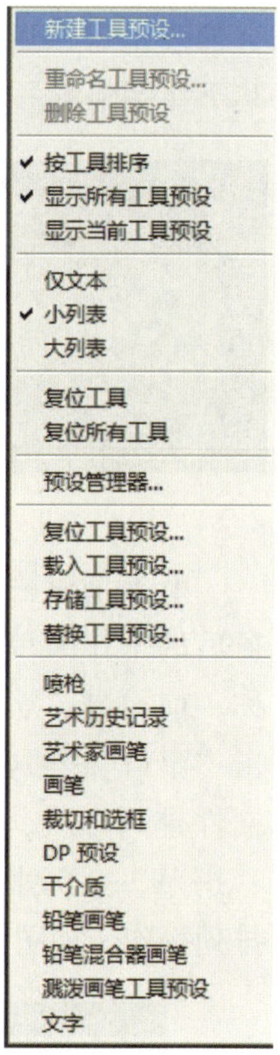

新建工具预设...
重命名工具预设...
删除工具预设
按工具排序
显示所有工具预设
显示当前工具预设
仅文本
小列表
大列表
复位工具
复位所有工具
预设管理器...
复位工具预设...
载入工具预设...
存储工具预设...
替换工具预设...
喷枪
艺术历史记录
艺术家画笔
画笔
裁切和选框
DP 预设
干介质
铅笔画笔
铅笔混合器画笔
溅泼画笔工具预设
文字

（b）

图 1-2-9

执行“窗口→选项”命令可以隐藏或显示工具选项栏。按住工具选项栏左前方部位向下拖动，该工具就会成为浮动工具栏，要想重新回到原位置，拖动工具栏放置原处或执行菜单栏“窗口→工作区→基本功能（默认）E”命令即可。

1.2.4 图像编辑窗口

Photoshop CS6 界面中间的深黑色的区域即为图像编辑工作区，双击该区域即可弹出“打开”对话框，可以根据文件路径来查找需要打开的文件。在图像编辑窗口中可以实现 Photoshop CS6 软件的所有操作命令，图像编辑窗口为图像编辑、处理的主要工作区域。通过新建或打开一个文件时，图像便显示在工作区域的中央，若打开多个图像文件时，文件便以平叠的方式排列，如图 1-2-10 所示。其中，第一个文件窗口的标题栏文字较为清晰，表示该文件为当前所编辑的文档。若按“Ctrl+Tab”组合键可以按照前后顺序切换窗口，若按“Ctrl+Shift+Tab”组合键则可以反方向切换窗口。另外，通过鼠标指针水平拖动各个文件名也可以调整它们的排列顺序。若需要关闭某个文件则单击文件标题栏右边的“×”即可。

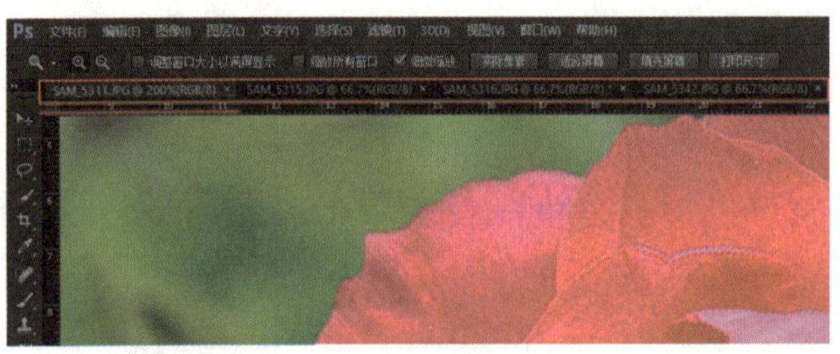

图 1-2-10

单击菜单栏“窗口”的下拉菜单，可以看到窗后的下拉菜单最后显示的是所有打开的文件名称，前面画“√”的文件即为当前编辑文件。单击“窗口→排列”下拉菜单，便可以看到所有的文件排列方式，为了便于操作，可以选择全部垂直拼贴、全部水平拼贴、双联水平、双联垂直等排列操作，如图 1-2-11 所示。

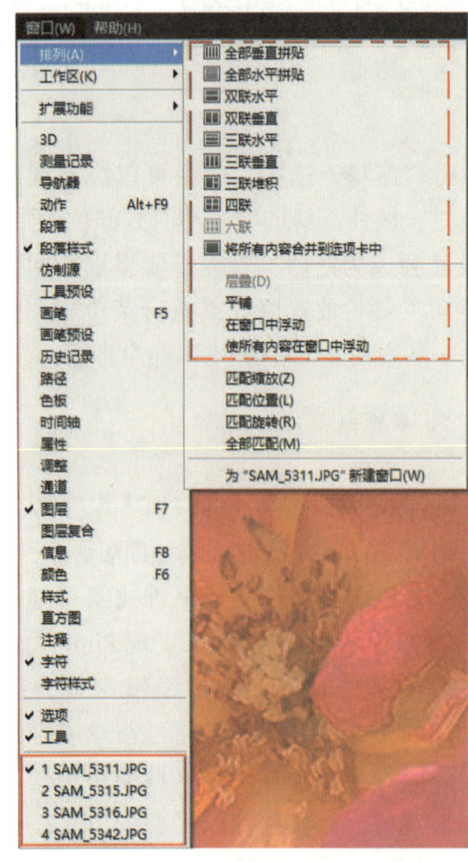

图 1-2-11

在打开的“文件”选项卡中拖动文件标题栏可以拉出文件使其成为浮动面板，也可以调整其显示画面大小或最大化和最小化显示文件。多文件之间也可以通过鼠标拖动单独平叠结合，如图 1-2-12（a）、（b）所示。

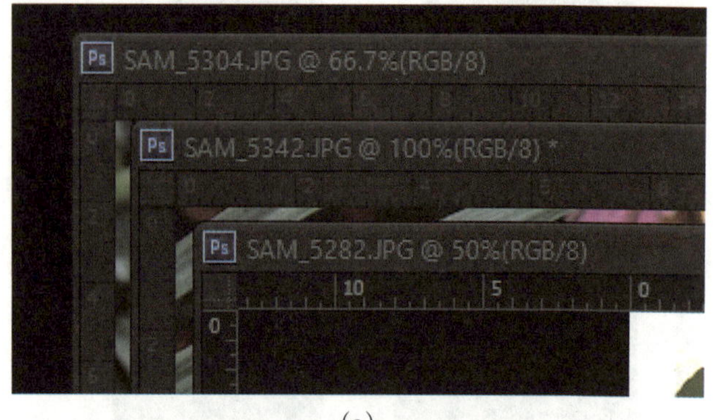

（a）

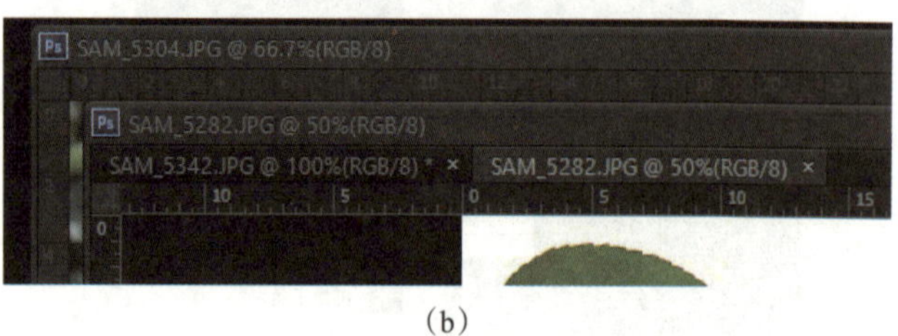

（b）

图 1-2-12

另外，鼠标同时按住文件标题栏拖动至工作区顶端，在工作区四周出现蓝色线框时，松开鼠标，其即返回到原来的选项卡中。针对多个浮动文件，可以执行“窗口→排列→将所有内容合并到选项卡中”命令，即可将多个文件一次性回归到原来的选项卡中，如图 1-2-13 所示。

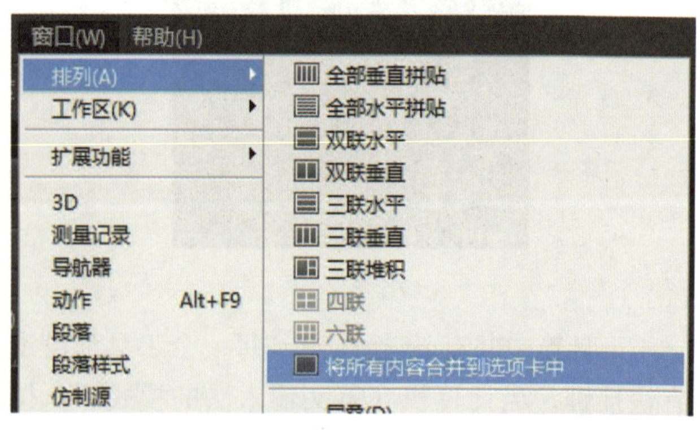

图 1-2-13

1.2.5 浮动控制面板

面板就是用来设置色彩、编辑和调整文件工

具参数的，如图 1-2-14 所示。在默认状态下，它们以浮动面板组的方式出现在工作区的右边，可以参照工作区调整多个文件排列的方法来移动、分离以及调整浮动面板组的前后关系等。若按“Tab”键则可以隐藏工作区的工具箱和所有浮动面板，按“Shift+Tab”组合键则只会隐藏工作区的所有浮动面板。

若要选择某一命令，可单击浮动面板的标签名称，需要隐藏或显示需要的浮动面板时可执行“窗口”命令，命令前面有“√”的表示浮动面板已经显示在工作区中，反之即为隐藏的浮动面板，如图 1-2-15 所示。

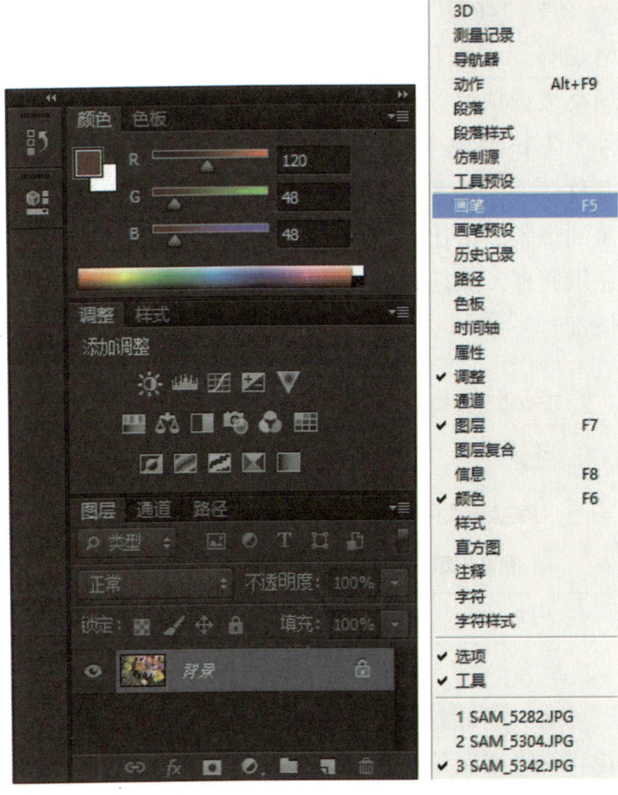

图 1-2-14　　图 1-2-15

1.3 文件的基本操作

1.3.1 新建文件

若想在空白的工作界面上新建一个文件进行编辑制作，需要执行以下操作：执行“文件 / 新建”命令或按“Ctrl+N”组合键，弹出“新建”对话框，可根据需要来设置或选择各项参数，再单击“确定”按钮，即可新建一个空白文件，如图 1-3-1（a）、（b）所示。

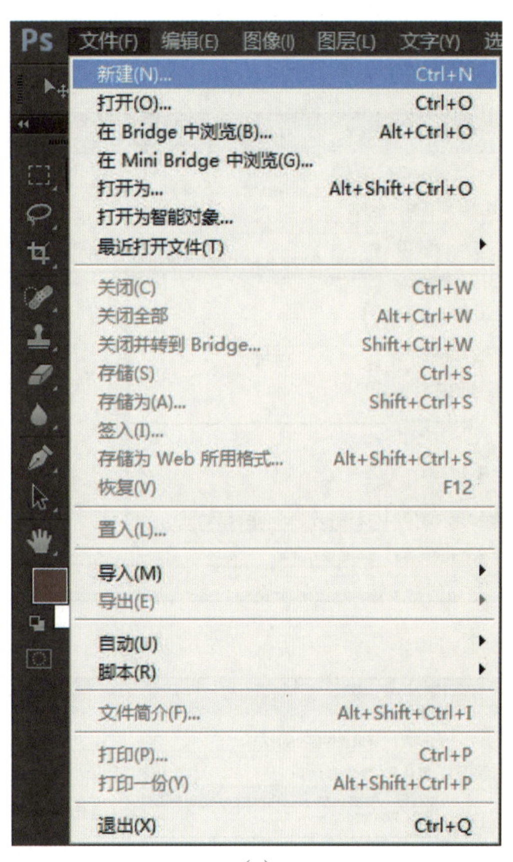

（a）

（b）

图 1-3-1

（1）名称：在“名称”文本框内可以输入新建文件的名称，一般第一个新建文件的默认文件名称为“未标题 -1”，若新建多个文件则会以“未

标题 -2”“未标题 -3” 等名称依次建立。

（2）预设：如图 1-3-2（a）、（b）所示，会发现在预设下拉菜单中包含较多的常用文档选项，如国际标准纸张、照片、Web、胶片和视频等选项。若预设中选择“国际标准纸张”，那么其在大小设置上就提供了“A”系列、“B”系列、“C”系列等纸张尺寸来供选择。

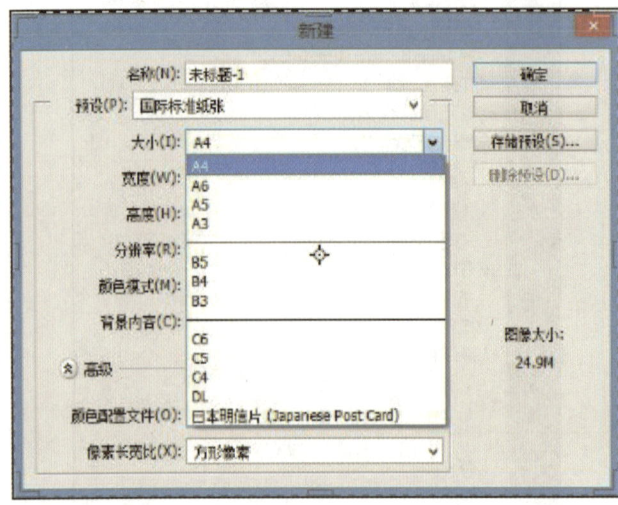

（a）

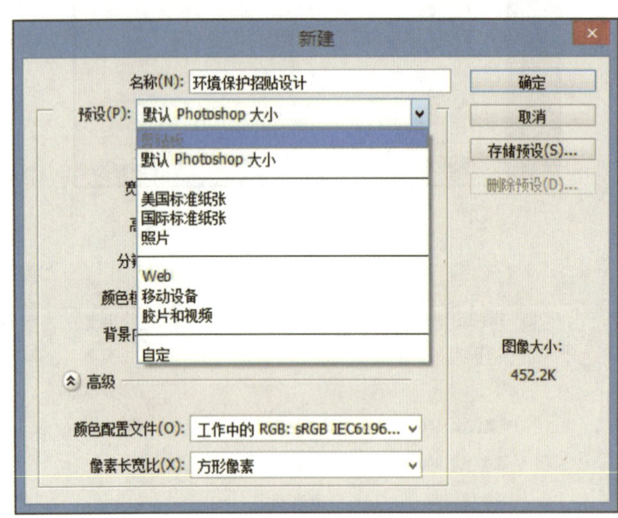

（b）

图 1-3-2

（3）宽度 / 高度：可以在宽度和高度的文本框中输入数据，并在第二个文本框中选择所需的单位来新建图像的大小（单位是像素、英寸、厘米、毫米、点、派卡和列）。

（4）分辨率：我们在前面已经介绍过，这里主要是指设置文件的分辨率单位，一般选择“像素 / 英寸”“像素 / 厘米”。

（5）颜色模式：在下拉菜单中可以选择文件的颜色模式，颜色模式有位图、灰度、RGB 颜色、CMYK 颜色和 Lab 颜色。

（6）背景内容：背景内容包括“白色”“黑色”“背景色”“透明”“自定义”五种形式，如图 1-3-3 所示。“白色”“黑色”是通常默认使用的一种背景颜色；“背景色”是指工具箱中的背景色的颜色；“透明”是指创建透明背景；“自定义”是指通过拾色器新建文档背景颜色。

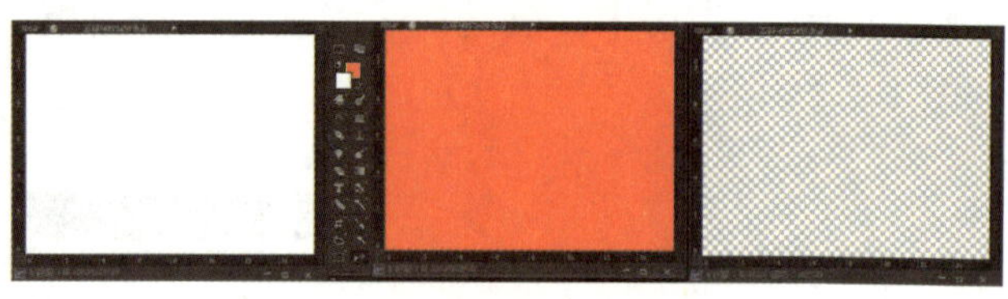

图 1-3-3

（7）“高级”：单击高级前的“⌃”按钮，即可增加显示“颜色配置文件”和“像素长宽比”两项高级选项栏，如图 1-3-4 所示。在“颜色配置文件”下拉菜单中可以为文件选择所需的颜色配置文件。在“像素长宽比”下拉菜单中可以选择所需的像素纵横比。按照计算机显示器均以方形像素显示原理，除视频以外的图像，一般都是采用方形像素。

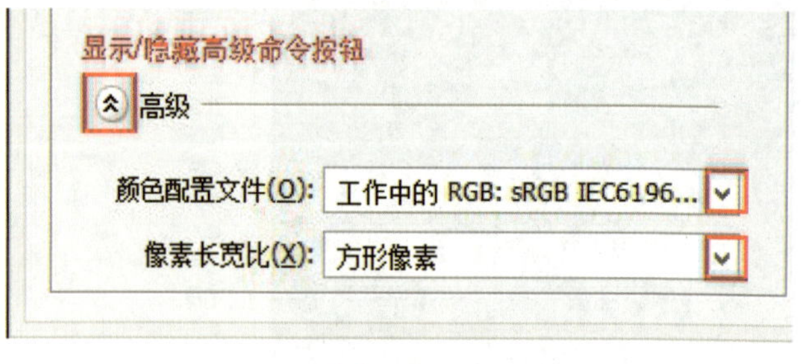

图 1-3-4

（8）存储预设：单击存储预设按钮，将会打开“新建文档预设”对话框，如图 1-3-5 所示。在该对话框内输入预设名称后，其他参数以全选为例，然后单击“确定”按钮。该文档所有数据和目前在建的文档数据一样。当再次打开新建命令时，在新建预设栏中就有预设好的文件名称，选中即可快速复建一个新的文件。

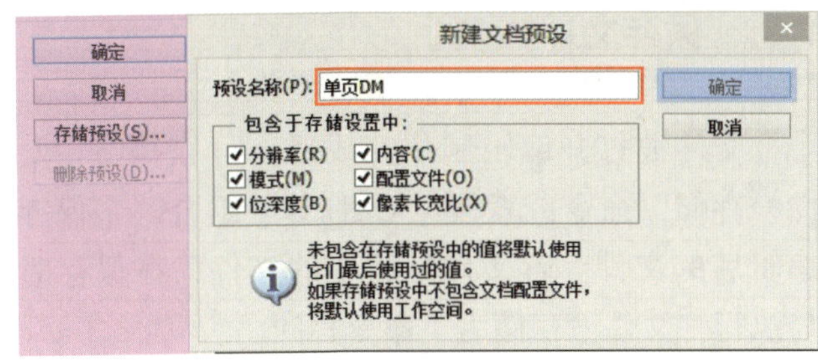

图 1-3-5

（9）删除预设：在新建对话框的预设下拉菜单中选择新建文档预设的名称，如“单页 DM”，单击“删除预设”按钮即可，如图 1-3-6 所示。

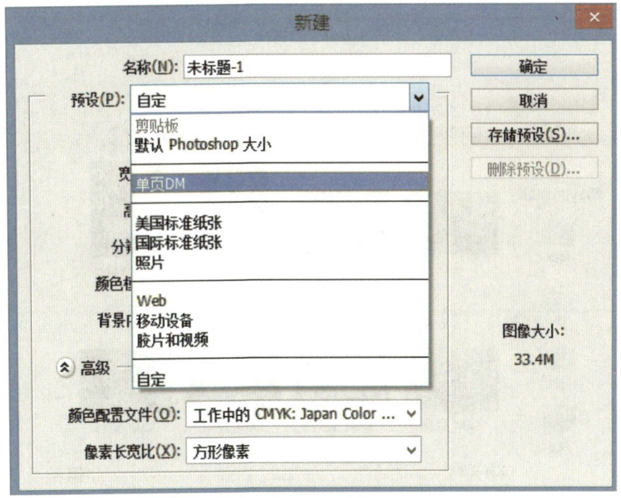

图 1-3-6

1.3.2 打开文件和打开为文件

执行“文件→打开”命令，将会弹出如图 1-3-7 所示的对话框。可以根据需要打开某一个文件，或者按住“Ctrl”键逐一加选多个文件，再单击“打开”按钮，即可打开选中的文件。（按住“Shift”键是按照顺序加选，如选择“文件 1”到“文件 10”这 10 个文件时，按“Shift”键的同时单击开头的“文件 1”和结尾的“文件 10”就全选了这 10 个文件。）

按“Ctrl+O”组合键也可以弹出“打开”对话框，或在 Photoshop CS6 界面深色工作区中双击也可以弹出“打开”对话框，如图 1-3-7 所示。

在“查找范围”文本框内可以寻找文件所在的路径；“文件名”是用来显示所选文件的名称；“文件类型”默认为所有类型，也可有针对性地选择某一类型进行快捷打开。

执行“文件→打开为”命令，在弹出的“打开为”对话框中，可以在“打开为”下拉菜单中设置需要的某一种文件类型，再在窗口中查找到同类型的文件打开即可，如图 1-3-8 所示。

图 1-3-7

图 1-3-8

通过执行“文件→在 Bridge 中浏览”命令，Adobe Bridge 软件就会运行，根据便捷的文件路径选择文件，在 Adobe Bridge 软件执行菜单“文件→打开方式→ Adobe Photoshop CS6（默认）”命令就转换在 Photoshop CS6 中打开文件。

当 Photoshop CS6 没有运行时，通过鼠标拖动文件到 Photoshop CS6 快捷图标上也可以打开文件；当 Photoshop CS6 处于最小化运行状态时，鼠标拖动在桌面上的文件至计算机任务栏上的 Photoshop CS6 图标时，软件正常运行，一直按住鼠标移至该软件工作区窗口的顶端，鼠标指针变成如图 1-3-9 所示，松开鼠标，文件即已经打开。

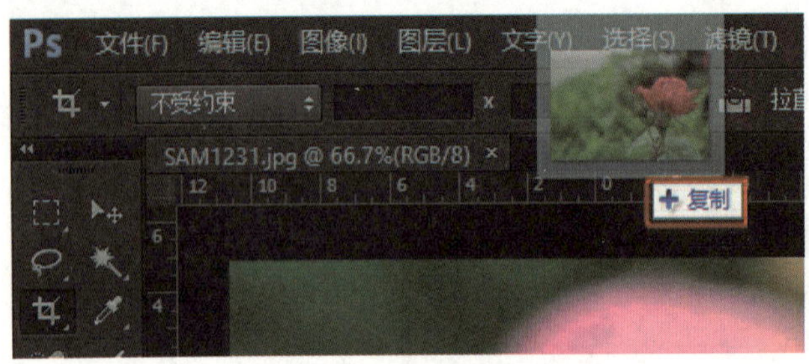

图 1-3-9

执行“文件→打开智能对象”命令，在弹出的对话框中可选择一个或多个文件将其打开，如图 1-3-10 所示。智能对象文件图层特征上与普通文件背景图层不同，智能对象是可以保护图像的像素，在调整大小时像素质量不会降低，有点类似于矢量图层。智能对象也可以是直接从 Adobe Illustrator 中复制，再粘贴到 Photoshop 中。

最近打开的文件，执行“文件→最近打开的文件”命令，在下拉菜单中会自动保留最近打开的 10 个文件的名称，选择所需要的某一文件即可打开，清除最近文件列表即可删除所有保留的文件。

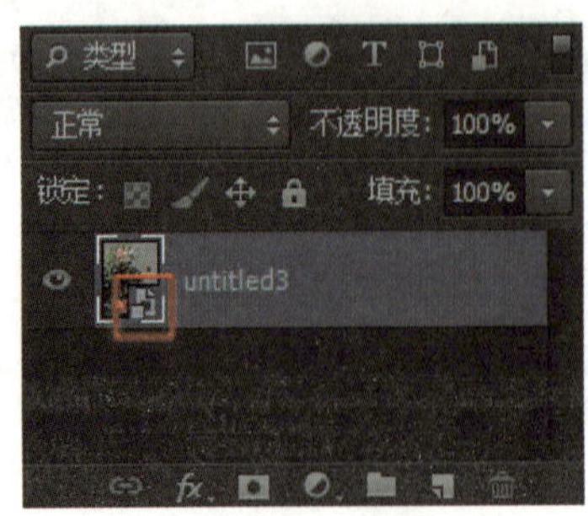

图 1-3-10

1.3.3 保存文件

文件被打开编辑制作完成后，可以执行“文件→存储”命令或者按“Ctrl+ S”组合键来保存编辑后的文件。若文件是新建的文件，在保存时与执行“文件→存储为”命令相同。

执行“文件→存储为”命令或者按“Shift+ Ctrl+S”组合键，在弹出的下拉菜单中选择相关的选项将文件另存，如图 1-3-11 所示；在这里可以输入文件名、格式以及作为副本保存等。在存储为 JPEG 格式时，“JPEG 选项”对话框如图 1-3-12 所示，可以设置图像品质和格式选项等。

图 1-3-11

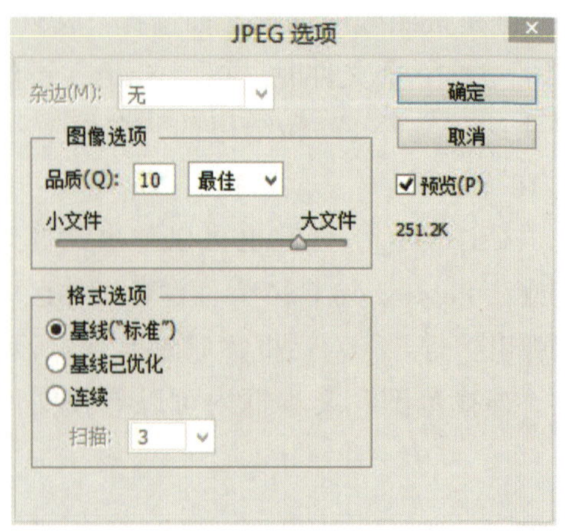

图 1-3-12

1.3.4 关闭文件

当文件处理编辑完成后，执行“文件→关闭”命令，或按“Ctrl+W”组合键，或者单击文件标题右侧的关闭图标“×”，文件即被关闭。若关闭多个文件时，可以执行“文件→关闭全部”命令，或按“Alt+Ctrl+W”组合键，文件全部关闭。

执行“文件→关闭并转到 Bridge”命令是指关闭在 Photoshop CS6 中的文件，而转到 Bridge 文件中进行编辑。

1.3.5 修改文件大小和分辨率

1. 查看图像大小

在处理图像的过程中，需要查看图像的大小。

打开一幅图像，执行“图像→图像大小”命令或按“Alt+Ctrl+I”组合键，即可弹出“图像大小”对话框，如图 1-3-13 所示。

在“图像大小”对话框中可以看到图像的“像素大小”，包括图像的宽度和高度；“文档大小”选项中包括文档的宽度、高度和分辨率等信息。也可以通过设置“图像大小”对话框中的数值来更改图像的尺寸。

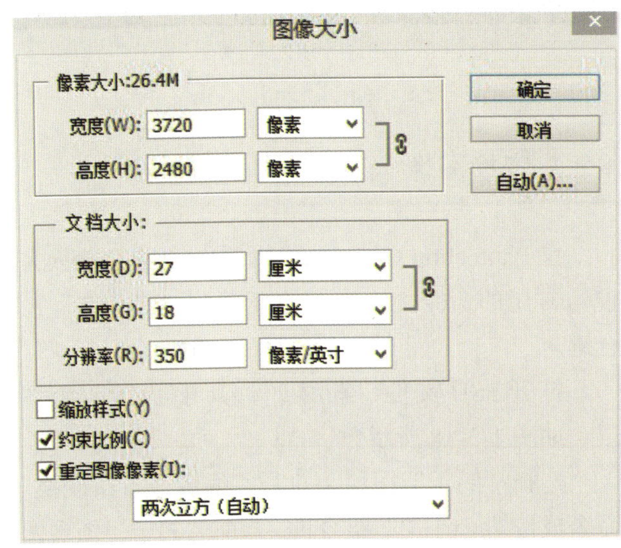

图 1-3-13

2. 修改图像大小和分辨率

在 Photoshop CS6 软件中，执行“文件→打开”命令，弹出“打开”对话框，选择需要打开的图像素材 1，单击“打开”按钮，如图 1-3-14 所示。

执行“图像→图像大小”命令，弹出“图像大小”对话框，如图 1-3-15 所示。

图 1-3-14

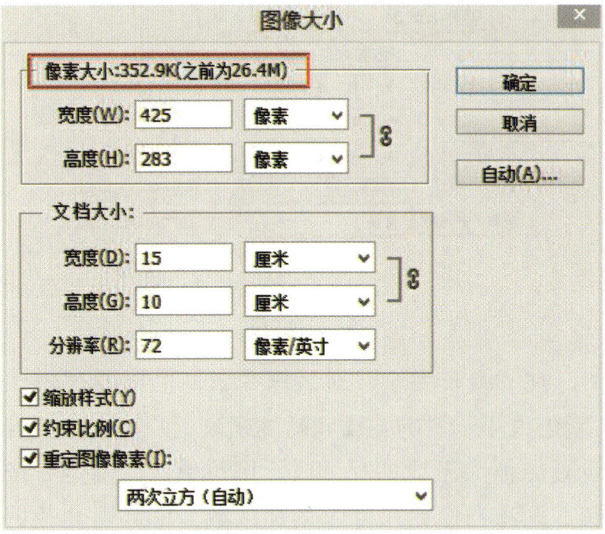

图 1-3-15

设置“文档大小”选项组中宽度值为 15cm，高度为 10cm，分辨率为 72 像素 / 英寸，并勾选“缩放样式”“约束比例”和“重定图像像素”复选框，其他参数会自动变化。尤其需要注意的是“像素大小”值前后的变化。

若要改变图像分辨率，图像的大小而又不发生变化，则可以取消勾选“重定图像像素”复选框，这是因为图像分辨率若改低，其尺寸必等比例增大。

设置完毕后，单击“确定”按钮（也可使用更改图像的像素大小或分辨率的大小来改变图像最终的大小）即可。

执行“文件→存储”命令或按“Ctrl+S”组合键，即可保存文件，然后按“Ctrl+W”组合键关闭图像。

1.3.6 更改画布大小

画布大小的更改一般是通过执行“图像→画布大小”命令或按“Alt+Ctrl+C”组合键，然后弹出“画布大小”对话框，如图 1-3-16 所示。

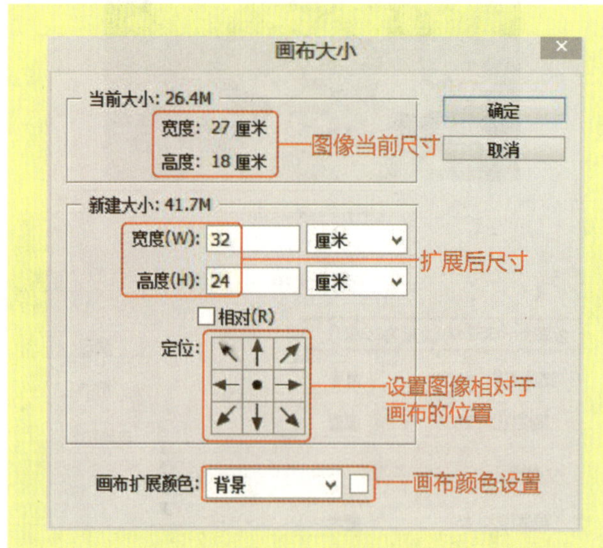

图 1-3-16

在“画布大小”对话框中我们可以通过修改“新建大小”栏的宽度和高度来改变画布大小。若设置的值大于原始尺寸时，则可单击“确定”按钮，画布在原始尺寸上增加区域，反之则会裁剪掉原始尺寸的部分区域。

“相对”是指相对于原始图像尺寸而言的，勾选“相对”复选框后，在“新建大小”文本中输入正值数据则可增加画布区域，输入负值数据则减小画布区域。

“定位”则是指扩展或裁减区域时，图像相对于画布的位置。

画布若进行了扩展，则需要在“画布扩展颜色”下拉菜单中选择颜色，也可以单击白色色块来自定义画布的扩展颜色。

设置完成后，单击“确定”按钮，画布扩展前后的对比如图 1-3-17（a）、（b）所示。

（a）

（b）

图 1-3-17

1.3.7 变换图像

在 Photoshop CS6 中，对图像进行自由变换是较为常用的命令之一，其快捷键为“Ctrl+T”组合键。

打开 PSD 文件“素材 2”，其中共有两个图层，如图 1-3-18 所示。

选择“鸽子”图层，执行“编辑→自由变换”命令或按“Ctrl+T”组合键，当前“鸽子”图层四周则出现一个用于变换的定界框，其中间有一个中心点，四周共有八个控制点，如图 1-3-19 所示。

图 1-3-18

图 1-3-19

在默认情况下，“中心点”位于变换对象的中心，用于定义对象的变换中心，鼠标左键按住中心点可以移动图像的位置，而“控制点”主要用来变换图像。

自由变换主要包括移动、旋转、缩放、扭曲、透视、斜切图像等。

图像处于自由变换状态时右击，弹出快捷菜单，如图 1-3-20 所示。

图 1-3-20

我们可以选择需要执行的命令进行操作，这些命令还可以对所选的图层、路径、矢量图形、选区、矢量蒙版以及 Alpha 通道应用变换。

在变换工具选项栏上的具体变换控制如图 1-3-21 所示。

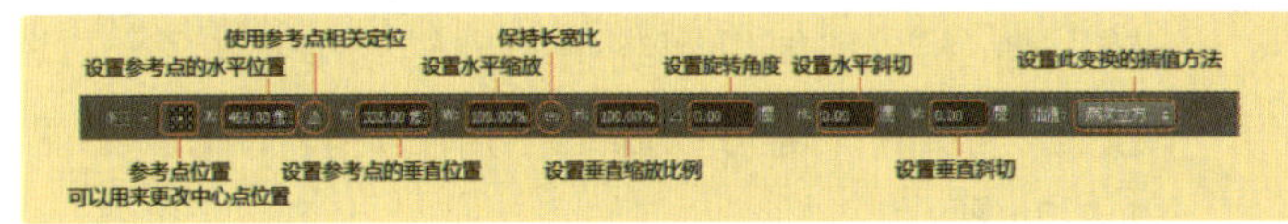

图 1-3-21

1. 缩放

通过执行“编辑→变换→缩放”命令（或在自由变换状态下右击，在弹出的快捷菜单中执行“缩放”命令），即能够以变换对象的中心点来对图像进行缩放，如图 1-3-22 所示。在没有按住任何辅助键的情况下，将鼠标指针放在其中任何一个控制点上拖动，都可以任意缩放图像。

图 1-3-22

若按住“Shift”键，调整对角线控制点可以等比例缩放图像，如图 1-3-23 所示。

图 1-3-23

若按住“Shift+Alt”组合键，则可以中心点为中心等比例缩放图像。

2. 旋转

通过执行“编辑→变换→旋转”命令（或在自由变换状态下右击，在弹出的快捷菜单中执行“旋转”命令），即能以围绕中心点转动变换对象。若按住“Shift”键可以以15°角度旋转图像，如图1-3-24所示。

图 1-3-24

3. 斜切

通过执行“编辑→变换→斜切”命令（或在自由变换状态下右击，在弹出的快捷菜单中执行“斜切”命令），即能在任意方向上倾斜图像。若按住“Shift”键可以在垂直或水平方向上倾斜图像，如图1-3-25所示。

图 1-3-25

4. 扭曲

通过执行“编辑→变换→扭曲”命令（或在自由变换状态下右击，在弹出的快捷菜单中执行“扭曲”命令），即能在各个方向上伸缩变换对象。若按住“Shift”键可以在垂直或水平方向上扭曲图像，如图1-3-26所示。

图 1-3-26

5. 透视

通过执行“编辑→变换→透视”命令（或在自由变换状态下右击，在弹出的快捷菜单中执行“透视”命令），即能对变换对象应用“一点透视”。通过拖动定界框的4个控制点，能在水平或垂直方向上对图像应用透视效果，如图1-3-27所示。

图 1-3-27

6. 变形

通过执行“编辑→变换→变形”命令（或在自由变换状态下右击，在弹出的快捷菜单中执行“变形”命令），图像上即会出现变形网格和锚点，通过拖动网格或锚点的控制柄，可以对图像进行灵活自由的变形处理，如图1-3-28所示。

图 1-3-28

“变换”除了可以进行上述操作外，还可以进行“旋转 180°”“旋转 90°（顺时针）”“旋转 90°（逆时针）”“水平翻转”和“垂直翻转”操作。

变换操作完成后，可以在变换框中双击或按“Enter”键来执行变换。

1.4 掌握图像的查看方法

1.4.1 使用缩放工具查看图像

图像文件的操作

合理地使用视图查看方法能够更加快捷地进行文件的处理。若按下“Ctrl+O”组合键，可以打开素材图片，这时图片一般显示比例为 66.7%，如图 1-4-1 所示，文件标题栏或状态栏已显示比例。

图 1-4-1

图像编辑中需要不断地调整图像的大小，一般可通过工具箱中的缩放工具来对图像进行放大或缩小。同时，“Ctrl++”组合键是放大工具的快捷键，“Ctrl+-”组合键是缩小工具的快捷键。按“Alt”键可以切换放大或缩小工具，缩放工具选项栏如图 1-4-2 所示。可以提供多种缩放选择，如实际像素、适合屏幕、填充屏幕、打印尺寸等。

图 1-4-2

执行菜单“视图→实际像素”命令或者按“Ctrl+1”组合键，工作区的图片会以 100% 显示，如图 1-4-3 所示。

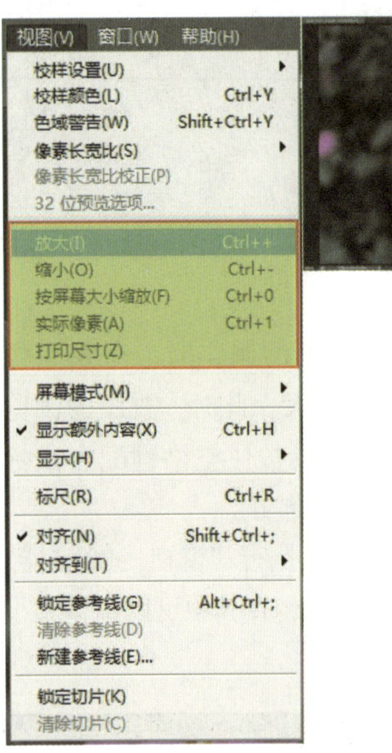

图 1-4-3

在“视图”下拉菜单中可以发现有与缩放工具属性栏中包含的多种缩放选项相同，如实际像素、适合屏幕、填充屏幕、打印尺寸等，如图 1-4-4 所示。

图 1-4-4

在选择缩放工具时，针对局部缩放，我们可以在局部通过按住鼠标左键并向上拖动缩小图像，向下拖动则可实现放大图像。

在选择缩放工具时右击，如图 1-4-5 所示，也可以实现对图像的放大或缩小的查看等操作。

图 1-4-5

当为图像进行细节部分的制作时，需要图像放大比例超过 100% 或者更大，此时，视图的浏览则可以使用抓手工具或者按住空格键配合鼠标左键来精细查看图像的放大部分。

查看图像的大小也可以执行“窗口→导航器”命令来实现，如图 1-4-6 所示，在其中可以调整大小及显示缩放比例等。

图 1-4-6

1.4.2 使用旋转视图工具查看图像

在 Photoshop CS6 中，单击辅助工具组中的旋转视图工具（R），然后在图像窗口中按住鼠标左键拖动，图像中出现罗盘指针，即可任意旋转 Photoshop CS6 中的视图图像，如图 1-4-7 (a)、(b) 所示。

(a)

(b)

图 1-4-7

选择 Photoshop CS6 软件旋转视图工具属性栏上的“旋转角度”，可直接输入角度值，以便达到精确旋转 Photoshop CS6 视图的目的。

“复位视图”按钮如图 1-4-8 所示的标记线框内，单击该按钮可以复位还原视图，也可以按键盘上的“ESC”键，同样也可以复位视图。

图 1-4-8

勾选“旋转所有窗口”复选框后，对一个窗口图像进行旋转操作时，其他 Photoshop CS6 窗口图像也一起旋转。

1.4.3 切换屏幕显示窗口查看图像

图像屏幕有 3 种显示模式，分别为标准屏幕模式、带有菜单栏的全屏模式和全屏模式，其控制图标在工具箱的下方，如图 1-4-9 所示。

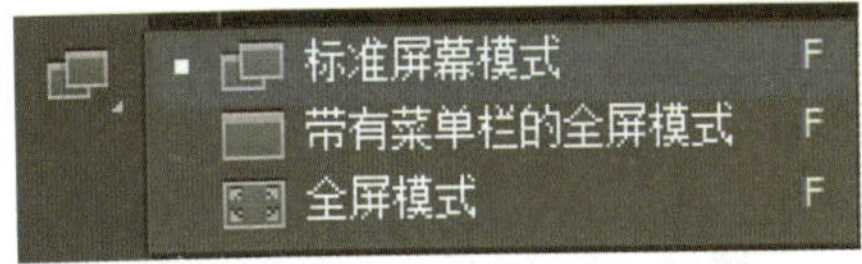

图 1-4-9

按键盘上的“F”键可以在 3 种屏幕显示模式之间切换。需要注意的是，按键盘上“Tab”键可以隐藏工具箱、工具箱选项栏和控制面板，再次按键盘上的“Tab”键则可显示所隐藏的内容。

1.5　辅助工具的使用

辅助工具是指标尺、参考线、网格、标尺工具、注释工具和计数工具。

1.5.1　标尺的设置与应用

标尺可以显示图像窗口中光标所在的位置，应用标尺可以对编辑的图像进行精确的控制。使用标尺，一般要借助参考线，但首先要显示标尺，显示标尺可以执行“视图→标尺”命令或者使用“Ctrl+R”组合键来显示或隐藏标尺，如图 1-5-1 所示。

图 1-5-1

若要更改标尺的原点，需要先将鼠标指针移动至水平标尺与垂直标尺的相交处，按住鼠标左键不放，并拖动至图像编辑窗口中的合适位置，如图 1-5-2 所示。

图 1-5-2

然后释放鼠标左键，即可更改标尺的原点。更改标尺原点后的图像编辑窗口中，图像的显示如图 1-5-3 所示。

图 1-5-3

在图像的左上角（水平和垂直标尺的相交处）双击，即可还原标尺的位置，如图 1-5-4 所示。

图 1-5-4

1.5.2 应用网格

网格也是用来辅助定位的，是由水平和垂直虚实线组成。

要使用网格，可以执行“视图→显示→网格”命令或按“ Ctrl+”组合键，即可在图像中显示网格，如图 1-5-5 所示。

为了使多个图层排列得整齐划一，我们常借用参考线和网格命令来进行对齐操作。执行“视图→对齐到→网格”命令，操作完成后，在“网格”命令的左侧出现一个对号“√”，如图 1-5-6 所示。

图 1-5-5

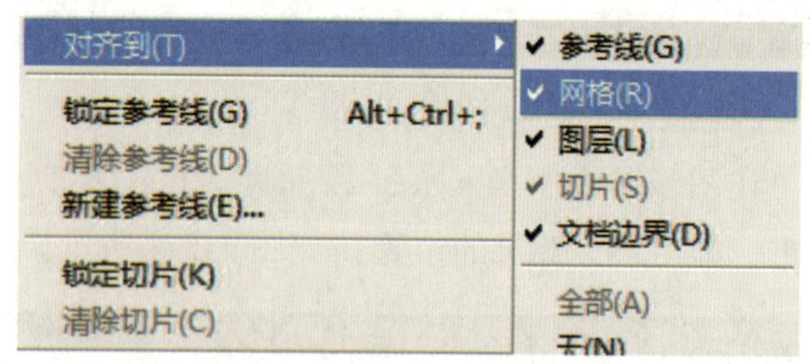

图 1-5-6

若在工具箱中选取矩形选框工具，移动鼠标指针接近网格处，绘制出来的选区都会自动对齐到网格。

使用该快捷面板也可以设置对齐到参考线、图层以及文档边界等。

需要注意的是，前面我们通过执行“编辑→首选项”命令，在“首选项”对话框中我们也可以设置参考线 / 网格的颜色、样式，网格线间隔和子网格选项等参数，以调整网格间距、颜色、样式等，如图 1-5-7 所示。

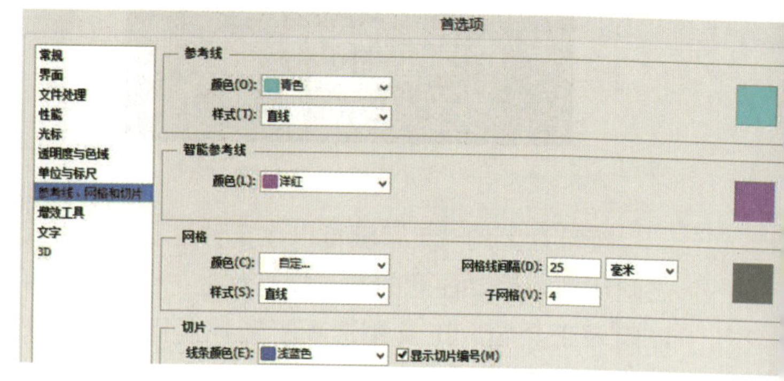

图 1-5-7

1.5.3 应用参考线

参考线和网格很类似，也是用来协助对齐和定位图像，不能打印出来，但它是浮动的，并可以移动、删除或锁定。

打开素材图像，执行“视图→新建参考线”命令，弹出“新建参考线”对话框，选中“垂直”单选按钮，设置“位置”值为 1 厘米，如图 1-5-8 所示。

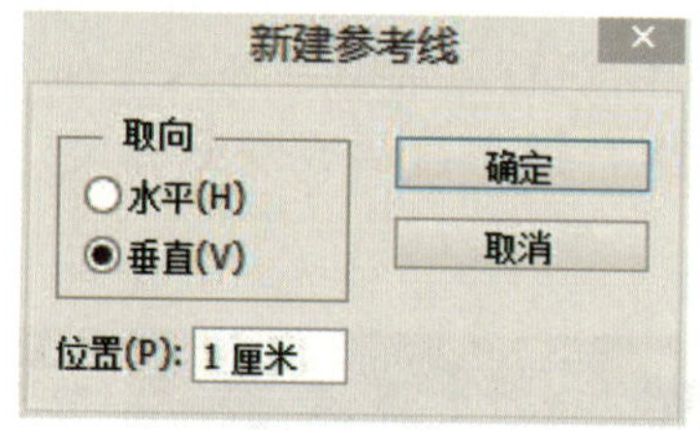

图 1-5-8

单击“确定”按钮，即可创建垂直参考线，添加参考线的画面如图 1-5-9 所示。

图 1-5-9

若建立水平参考线，把鼠标指针放在水平标尺上并按住向下拖动至合适位置，再松开鼠标左键即可创建出水平参考线，也可以用同样方法建立垂直参考线。

删除参考线可以执行“视图→清除参考线”命令，即可删除所有的参考线。若只需删除某一条参考线，可选择工具箱中的移动工具，将参考线拖动至图像编辑窗口以外即可。另外，使用移动工具也可以调整参考线在图像中的位置。

需要注意的是，若按住“ Shift”键的同时拖动辅助线可使其对齐到标尺上的具体刻度上；若按住“ Alt”键单击辅助线，则可以转换辅助线的方向（如水平线可以转换为垂直线）；若按住“ Ctrl”键的同时选中参考线并移动鼠标，即可移动参考线。

1.5.4 应用标尺工具

标尺工具的主要功能是对图像中物体的长度或角度进行精确测量，测量的数据显示在标尺工具属性栏和“信息”的面板中。标尺工具还可以校正倾斜的图像。

打开素材图像，选取工具箱中的标尺工具，如图 1-5-10 所示。

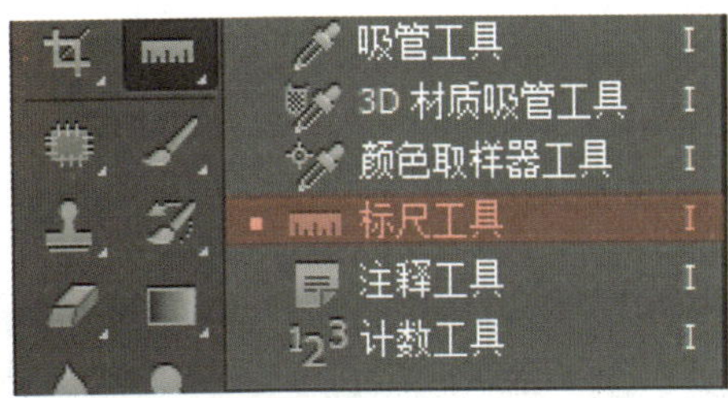

图 1-5-10

在图像编辑窗口中，选择测量的起点，按住鼠标左键拖动至终点，松开鼠标左键，即可完成这两点之间的距离测量，如图 1-5-11 所示。

图 1-5-11

在工具属性栏上，标尺工具测量的相关数据如图 1-5-12 所示。

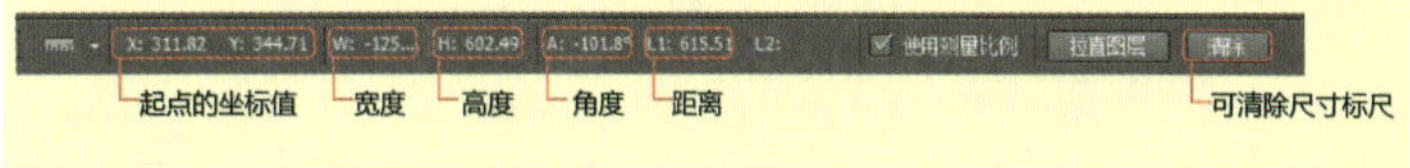

图 1-5-12

同样，执行“窗口→信息”命令或按键盘的“ F8”键，也可从弹出的“信息”面板中查看到和工具属性栏上同样的测量信息，如图 1-5-13 所示。

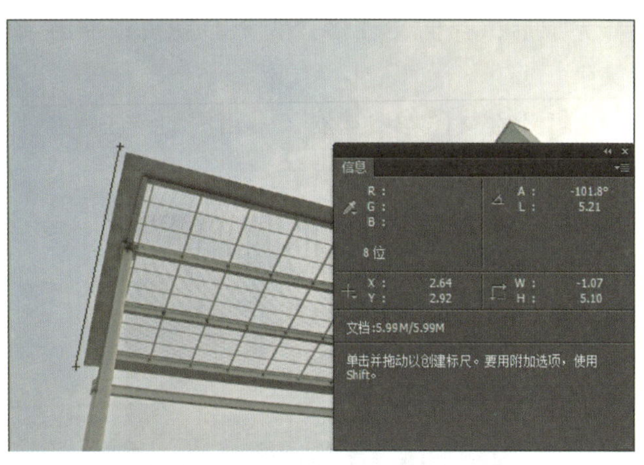

图 1-5-13

需要注意的是，使用标尺工具测量时，若按住“ Shift”键的同时按住鼠标左键并拖动，可以沿水平、垂直或 45° 角的方向进行测量。移动鼠标指针至标尺一端，当鼠标指针变成尺子形状时，单击并拖动鼠标左键可对“标尺线”的长度进行调整；若移动鼠标指针至标尺中端，则可移动标尺。

若单击“标尺工具”属性栏上的“拉直图层”按钮 ，可将图像沿所画的标尺线进行拉直，如图 1-5-14 所示。

图 1-5-14

若单击“标尺工具”属性栏上的“清除”按钮，即可清除标尺尺寸。

1.5.5 应用注释工具

注释工具一般是在团队协同工作时，便于下一道工序的顺利进行而使用的。通过使用注释工具可以在图像需要处理的区域添加文字注释、标识或其他相关信息，同时关闭“注释”面板，信息即会保存。“注释”工具可以多次添加使用，注释完成后，存储文件格式为 PSD 就可以将注释保存。

打开素材图像，选取工具箱中的“注释”工具，画面如图 1-5-15 所示。

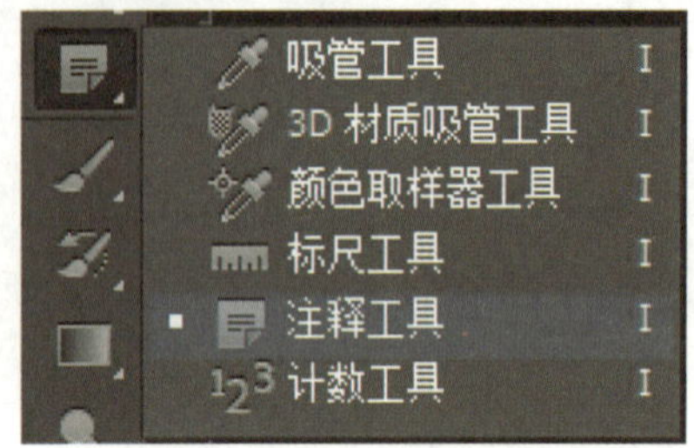

图 1-5-15

在图像编辑窗口中单击，将会弹出“注释”面板，在“注释”文本框中输入说明文字“华表光线不够均匀，需调整。”，如图 1-5-16 所示。

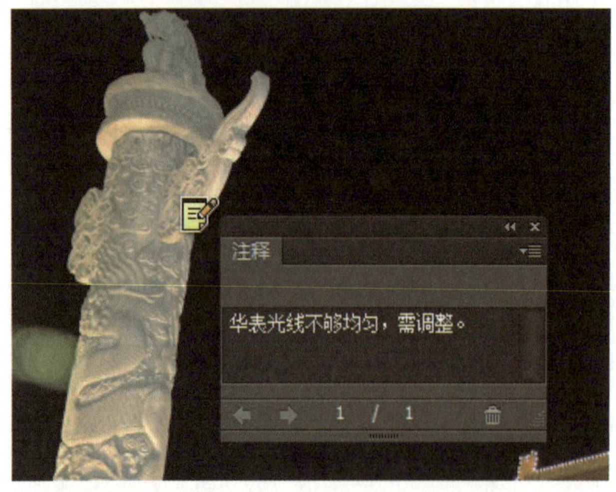

图 1-5-16

操作完成后，单击“注释”面板右上方的双三角形（三角形箭头向左）按钮，面板即被折叠，即可观察到素材图像中显示注释标记，如图 1-5-17 所示。

图 1-5-17

同时，在“注释”工具选项栏上可以设置各项参数，如图 1-5-18 所示。

图 1-5-18

继续在图像编辑窗口中的“天安门图像”处单击，弹出“注释”面板，在注释文本框中输入说明文字“曝光过度，需调整”，并在“注释”工具属性栏上设置作者为：三人行，颜色设置为红色。图像共计添加两个注释工具，画面效果如图 1-5-19 所示。

图 1-5-19

单击“注释”面板左下方的“选择上一注释”按钮或“选择下一注释”按钮，即可切换注释面板。

若单击工具属性栏上的“清除全部”按钮，将会弹出信息提示框，单击“确定”按钮即可清除注释，如图 1-5-20 所示。

图 1-5-20

在图像编辑窗口中，右击“注释”图标，在弹出的快捷菜单中可以执行“删除注释”或“删除所有注释”命令等，如图 1-5-21 所示。

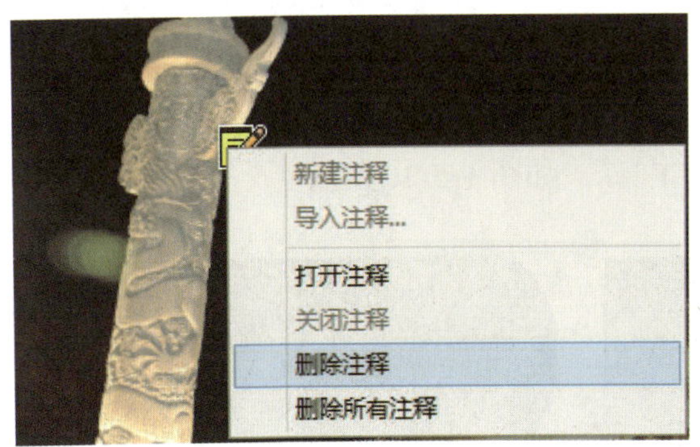

图 1-5-21

1.5.6 应用计数工具

在 Photoshop CS6 中，“计数工具”是用来统计图像中编辑对象的个数，并将这些数目显示在工具选项栏中。

打开素材图像，此时图像编辑窗口中的图像显示如图 1-5-22 所示。

图 1-5-22

选取工具箱中的计数工具，移动鼠标窗口中呈“1+”形状，选中具体图像单击，即可创建计数，如图 1-5-23 所示。

图 1-5-23

用同样的方法对每个图形依次创建计数，观察计数工具的属性栏，如图 1-5-24 所示。

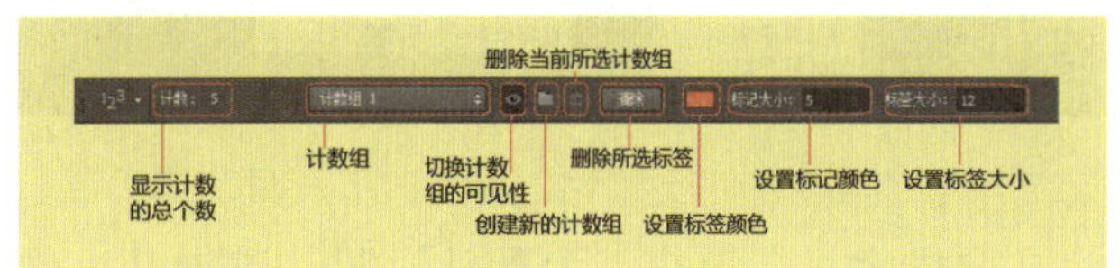

图 1-5-24

在计数工具属性栏中，“计数”不但显示总的数量，也显示组的数量。

“计数组”显示组的数量，通过“创建新的计数组”可以增加组的数量。单击“切换计数组的可见性”按钮，可以隐藏计数。

通过单击“计数组颜色”色块，在弹出的“拾色器（计数颜色）”对话框中可设置各选项，单击“确定”按钮即可更改当前计数组内标签的颜色，如图 1-5-25 所示。

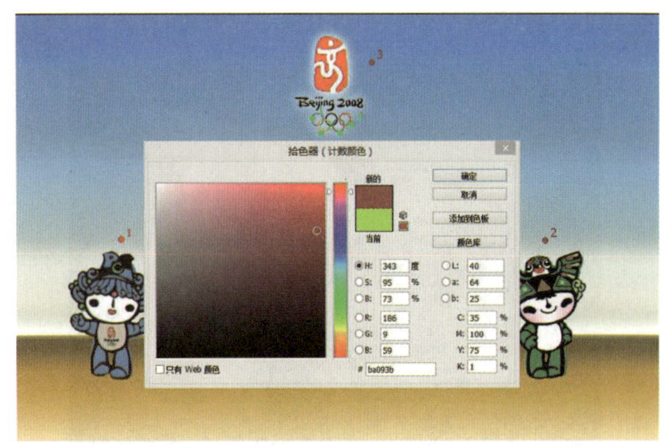

图 1-5-25

1.5.7 应用吸管工具

“吸管工具”可以在图像区域中进行颜色的采样，默认状态下吸取的颜色会替换工具箱中的前景色，如图 1-5-26 所示。

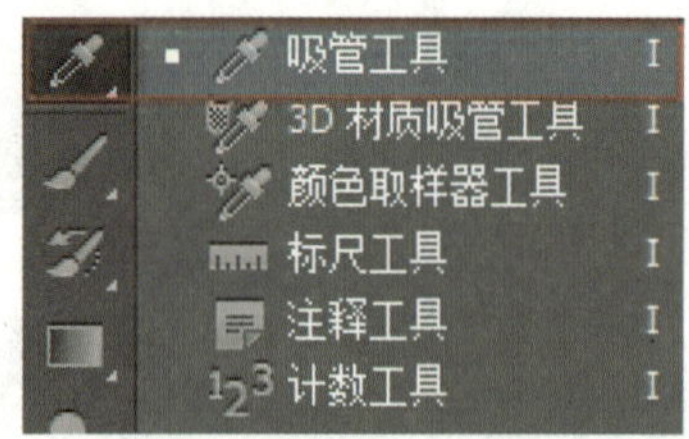

图 1-5-26

吸管工具选项栏如图 1-5-27 所示。

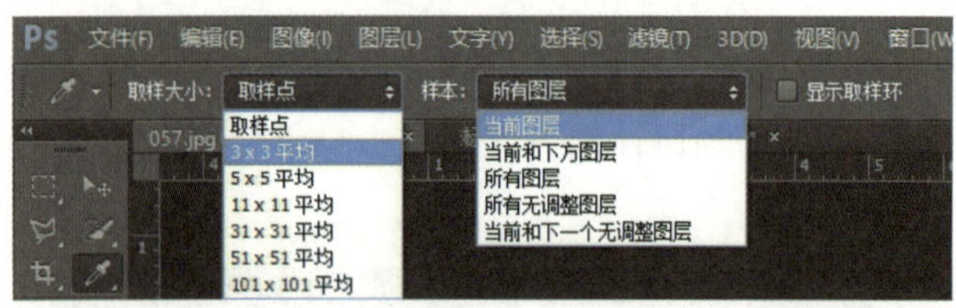

图 1-5-27

取样大小：取样点为默认设置，单击某一像素，该像素即为当前前景色颜色。取样大小中还有“3 x 3 平均”“5 x 5 平均”……“101 x 101 平均”选项供选择，其含义如下：以“31 x 31 平均”为例，选中此选项表示以 31 x 31 像素的平均值来选取颜色。

样本：是指吸管在具体图层中取样，其中，“所有图层”为默认值，吸管提取的颜色与图层无关，只与当前所单击的颜色有关。

显示取样环：选择该复选框，出现“√”并选中显示取样环。在 Photoshop CS6 图像中单击取样点时出现取样环，如图 1-5-28 所示。

图 1-5-28

若在使用“吸管工具”选取颜色时，按“Alt”键选择颜色，则选择的是背景色。

1.5.8 应用 3D 材质吸管工具

“3D 材质吸管工具”是 Photoshop CS6 中新增加的工具，主要用途是用来查看所用的材质类型，也可以吸取 3D 材质纹理以及查看和编辑 3D 材质纹理，3D 材质吸管工具如图 1-5-29 所示。

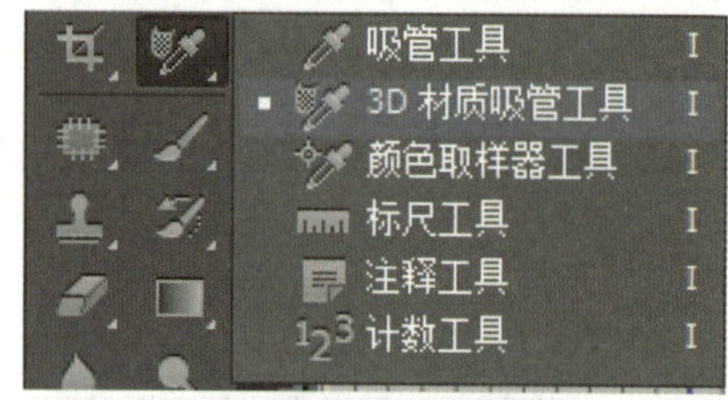

图 1-5-29

打开“LOVE”3D 文字文档，选择“3D 材质吸管工具”，如图 1-5-30 所示。

图 1-5-30

在需要吸取的 3D 材质上单击，该工具选项栏中即显示出该材质的类型，3D 材质吸管工具选项栏如图 1-5-31 所示。

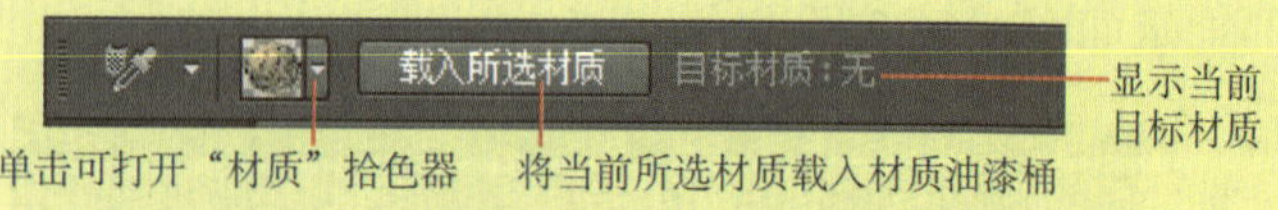

图 1-5-31

在 3D 材质吸取点上右击，在弹出的材质类型对话框中，选择要更改的 3D 材质即可，如图 1-5-32 所示。

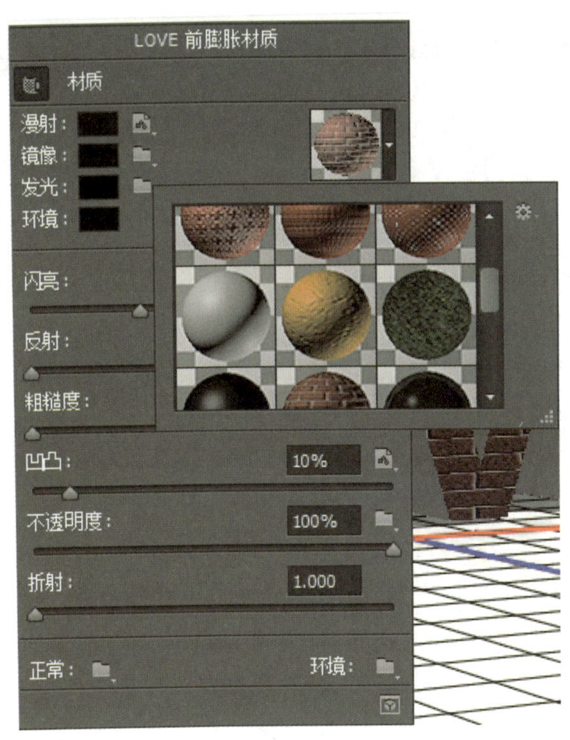

图 1-5-32

修改 3D 材质后的效果如图 1-5-33 所示。

图 1-5-33

更改 3D 材质的另一种方法是在 3D 材质吸管工具选项栏中，选择要更改的 3D 材质，按住“Alt”键，在需要更改材质的地方单击，也可更改 3D 材质。

1.5.9 应用颜色取样器工具

“颜色取样器工具”是“吸管工具”功能的延伸，它能够吸取记录 4 个取样点地方的颜色信息，并将颜色数值逐一显示在信息面板上（信息面板快捷显示可按“F8”键），这对于图像校色有重要的作用，如图 1-5-34 所示。

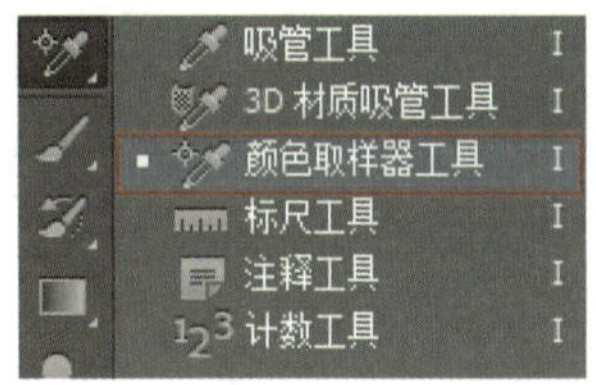

图 1-5-34

“颜色取样器工具”在图像中最多可以定义 4 个取样点，拖动鼠标即可移动取样点的位置，右击在弹出的面板中可以选择删除某一定义取样点，也可以鼠标拖动将其拖出画布删除。

打开素材图像，选择“颜色取样器工具”，依次在“人物”图像上单击取样，由此可以查看“肤色”的颜色信息值（以 RGB 数值显示），如图 1-5-35 所示。

图 1-5-35

当鼠标移动到某一个取样点上时右击，会弹出快捷菜单，如图 1-5-36 所示。

在颜色取样标号 3 上右击，在弹出的快捷菜单中执行“CMYK 颜色”命令，在信息面板上将以 CMYK 颜色值显示，如图 1-5-37 所示。

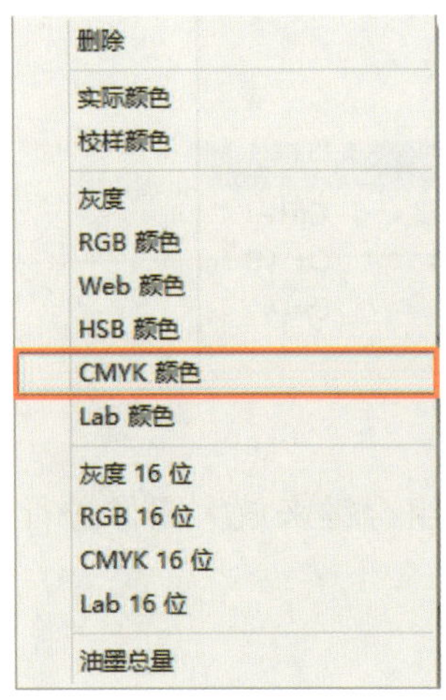

图 1-5-36

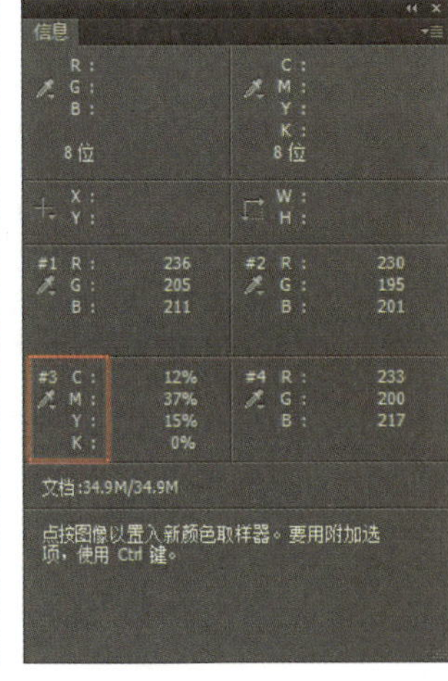

图 1-5-37

1.6 控制页面显示的方法

1.6.1 使用“视图”下拉菜单栏控制页面显示

在图像处理的过程中，有时需要放大或缩小图像在页面中的显示比例来观察整体的画面效果，接下来就来学习几种常用的控制页面显示的方法。

打开素材图像，此时，图像编辑窗口中的图像显示如图 1-6-1 所示。

图 1–6–1

一般我们在工作界面中进行放大 / 缩小图像的显示是通过单击工具箱中的“缩放工具 ”来完成（在后面的章节中会详细介绍），也可通过执行“视图→放大（I）”命令完成，如图 1-6-2 所示。

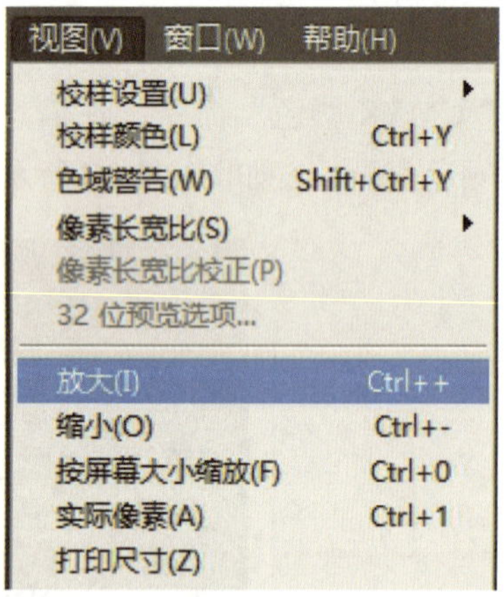

视图(V) 窗口(W) 帮助(H)

校样设置(U)
校样颜色(L) Ctrl+Y
色域警告(W) Shift+Ctrl+Y
像素长宽比(S)
像素长宽比校正(P)
32 位预览选项...
放大(I) Ctrl++
缩小(O) Ctrl+-
按屏幕大小缩放(F) Ctrl+0
实际像素(A) Ctrl+1
打印尺寸(Z)

图 1–6–2

或者使用“Ctrl++”组合键来放大图像进行显示，如图 1-6-3 所示。

图 1–6–3

反之，若执行“视图→缩小（O）”命令或者使用“Ctrl+–”组合键就可以缩小图像显示。

执行“按屏幕大小缩放（F）”命令或者使用“Ctrl+0”组合键可以将图像适配至屏幕大小显示。

执行“视图→实际像素（A）”命令或者使用“Ctrl+1”组合键可以将图像按像素值多少来显示。像素值高局部显示就大，反之则小。

执行“视图→打印尺寸（Z）”命令可以将图像以打印尺寸显示。

1.6.2 使用“导航器”控制页面显示

执行“窗口→导航器”命令，即可弹出“导航器”工具面板，如图 1-6-4 所示。

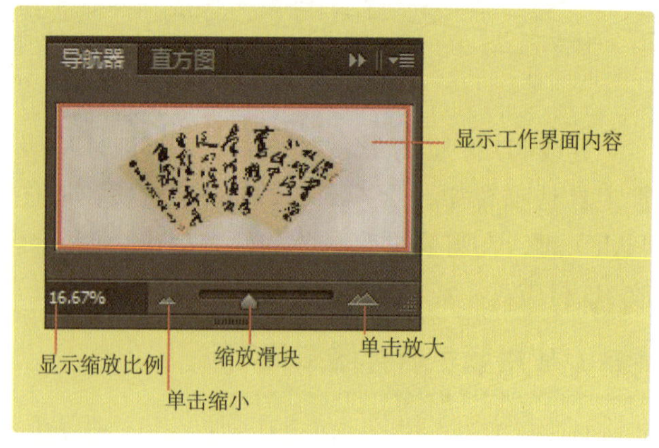

图 1–6–4

当拖动“缩放滑片”向右滑动则会放大图像在页面中的显示，如图 1-6-5 所示。

放大图像可便于检查制作中的细节，当图像放大到一定程度时，可以拖动红色方框来选择需要调整的区域，如图 1-6-6 所示。

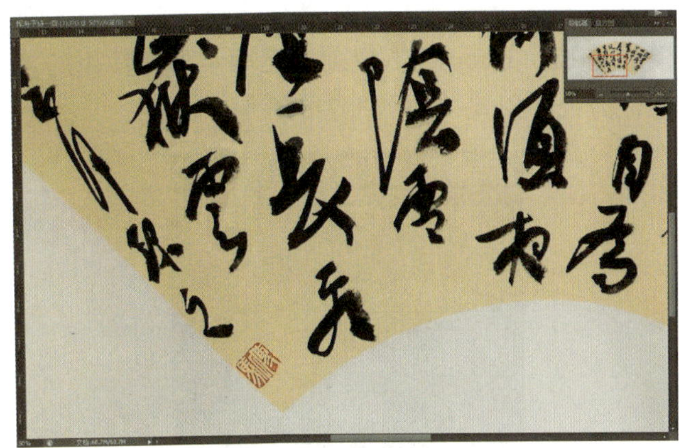

图 1-6-5

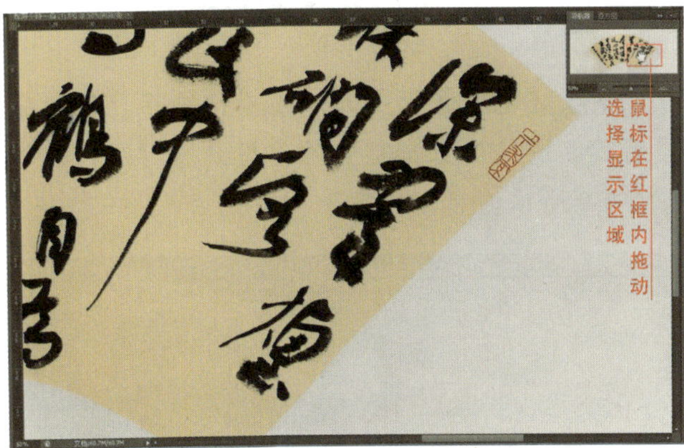

图 1-6-6

1.7 裁剪图像

1.7.1 裁剪工具

裁剪图像常用的就是“裁剪工具”，为了使图像构图更合理，可使用裁剪工具裁掉不需要的部分。“裁剪工具组”包括 4 个工具：裁剪工具、透视裁剪工具、切片工具、切片选择工具，可以通过按“Shift+C”组合键来切换组内的不同工具，如图 1-7-1 所示。

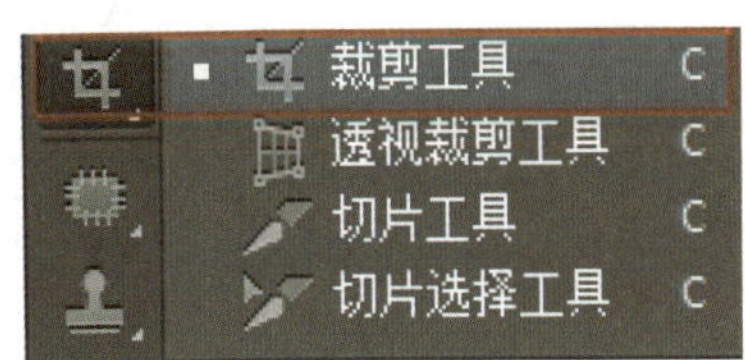

图 1-7-1

裁剪工具选项栏如图 1-7-2 所示。

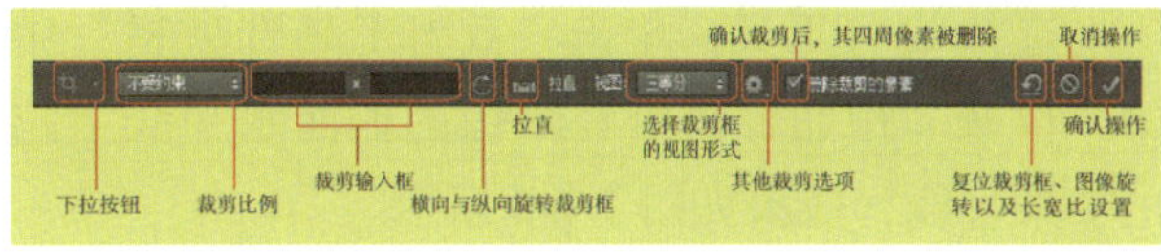

图 1-7-2

下拉按钮：单击工具图标右侧的下拉按钮，可打开预设选取器，在预设选取器中可以选择预设的参数来对图像进行裁剪。

裁剪比例：单击该下拉按钮，在弹出的下拉列表框中可以显示当前的裁剪比例或设置新的裁剪比例，一般默认为“不受约束”；如图 1-7-3 所示。

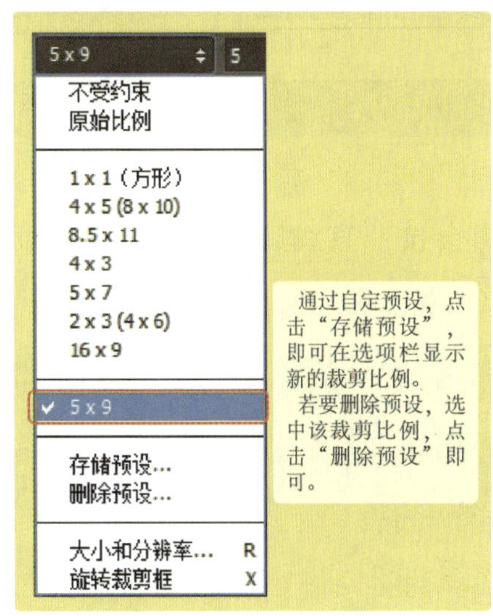

图 1-7-3

若 Photoshop CS6 软件的当前图像中已有选区，则显示为选区。

裁剪输入框：可以自由设置裁剪的长宽比。

横向与纵向旋转裁剪框：用来设置纵向或横向的裁剪。

拉直：用来矫正倾斜的照片，如打开素材图像，如图 1-7-4 所示。

图 1-7-4

选择裁剪工具，单击“裁剪工具选项栏”中的“拉直”按钮，可沿着图像的地面水平线上拉出一条直线，效果如图 1-7-5 所示。

图 1-7-5

图像会按照直线旋转为正常的角度，如图 1-7-6 所示。

图 1-7-6

视图：用来设置裁剪框的视图形式，如对角、网格、黄金比例和金色螺线等，可通过参考视图辅助线来裁剪出完美的构图，如图 1-7-7 所示。

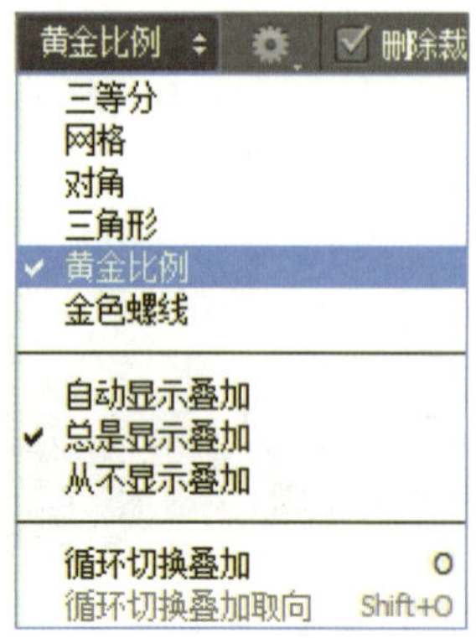

图 1-7-7

其他裁剪选项：可以设置裁剪的显示区域，以及裁剪屏蔽的颜色、不透明度等，其中的经典模式是 Photoshop CS6 以前的老版本一直使用的传统裁剪视图模式，如图 1-7-8 所示。

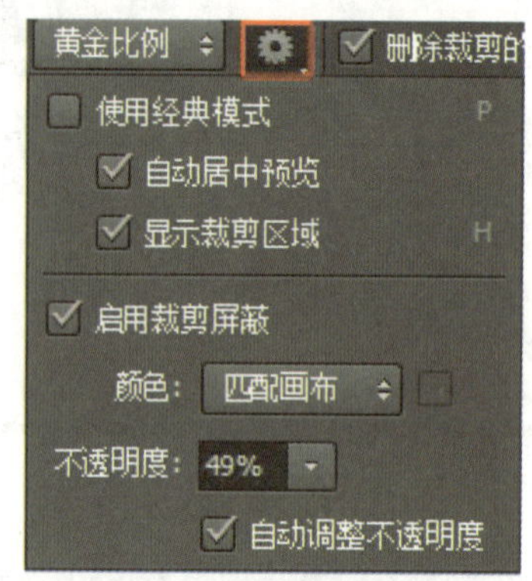

图 1-7-8

删除裁剪的像素：勾选该复选框后，裁剪完成后其四周的像素都被删除。打开素材图像，如图 1-7-9 所示。

图 1-7-9

选择裁剪工具，在“裁剪选项栏”中的“裁剪比例”下拉列表框中选择“原始比例”，其他选项默认，如图 1-7-10 所示。

图 1-7-10

调整裁剪框，移动画面至满意的构图后双击，即可完成裁剪，如图 1-7-11 所示。

图 1-7-11

1.7.2 透视裁剪工具

透视裁剪工具是 Photoshop CS6 中新增的工具，它可以在裁剪的同时重新处理图像的透视关系，其工具选项栏如图 1-7-12 所示。

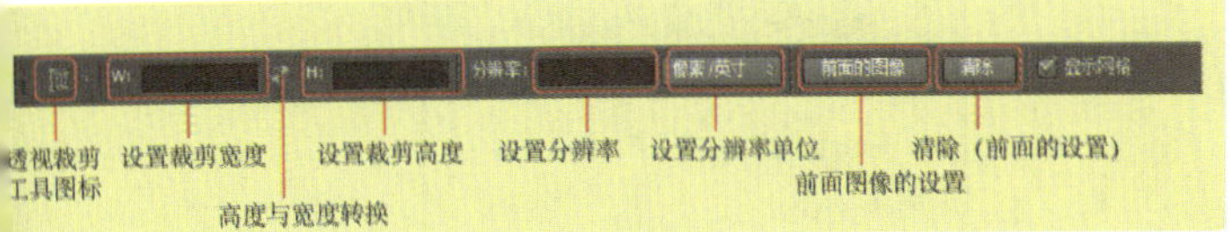

图 1-7-12

前面的图像：单击该按钮可以使裁剪后的图像与之前打开的图像大小相同。

清除：单击该按钮可以清除输入框中的数值（为前面设置时留下的）。

显示网格：勾选显示网格复选框，会显示裁剪框的网格；反之，则仅显示外框线。

打开素材图像，如图 1-7-13 所示。

图 1-7-13

选择工具箱中的“透视裁剪工具”，在该工具选项栏中设置宽为 1500 像素，高为 1000 像素，分辨率为 200dpi。在图像中需要裁剪的部分的四个角分别单击，绘制裁剪框，如图 1-7-14 所示。

图 1-7-14

按住鼠标左键并拖动来调整裁剪框的大小，按回车键或双击，即可得到所设置的图像，最终调整结果如图 1-7-15 所示。

图 1-7-15

需要注意的是，若按住“Alt”键的同时单击图像的任何位置，可以将 Photoshop CS6 透视裁剪框中心点移到该位置，中心点的变化会影响图像裁剪的结果。

1.7.3 切片工具

切片工具主要用于 web 网页图像文件的分割处理，以提高网页图片的打开速度。通过该工具可以把图片切割成若干个小图片，所以切片分为两种，一种是用户切片，一种是衍生切片。这个工具在网页设计中运用得比较广泛，可以把做好的页面效果图按照自己的需求切割成小块，并可直接输出网页格式，非常实用。

打开素材，如图 1-7-16 所示。

图 1-7-16

单击工具箱中的“切片工具”，拖动鼠标，切割图像到需要的片数，如图 1-7-17 所示。

图 1-7-17

保存切片不同于保存其他的文件，执行“文件→存储为 web 所用格式”命令，在弹出的对话框中，根据需要进行设置，单击“储存”按钮。最后在弹出的存储对话框中设置好各个选项，单击“保存”按钮即可存储切片文件，如图 1-7-18 所示。

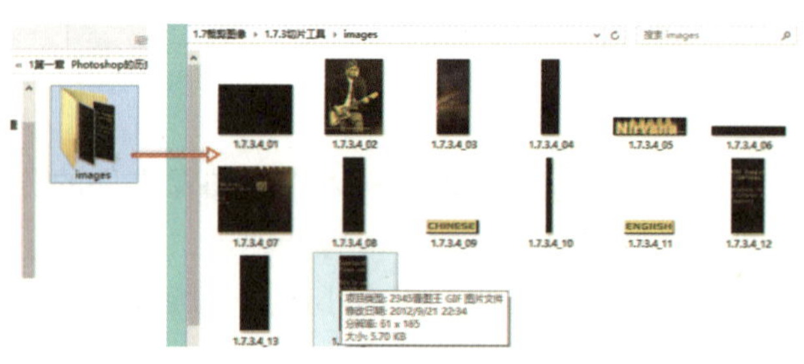

图 1-7-18

1.7.4 切片选择工具

“切片选择工具”主要用来调整切片的大小，有编辑切片和重新分割切片等作用。在打开的切片文件中单击，选中该切片，鼠标指针在移动至四周边缘，鼠标指针变成上下或左右箭头，即可调整切片的大小，如图 1-7-19 所示。

图 1-7-19

若要删除切片，则需要选中“用户切片”右击，弹出快捷菜单，执行“删除切片”命令即可，如图 1-7-20 所示。

若执行“编辑切片选项”命令，弹出对话框，可在其中设置各个选项，如图 1-7-21 所示。

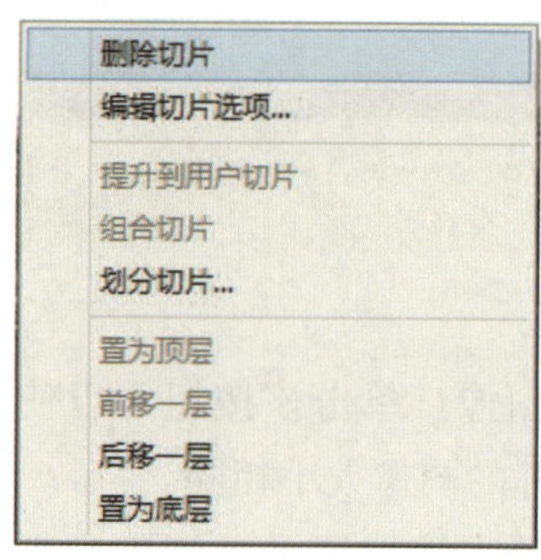

图 1-7-20

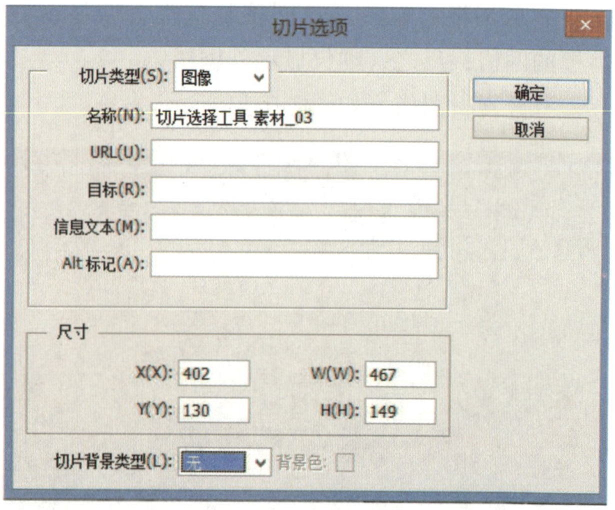

图 1-7-21

各个选项的介绍分别如下：

（1）名称：设置切片名称。

（2）URL：设置单击切片后打开的网站的网址。

（3）目标：打开网址的方式（在浏览器的新窗口中打开）。

（4）信息文本：输入想要显示的文本，在网页浏览器的左下角将会显示所输入的文本。

（5）Alt 标记：输入文本，当鼠标指针停放在所输入标记的切片上不动时，将提示所输入的文本内容。

若需要对切片再次划分，选中某一切片右击，在弹出的快捷菜单中执行“划分切片”命令，在“划分切片”对话框中可以对切片同时进行水平和垂直划分，如图 1-7-22 所示。

因为切片工具和切片选择工具在网页设计中有更为精细的讲解，这里只是简单介绍。

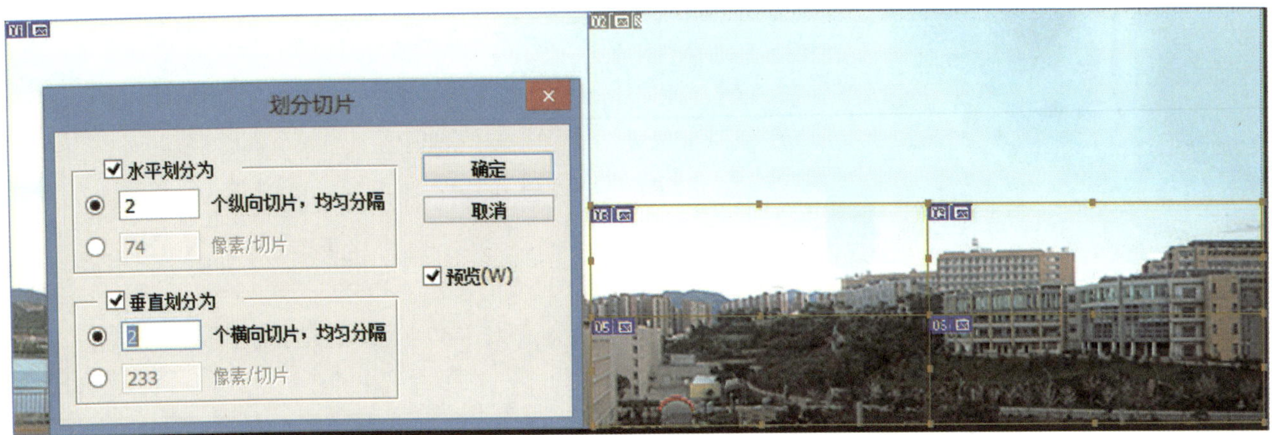

图 1-7-22

第2章 选区工具的应用

学习目标

通过本章的学习，能够学会利用工具箱中的工具创建规则与不规则的选区，并能够对选区进行编辑，还应掌握如何取消、存储与载入选区以及填充选区等操作。

知识导图

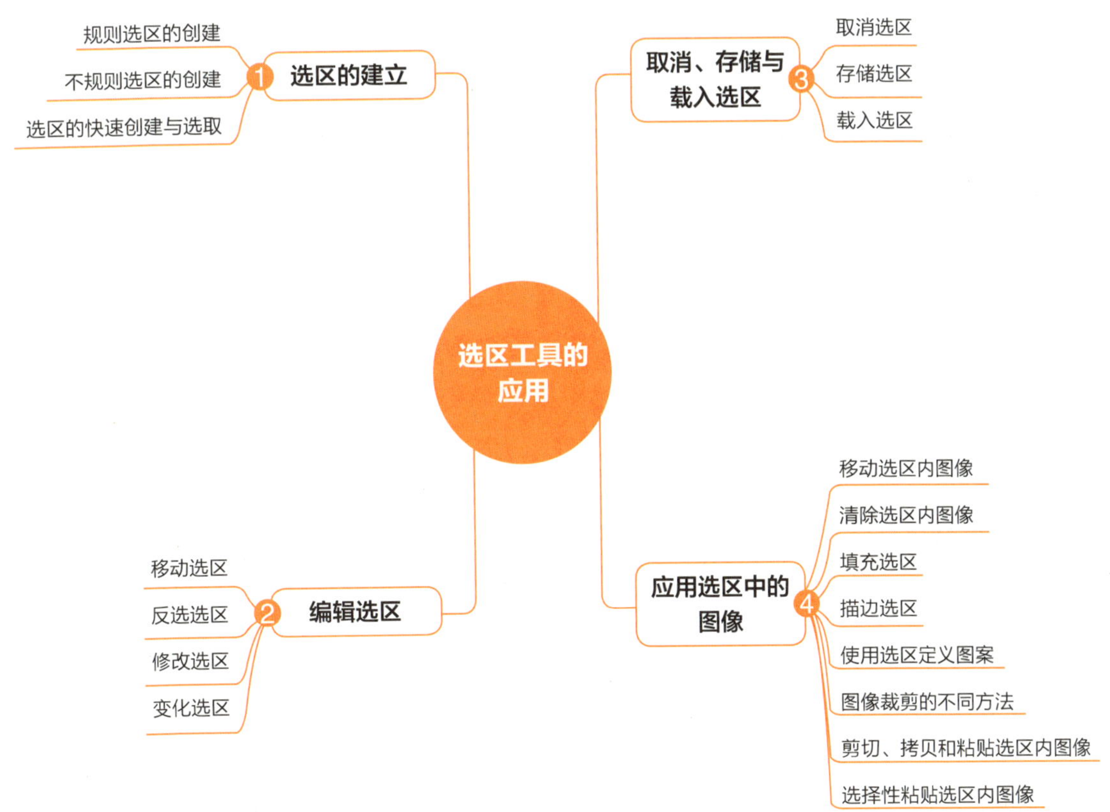

在 Photoshop CS6 中对图像进行编辑操作时，一般需要制作有效选区，选区的创建是 Photoshop 软件中重要的内容。一般包括图像选区的创建、选区的编辑、变换与存储等。通过对选区的深度学习，可以为后面的图像处理打下坚实的基础。

2.1 选区的建立

在 Photoshop 图像处理中，我们需要建立选区对某一部分图像的局部进行加工处理。那么，常见的创建选区的工具是比较多的，如选框工具、套索工具以及魔棒工具等。选区在外观上呈现两种形态，一种是规则选区，一种是不规则选区。

2.1.1 规则选区的创建

规则选区工具组中包括矩形选框工具、椭圆选框工具、单行选框工具和单列选框工具，可以通过按“Shift+M”组合键来切换组内的矩形选框工具和椭圆选框工具，如图 2-1-1 所示。

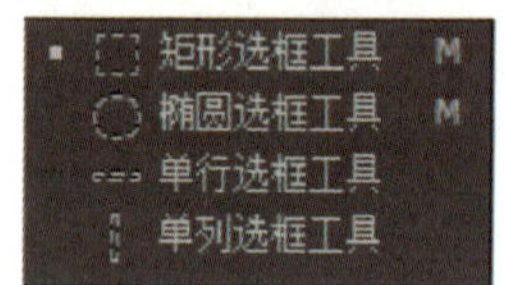

图 2-1-1

选框工具的工具选项栏如图 2-1-2 所示。

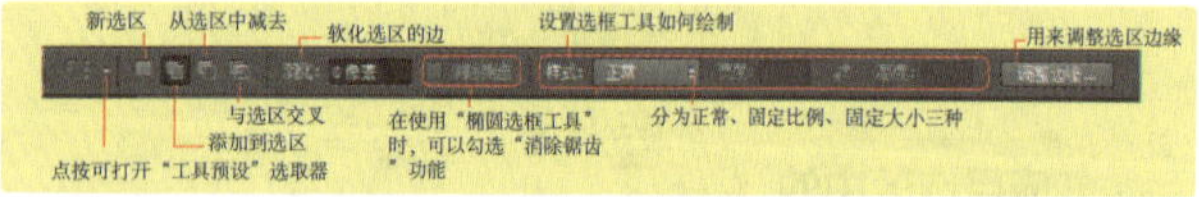

图 2-1-2

其中，单击“新选区”按钮就是单独绘制一个选区，若单击“添加到选区”按钮就是可以在原来选区的基础上同时增加一个或多个新的选区，相当于在选择“新选区”条件下，按住“Shift”键来进行多个矩形框绘制的操作。

“样式”下拉列表框中有三个选项，一是“正常”选项为系统默认设置，用于建立任意大小的选区；二是“固定比例”选项，是用来建立具有一定长宽比例的选区，“宽度”和“高度”就是用于设置长宽比例关系的；三是“固定大小”选项，用来建立固定大小的选区，这里的“宽度”和“高度”就是用于精确指定选区的宽度和高度。

矩形选框工具与椭圆选框工具的工具选项栏相似，区别仅在“消除锯齿”选项上。

不论我们创建矩形选区还是绘制椭圆形选区时，若想创建正方形或正圆，都需要按住“Shift”键的同时拖动鼠标。若想以鼠标的起点为中心点来创建正方形或正圆，则需要按住“Alt+Shift”组合键来拖动鼠标进行创建。

在 Photoshop CS6 中，打开素材图像，如图 2-1-3 所示。

选择矩形选框工具，创建任意一矩形选区，矩形以内的选区即为选中图像，如图 2-1-4 所示。

图 2-1-3

图 2-1-4

选择椭圆选框工具，按住“Shift”键并拖动鼠标，圆形选区内的图像即为选中图像，如图 2-1-5 所示。

若这时执行“选择→反向（I）”命令或者按“Shift+Ctrl+I”组合键，选择的图像选区会发生反转，圆形以外的区域即为选中区域，如图 2-1-6 所示。

图 2-1-5

图 2-1-6

执行“编辑→剪贴（T）”命令或者按“Ctrl+X”组合键，圆形以外的区域被剪走，留下圆形内的区域（剪贴后的图像底色受工具箱中背景色的影响），如图 2-1-7 所示。

图 2-1-7

我们可以通过在椭圆选框工具的工具选项栏中设置羽化值来创建新的选区，从而获取边缘线较为柔和的图像，如图 2-1-8 所示。

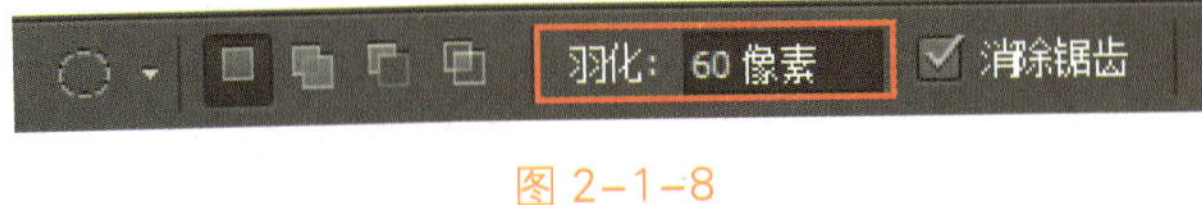

图 2-1-8

创建新的圆形选区，执行“选择→反向（I）”命令或按“Ctrl+X”组合键，得到与图 2-1-7 边缘线不同的图像效果，如图 2-1-9 所示。

需要注意的是，羽化半径的大小影响选区边界的柔和程度，此值越大，选区边界越柔和，但是羽化值过大，将会弹出警告对话框，如图 2-1-10 所示。

单行选框工具和单列选框工具的使用方法较为简单，即选中工具后，通过在工作界面中单击就可以创建单行或单列选区。

单行选取的创建如图 2-1-11 所示。

图 2-1-9

图 2-1-10

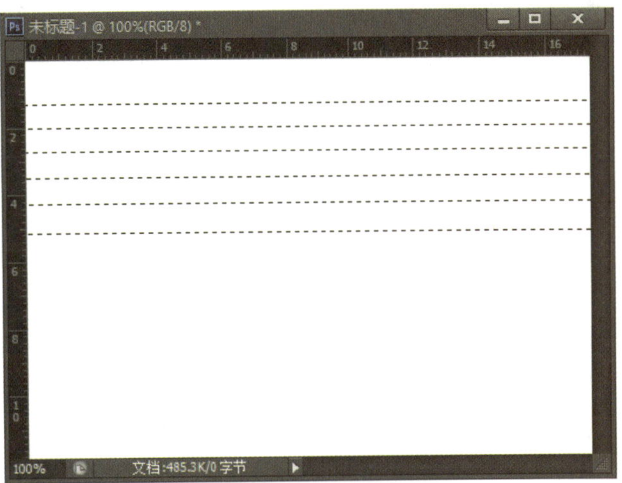

图 2-1-11

单列选区的创建如图 2-1-12 所示。

图 2-1-12

利用单行选框工具和单列选框工具创建斜线底纹。选择单行选框工具，按住“Shift”键，在工作界面中不断添加选区，执行“选择→变换选区（T）”命令，如图 2-1-13 所示。

图 2-1-13

在默认状态下，单行和单列选框工具主要用于创建高度或宽度均为 1 像素的线条。

值得注意的是，在按住“Alt”键的同时单击工具箱的矩形选框工具或椭圆选框工具、单行选框工具或单列选框工具，即可完成不同工具之间的循环转换。该命令针对所有工具箱的工具有效。

2.1.2 不规则选区的创建

套索工具有三种：套索工具、多边形套索工具和磁性套索工具，套索工具可以有目的性地选取不规则的图像区域，如图 2-1-14 所示。

图 2-1-14

使用套索工具可以有目的性地创建不规则曲线选区。选择套索工具，在图像工作界面中按住鼠标手绘一圈，即可得到一个选区，如图 2-1-15 所示。

图 2-1-15

在“套索工具”选项栏中可以设定“消除锯齿”和“羽化”值，具体操作和“矩形选框工具”的选项栏相同。

使用套索工具创建选区时，无论任何时间松开鼠标，都会出现起点与终点直接相连的闭合选区。

多边形套索工具：使用该工具可以创建不规则的多边形选区，如三角形、梯形、五角星等。选择多边形套索工具，在工作界面中单击图像某一位置，确定起点，然后沿着对象的轮廓单击各个顶点，当多边形的起点和终点重叠时，鼠标指针右下角会出现一个小圆圈时单击，即形成闭合选区，如图 2-1-16 所示。

图 2-1-16

值得注意的是，使用多边形套索工具时，若起点和终点之间没有重叠，双击后起点和终点会自动连接，形成一个闭合选区。在使用多边形套索工具时，若在选取的同时按住“Shift”键，则可按水平、垂直或 45° 方向进行选取；若按“Delete”键，则可以删除最近选取的一条线段；依此类推，直到线段被删除；若按“Esc”键，则取消该命令操作。

磁性套索工具：该工具是具有自动识别和吸附功能的新型套索工具。通过对工具的选项栏中的参数进行设置，可以更好地控制其依照图像色彩的差异来进行识别选取，如图 2-1-17 所示。

图 2-1-17

“宽度”：此选项用于设定系统选区时能够检测的边缘宽度。系统将以鼠标指针所在位置为中心指定检测的边缘宽度，值越小，检测精度越精确。此值的范围为 1~256 像素。

“对比度”：此选项用于设置选区时的边缘反差，值越大，反差越大，选区的范围也越精确。此值的取值范围为 0~100。

“频率”：此选项用于设定创建关键点的频率（速度），值设置得越大，系统创建关键点的速度越快，生成的锚点也就越多，捕捉到的边缘也就越准确。此参数的设置范围为 0~100。

：此工具用于使用绘图板压力以更改钢笔宽度。

打开素材图像，如图 2-1-18 所示。

图 2-1-18

选择磁性套索工具，在工具选项栏中设置完成后，单击花朵的边缘作为起点，然后沿着图像的边缘移动鼠标指针，随着鼠标指针的移动，锚点逐一被建立，鼠标指针移动一圈后，起点与终点重合，在其右下角出现一个小圆圈后单击，即可建立选区，如图 2-1-19 所示。

图 2-1-19

值得注意的是，在选取磁性套索工具时，按“Delete”键或者“Backspace”键可以删除节点，再重新选取。

执行“选择→反向（I）”命令后，再执行“编辑→剪贴（T）”命令或者按“Ctrl+X”组合键，圆形以外的区域被剪走，只留下圆形内的区域（剪贴后的图像底色受工具箱中背景色的影响），如图 2-1-20 所示。

图 2-1-20

2.1.3 选区的快速创建与选取

选区的快速选取，一般可借助快速选择工具、魔棒工具，以及执行“色彩范围”命令。它们都是通过颜色的差异来选取图像，如图 2-1-21 所示。

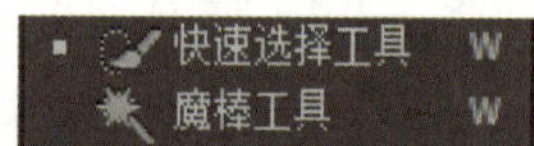

图 2-1-21

（1）快速选择工具：类似于笔刷，并且能够调整圆形笔尖的大小来绘制选区。选区会随着鼠标指针的移动自动按照图像中的设置来扩展边缘。这是一种基于色彩差别但却是用画笔智能查找主体边缘的新方法，如图 2-1-22 所示。

对所有图层取样 自动增强 调整边缘...
新选区
添加选区
减去选区
单击以打开“画笔”选取器
从复合图像中进行颜色选区
自动增强选区边缘

图 2-1-22

没有选区时，默认的选择方式是新建，选区建立后，自动改为添加到选区，若按住“Alt”键，选择方式变为从选区减去。

在“画笔”选取器中，可以设置画笔的大小、硬度、间距、角度、圆度等。初选离边缘较远的较大区域时，画笔尺寸可以大些，以提高选取的效率，但对于小块的主体或修正边缘时则要切换成小尺寸的画笔。大画笔选择快，但选区边缘过于粗糙；小画笔虽然选择小、选择慢，但得到的边缘精度较高。

更改画笔大小的方法：在建立选区后，在英文输入模式下，按“]”键可增大快速选择工具画笔的大小；按“[”键可减小画笔的大小。

“自动增强”：勾选此复选框后，可减少选区边界的粗糙度和块效应，即“自动增强”使选区向主体边缘进一步流动并可以做一些边缘调整。一般应勾选此复选框。

“对所有图层取样”：当图像中含有多个图层时，选中该复选框，将对图像中所有可见图层的图像起作用；没有选中时，魔棒工具只对当前图层起作用。

在 Photoshop CS6 软件中打开素材图像，执行“窗口→排列→双联垂直”命令，将会得到如图 2-1-23 所示的画面。

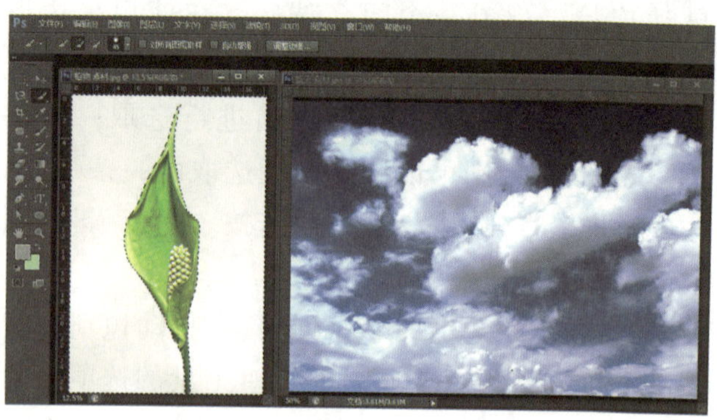

图 2-1-23

选择“快速选择工具”，在花朵的四周进行单击，选中白色背景，若有漏选的地方可以按“Shift”键，将其添加到选区中；若有多选的地方，可以按住“Alt”键再单击，将其从选区中减去。执行“选择→反向（I）”命令或者按“Shift+Ctrl+I”组合键，选择移动工具，按住鼠标左键将花朵拖动到“蓝天”图像上，即可得如图 2-1-24 所示的效果。

图 2-1-24

（2）魔棒工具：可以选取图像中颜色相同或颜色相近的不规则区域。单击工具箱中的“魔棒工具”按钮，鼠标指针在图像区域中变成了魔棒形状，单击需要选取图像中的任意一点，工作界面图像中与该点颜色相同或相似的颜色区域将会被自动选取，其工具选项栏中不仅可以设置颜色的选择范围，还可以控制是否在所有图层中取样，如图 2-1-25 所示。

增加选区
从复合选项中进行颜色取样
创建新选区
减少选区
交叉选区
工具取样的最大像素数目，常用于边缘抠图
设置颜色取样时的范围
平滑边缘转换
只对连续像素取样

图 2-1-25

“取样大小”：设置的是工具取样的最大像素数目，常用于边缘抠图。

“容差”：是影响 Photoshop CS6 魔棒工具性能的重要选项，用于控制色彩的范围，参数设置范围为 0~255。输入的数值越大，选取的颜色范围越大；输入的数值越小，选取的颜色与单击处图像的颜色越接近，范围也就越小。

勾选“连续”复选框，可以只选取相邻的图像区域，未选中该复选框时，可将不相邻的区域也添加入选区中。反之，则选择整幅图像中颜色在容差范围内的像素。

勾选“对所有图层取样”复选框，则对图像中所有的可见图层取样，否则只作用于当前图层。

打开素材，分别不勾选“连续的”复选框来创建选区与勾选“连续的”复选框创建选区，对比效果分别如图 2-1-26（a）、（b）所示。

（a）

（b）

图 2-1-26

（3）“色彩范围”命令：该工具使用较为简单方便，用户可以通过“色彩范围”对话框预览创建的区域并适当进行调整，如图 2-1-27 所示。

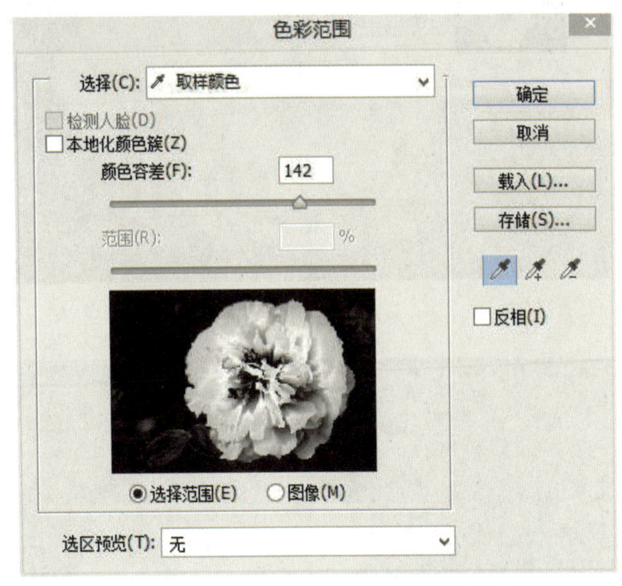

图 2-1-27

在“色彩范围”对话框的“选择”下拉列表框中，可以选择颜色或色调范围。当选择“取样颜色”选项时，可以使用对话框中的吸管工具在预览区域或者图像中单击，拾取图像中的颜色。使用“颜色容差”工具拾取颜色后，可以调整“颜色容差”滑块来设置颜色的范围，向右滑动，数值增大，包含的颜色范围越广，选区也就越大。在“选区预览”下拉列表框中可以更改选区的预览方式。

同时，Photoshop CS6 在“色彩范围”对话框中新增加了“检测人脸”功能。该功能是通过肤色来隔离色调，在进行更为准确的肤色选择时，可勾选“检测人脸”复选框，然后调整颜色容差以指定选区中颜色范围的高低程度。

打开素材图像，单击工具箱中的“吸管工具”，执行“选择→色彩范围”命令，打开“色彩范围”对话框，如图 2-1-28 所示。

拖动“颜色容差”滑块，将其设置要选取的范围，借助“吸管工具”中的“添加到取样”和“从取样中减去”来修整选区，如图 2-1-29 所示。

执行“选择→反向（I）”命令或者按“Shift+Ctrl+I”组合键，再按下“Delete”键，弹出“填充”对话框，在“使用”下拉列表框中选择“背景色”选项，如图 2-1-30 所示。

单击“确定”按钮，效果如图 2-1-31 所示。

图 2-1-28

图 2-1-29

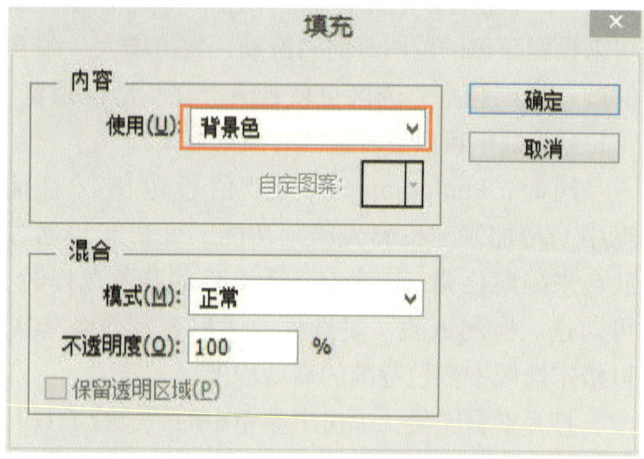

图 2-1-30

图 2-1-31

此外，如果需要把整幅图像都作为选区来调整，则可执行“选择→全部（A）”命令或者按“Ctrl+A”组合键即可。

执行“扩大选取”命令扩大选区时先要选择一小块选区，执行此命令后，可以选取相邻的像素。

打开素材，使用椭圆选框工具，在图像白云上任意画一圆，效果如图 2-1-32 所示。

图 2-1-32

执行“选择→扩大选取”命令，效果如图 2-1-33 所示。

图 2-1-33

需要注意的是，执行“扩大选取”命令所扩大的选区是与原选区相邻且色彩相近的选区，其扩大的范围由当前魔棒工具属性栏中的容差值决定的。

（4）“选取相似”命令：执行该命令扩大选区也是先要选择一小块选区，执行此命令后，可以选取画面中所有相邻的像素，如图 2-1-34 所示。

图 2-1-34

执行“选择→选取相似”命令，效果如图2-1-35所示。

图 2-1-35

2.2 编辑选区

对于已经建立起来的选区，可以对它们进行编辑。一般选区的编辑包括移动、反选、羽化以及修改等。

2.2.1 移动选区

移动选区的情况分为两种，一种是选区正在创建时移动选区，另一种是选区建成后移动选区。下面先来学习第一种操作方法。

打开素材图像，如图2-2-1所示。

选择椭圆选框工具，拖动鼠标的过程中，按住“Shift+Alt”组合键，形成正圆选区，如图2-2-2所示。

若要将正圆选区放在立方体石膏上，需要继续拖动鼠标，在按下“Shift+Alt”组合键的同时按下空格键，即可移动选区至需要的位置，如图2-2-3所示。

图 2-2-1

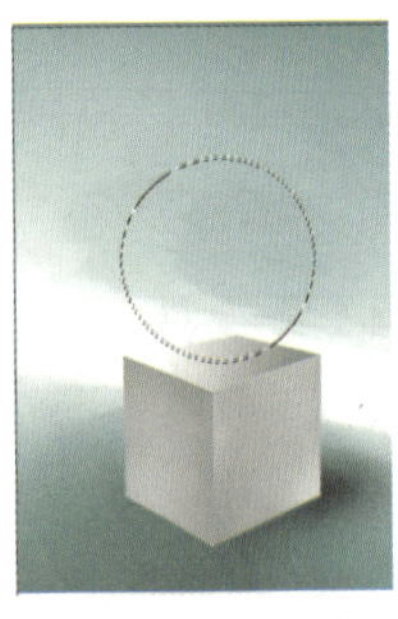
图 2-2-2

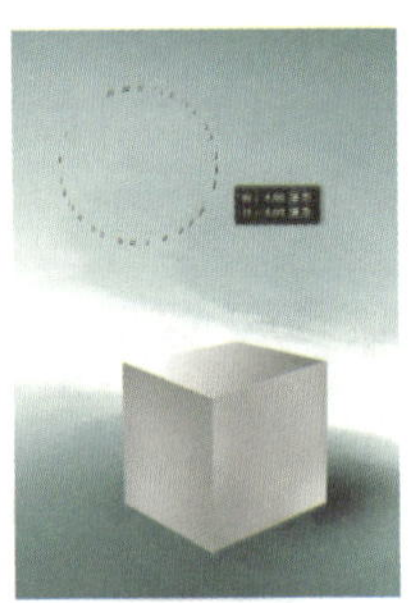
图 2-2-3

新建图层，选择“渐变工具”(该工具的操作在后面的内容中有详细介绍)，在“渐变工具”选项栏中进行设置，如图2-2-4所示。

图 2-2-4

画面最终效果如图2-2-5所示。

移动建成后的选区也有两种方法，一是通过直接拖动鼠标，二是通过键盘上的方向键移动。对于精确移动我们多使用第二种方法。

打开素材，创建新选区，同时在工具选项栏中按“新选区”按钮，如图2-2-6所示。

将鼠标指针放置于选区内，当鼠标指针变为形状时，即可拖动鼠标，移动选区，如图2-2-7所示。

图 2-2-5

图 2-2-6

图 2-2-7

借助方向键移动选区，当需要精确地移动选区时，可以使用键盘上的四个方向键，按不同方向的键一次移动1个像素，若在按住“Shift”键的同时按方向键，则可以一次移动10像素。

2.2.2 反选选区

反选选区是指选取图像中除当前选区以外的区域。该工具常和“色彩范围”工具、魔棒工具一起使用。

打开素材，使用“色彩范围”对话框和魔棒工具增减选区，如图 2-2-8 所示。

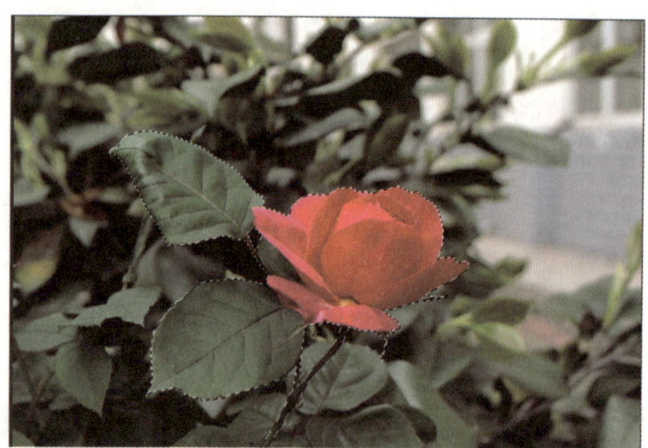

图 2-2-8

执行“选择→反向（I）”命令或者按“Shift+Ctrl+I”组合键，即可实现反选操作，如图 2-2-9 所示。

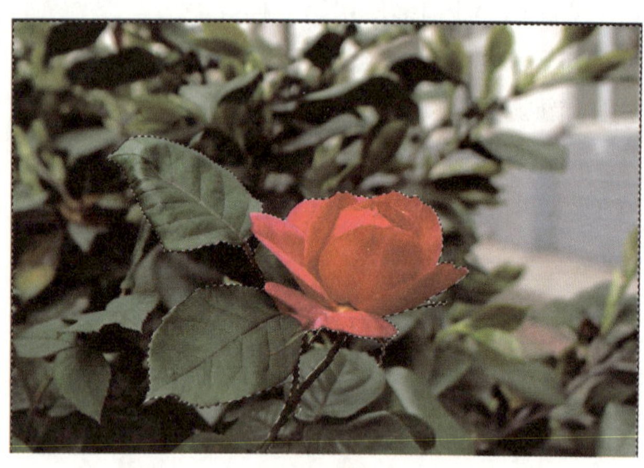

图 2-2-9

按“Delete”键，弹出“填充”对话框，在“内容”栏“使用”下拉列表框中选择“背景色”，如图 2-2-10 所示。

填充
内容
使用(U): 背景色
确定
取消
自定图案:
混合
模式(M): 正常
不透明度(O): 100 %
保留透明区域(P)

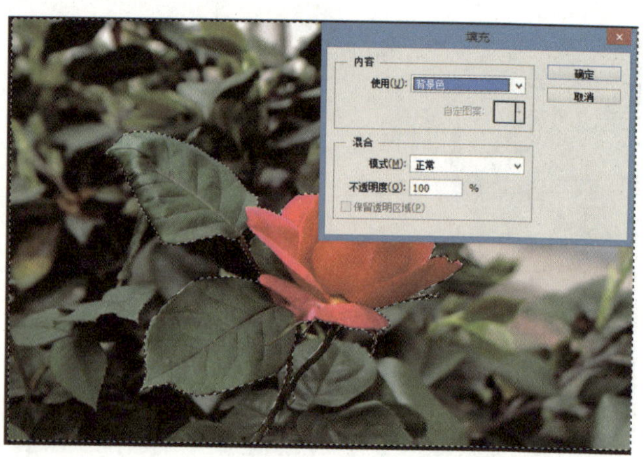

图 2-2-10

单击“确定”按钮，效果如图 2-2-11 所示。

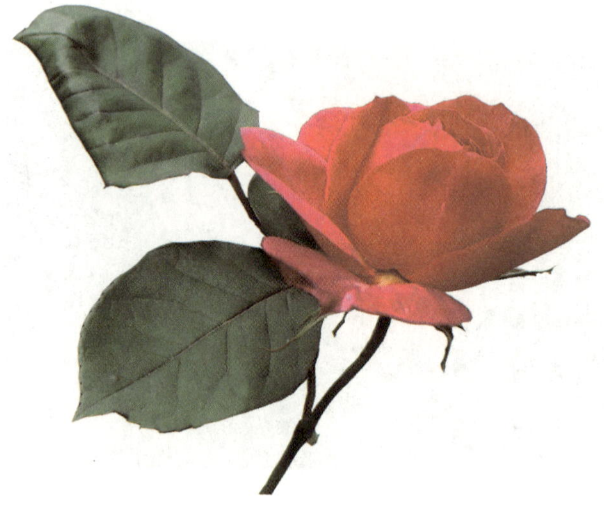

图 2-2-11

2.2.3 修改选区

选区的修改一般可通过执行“选择→修改”命令实现，其可供修改的包含边界、平滑、扩展、收缩以及羽化，如图 2-2-12 所示。

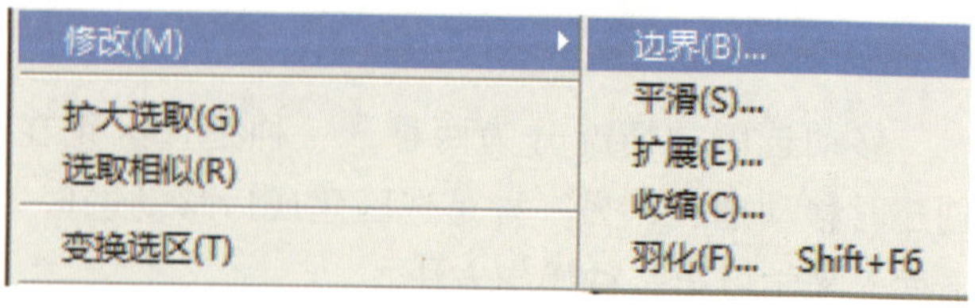
修改(M)
扩大选取(G)
选取相似(R)
变换选区(T)
边界(B)...
平滑(S)...
扩展(E)...
收缩(C)...
羽化(F)... Shift+F6

图 2-2-12

（1）“边界”命令就是在现有选区边界的内部和外部依据“边界”对话框的数值共同形成一个环形的选区。其操作方法如下。

打开素材，使用“魔棒工具”新建黑色文字的选区，执行“选择→修改→边界”命令，打开“边界选区”对话框，将“宽度”的值设置为12像素，如图2-2-13所示。

单击“确定”按钮，效果如图2-2-14所示。

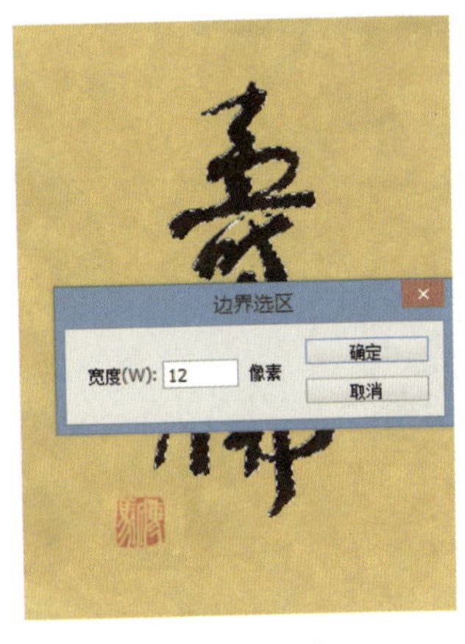

图 2-2-13

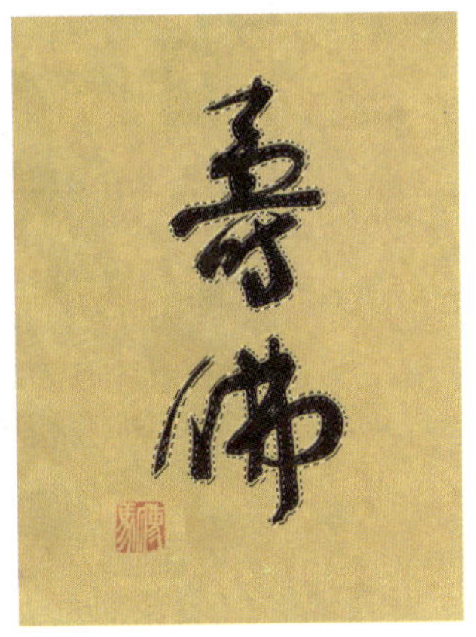

图 2-2-14

（2）“平滑”命令可以使得选区边缘变得舒缓和平滑。在我们使用的磁性套索和魔棒工具中，有时选区的边缘会有很多锯齿状，“平滑”命令可以很好地解决这一问题。其操作方法如下。

打开素材，执行“选择→修改→平滑”命令，打开“平滑选区”对话框，设置“取样半径”的值为15像素，如图2-2-15所示。

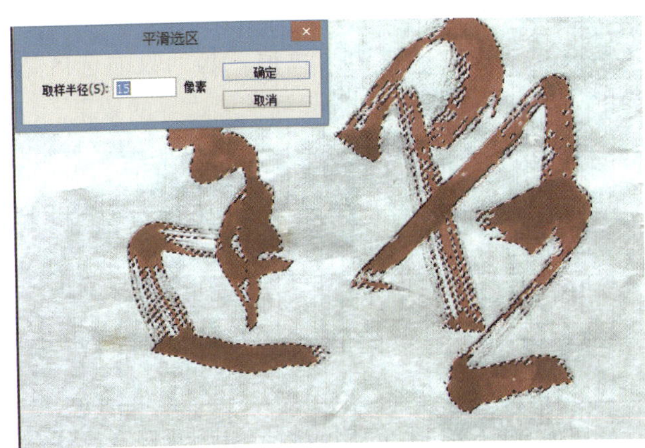

图 2-2-15

单击“确定”按钮，效果如图2-2-16所示。

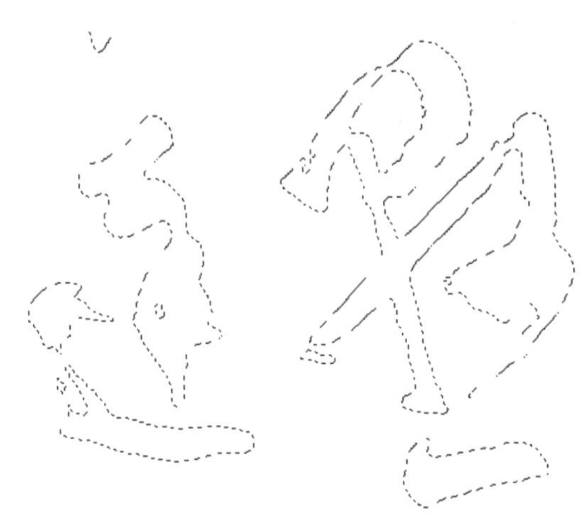

图 2-2-16

（3）“扩展和缩小选区”是通过执行“选择→修改→扩展”命令和“选择→修改→收缩”命令来实现，在弹出的对话框中设置一个数值，选区就会按照数值进行均匀扩大选区或收缩选区。

打开素材图像，使用“快速选择工具”创建选区，执行“选择→修改→扩展”命令，在对话框中设置扩展量为18像素，如图2-2-17所示。

单击“确定”按钮，扩展选区后的效果如图2-2-18所示。

按照此方法，在素材选区上执行“选择→修改→收缩”命令，在“收缩选区”对话框中输入收缩量“18像素”，单击“确定”按钮，收缩选区后的效果如图2-2-19所示。

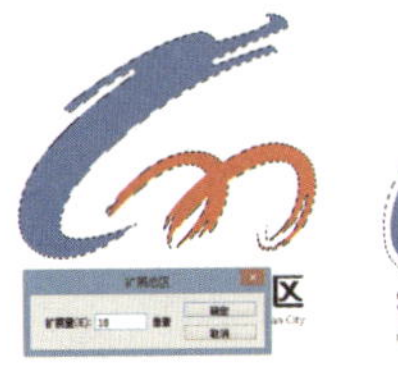

图 2-2-17

图 2-2-18

图 2-2-19

收缩后的选区可以执行描边、反选后删除等其他后续操作。

（4）“羽化”命令可以对选区周围像素之间进行柔化处理，从而出现较为柔和的过渡效果。其操作方法如下。

打开素材图像，创建椭圆选区，执行“选择→修改→羽化”命令或者按“Shift+F6”组合键，在对话框中设置“羽化半径”值为50像素，如图2-2-20所示。

单击“确定”按钮，再执行“选择→反向

(I)”命令或者按“Shift+Ctrl+I”组合键，再按“Delete”键，弹出“填充”对话框，在“使用”栏内选择“背景色”（背景色为白色），再次单击“确定”按钮，效果如图 2-2-21 所示。

图 2-2-20　　图 2-2-21

（5）“调整边缘”命令可以对选区进行精确、深入的修改。在素材图像上创建选区，执行“选择→调整边缘”命令或者按“Alt+Ctrl+R”组合键，弹出“调整边缘”对话框，如图 2-2-22 所示。

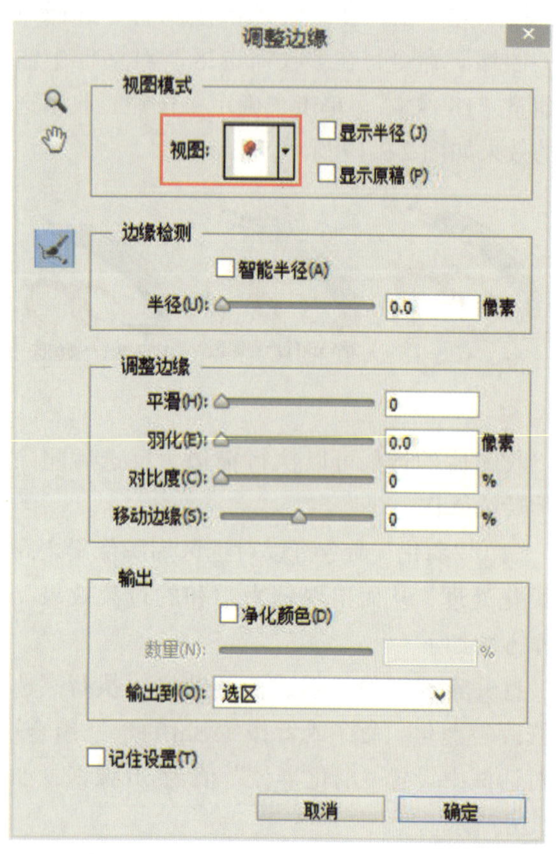

图 2-2-22

在“调整边缘”对话框中，“视图模式”栏中的“视图”下拉列表框如图 2-2-23 所示。

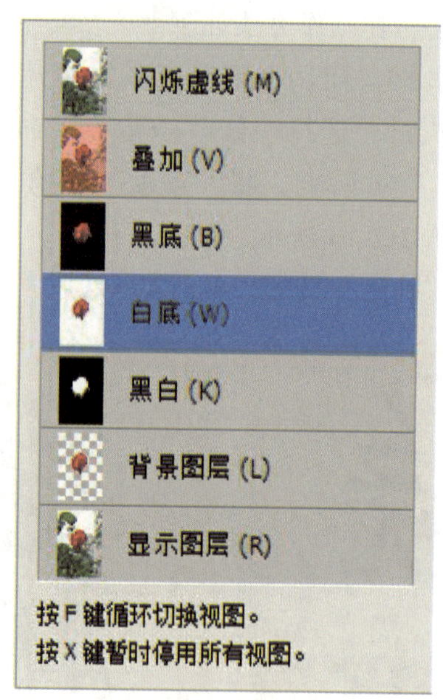

图 2-2-23

其他参数设置如下。

●半径：可以用来微调选区与图像边缘之间的距离，数值越大，选区就会越精确地靠近图像边缘。

●平滑：与执行“选择→修改→平滑”命令效果相同，都是使边界的不规则区域变得舒缓。

●羽化：等同于“羽化”命令，起到柔化边缘的作用。

●对比度：锐化选区边缘并可实现自然边缘效果。

●移动边缘：左边为负值，起到收缩选区边界的效果；右边为正值，起到扩展边界的效果。

●输出到：下拉列表框中有选区、图层蒙版、新建图层、新建带有图层蒙版的图层、新建文档、新建带有图层蒙版的文档可供选择。

任何一个选区的创建，在其工具选项栏中的“调整边缘”按钮都处于可编辑状态。单击该按钮，即可弹出“调整边缘”对话框。

打开素材文件，使用魔棒工具创建选区，如图 2-2-24 所示。

图 2-2-24

执行“选择→调整边缘”命令或者按“Alt+Ctrl+R”组合键，弹出“调整边缘”对话框，设置“视图”为“白底”，“输出到”选择为“新建带有图层蒙版的图层”，其他参数设置如图 2-2-25 所示。

单击“确定”按钮，画面效果如图 2-2-26 所示。

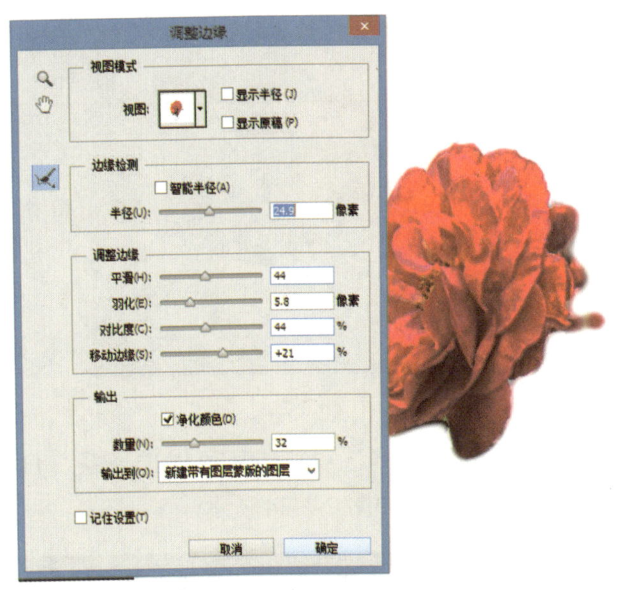

图 2-2-25

图 2-2-26

2.2.4 变化选区

选区建立以后还可以对其进行变换，即用于对已有选区做形状的变换，如缩放、倾斜、透视、扭曲、翻转等。

打开素材，使用磁性套索工具建立选区，执行“选择→变换选区”命令，选区出现由八个点控制的变换框，如图 2-2-27 所示。

（1）缩放选区：鼠标指针在变换框外侧变成↕、↔、⤢时，即可对选区进行自由缩放。若要等比例地缩放选区，可将鼠标指针放置在变换框对角线的四个点上，当鼠标指针变成⤢时，按下“Shift”键；若要等比例居中缩放选区，则需要按下“Shift+Alt”组合键，如图 2-2-28 所示。

图 2-2-27

图 2-2-28

（2）旋转选区：鼠标指针放置于变换框对角线四个点上，当鼠标指针变成⤵时，拖动鼠标，即可旋转选区，若按住“Shift”键，选区以 15° 的倍数旋转，如图 2-2-29 所示。

图 2-2-29

（3）移动选区：移动鼠标指针至变换框内，鼠标指针变成▶时，即可拖动选区，如图 2-2-30 所示。

图 2-2-30

若移动鼠标指针至变换框内的同时按下“Alt”键，鼠标指针变成▶时，移动鼠标，即可移动选区中心点，如图 2-2-31 所示。

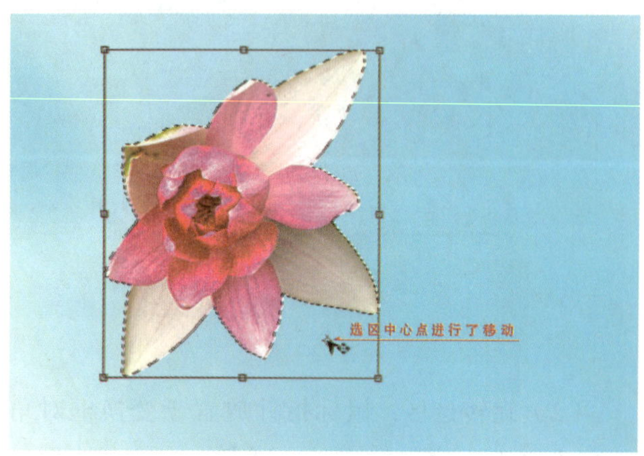

图 2-2-31

另外，选区变换还可以通过在选区内右击，在弹出的快捷菜单中选择“变换选区”选项，即可对选区进行自由变换。

此外，通过设置工具选项栏中的属性也可以精确变换选区。执行“选择→变换选区”命令后，在工具选项栏中可以精确地设置选区的变形中心、大小、缩放比例、旋转角度等，如图 2-2-32 所示。

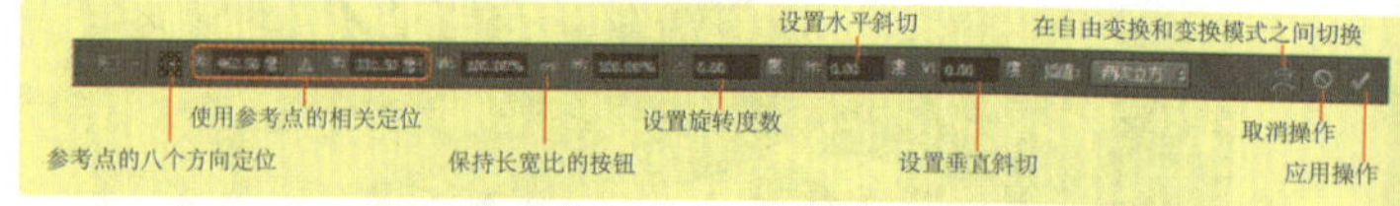

图 2-2-32

若单击工具选项栏上的“在自由变换和变形模式之间切换”按钮，可切换到“变形”模式；通过拖动选区上的变形网格，即可直观地改变选区形状，如图 2-2-33 所示。

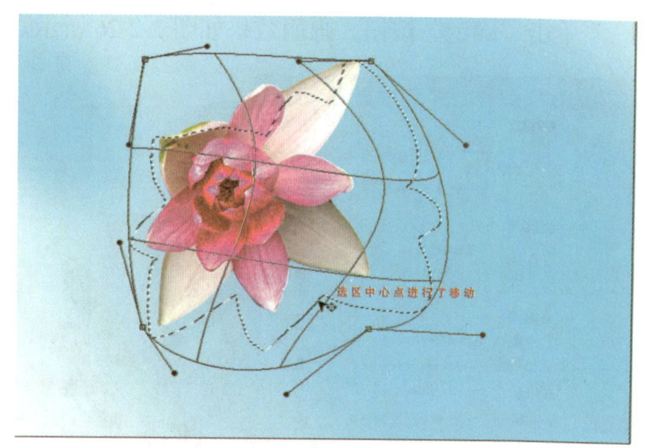

图 2-2-33

在“变形”工具选项栏中还可以选择系统自定义的各种形状，如图 2-2-34 所示。

图 2-2-34

在变换选区操作的过程中，确认操作是按“Enter”键，取消操作按“Esc”键。需要注意的是，选区操作必须在选区变换状态下进行，否则就是对选区内图像进行编辑操作。

2.3 取消、存储与载入选区

2.3.1 取消选区

前面学习了创建选区和编辑选区，取消选区则较为简单。执行“选择→取消选择”命令或按“Ctrl+D”组合键，即可取消选区。若需要再次回到新创建的选区，可执行“选择→重新选择”命令或按“Shift+Ctrl+D”组合键，也可按“Ctrl+Z”组合键，返回上一步操作。

2.3.2 存储选区

如何保存当前创建的选区，接下来进行介绍。

打开素材，使用任一选区工具创建选区，然后执行“选择→存储选区”命令，在弹出的“存储选区”对话框中，单击“确定”按钮即可保存，如图 2-3-1 所示。

图 2-3-1

若有多个选区需要保存，可以在“存储选区”对话框中设置新建通道、添加到通道、从通道中减去及与通道交叉选项。继续存储选区，并选择“添加到通道”单选按钮，如图 2-3-2 所示。

单击“确定”按钮，新选区就被添加到“黄色树叶”中去了。

选区存储后，可以通过“通道面板”看到以白色显示的选区内容，可以单击通道“眼睛”图标来隐藏和显示通道的内容，如图 2-3-3 所示。

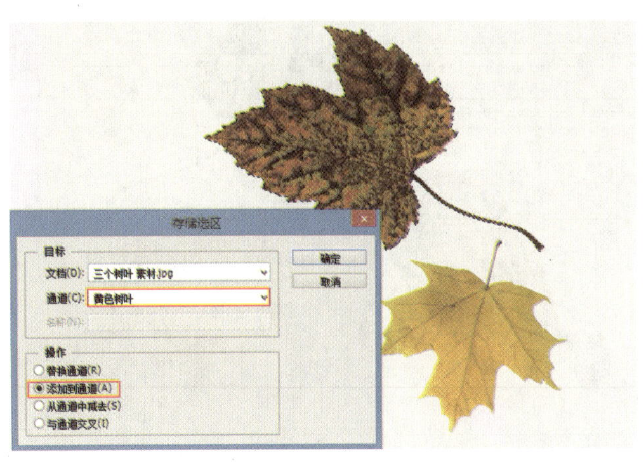

图 2-3-2

图 2-3-3

2.3.3 载入选区

载入选区的前提是要存储选区，存储选区以后，执行“选择→载入选区”命令，弹出“载入选区”对话框，如图 2-3-4 所示。

图 2-3-4

单击“确定”按钮，“黄色树叶”选区就被载入到画面中了，如图 2-3-5 所示。

图 2-3-5

值得注意的是，针对普通图层选区的快速载入可以按住“Ctrl”键单击图层缩览图，即可载入选区。

2.4 应用选区中的图像

除了对选区可以进行变换操作外，还可以移动选区内的图像，删除裁剪选区内的图像以及裁剪、描边、填充图像等操作。因为变换选区的操作和第 1 章变换图像的方法类似，这里不再赘述。

2.4.1 移动选区内图像

在图像中创建选区后，使用工具箱中的移动工具可以任意移动图像。打开素材，使用磁性套索工具创建新选区，再选择工具箱中的移动工具，当鼠标指针放置在选区上时，移动工具变为图标，按住鼠标移动，即可任意移动选区，如图 2-4-1 所示。

图 2-4-1

按住鼠标移动，效果如图 2-4-2 所示。

图 2-4-2

若要精确移动，可以按键盘上的“↑”“↓”“←”或“→”方向键来进行操作。按某一方向键一下，系统默认移动 1 个像素，同时按“Shift”键则每次可以移动 10 个像素。

若要在移动图像时复制图像，可同时按“Alt”键，此时鼠标指针变为，按住鼠标并拖动至图像需要复制的位置即可，如图 2-4-3 所示。

图 2-4-3

值得注意的是，在选区内复制图像，不同于在图层内复制图像，在选区内复制图像不会生成新的图层，新复制的图像和原图像还在一个背景上。

2.4.2 清除选区内图像

要清除选区内的图像的操作很简单，执行“编辑→清除”命令即可。对于背景图层中清除的图像选区会被填充背景色，若在其他图层执行清除命令，将得到透明区域。

打开素材，使用磁性套索工具为图中荷花创建选区，按“Shift+Ctrl+I”组合键执行反选操作，如图 2-4-4 所示。

图 2-4-4

执行“编辑→清除”命令，效果如图 2-4-5 所示。

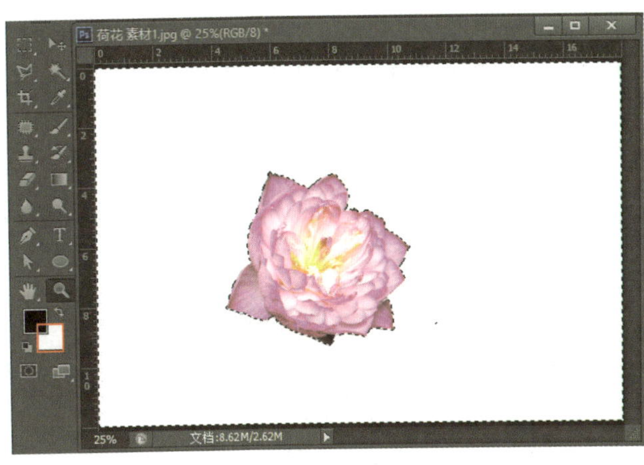

图 2-4-5

若直接按“Delete”键进行删除，则会弹出填充对话框，在该对话框中的“使用”设置为“50% 灰色”，如图 2-4-6 所示。

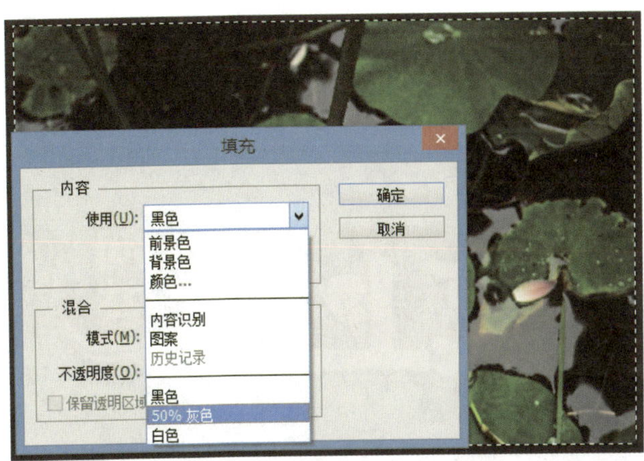

图 2-4-6

单击“确定”按钮，效果如图 2-4-7 所示。

图 2-4-7

2.4.3 填充选区

“填充”命令是在指定的选区内填充前景色、背景色、颜色、内容识别、图案、历史记录、黑色、白色以及 50% 灰色。其中“内容识别”是 Photoshop CS6 新增功能。

打开素材图像，使用魔棒工具建立底色选区，按“Shift+Ctrl+I”组合键执行反选操作，执行“编辑→填充”命令，弹出“填充”对话框，如图 2-4-8 所示。

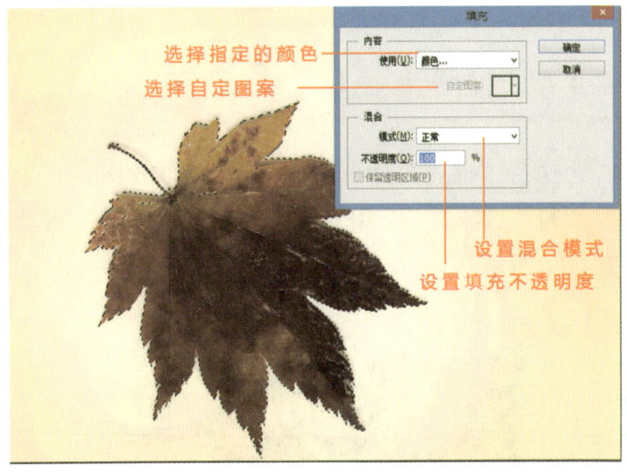

图 2-4-8

在“内容”栏中的“使用”下拉列表框中选择“颜色”选项，弹出“拾色器”对话框，如图 2-4-9 所示。

在“拾色器”对话框中可以输入具体色彩的数值，也可通过拖动滑块直观地选择需要的色彩。

再单击“确定”按钮，然后按“Ctrl+D”组合键取消选区，效果如图 2-4-10 所示。

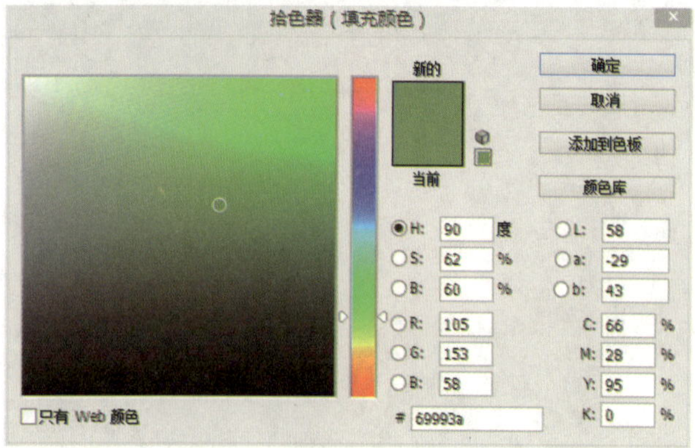
图 2-4-9

图 2-4-10

2.4.4 描边选区

执行“描边”命令就是为选区添加边框。

打开素材，使用魔棒工具建立选区，如图 2-4-11 所示。

图 2-4-11

按“Delete”键删除当前颜色，执行“编辑→描边”命令，弹出“描边”对话框，将描边宽度设置为 18 像素，颜色设置为 C:90\M:54\Y:100\K:25，“位置”为“居外”，如图 2-4-12 所示。

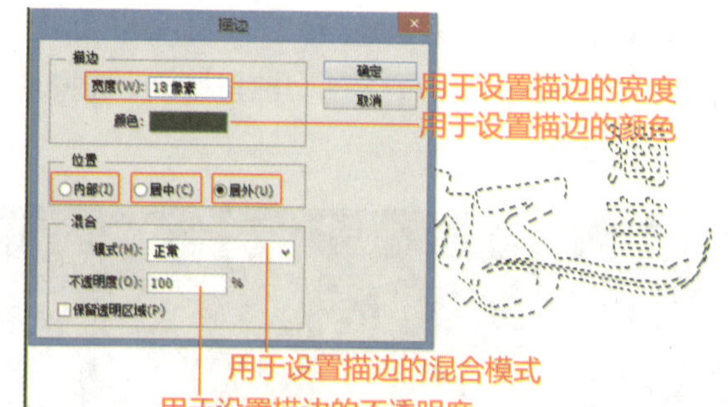

图 2-4-12

单击“确定”按钮，画面效果如图 2-4-13 所示。

再次为描边文字创建选区，执行“编辑→描边”命令，弹出“描边”对话框，将描边宽度设置为 6 像素，颜色设置为 C:53\M:0\Y:93\K:0，“位置”为“居外”，如图 2-4-14 所示。

图 2-4-13

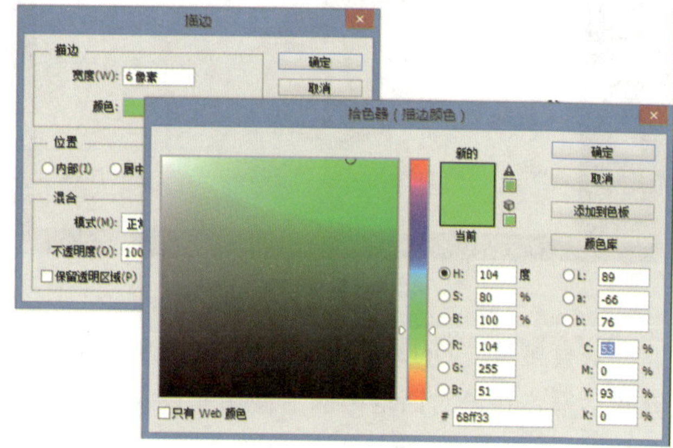
图 2-4-14

可借助魔棒工具创建选区，为背景填充颜色 C:69\M:0\Y:100\K:0，最终效果如图 2-4-15 所示。

图 2-4-15

2.4.5 使用选区定义图案

“定义图案”命令就是在指定的选区内对图像进行定义，定义后的图案可以作为素材供设计制作时使用。

打开素材文件，使用矩形选框工具框选出一个选区，选区画面如图 2-4-16 所示。

图 2-4-16

执行“编辑→定义图案”命令，弹出定义对话框，输入图案名称为“柳叶”，单击“确定”按钮即可，如图 2-4-17 所示。

图 2-4-17

按“Ctrl+D”组合键取消选区，执行“编辑→填充”命令，在弹出的“填充”的对话框中进行设置，如图 2-4-18 所示。

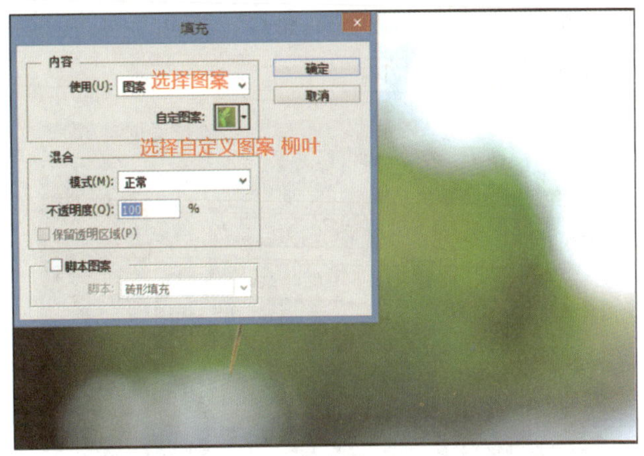

图 2-4-18

单击“确定”按钮，填充效果如图 2-4-19 所示。

图 2-4-19

2.4.6 图像裁剪的不同方法

使用工具箱中的裁剪工具对图像进行裁剪是常用的方法（上一章已经学习），图像裁剪的另一种方法是执行裁剪命令，而执行该命令时，首先要建立选区。

打开素材图像，使用矩形选框工具创建选区，如图 2-4-20 所示。

图 2-4-20

执行“图像→裁剪”命令，即可完成裁剪，效果如图 2-4-21 所示。

图 2-4-21

2.4.7 剪切、拷贝和粘贴选区内图像

在 Photoshop CS6 中，“剪切”“拷贝”“粘贴”等命令的操作和我们熟悉的办公软件中的操作基本相同，可以在同一软件的不同文件中进行操作，还可以在不同软件中进行该操作。

打开素材“樱花 1”，使用快速选择工具，创建白色背景选区，按“Shift+Ctrl+I”组合键执行反选操作，如图 2-4-22 所示。

图 2-4-22

执行“编辑→拷贝”命令或按“Ctrl+C”组合键，将选区内的图像复制到剪贴板中，原图像没有变化。若执行“编辑→剪切”命令或按“Ctrl+X”组合键，则选区内的图像被剪切到剪贴板中了。原图像的剪切区域以背景色显示，如图 2-4-23（a）、（b）所示。

（a）

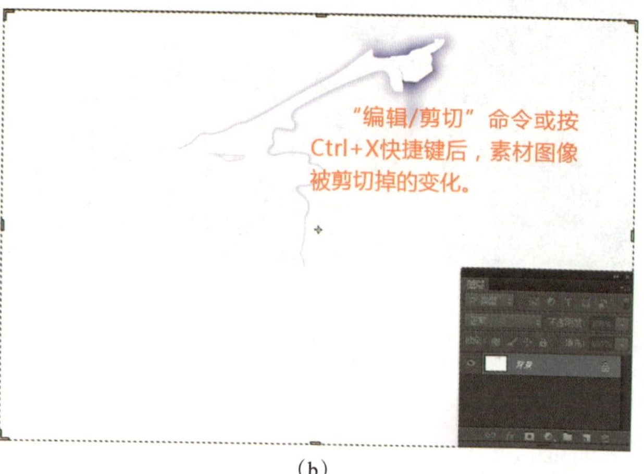

（b）

图 2-4-23

打开素材“樱花 2”，执行“编辑→粘贴”命令或者按“Ctrl+V”组合键，即可将选择的图像以新建的图层粘贴到素材“樱花 2”中，如图 2-4-24 所示。

图 2-4-24

2.4.8 选择性粘贴选区内图像

“选择性粘贴”命令分为三部分，分别是“原位粘贴”“贴入”“外部粘贴”，其中，“原位粘贴”是指在相对图像中的位置进行粘贴，有点类似于“Ctrl+V”粘贴命令。

打开素材“人物”，使用椭圆选框工具建立选区，执行“编辑→拷贝”命令或按“Ctrl+C”组合键，将选区内的图像复制到剪贴板中，如图 2-4-25 所示。

打开素材“向日葵”，使用椭圆选框工具建立选区，如图 2-4-26 所示。

图 2-4-25

图 2-4-26

素材“向日葵”为当前编辑状态，执行“编辑→选择性粘贴→原位粘贴”命令或按“Shift+Ctrl+V”组合键，效果如图 2-4-27 所示。

按照此方法，继续执行“编辑→选择性粘贴→贴入”命令或按“Alt+Shift+Ctrl+V”组合键，效果如图 2-4-28 所示。

图 2-4-27

图 2-4-28

继续执行“编辑→选择性粘贴→外部贴入”命令，效果如图 2-4-29 所示。

图 2-4-29

通过比较可以发现，“贴入”命令和“外部粘贴”命令都是新建了一个蒙版图层，“贴入”命令就是为背景图层添加了一个图层蒙版，屏蔽了选区内的图像，而“外部粘贴”命令也是为背景图层添加了一个图层蒙版，但是屏蔽了选区以外的图像。

第3章 绘画与修饰工具的操作应用

学习目标

学会使用工具箱中的画笔工具组、污点修复画笔工具组、仿制图章工具组、历史记录画笔工具组、橡皮擦工具组、渐变工具组、模糊工具组、减淡工具组中的各种工具的使用方法。

知识导图

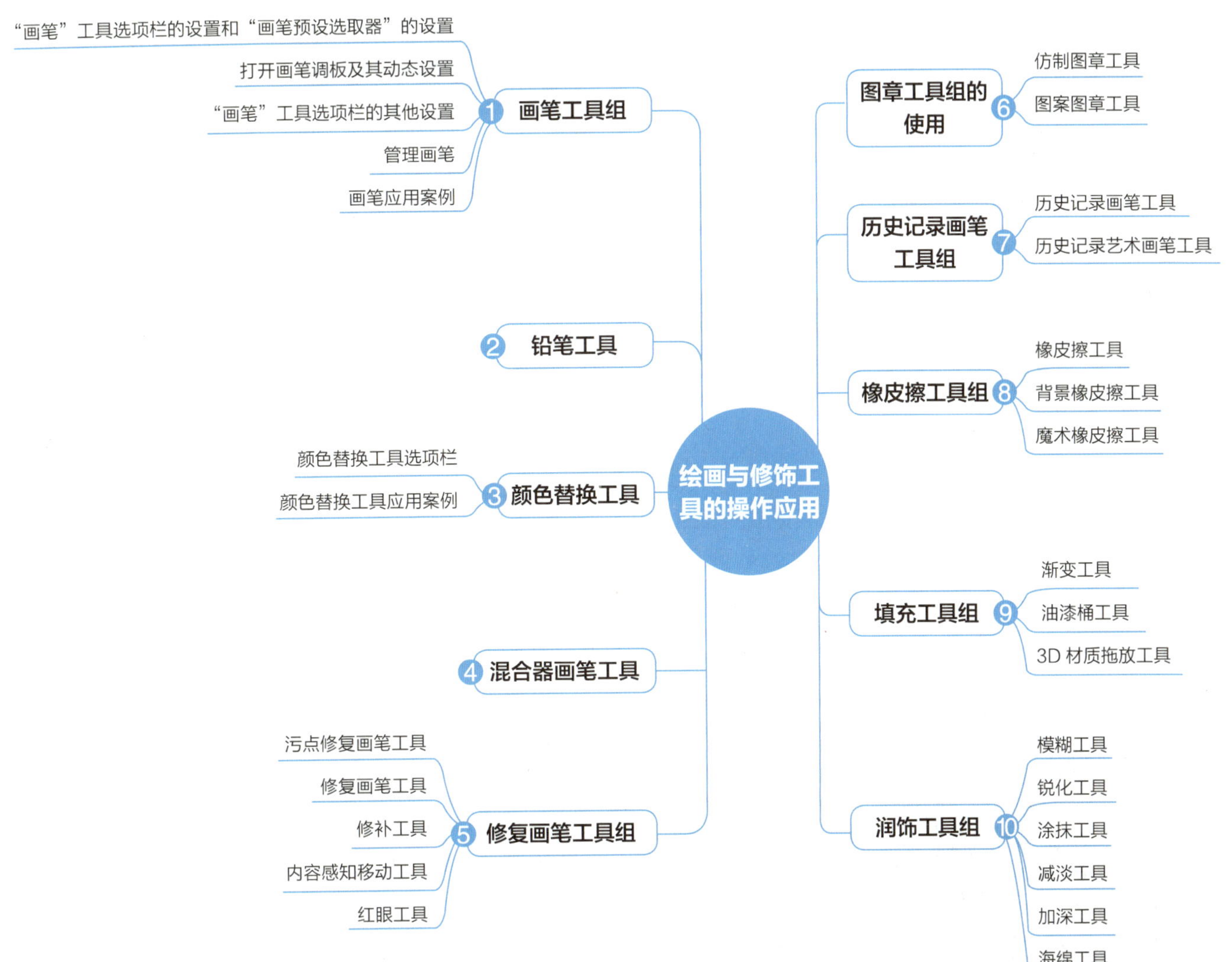

在学习工具箱的工具组时，绘画修饰工具组是 Photoshop CS6 的核心工具组，其主要包括画笔工具组、污点修复画笔工具组、复制图章工具组、历史记录画笔工具组、橡皮擦工具组、渐变工具组、模糊工具组、减淡工具组。通过对这部分内容的学习，可以掌握图像绘制与修饰的方法。

画笔工具组包括画笔工具、铅笔工具、颜色替换工具、混合器画笔工具，可以通过“Shift+”组合键来切换组内不同的工具。

3.1 画笔工具组

在 Photoshop CS6 工具箱中单击画笔工具按钮，或按“shift+B”组合键可以选择画笔工具，通过设置画笔工具可绘出边缘柔软或坚硬的笔触效果，画笔颜色默认为工具箱中的前景色。

3.1.1 “画笔”工具选项栏的设置和“画笔预设选取器”的设置

在工具箱中选择画笔工具，“画笔”工具选项栏如图 3-1-1 所示。

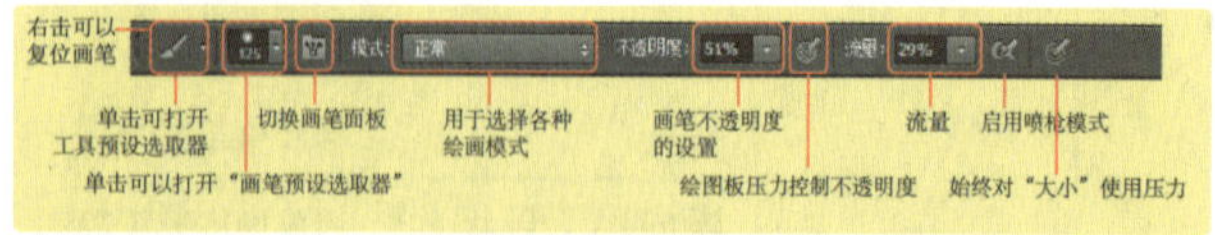

图 3-1-1

画笔预设选取器：使用画笔工具前必须进行调整设置的，单击该按钮，在其下拉列表框中可以选择并调整画笔直径的大小以及软硬程度，调整完成后，再次单击该按钮，下拉列表框即被隐藏，如图 3-1-2 所示。

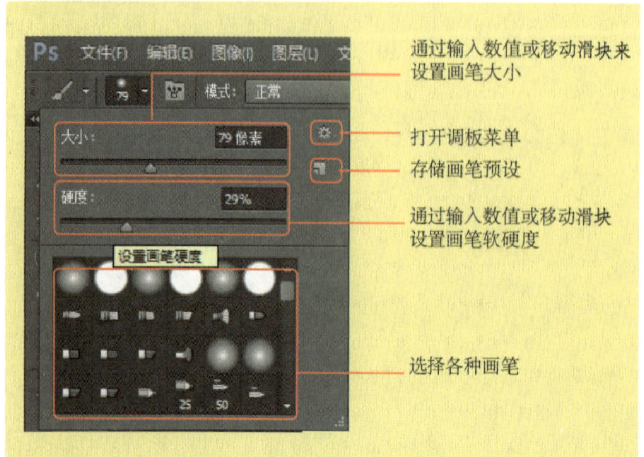

图 3-1-2

3.1.2 打开画笔调板及其动态设置

在 Photoshop CS6 软件菜单栏中执行“窗口→画笔”命令或按快捷键“F5”，即可打开画笔调板，也可单击“画笔”工具选项栏按钮，即可弹出“画笔调板”对话框，如图 3-1-3 所示。

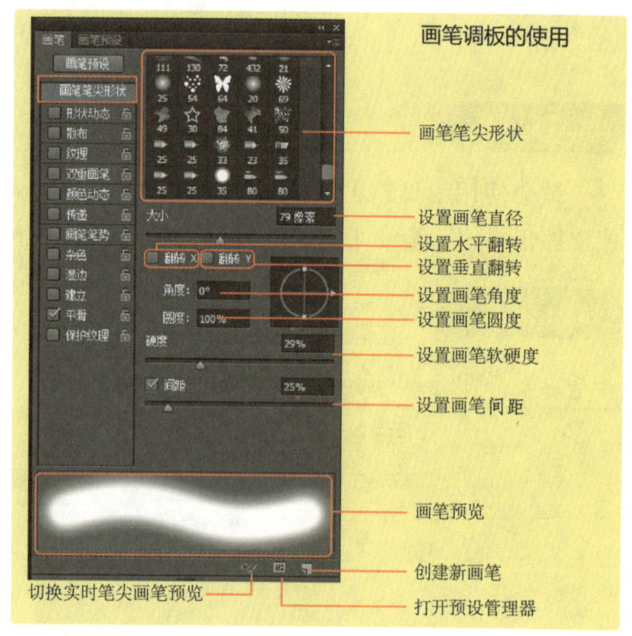

图 3-1-3

画笔调板的主要内容如下。

- “形状动态”：该选项用于设置画笔的大小和大小随机性、动态控制、角度随机性、圆度随机性以及画笔投影等，以便于控制绘画过程中画笔形状的变化效果，如图 3-1-4 所示。
- “散布”：该选项可以控制画笔在绘画路径两边的变化及数量，如图 3-1-5 所示。
- “纹理”：该选项可以在画笔上添加纹理效果，可控制纹理的缩放、亮度、对比度、叠加模式、深度等，如图 3-1-6 所示。
- “双重画笔”：该选项是指模拟使用两个相同的或不同的笔尖创建新的画笔，所绘制出来的线条呈现出两种相同的或不同纹理的重叠混合的画笔效果，如图 3-1-7 所示。

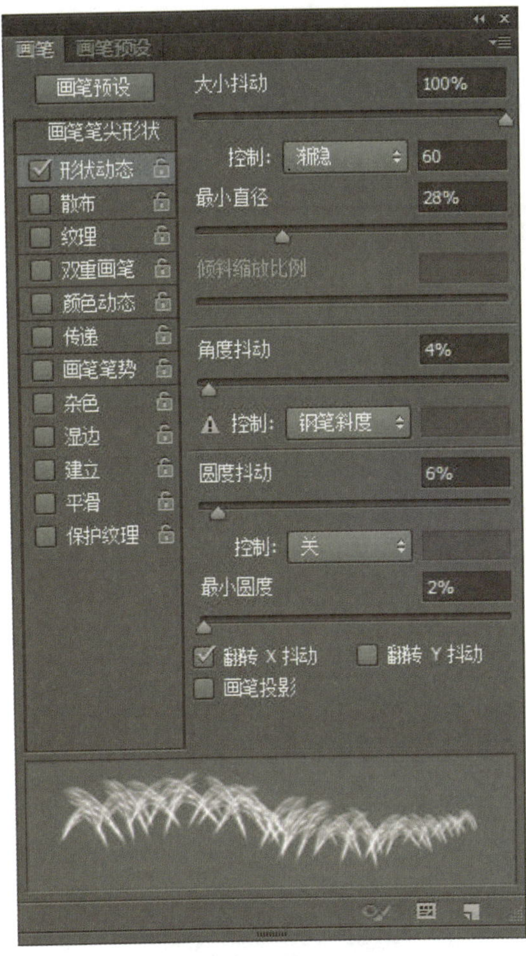

图 3-1-4

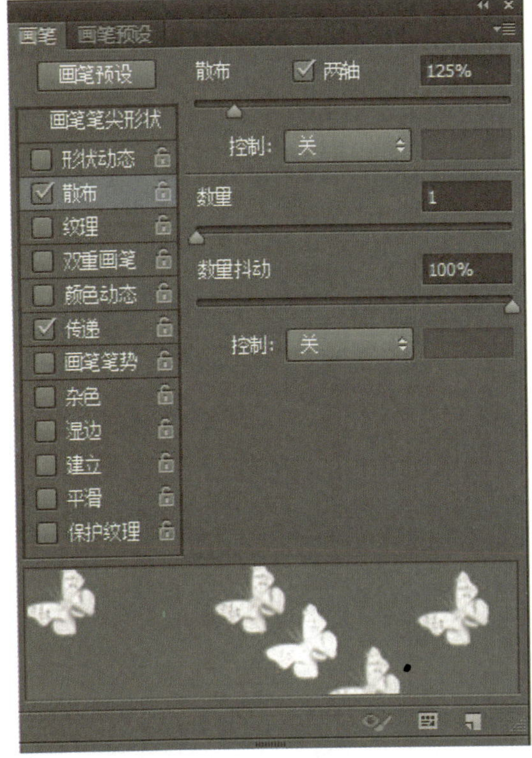

图 3-1-5

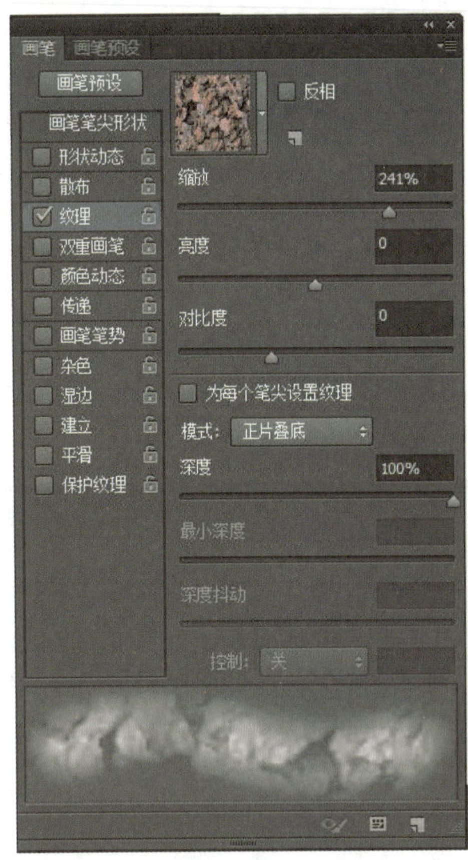

图 3-1-6

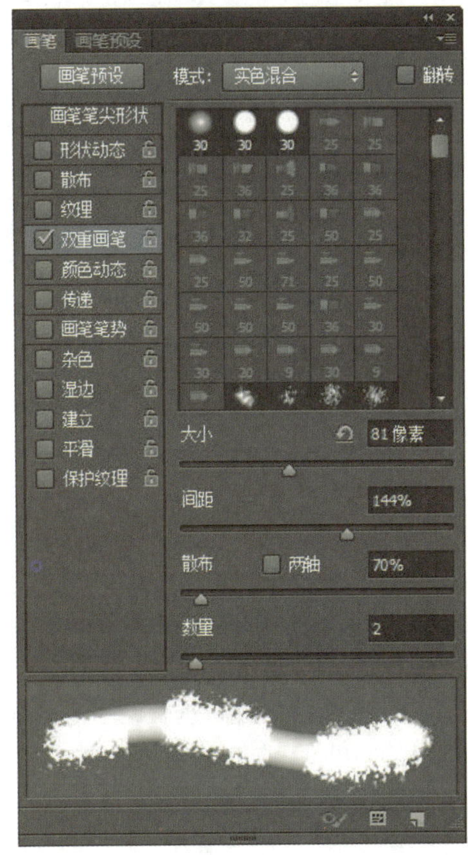

图 3-1-7

需要注意的是，设置“双重画笔”，首先需要在“画笔笔尖形状”选项中选择一个主画笔形状并设置该画笔的属性，然后选择“双重画笔”复选框，接下来在下面的笔尖形状列表框中选择一种笔尖作为第二种笔尖形状，选择好其混合模式，再设置第二种笔尖的大小、间距、散布和纹理即可。

“颜色动态”选项可控制画笔绘制出的图形颜色的变化情况，如颜色、色相、饱和度、亮度和纯度等，如图 3-1-8 所示。

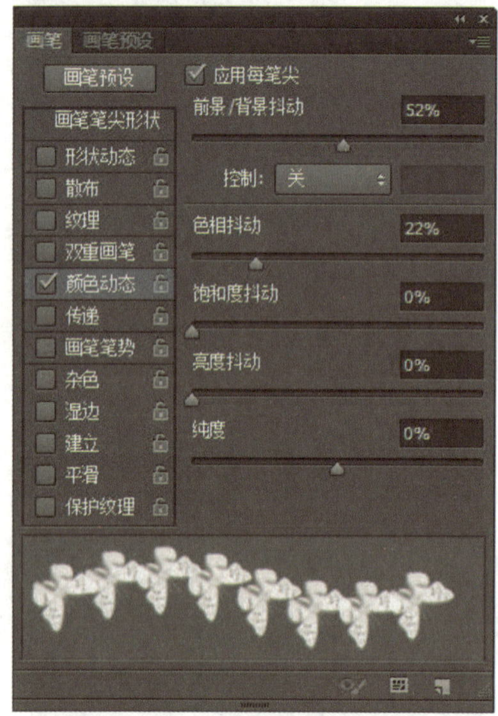

图 3-1-8

“画笔”调板中其他动态设置的介绍如下。

● “传递”：该选项用于调整油彩或效果的动态变化。

● “画笔笔势”：该选项用于调整画笔的笔势。

● “杂色”：该选项用于在画笔的边缘添加杂色效果。

● “湿边”：该选项可以模拟水彩画的效果。

● “喷枪”：该选项用于模拟传统的喷枪效果，按住鼠标左键，绘制的时间越长，喷溅的油漆就越多，同时绘制出的画笔边缘有扩散晕开的效果。

● “平滑”：该选项用于绘制平滑舒畅的线条。

● “保护纹理”：该选项就是使不同的画笔使用相同的纹理图案和缩放比例，这样即使同一画面中用了不同画笔，但是在图案纹理上仍能保持一致。

单击“画笔预设”按钮，“画笔调板”跳转到“画笔预设”面板，在这里可以很直观地选择不同的画笔，如图 3-1-9 所示。

图 3-1-9

3.1.3 “画笔”工具选项栏的其他设置

单击“模式”后面的红框，即可弹出“模式”下拉菜单，即画笔的色彩与图像的混合模式，如图 3-1-10 所示。

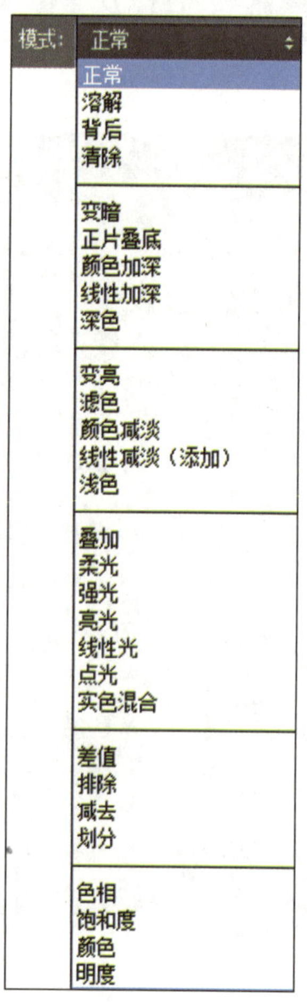

图 3-1-10

其下拉菜单中的混合内容和第四章“图层的混合”内容（除“背后”和“清除”外）基本相同，详细内容可参见第四章“图层的混合”内容。在这里我们仅选取“背后”和“清除”命令进行讲解。

“背后”模式主要修饰普通图层的边界。

打开素材，双击红色框中的背景图层，将背景图层改为普通图层，因为背后模式只能在图层上使用，如图 3-1-11 所示。

使用快速选择工具选中要修饰的边界，然后将多余的部分按“Delete”键删除，显示出透明背景，如图 3-1-12 所示。

按“Ctrl+D”组合键取消选区，在工具箱中选择画笔工具，然后选择“背后”模式，就可以很随意地对边界进行修改，这样每画一笔都在上一笔的后面，而不会影响到原图，如图 3-1-13 所示。

图 3-1-11

图 3-1-12

图 3-1-13

“清除”模式的前提条件也是在普通图层上使用，作用是使画笔具有橡皮擦工具的功能，这里不再赘述。

“不透明度” 不透明度：100%：设定画笔颜色的“不透明度”，取值范围为 0%~100%，取值越大，画笔颜色的不透明度越高，取 0% 时，画笔是透明的。

“绘图板压力控制不透明度”：如果正在使用外部绘图板设备对画笔工具进行操作，按下该按钮后，在选项栏中设置的“不透明度”不会对使用绘图板绘制图形的不透明度产生影响。

“流量” 流量：100%：此选项的设置与不透明度有些类似，是指画笔颜色喷出多少，流量越大，喷出颜色越多。这里的不同之处在于不透明度是指整体颜色的浓度，而喷出量是指画笔颜色的浓度。

“启用喷枪模式”：单击工具选项栏中的图标，图标凹下去表示喷枪效果，对于 100% 硬度的画笔没有作用。在使用同一种画笔下，启用喷枪模式效果后，按住鼠标的时间越长，颜色越深。

“流量”数值的大小和喷枪效果作用的力度相关联。在“画笔”面板中选择边缘柔软的大画笔，调节不同的“流量”百分比，在图像上单击，并按住鼠标左键，观察颜色扩散的情况，从而加深理解“流量”数值对喷枪效果的影响。

需要注意的是，在英文输入状态下，在使用画笔绘制的过程中，按“[”键可增大笔刷，按“]”键可减小笔刷。具体增大比例是：画笔在 10 像素以内一次增加或减少 1 个像素；画笔在 10~100 像素之间一次增加或减少 10 个像素；画笔在 100~200 像素之间一次增加或减少 25 个像素；画笔在 200~300 像素之间一次增加或减少 50 个像素；画笔在 300 像素以上一次增加或减少 100 个像素。

3.1.4 管理画笔

画笔对图像的绘制有着非常重要的作用，想拥有更多的画笔形状来丰富图像的绘制，就要学习新建画笔、删除画笔、载入画笔。

新建画笔，我们可以通过在打开的图像中将其中的某一部分框选，来作为新画笔使用。

打开素材图像，在工具箱中选择“矩形选框工具”，拖动鼠标绘制矩形框，如图 3-1-14 所示。

图 3-1-14

执行“编辑→定义画笔预设”命令，在弹出的“画笔名称”对话框中为画笔重新命名，如图 3-1-15 所示。

图 3-1-15

命名后，单击“确定”按钮，即可将所选图案定义为画笔。打开“画笔预设选取器”，最后一个画笔就是新建的画笔，如图 3-1-16 所示。

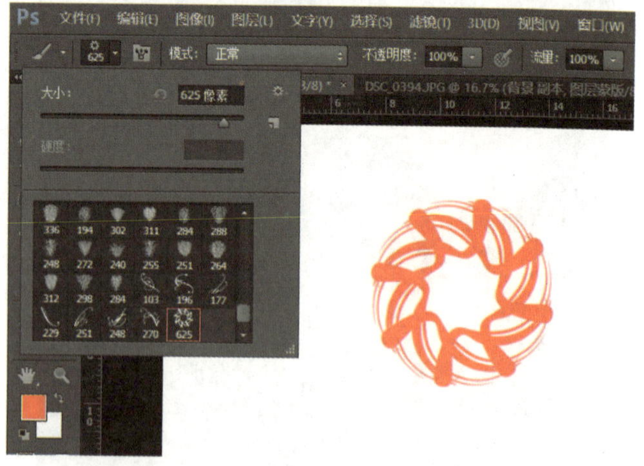

图 3-1-16

当需要定义为画笔的图案框选后，按“F5”键，在弹出的画笔调板的右下角，单击“创建新画笔”按钮，亦可创建新画笔，如图 3-1-17 所示。

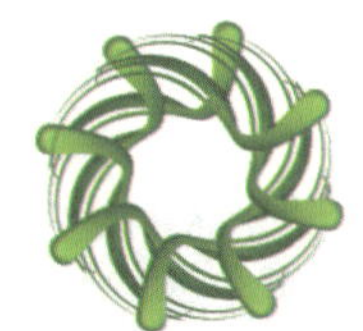

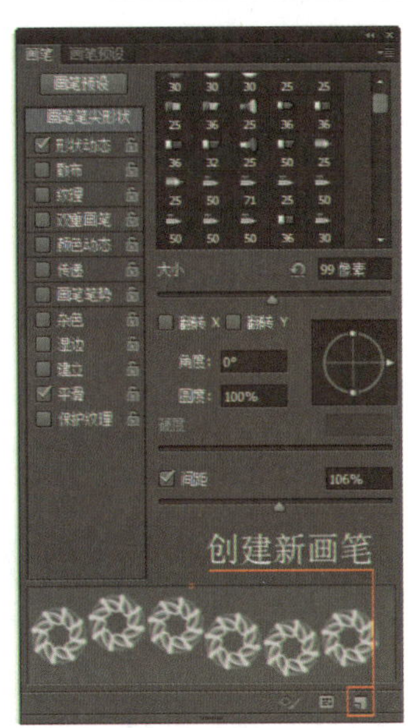

图 3-1-17

删除画笔：删除画笔较为简单，常用的方法有三种。一是在“画笔调板”中选择将要删除的画笔，右击，在弹出的对话框中选择“删除画笔”即可。

二是在“画笔调板”中选择将要删除的画笔，单击“画笔调板”右上角的“梅花”图标，在弹出的下拉菜单中选择“删除画笔”即可，如图 3-1-18 所示。

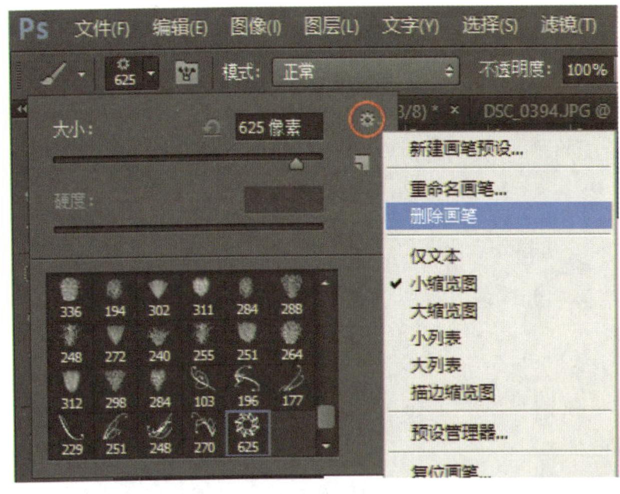

图 3-1-18

三是在“画笔调板”中选择将要删除的画笔的同时按下“Alt”键，即可删除该画笔。

安装画笔：在工具箱中选择画笔工具，单击“画笔预设”中的▪，即红色方框内的三角点，在出现的下拉菜单中再单击右上部的绿色方框内的梅花点，如图 3-1-19 所示。

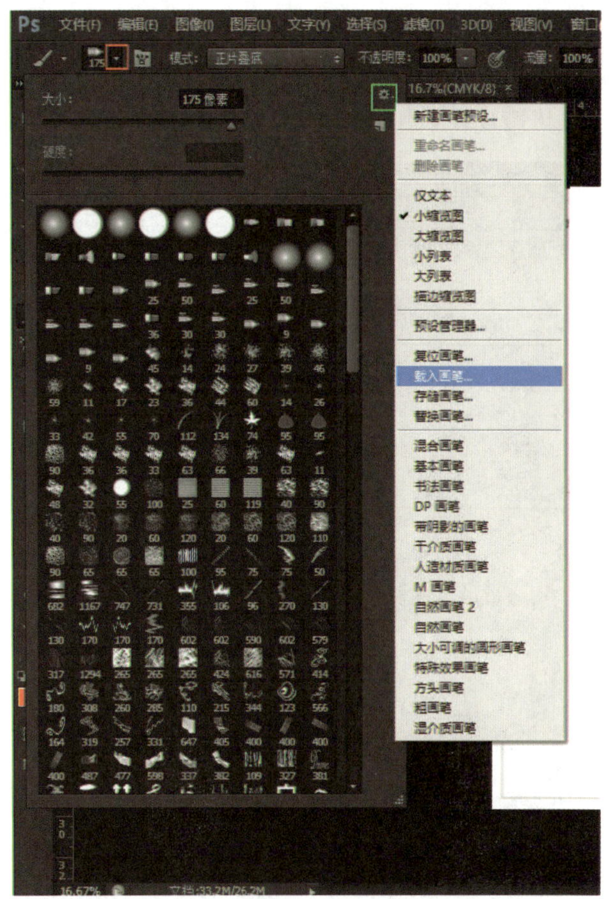

图 3-1-19

执行“载入画笔”命令，在弹出的“载入”对话框里找到下载画笔的储存路径，选择具体画笔，单击“载入”按钮即可，如图 3-1-20 所示。

图 3-1-20

在“画笔调板”的底部可以看到新增的画笔，如图 3-1-21 所示。如果只想使用原始默认画笔工具，执行“复位画笔”命令即可，如图 3-1-22 所示。

图 3-1-21

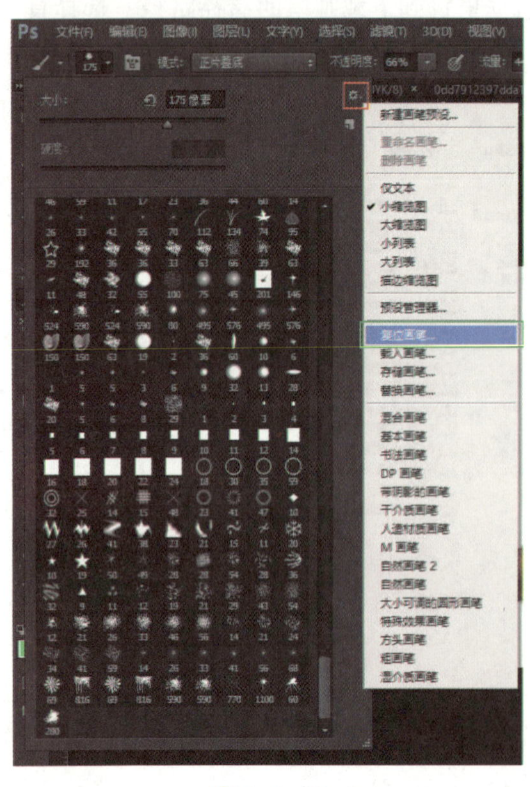

图 3-1-22

需要注意的是，执行“编辑→预设→预设管理器”命令，从中可以同时完成画笔的载入、存储、重命名以及删除操作。

3.1.5 画笔应用案例

下面通过使用画笔工具对素材图像的绘制来掌握画笔工具的运用。

打开素材文件，如图 3-1-23 所示。

图 3-1-23

在工具箱里单击前景色，在拾色器中设置前景色 C：68\M：0\Y：100\K：0，设置背景色 C：83\M：44\Y：100\K：6，然后选择画笔工具为“草”，如图 3-1-24 所示。

图 3-1-24

在“草”的画笔工具选项栏里设置模式为“正常”，在绘制草的同时要考虑前后的透视关系，适时改变画笔大小、流量等变量数值，画面效果如图 3-1-25 所示。

图 3-1-25

改选画笔工具，在工具栏选项中打开画笔属性面板，从中选择“星星”画笔，并设置其大小，如图 3-1-26 所示。

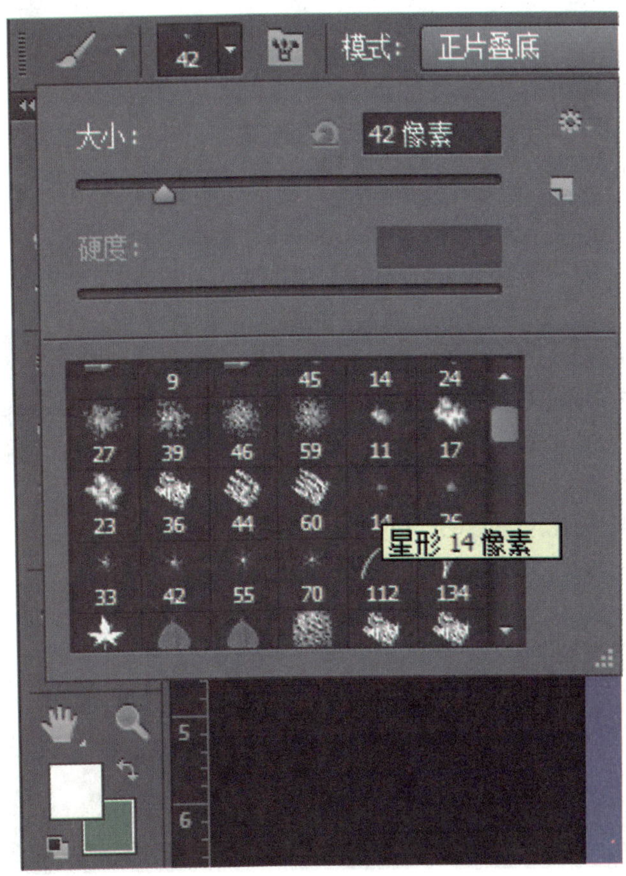

图 3-1-26

通过鼠标指针的移动，适时调整大小，注意构成分布，即可会绘制出星空，如图 3-1-27 所示。

再次更改画笔工具，选择“散布枫叶”画笔 ，调整前景色和背景色以及工具选项栏其他变量的数值，适时调整大小，绘制最终画面效果，如图 3-1-28 所示。

图 3-1-27

图 3-1-28

3.2 铅笔工具

在 Photoshop CS6 中，铅笔工具常用绘制棱角分明的线条，与画笔使用方法基本相同，只是铅笔工具不能使用画笔工具调板中的软笔刷，铅笔工具选项栏如图 3-2-1 所示。

图 3-2-1

由上图我们可以看出“铅笔工具选项栏”比“画笔工具选项栏”多出了“自动抹除”这一选项。在选择“铅笔工具”时，选中“自动抹除”复选框后，“铅笔工具”就有了擦除的功能。在绘制图像时，若鼠标指针所在的十字光标处不是前景色，则将使用前景色绘图；若鼠标指针所在的十字光标处是前景色，则擦除前景色填充背景色绘图，如图 3-2-2 所示。

图 3-2-2

3.3 颜色替换工具

3.3.1 颜色替换工具选项栏

颜色替换工具是使用工具箱中的前景色替换图像中的特定颜色，其工具选项栏如图 3-3-1 所示。

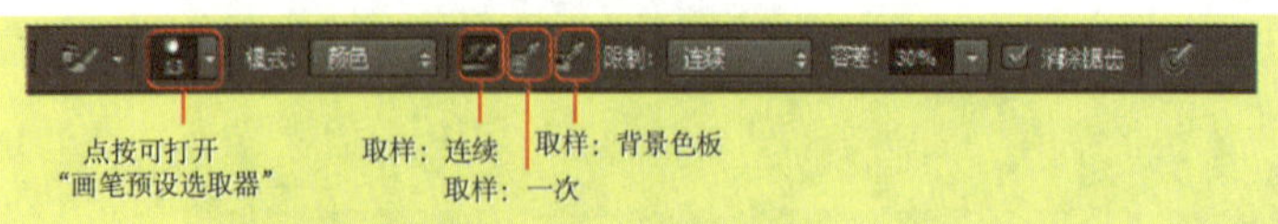

图 3-3-1

单击“画笔预设选取器”可以设置画笔大小、硬度、间距、角度和圆度等。

“模式”：设置替换颜色的内容，具体包括色相、饱和度、颜色和明度；默认状态下为“正常”。

“取样”：设置替换颜色的方式，取样“连续”是指可以连续对颜色取样，是较常使用的一种取样方式；取样“一次”是指只替换第一次取样时的颜色值；取样“背景色板”是指只替换当前背景色的颜色值。

“限制”包含三部分内容，即“不连续”“连续”“查找边缘”。

“容差”：设置替换画笔的容差，值越大，替换的范围越大，反之，则替换的范围越小。

“消除锯齿”：使替换边缘更为平滑。

3.3.2 颜色替换工具应用案例

下面通过使用颜色替换工具替换素材图像的色彩。

打开素材文件，如图 3-3-2 所示。

图 3-3-2

在工具箱里单击前景色，在拾色器里设置前景色 C：64\M：0\Y：0\K：0，然后选择颜色替换工具，并设置相关参数，如图 3-3-3 所示。

图 3-3-3

画面最终效果如图 3-3-4 所示。

图 3-3-4

3.4 混合器画笔工具

混合器画笔工具为 Adobe Photoshop CS6 的新增功能，是较为专业的画笔工具，通过对该工具选项栏各项参数的设置来调节笔触的颜色、潮湿度、混合颜色等，可以更为细腻地模拟真实的绘画过程；混合器画笔工具选项栏如图 3-4-1 所示。

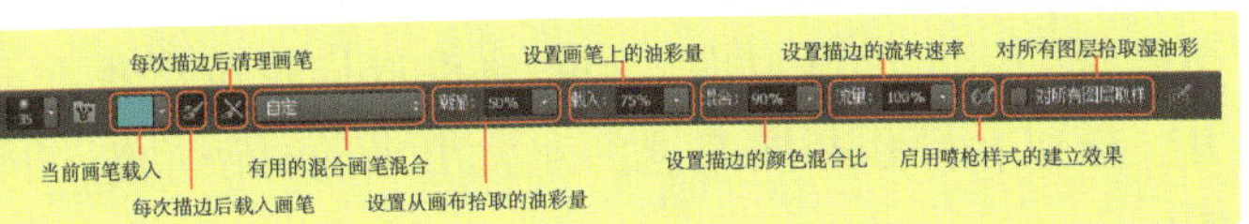

图 3-4-1

“画笔”：单击该按钮，在打开的下拉列表中选择调整 Photoshop CS6 画笔直径大小以及画笔大小。

“当前画笔载入”：显示前景色，点击右侧三角可以载入画笔、清理画笔、只载入纯色。

“每次描边后载入画笔”和“每次描边后清理画笔”，就是调整每一笔涂抹结束后对画笔是否更新和清理。类似在绘画过程中是否将画笔在水中清洗干净。

“有用的混合画笔组合”：在其下拉列表里有很多画笔组合类型，包括干燥、湿润、潮湿和非常潮湿等类型。

“潮湿”：以百分比设置从画布拾取的油彩量。等同于颜料与水的比例，当比值小时，就是少加水，比值大时，就是多加水。

“混合”：设置多种颜色的混合；“混合”选项成立的条件是“潮湿”的百分比不可以为 0。“潮湿”的值为 0，等于没有水，没有水也就无法完成“混合”了。

“流量”：设置描边的流动数率，比值越大，颜色流出就又多又快。

启用喷枪模式的作用：当画笔在一个固定的位置一直描绘时，画笔会像喷枪那样一直喷出颜色。如果不启用这个模式，则画笔只描绘一下就停止流出颜色。

绘图板压力控制大小选项（始终对大小控制压力，当关闭时，“画笔预设”控制压力）：当使用普通画笔时，可以被选择。主要是针对绘图板来控制画笔压力的。

具体案例在第一章 Adobe Photoshop CS6 的新功能章节内。

3.5 修复画笔工具组

修复画笔工具是图像修复的主要工具，主要包括污点修复画笔工具、修复画笔工具、修补工具、内容感知移动工具以及红眼工具。可以通过“ Shift+J”组合键来切换组内不同工具，如图 3-5-1 所示。

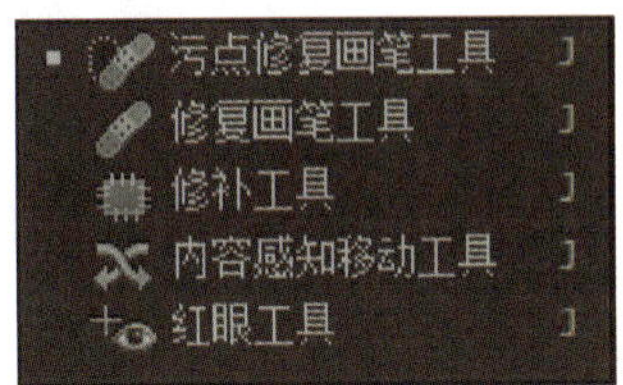

图 3-5-1

3.5.1 污点修复画笔工具

污点修复画笔工具，自动分析图像中污点的所在位置与图像自身进行参照匹配，快速修复污点，并与周围像素在色调和纹理上达到一致。

污点修复画笔工具的选项栏如图 3-5-2 所示。

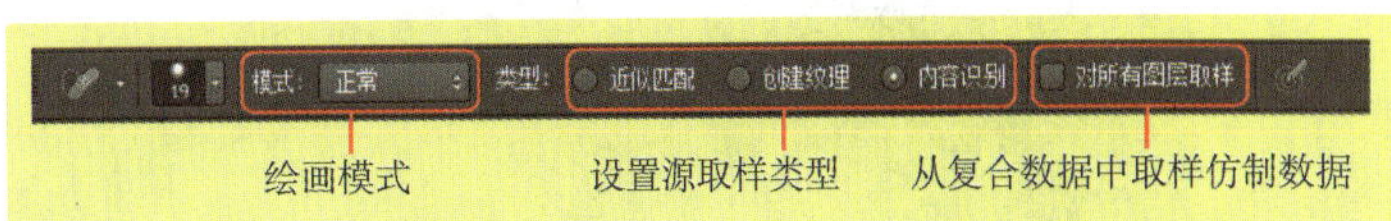

图 3-5-2

“模式”：设置进行修复的混合模式，有“正常”“替换”“正片叠底”“滤色”“变暗”“变亮”“颜色”“明度”选项供混合。其中的“替换”选项可以保留画笔边缘处的杂色和纹理。

“类型”：设置修复的类型。主要针对的是不同底纹的图像选择不同修复类型。若选择“匹配”类型，则使用取样点周围的像素来替换当前像素。“内容识别”是默认内容，功能也较为强大。

“对所有图层取样”：从所有可见图层中提取颜色数据信息。反之，仅从当前图层中提取颜色数据信息。

污点修复画笔工具案例应用如下。

打开素材图像，在工具箱中选择“污点修复画笔工具”，调整其画笔工具大小为 50 像素，修复类型为“内容识别”，如图 3-5-3 所示。

图 3-5-3

设置完成后，按“Ctrl++”组合键放大图像，按空格键的同时按住鼠标移动图像，找到需要去除的污点，接着单击，单击处呈现深色半透明状，如图 3-5-4 所示。

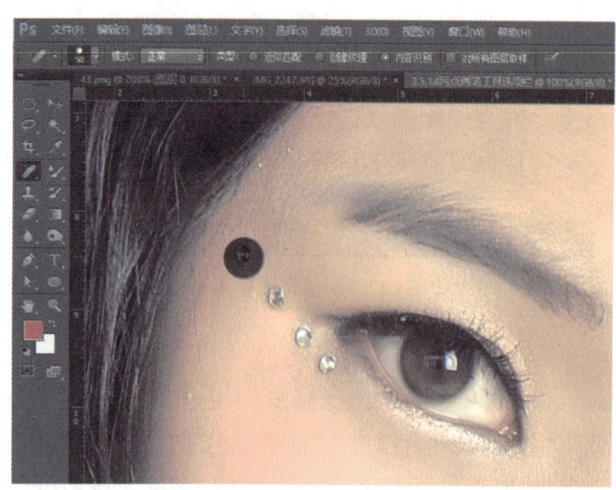

图 3-5-4

释放鼠标，污点即被去除；连续单击，污点全部去除，如图 3-5-5 所示。

图 3-5-5

值得注意的是，污点修复画笔工具的画笔大小非常关键，笔刷越大，画笔自动取样范围就越大。所以在操作时要根据污点大小来适时调整笔刷的大小。

3.5.2 修复画笔工具

修复画笔工具的主要功能与污点修复画笔工具相似，都是用于去除图像上的杂质污点或褶皱。不同之处是“修复画笔工具”需要先在图像内取样，该工具根据取样的图像数据和需要修复图像数据进行匹配分析，从而使修复后的像素自然融合在图像中。

修复画笔工具选项栏如图 3-5-6 所示。

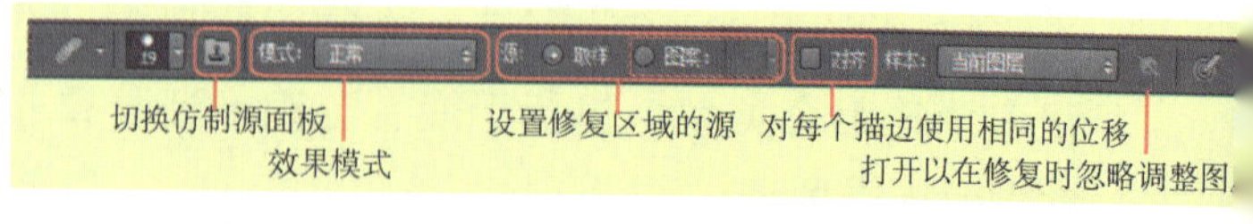

图 3-5-6

“仿制源”面板：设置多个取样点供修复使用。

“模式”：设置仿制像素或填充图案与原图像的混合模式。

“设置修复选区的源”：单击“取样”选项后，按住“Alt”键的同时单击选中的图像区域就可取样；然后按住鼠标左键在需要修复的区域涂抹即可。若选择“图案”为源，可在“图案”面板中选择图案或自定义图案修复填充图像。在这条件下，修复画笔工具与图案图章工具作用相同。

“对齐”：使得下一次的修复位置会与上次的重合焊接。

修复画笔工具案例应用如下。

打开素材图像，在工具箱中选择“修复画笔工具”，调整其画笔工具大小为 45 像素，“模式”为正常，“源”为“取样”，如图 3-5-7 所示。

图 3-5-7

按住“Alt”键的同时，按住鼠标左键在选中的图像区域单击进行取样，若要复制花朵，就在花朵上取样，若要修饰掉花朵，就在底纹上取样，如图 3-5-8 所示。

图 3-5-8

再按住鼠标左键在另一处均匀涂抹，同时在取样点有“+”光标随之移动，即可达到复制花朵的效果，如图 3-5-9 所示。

图 3-5-9

3.5.3 修补工具

修补工具与修复画笔工具在功能和使用上基本相似。与修复画笔工具的最大区别是：在使用修补工具前，要先建立选区，选区内可以是修补的目标对象也可以是修补的源，“源”和“目标”选项的功能正好相反，不过，采用选区能较为精确修复图像。

修补工具选项栏如图 3-5-10 所示。

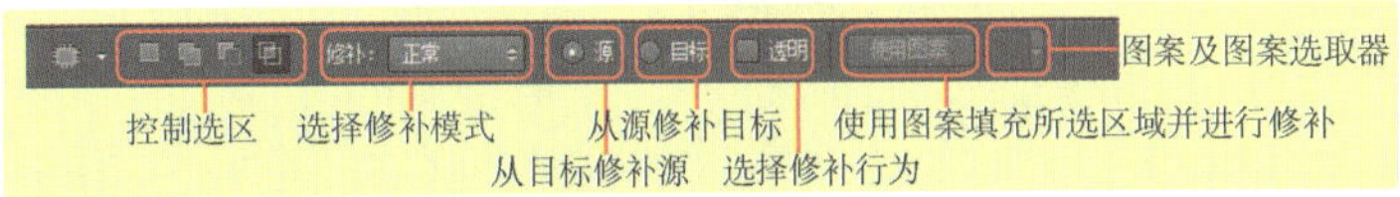

控制选区　选择修补模式　从源修补目标　从目标修补源　选择修补行为　使用图案填充所选区域并进行修补　图案及图案选取器

图 3-5-10

“控制选区”：包括“新选区”“添加到选区”“从选区减去”“与选区交叉”。

“修补模式”：有“正常”和“目标识别”供选择，其二者功能基本相似，只是“目标识别”对边缘修复有五项要求，即“非常严格”“严格”“中”“松散”“非常松散”。

在“正常”模式下，“源”则表示当前选中的区域是需要修补的区域，鼠标指针拖动其至目标区域即可完成目标修补；反之，“源”则表示当前选中的区域是用于修补的目标区域。

修补工具的案例应用如下。

打开素材图像，在工具箱中选择“修补工具”，“模式”为“正常”，选择方式为“源”，如图 3-5-11 所示。

图 3-5-11

使用修补工具在空白的区域绘制选区，如图 3-5-12 所示。

图 3-5-12

按住鼠标左键拖动至一条鱼上，松开鼠标左键，效果如图 3-5-13 所示。

图 3-5-13

3.5.4 内容感知移动工具

内容感知移动工具也是 Adobe Photoshop CS6 的新增功能，相对其他修补工具来说，该工具操作最为简单。使用该工具在需要修补的区域创建选区将其移动到图像的中的任何位置，经过 Photoshop CS6 智能计算，从而达到最佳合成效果。

内容感知移动工具选项栏如图 3-5-14 所示。

图 3-5-14

“模式”：有“移动”和“扩展”两个选项，“移动”是移动选中的图片中主体到合适位置后的修复；“扩展”是复制选中的图片中主体到合适位置后的修复。

“适应”：选择区域保留的严格程度。

内容感知移动工具的案例应用如下。

打开素材图像，在工具箱中选择“内容感知移动工具”，鼠标指针所在的位置就会出现有“X”的图形，“模式”为“移动”，“适应”为“中”，如图 3-5-15 所示。

图 3-5-15

按住鼠标左键绘制选区，跟套索工具操作方法一样，把需要移动的图像建立选区，如图 3-5-16 所示。

图 3-5-16

然后在选区中再按住鼠标左键拖动，移到至合适的位置后松开鼠标左键，图像就会自动修复。如图 3-5-17 所示。

图 3-5-17

3.5.5 红眼工具

红眼工具是专门用于去除数码相机拍摄照片中出现的红眼现象，该工具的使用方法较为简单，只需要选中该工具在需要修正的红色眼睛上单击即可修正红眼。

红眼工具选项栏如图 3-5-18 所示。

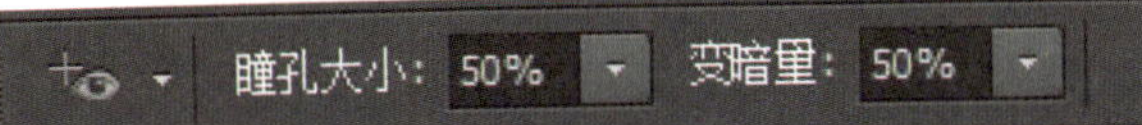

图 3-5-18

"瞳孔大小"：设置瞳孔的大小，其值越大黑色瞳孔范围越大。

"变暗量"：设置红眼修复后的变暗程度，其值越大，瞳孔越黑，值越小，瞳孔颜色越灰。

3.6 图章工具组的使用

在 Photoshop CS6 中，图章工具组中含有仿制图章工具和图案图章工具，本节将对其使用方法进行具体介绍。可以通过"Shift+S"组合键来切换组内不同工具，如图 3-6-1 所示。

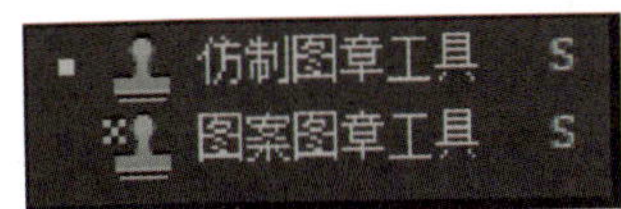

图 3-6-1

3.6.1 仿制图章工具

仿制图章工具的特性就是复制。通过使用"Alt"键配合鼠标在图像中点击取样，按照取样点的像素为复制出发点，再通过鼠标指针在图像中的任意位置涂抹，即可完成图像复制。

仿制图章工具的工具选项栏中如图 3-6-2 所示。

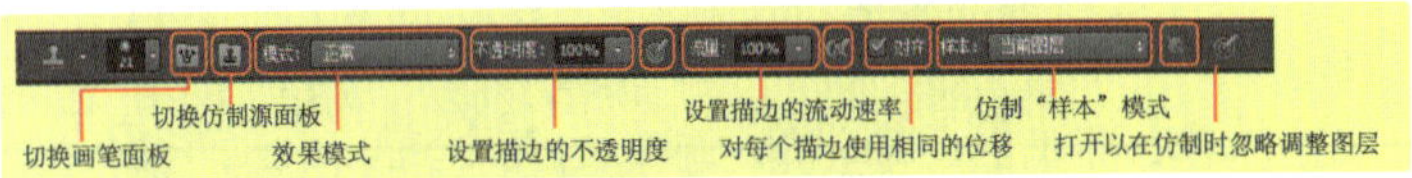

切换画笔面板　切换仿制源面板　效果模式　设置描边的不透明度　设置描边的流动速率　对每个描边使用相同的位移　仿制"样本"模式　打开以在仿制时忽略调整图层

图 3-6-2

"对齐"：使得下一次的仿制位置与上次的仿制位置重合，从而得到完整的图像，和修复画笔工具的"对齐"的功能相同。

"样本"下拉菜单里有三个选项，分为"当前图层""当前和下方图层"和"所有图层"供选择复制样本的图层。

仿制图章工具的案例应用如下。

打开素材图像，在工具箱中选择"仿制图章工具"，保持选项栏为默认选项，设置仿制图章工具的大小，如图 3-6-3 所示。

图 3-6-3

按住"Alt"键的同时单击要复制的区域，用来定义取样点，此时，光标变成在中心带有十字形的圆圈，选择需要仿制的位置拖动鼠标指针，仿制过程如图 3-6-4 所示。

仿制最终效果如图 3-6-5 所示。

图 3-6-4

图 3-6-5

打开同一素材，在工具箱中选择“仿制图章工具”，保持选项栏为默认选项，设置仿制图章工具的大小；选择好取样点，执行“窗口→仿制源”命令，可以打开仿制源调板（在仿制源调板中，一共可以设置 5 个取样点，同时可以“缩放”和“旋转”所仿制的源；同时可以显示叠加，并可以在“显示叠加”复选框中指定相应的叠加选项），具体设置如图 3-6-6 所示。

拖动鼠标在需要仿制的地方复制，这样仿制出来的图像具有空间层次关系，效果如图 3-6-7 所示。

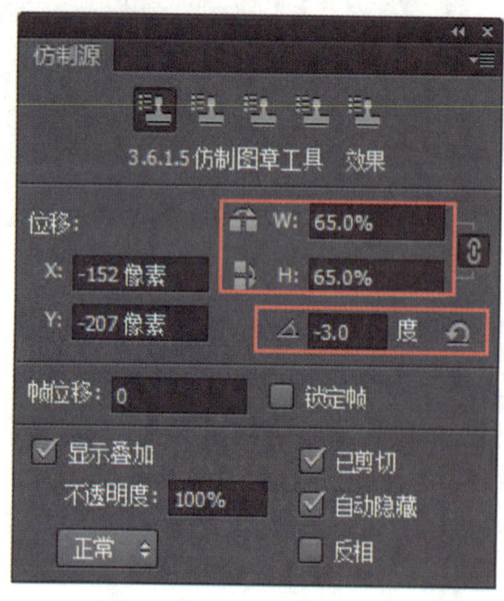

图 3-6-6

图 3-6-7

需要注意的是，使用仿制图章工具不仅可以在同一图像中仿制，也可以在不同图像之间进行仿制。

3.6.2 图案图章工具

图案图章工具用于规则地复制图案，有点类似于填充工具；通过对图案的选择和其他参数的设置，通过鼠标即可在图像中绘制出图案画面。

图案图章工具的选项栏如图 3-6-8 所示。

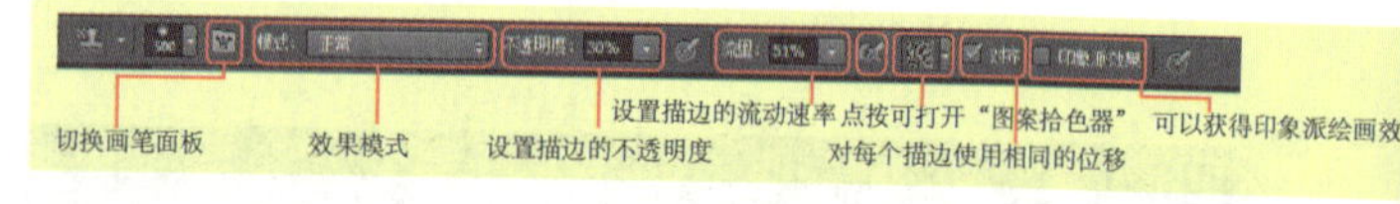

图 3-6-8

“图案拾色器”的下拉列表中可以选择进行仿制的图案，该图案为系统默认的图案，也可添加自己定义的图案。

“对齐”复选框与“仿制图章工具”选项栏中的“对齐”选项功能相近。

“印象派效果”可以启用图案仿制的印象派艺术效果。

图案图章工具的案例应用如下。

打开素材图像，在工具箱中选择“仿制图案图章工具”，在“图案拾色器”中选择具体图案，（若要定义图案，可参考第二章的“使用选区定义图案”）设置仿制图章工具大小为 200 像素，模式为“正片叠底”，不透明度为 80%，流量为 70%，“图案”选择“Dark Coarse Weave”，如图 3-6-9 所示。

图 3-6-9

使用画笔工具在图片上涂抹，效果如图 3-6-10 所示。

图 3-6-10

3.7　历史记录画笔工具组

历史记录画笔工具组包括历史记录画笔工具和历史记录艺术画笔工具，如图 3-7-1 所示，主要功能是恢复图像，是对“历史记录”调板中拍摄的快照恢复，或是历史记录的图像快照恢复到艺术的效果。若为一次性恢复到原图相当于执行“编辑→还原”命令，也就是按“Ctrl+Z”组合键。

历史记录画笔工具　Y
历史记录艺术画笔工具　Y

图 3-7-1

3.7.1　历史记录画笔工具

历史记录画笔工具主要作用是恢复图像，该工具必须与历史记录面板配合使用，它既可以把图像恢复到原来状态，也可以恢复到某一历史状态，并可以通过对各项参数的调整对图像进行更加细微的操作。

历史记录画笔工具的选项栏如图 3-7-2 所示。

422　模式：叠加　不透明度：100%　流量：100%

图 3-7-2

历史记录画笔工具的选项栏与画笔工具选项栏相似，可以选择画笔、设置混合模式、调整不透明度和流量等。

历史记录画笔工具的案例应用如下。

打开素材图像，在工具箱中选择“历史记录画笔工具”，在“画笔预设选取器”中选择画笔为“每描边亮度差异”，大小为 422 像素，设置仿制图章工具大小为 200 像素，模式为“颜色加深”，不透明度为 80%，流量为 70%，如图 3-7-3 所示。

图 3-7-3

设置前景色（C:48\M:21\Y:18\K:0），执行“编辑→填充”命令或按“Alt+Delete”组合键，对图像整体进行前景色填充；再使用历史记录画笔在需要恢复的图像上涂抹，如图 3-7-4 所示。

在涂抹过程中可以根据需要对历史记录画笔工具的选项栏参数进行调整，最终效果如图 3-7-5 所示。

图 3-7-4

图 3-7-5

需要注意的是，若图像尺寸裁剪或改变为灰度模式，历史记录画笔工具均不能使用，同时历史记录画笔工具与“历史记录”调板不同，它不是将整个图像恢复到原貌，而是对图像的局部恢复的同时进行调整。

3.7.2 历史记录艺术画笔工具

历史记录艺术画笔工具的作用也是恢复图像，该工具必须与历史记录面板配合使用，它既可以把图像恢复到原来状态，也可以恢复到某一历史状态，并可以通过对各项参数及画笔的调整对图像进行手绘化效果的操作。

历史记录艺术画笔工具的选项栏如图 3-7-6 所示。

图 3-7-6

其他选项参数设置与历史记录画笔工具的选项栏参数相同；下面学习“样式”“区域”和“容差”三个选项。

“样式”：该下拉列表中可选择“绷紧短、绷紧中、绷紧长、松散中等、松散长、轻涂、绷紧卷曲、绷紧卷曲长、松散卷曲、松散卷曲长”10 种笔触样式。画笔样式不同，绘画风格也会发生改变。

“区域”：调整历史记录画笔的笔触范围，值越大，影响的范围就越大。

“容差”：设置历史记录画笔所描绘的颜色与所要恢复的颜色间的差异，值越小，恢复的越加精细。

历史记录艺术画笔工具的案例应用如下。

打开素材图像，在工具箱中选择“历史记录艺术画笔工具”，在“画笔预设选取器”中选择合适的画笔，并设置其“模式”“不透明度”“流量”“样式”等，如图 3-7-7 所示。

设置前景色（C：22\M：0\Y：2\K：0），执行“编辑→填充”命令或按“Alt+Delete”组合键，对图像整体进行前景色填充；再使用历史记录艺术画笔在需要恢复的图像上涂抹，如图 3-7-8 所示。

图 3-7-7

图 3-7-8

在涂抹过程中可以根据需要在历史记录艺术画笔工具的选项栏里，通过设置不同的笔刷大小、绘画样式和容差选项，或不同的色彩和艺术风格模拟绘画的纹理，最终效果如图 3-7-9 所示。

图 3-7-9

3.8 橡皮擦工具组

橡皮擦工具组主要功能是更改图像像素分布，若在背景图层上擦除，图像背景会变成背景色，若在普通图层上擦除，被涂抹的区域将变成透明色。橡皮擦工具组包括“橡皮擦工具”“背景橡皮擦工具”和“魔术橡皮擦工具”三种，如图 3-8-1 所示。

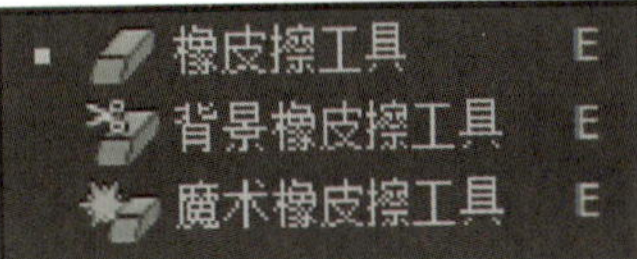

图 3-8-1

3.8.1 橡皮擦工具

橡皮擦工具主要用于擦除当前图像中的颜色，通过参数的调整可以实现不同效果。

橡皮擦工具的选项栏如图 3-8-2 所示。

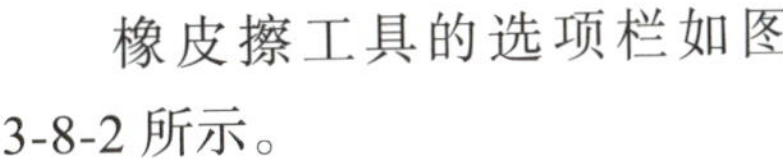

图 3-8-2

“模式”：有“画笔”“铅笔”“块”三种模式供选择，其中的“画笔”“铅笔”相当于画笔工具的画笔和铅笔；“块”的模式是指该工具是有较硬的边缘和固定的方形。

“抹到历史记录”：指在擦除图像时，可以使图像恢复到任意一个历史状态。该方法常用于恢复到图像历史记录到前的一个状态。在使用橡皮擦的同时按住“ Alt”键，即可达到“抹到历史记录”的状态。

历史记录艺术画笔工具的案例应用如下。

打开图像“素材 1”和“素材 2”，如图 3-8-3 所示。

图 3-8-3

单击“素材 1”使其为当前可编辑图像，按“ Ctrl+A”组合键，全选该图像画布，再按

“Ctrl+C”组合键，执行拷贝操作；单击“素材 2”使其为当前可编辑图像，按“Ctrl+V”组合键，粘贴“素材 1”到“素材 2”，生成新图层，效果如图 3-8-4 所示。

图 3-8-4

在工具箱中选择“橡皮擦工具”，在“画笔预设选取器”中选择合适的画笔大小及硬度，并设置其“模式”“不透明度”“流量”“抹到历史记录”等，接着在“图层 1”上进行涂抹，如图 3-8-5 所示。

图 3-8-5

3.8.2 背景橡皮擦工具

背景橡皮擦工具用于擦除图像背景颜色，它与橡皮擦的区别是，橡皮擦在擦除“背景图层图像”时会填充上背景颜色，而背景橡皮擦不论擦除什么图层的图像，背景都将变为透明的图层。

背景橡皮擦工具选项栏如图 3-8-6 所示。

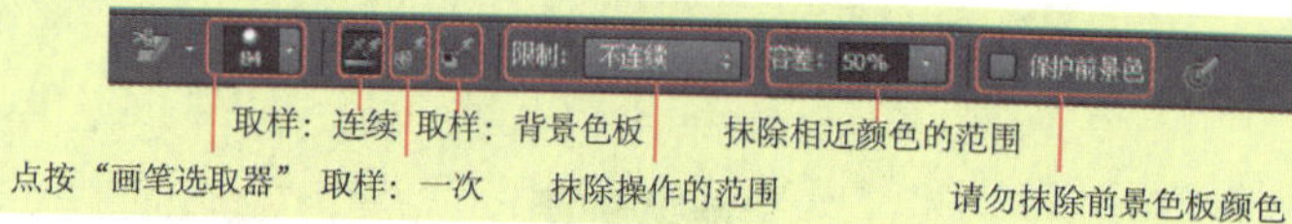

图 3-8-6

取样“连续”：拖动鼠标连续采取色样并擦除，等同于橡皮擦工具的功能。

取样“一次”：只擦除当前鼠标单击的颜色及向邻近颜色区域。

取样“背景色板”：只擦除和当前背景色相邻和相近的颜色区域。

“限制”：该选项共计有“不连续”“连续”“查找边缘”三项供选择。“不连续”指擦除容差范围内所有与取样颜色相似的像素，“连续”指擦除与取样点相接或邻近的颜色相似区域，“查找边缘”指擦除与取样点相连的颜色相似区域，能较好地保留替换位置颜色反差较大的边缘轮廓。

背景橡皮擦工具案例应用如下。

打开素材图像，如图 3-8-7 所示。

图 3-8-7

选择“背景橡皮擦工具”，执行“编辑→首选项→光标”命令，在打开的“首选项”对话框中进行相关设置，以对光标进行准确定位。图像背景色彩较为单一，故在该工具选项栏上的设置如图 3-8-8 所示。

图 3-8-8

使用背景橡皮擦工具在背景上涂抹，注意“取样”时鼠标中心的“+”字光标的位置始终要在白色背景区域，如图 3-8-9 所示。

背景橡皮擦工具擦除后效果如图 3-8-10 所示。

图 3-8-9

图 3-8-10

3.8.3 魔术橡皮擦工具

魔术橡皮擦工具既具有魔棒的选取性，又具有背景橡皮擦的功能，是二者的有机结合。所以魔术橡皮擦工具在图像中可以一次性擦除相同或相近颜色的区域，擦出的并且是透明区域。

魔术橡皮擦工具选项栏如图 3-8-11 所示。

图 3-8-11

“容差”：根据数值大小来决定擦除颜色的范围。其值越大，擦除的颜色范围就越广。反之，擦除的范围就越小。

“消除锯齿”：可以使擦除后的区域边缘更平滑。

“连续”：选中该复选框可以只擦除相邻的图像区域；反之则可将不相邻的区域也擦除。

“对所有图层取样”：对所有可见图层的色彩采样擦除颜色。

“不透明度”：设定擦除像素的多少。100% 为全擦除，0% 为不擦除，1%~99% 为部分擦除。

魔术橡皮擦工具案例应用如下。

打开素材图像“素材 1”和“素材 2”，执行“窗口→排列→双联垂直排列”命令，如图 3-8-12 所示。

图 3-8-12

在工具箱中选中“移动工具”，在“素材 2”图像中拖动鼠标指针至“素材 1”图像中，再选择“魔术橡皮擦工具”，在该工具选项栏设置其各项参数。接着在“素材 2”所在图层涂抹，效果如图 3-8-13 所示。

图 3-8-13

同时，可以借助套索工具、橡皮擦工具等工具，进行最后的修整，效果如图 3-8-14 所示。

图 3-8-14

3.9 填充工具组

在前面“创建选区”章节中，已经谈到了“填充”命令。在 Photoshop CS6 软件中，可以用于填充的工具有三个，即“渐变工具”“油漆桶工具”“3D 材质拖放工具”，尤其前两种工具最为重要，如图 3-9-1 所示。

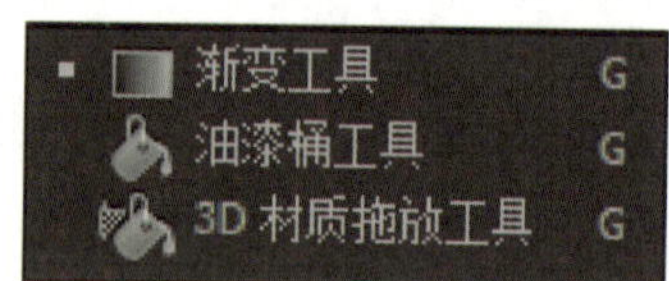

图 3-9-1

3.9.1 渐变工具

渐变工具是为创建的选区填充渐变颜色。所谓渐变颜色就是一种颜色到另一种颜色或多种颜色的混合色。

渐变工具选项栏如图 3-9-2 所示。

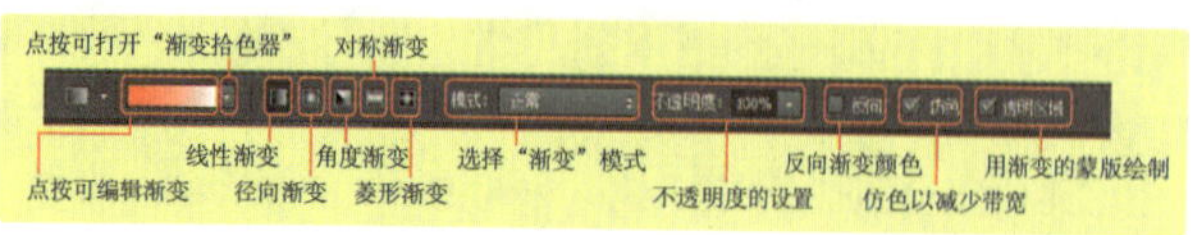

图 3-9-2

在渐变工具选项栏中有很多渐变种类，但还不能满足图像设计的需要。在“渐变编辑器”中除去很多软件自带的渐变色，还需要自定义渐变色来进行编辑。“渐变编辑器”面板介绍如图 3-9-3 所示。

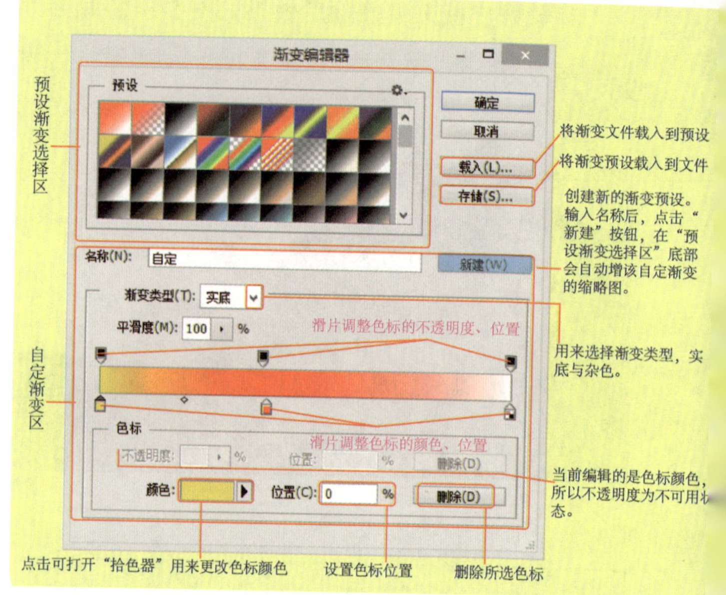

图 3-9-3

值得注意的是，若要添加色标只需要在渐变条下方任意单击，即可添加一个色标。若要删除色标，将色标选中，单击“删除”按钮即可；也可以直接拖动该色标至“渐变编辑器”框外即可。

设置色标颜色可直接选中色标，然后再更改色标颜色，“拾色器”中选择颜色，也可以直接双击色标，在弹出的“拾色器”中选择颜色。

渐变种类共计有 5 种，他们以不同渐变效果来进行填充。

线性渐变是由始到终以直线渐变颜色的，如图 3-9-4 所示。

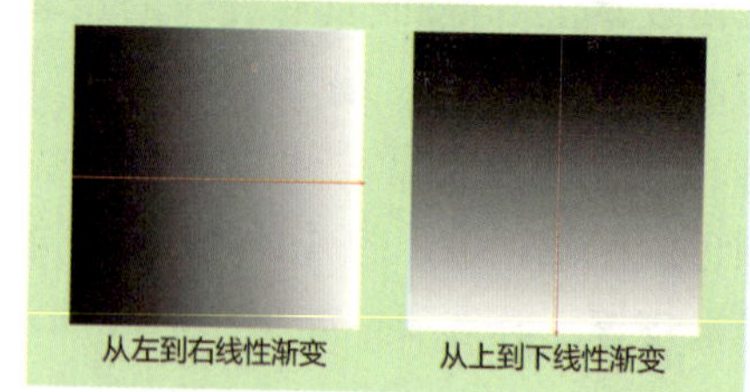

图 3-9-4

径向渐变是由始到终以圆形向四周渐变颜色的，如图 3-9-5 所示。

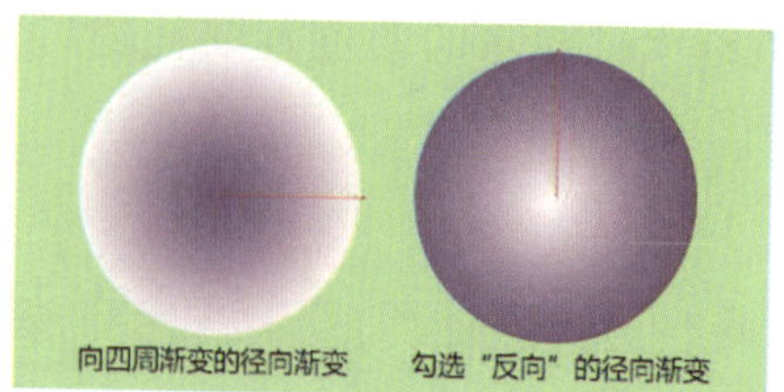

图 3-9-5

角度渐变是由始到终以时针环绕形式来渐变颜色的，如图 3-9-6 所示。

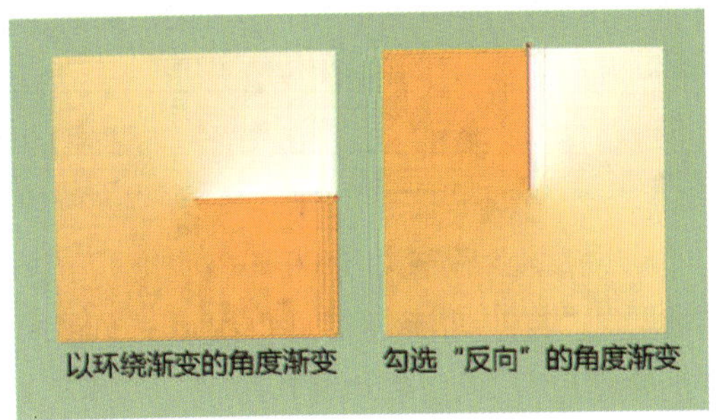

图 3-9-6

对称渐变是以始到终所画线段的两边为对称线来渐变颜色的，如图 3-9-7 所示。

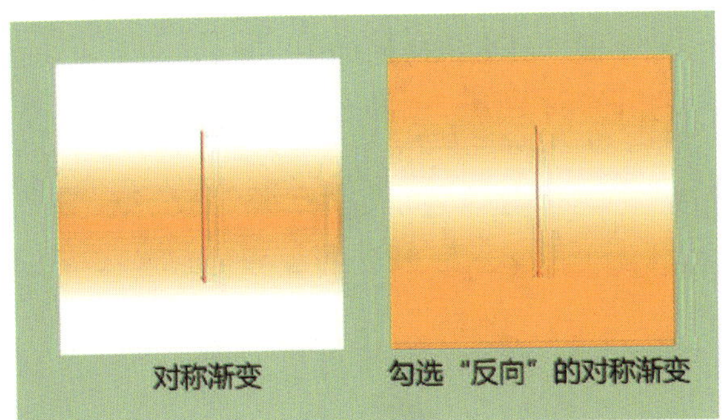

图 3-9-7

菱形渐变是由始到终以菱形图案的形式来渐变颜色的，如图 3-9-8 所示。

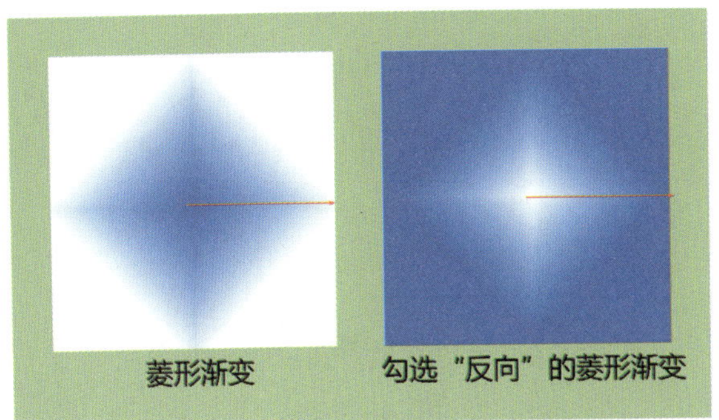

图 3-9-8

需要注意的是，若按住“Shift”键拖动鼠标，其渐变线会以 45° 或 45° 的倍数进行渐变。

“模式”：选择在渐变填充时颜色的混合模式。

“不透明度”：调整渐变填充的不透明度值。

“反向”：其渐变方向效果与原来设置的方向相反。

“仿色”：该选项就是能够使渐变效果的过渡更自然、平滑。

“透明区域”：对颜色设置不透明度的时候，可以使用透明效果。

渐变工具案例应用如下。

打开素材图像，如图 3-9-9 所示。

在工具箱中选择“渐变工具”，选择“渐变种类”为“角度渐变”，“混合模式”为“正片叠底”，“不透明度”为 36%，勾选“反向”“仿色”“透明区域”选项，如图 3-9-10 所示。

图 3-9-9

图 3-9-10

在“渐变编辑器”中的设置如图 3-9-11 所示。

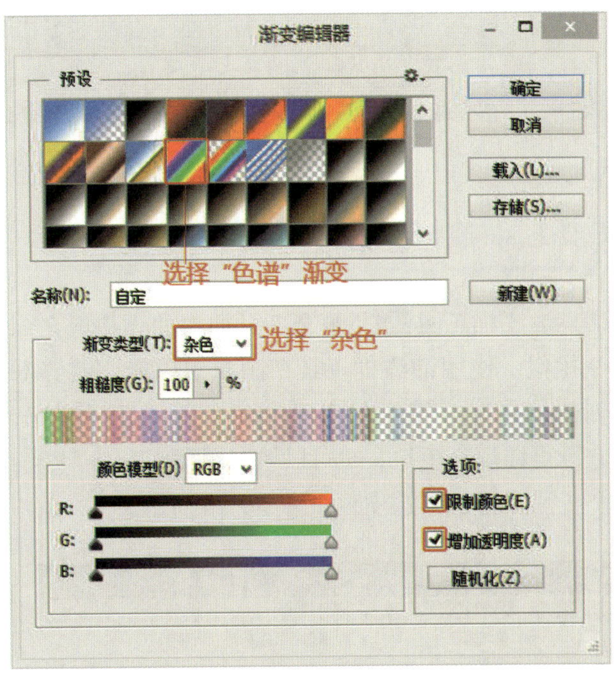

图 3-9-11

选择“渐变工具”，通过鼠标指针在图像中由起点到终点拉出渐变效果，如图 3-9-12 所示。

选择“历史画笔工具”，在该工具选项框里设置“模式”为“正常”，“不透明度”为 48%，其他默认，接着在图像人物的脸部涂抹，最终效果如图 3-9-13 所示。

图 3-9-12

图 3-9-13

3.9.2 油漆桶工具

油漆桶工具是填充工具的一种，和填充命令相似。使用油漆桶工具在画布中单击，能够对创建的选区、整个画布以及某个色块进行填充，它既可以填充色块，也可以填充图案。

油漆桶工具选项栏如图 3-9-14 所示。

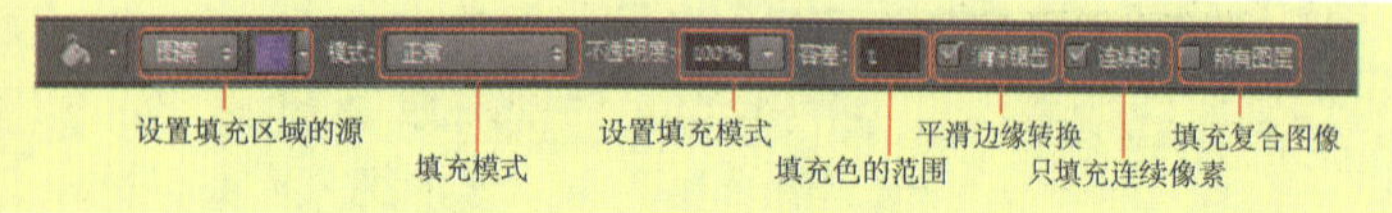

图 3-9-14

“填充”“设置填充区域的源”：可以选择“前景（前景色）”和“图案”填充；“前景”可以通过“拾色器”自由选择颜色填充，“图案”可通过“图案选择面板”选择不同的图案填充。

“模式”：填充的颜色或图案与图像的混合模式。

“不透明度”：设置填充的不透明度。

“容差”：控制油漆桶工具每次填充色的范围。

“消除锯齿”：可以使填充区域的边缘更平滑。

“连续的”：能填充鼠标单击处像素相似的相连部分；反之，能填充鼠标单击处像素相似的所有部分。

“所有图层”：填充操作对所有可见图层有效。

油漆桶工具案例应用如下。

打开素材图像，如图 3-9-15 所示。

图 3-9-15

在工具箱中选择“椭圆选框工具”，在图像中创建椭圆选区，执行“选择→修改→羽化”命令或按“Shift+F6”组合键，在弹出的“羽化”对话框中输入“羽化值”为 50 像素；再执行“选择→反向”命令或按“Ctrl+Shift+I”组合键，效果如图 3-9-16 所示。

图 3-9-16

在工具箱选择“油漆桶工具”，在工具选项栏里设置各项参数，如图 3-9-17 所示。

图 3-9-17

然后再使用油漆桶工具在图像选区中填充，画面效果如图 3-9-18 所示。

图 3-9-18

需要注意的是，一般填充都要先创建选区，再在选区内填充。若直接使用油漆桶工具填充，仅能填充鼠标单击处相似的颜色区域。

3.9.3 3D 材质拖放工具

3D 材质拖放工具可以进行纹理填充。

3D 材质拖放工具选项栏如图 3-9-19 所示。

载入所选材质 载入的材质：趣味纹理

图 3-9-19

3D 材质拖放工具案例应用如下。

打开 3D 素材图像，如图 3-9-20 所示。

选择工具箱中的“3D 材质拖放工具”，在 3D 材质拖放工具选项栏中选择材质，如选择“趣味纹理”，在其后便显示所载入的“趣味纹理”材质名称，如图 3-9-21 所示。

在图像中单击需要修改材质部分，即可完成材质的更改，如图 3-9-22 所示。

图 3-9-20

载入所选材质 载入的材质：趣味纹理

图 3-9-21

图 3-9-22

需要注意的是，在使用“3D 材质拖放工具”

时，若按住“Alt”键，该工具会变成“吸管工具”，可以用来查看图像中的材质及纹理信息；在使用“3D 材质拖放工具”时，若按住“Ctrl”键，该工具则变成“移动工具”。

3.10 润饰工具组

润饰工具组主要对图像细部进行深入调整和刻画，包含对图像的模糊、锐化、涂抹以及对图像色彩的减淡、加深和色彩饱和度（海绵工具）的调整等。其共计包含 6 组工具，如图 3-10-1 所示。

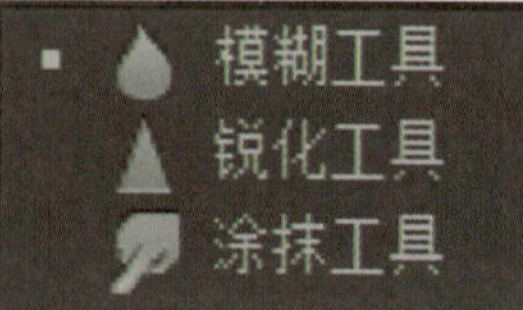

图 3-10-1

3.10.1 模糊工具

模糊工具可以通过减少图像的细节变化从而达到柔化图像边缘的效果，使图像变得模糊些，也就能更好地表现了图像的前后、主次关系。该工具操作简单，在图像中需要模糊的地方反复涂抹，即可达到想要的效果。

模糊工具选项栏如图 3-10-2 所示。

图 3-10-2

“模式”：设置该工具的混合模式。

“强度”：设置该工具的模糊程度。其值越大，效果越明显。

“对所有图层取样”：指模糊操作对图像所有可见图层有作用。

模糊工具案例应用如下。

打开素材图像，如图 3-10-3 所示。

选择工具箱中的“磁性套索工具”，在该工具选项栏中设置相关选项，绘制选区如图 3-10-4 所示。

图 3-10-3

图 3-10-4

执行“选择→修改→羽化”命令或按“Shift+F6”组合键，在弹出的“羽化”对话框中输入“羽化值”为 30 像素；再执行“选择→反向”命令或按“Ctrl+Shift+I”组合键；选择“模糊工具”，设置该工具选项栏“模式”为“正常”，“强度”为 100%，使用该工具在反选区域涂抹，效果如图 3-10-5 所示。

图 3–10–5

打开新素材图像，在“模糊工具”选项栏中勾选“对所有图层取样”，其他选项设置为默认，然后创建新图层即按“ Shift+Ctrl+N”组合键，如图 3-10-6 所示。

使用模糊工具在新建的图层上反复涂抹，效果如图 3-10-7 所示。

图 3–10–6

图 3–10–7

3.10.2 锐化工具

锐化工具是通过提高相邻像素之间的对比度来提高图像的清晰度，与模糊工具的作用向左。

锐化工具选项栏如图 3-10-8 所示。

图 3–10–8

“模式”：设置该工具的混合模式。

“强度”：设置该工具的锐化程度。其值越大，效果越明显。

“对所有图层取样”：指锐化操作对图像所有可见图层有作用。

“保护细节”：指保护细节时最小化像素。

锐化工具案例应用如下。

打开素材图像，如图 3-10-9 所示。

图 3–10–9

在工具箱中选择“锐化工具”，在该工具选项栏设置“画笔大小”为 36 像素，“硬度”为 10%，“模式”为“变亮”，“强度”为 50%，勾选“保护细节”；接着使用“锐化工具”，在需要提高对比度、清晰度的地方涂抹，如图 3-10-10 所示。

图 3-10-10

最终涂抹效果如图 3-10-11 所示。

图 3-10-11

3.10.3 涂抹工具

“涂抹工具” 可以模拟手指涂抹，在图像中产生搅拌流动的效果，若在该工具的选项栏里勾选了“手指绘画”，其涂抹的前景色会沿着鼠标指针的方向将颜色进行展开。

涂抹工具选项栏如图 3-10-12 所示。

图 3-10-12

该工具效果与滤镜工具组中的“液化”有点类似，但是在火焰字的火苗制作以及人物面部磨皮方面有着重要的作用。

3.10.4 减淡工具

“减淡工具” 可以通过画笔涂抹快速增加图像的亮度。该工具可以把图片中需要变亮或增强质感的部分颜色提亮，该工具默认提亮范围为“中间调”。

减淡工具选项栏如图 3-10-13 所示。

图 3-10-13

“范围”：该选项的下拉列表中，“阴影”选项表示仅更改图像中较暗区域的部分；“中间调”表示仅更改图像的中间色调区域的部分，此时涂亮的部分过渡会较为自然；“高光”表示仅更改图像的较亮区域的部分。

“曝光度”：设置曝光的强度，其值越大，曝光越明显。

减淡工具案例应用如下。

打开素材图像，如图 3-10-14 所示。

图 3-10-14

在工具箱中选择“减淡工具”，在该工具选项栏里设置“画笔大小”为 473 像素，“画笔硬度”为 0，“范围”为“中间调”，曝光度为 50%，勾选“保护色调”；使用“减淡工具”的画笔在需要提亮的图像中涂抹，最后为提高画面中心的亮度，可以更改选项栏中的“范围”为“高光”，再进行涂抹，效果如图 3-10-15 所示。

图 3-10-15

3.10.5 加深工具

“加深工具” 与“减淡工具”的作用相反，“加深工具”是通过画笔涂抹来降低图像的曝光度，从而降低图像的亮度。通过增加图片的暗部来丰富图像暗部色彩层次。

其工具选项栏选项与“减淡工具”选项栏选项类似。

需要注意的是，“加深工具”与“减淡工具”的作用其实和“图像→调整→亮度 / 对比度”命令相似，只是“亮度 / 对比度”调整的是整个图像，而“加深工具”与“减淡工具”是针对图像局部的修饰与丰富。

3.10.6 海绵工具

“海绵工具” 是通过增加或降低图像的饱和度，从而达到调整图像饱和度的效果。

海绵工具选项栏如图 3-10-16 所示。

图 3-10-16

“模式”：该选项下拉列表中，“降低饱和度”是可以降低图像颜色的饱和度，从而增加图像中的灰色调或将图像变成黑白图像；“饱和”是可以增加图像颜色的饱和度，从而减少图像中的灰色调。

海绵工具案例应用如下。

打开素材图像，如图 3-10-17 所示。

图 3-10-17

在工具箱中选择“海绵工具”，在该工具选项栏里设置“画笔大小”为 125 像素，“画笔硬度”为 0，“模式”为“饱和”，“曝光度”为 100%，勾选“保护色调”，接着使用“模式工具”的画笔在需要提高饱和度的图像中涂抹，效果如图 3-10-18 所示。

图 3-10-18

第4章 图层的应用

学习目标

理解图层的概念，知道图层的基本类型，学会运用图层的基本操作以及其他高级操作。如图层的不透明度设置、图层的6组27种混合模式的设置、图层的分类查找等。

知识导图

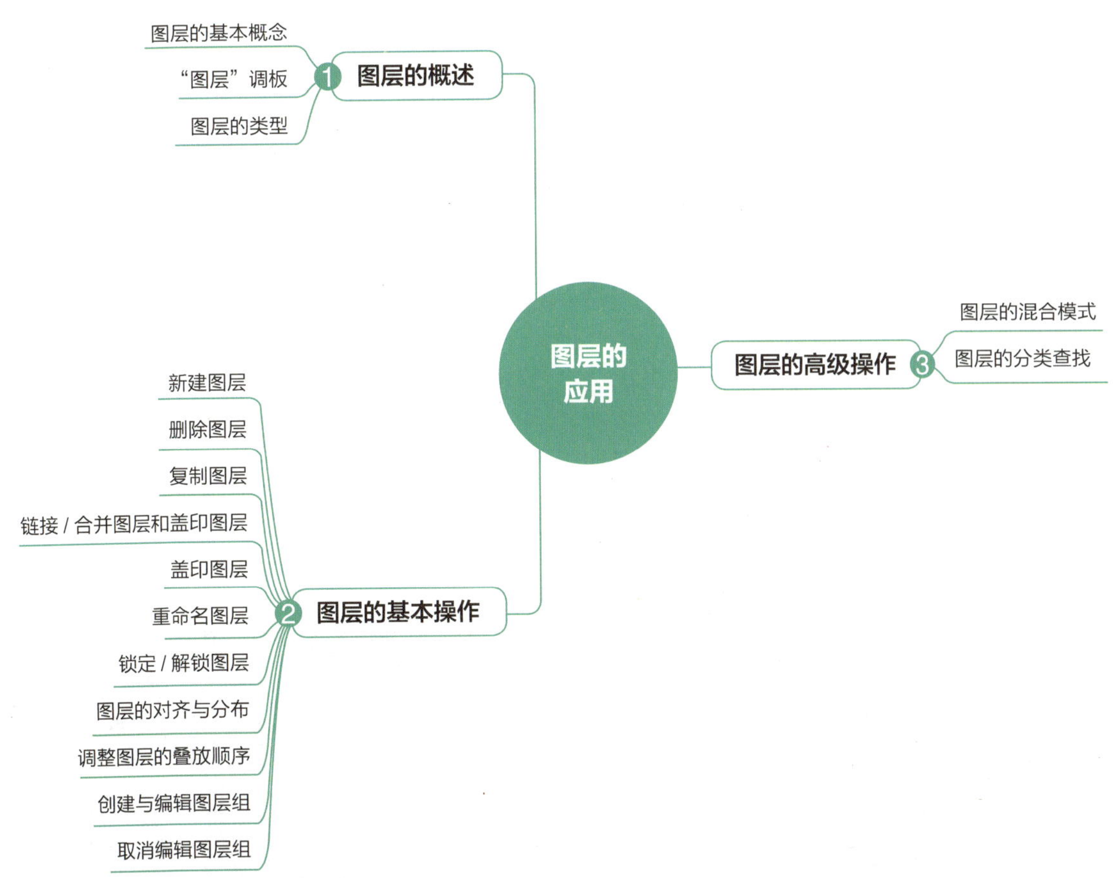

便捷的分层操作、强大的混合模式以及可以创建特殊效果的图层样式都是图层在图像处理上的重要表现，所以说图层应用是 Photoshop CS6 软件对图像处理中最重要的功能之一。下面来学习图层的概念与调板的应用、图层的基本类型、图层的基本操作以及其他高级操作等。

4.1 图层的概述

图层是 Photoshop 应用软件非常重要的功能之一，最能体现 Photoshop 功能的强大。在对图像进行设计制作时，不同图像所在的不同图层都能独立操作而它们之间互不影响，为设计制作出更好的图形图像设计，首先要了解图层的基本概念。

4.1.1 图层的基本概念

“图层”如同透明的拷贝纸，在拷贝纸上画出图像，并将它们叠加在一起，就可浏览到图像的组合效果。使用“图层”可以把一副复杂的图像分解为相对简单的多层结构，并对图像进行分级处理，从而减少图像处理工作量并降低难度。通过调整各个“图层”之间的关系，能够制作出绚丽多彩的美丽图像，如图 4-1-1 和 4-1-2 所示。

通过工作区和图层面板显示，可以看出图层就如同一张透明的纸，有树叶的部分称为不透明区，树叶四周空白的部分称为透明区，通过透明区可以看到下一层的内容。它们相互按顺序叠加得到如此多的树叶的美丽图像。

图 4-1-2

图层的应用使处理组成画面的元素较为方便。图层与图层之间可以链接和建立裁切关系等，并可以通过使用图层混合模式，使上下层之间产生特殊的混合。同时，对于 PSD 格式的文件，除了背景图层透明度不可调整外，其他图层都可以调整不透明度，从而能够更好地丰富图像效果。

4.1.2 “图层”调板

在 Photoshop 中，图层调板主要用于创建、编辑和管理图层以及添加图层样式等，是图层的控制中心。执行“窗口→图层”命令或按快捷键“F7”键，即可打开“图层”调板，如图 4-1-3、图 4-1-4 所示。

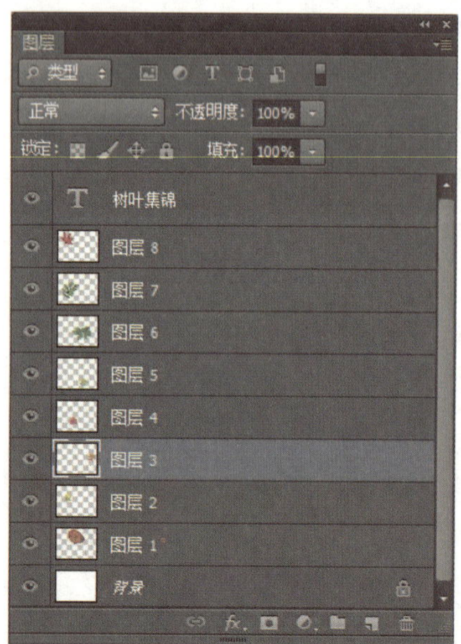

图 4-1-1

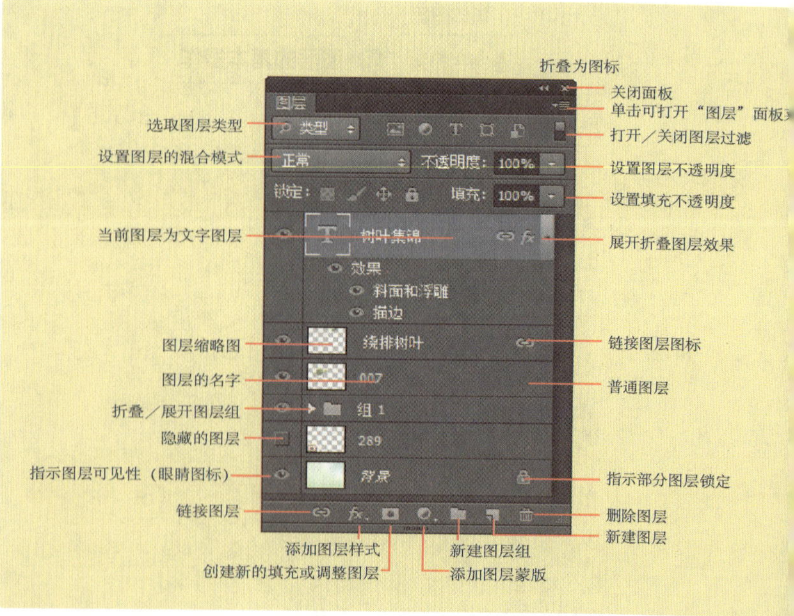

图 4-1-3

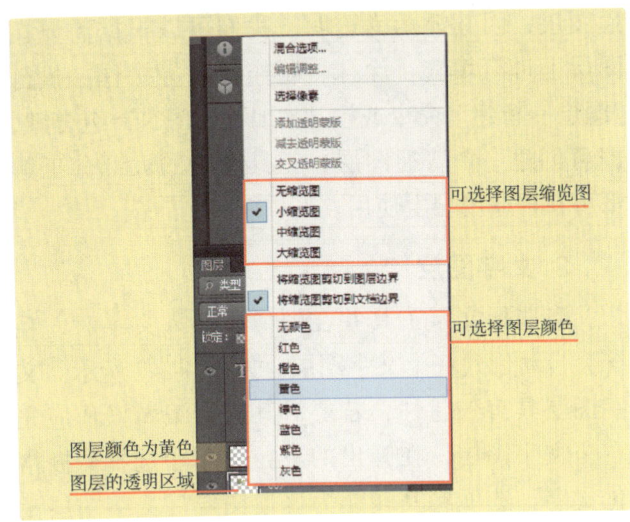

图 4-1-4

各选项的含义介绍如下。

选取图层类型：若该文件图像数量较多，可以选择下拉列表类型中（名称、效果、模式、属性、颜色）其中的一种类型在图层面板上来显示图层。

打开 / 关闭图层过滤：设置启用或停用图层过滤功能。

设置图层的混合模式：设置当前图层和下面图层之间的混合模式。

设置图层不透明度：设置当前图层不透明度，其值越小，图层越透明。

设置填充不透明度：设置图层的当前填充或绘画时的不透明度，它与图层不透明度相似，但是不影响对图层的其他效果。

“锁定”：该选项（锁定：）包含四项，即锁定透明像素、锁定图像像素、锁定位置、锁定全部。用于对图层进行不同的锁定，图层被锁定后，将显示不同锁定图标。

图层缩略图：也称图层缩览图，用于显示图层中包含的所有内容，其中的棋盘格是指透明区域，在缩览图中右击可以调整缩览图的大小。同时，还可以选择图层的颜色。

眼睛图标：用于控制显示或隐藏当前图层的内容，当图像需要被隐藏时，单击此处便可隐藏当前图层内容。反之，则可以显示图像内容。即单击眼睛图标，可在显示和隐藏状态之间切换，值得注意的是，隐藏图层不能被编辑。同时为了在存储 PSD 文件时较小地保存文档，可以隐藏所有图层内容再保存，一般文档大小会比之前小很多。

链接图标：表示该图层与当前图层之间具有链接关系，当对任何一个图层执行变换操作时，将会影响到其链接图层。链接图层主要使用的命令是移动、复制多层图像，合并、排列和分布图层，以及对各图层中的图像进行统一变形。

若选择多个图层链接需要按住“Ctrl”键的同时选择性地单击多个图层的名称，这些图层都将被选中为当前图层。若按住“Shift”键的同时单击图层名称，则可以选中多个连续的图层。

链接图层：单击图标可用来链接多个选中的当前图层。

添加图层样式：单击该图标，可根据需要在下拉菜单中为图层添加单项 / 多项图层样式。

添加图层蒙版：单击该图标可为当前图层添加图层蒙版，对于有遮挡作用的图层蒙版，本书有单独章节对其详述。

创建新的填充或调整图层：单击该图标可以在下拉菜单中选择创建新的填充或调整图层。

新建图层组：单击该图标可创建一个新的图层组。

创建新图层：单击该图标可新建一个空白图层。

删除图层：单击该图标可删除当前选中的图层。也可以把当前图层选中并按住鼠标左键拖动到该图标上，松开即可删除图层。

当前图层：当前正在编辑的图层，以深蓝色显示，在“图层调板”中选择某个图层单击，该图层即成为当前图层。

4.1.3 图层的类型

Photoshop CS6 能创建多种类型的图层，常见的图层类型包括普通图层、背景图层、文本图层、链接图层、蒙版图层、矢量形状图层、调整图层、视频图层、3D 图层等，本节将对其进行详细介绍。

1. 背景图层

新建文件时选择使用的一种特殊不透明的图层，因为其一直位于图层的最下层，我们称之为背景图层。其以背景色为底色，在操作时可以在背景图层中填充、涂抹和应用滤镜，但其叠放顺序和位置不能移动，使用橡皮擦工具擦除背景图层时会得到背景色。并且，背景图层是可以转化为普通图层的。

打开素材图像，如图 4-1-5 所示，双击图层面板的“背景图层”，弹出新建图层对话框，可以设置图层的名称、图层的颜色、图层的模式和不透明度，然后单击“确定”按钮，即可完成背景图层到普通图层的转化，如图 4-1-6 所示。

图 4-1-5

图 4-1-6

PSD 格式的文件是可以没有背景图层的，若有也只能仅有一个。非特殊情况下，背景层不用于编辑，若需要编辑，背景图层需要转化为普通图层。普通图层也可以转换为背景图层：首先选中该图层，再执行“图层→新建→背景图层”命令，即可将所选图层转换为背景图层，当前图层自动以背景图层身份转入最底层。

2. 普通图层

我们把 Photoshop 中常用于编辑的图层称为普通图层，因其显示为透明，我们可以根据需要在图层上进行填充、涂抹、制作效果等操作。执行“图层→新建”命令或按“Ctrl+Shift+N”组合键，即可创建一个普通图层，工具箱中的大部分工具都可在普通图层上使用。

3. 文字图层

当选择文字工具并在图像中输入文字时，系统会自动创建一个文字图层，如图 4-1-7 所示。文字图层具有矢量性，若要对其进行编辑操作应先右击文字图层，在弹出的下拉菜单中选择“栅格化文字”选项将其转换为普通图层。文字图层没有缩览图，而是用“T”形图标来表示。双击该字母可进入文字编辑状态，用户可以对该图层进行移动、拷贝等操作，栅格化文字图层如图 4-1-8 所示。

图 4-1-7

图 4-1-8

4. 链接图层

保持链接状态下的多个图层。

5. 蒙版图层

蒙版可以控制图像的显示范围，蒙版图层中的黑色，白色和灰色像素控制着图层中相应位置图像的透明度。其中，白色表示完全显示的区域，黑色表示完全屏蔽的区域，不同百分比的灰色表示不同透明度的区域。此类图层缩览图的右侧会显示一个黑白的蒙版图像，本书有单独章节对其详述，如图 4-1-9 所示。

图 4-1-9

6. 形状图层

使用矢量形状工具创建图形时，软件会自动建立一个形状图层，如图 4-1-10 所示。

图 4-1-10

7. 矢量蒙版图层

矢量蒙版图层就是添加了矢量形状的蒙版图层，其中图层缩览图的右侧为图层的矢量蒙版缩览图，如图 4-1-11 所示。

图 4-1-11

8. 剪贴蒙版图层

剪贴蒙版图层是蒙版使用的一种，通过使用一个图层中的图像来控制下一图层的显示区域，如图 4-1-12 所示。

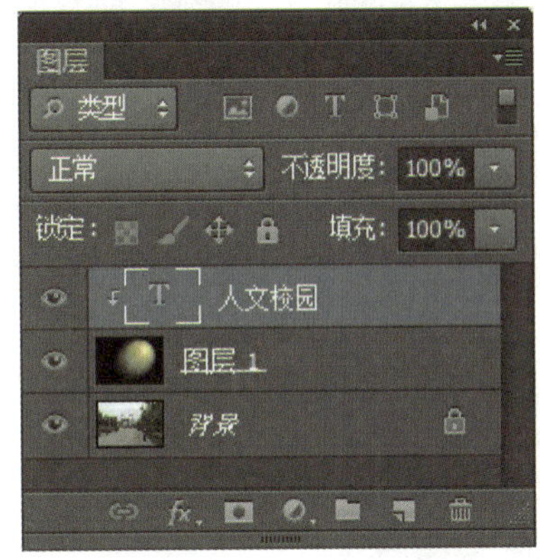

图 4-1-12

9. 调整图层

调整图层可以调整该层以下图层中的图像色调、亮度、饱和度等，它对图像的色彩调整非常有帮助，因为它可以使图像存储后可以恢复到原来的色彩状况，又不改变下面图层的属性，同时还可以重复编辑。

调整图层的创建方法如下。

打开素材图像，如图 4-1-13 所示。单击“图层”调板底部的“创建新的填充或调整图层” 按钮，从弹出的菜单中选择“色阶”选项，如图 4-1-14 所示。

图 4-1-13

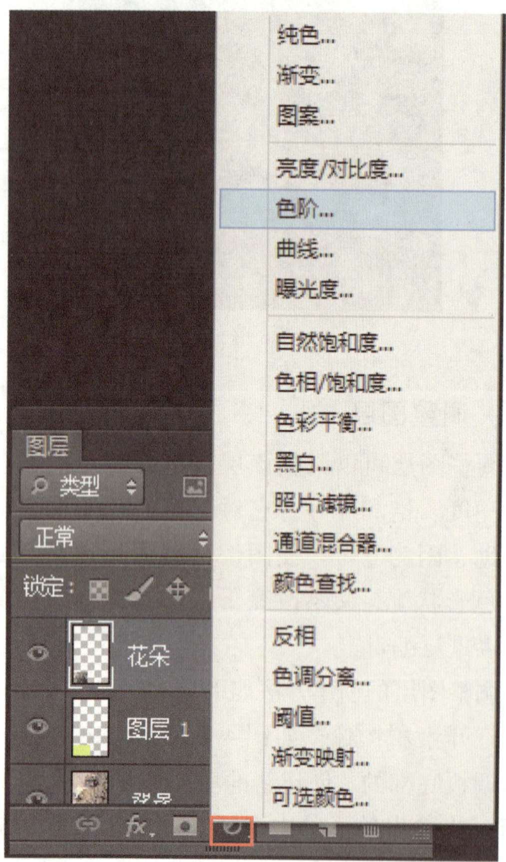

图 4-1-14

弹出“色阶”调板，对图像“色阶”各选项进行设置，如图 4-1-15 所示。

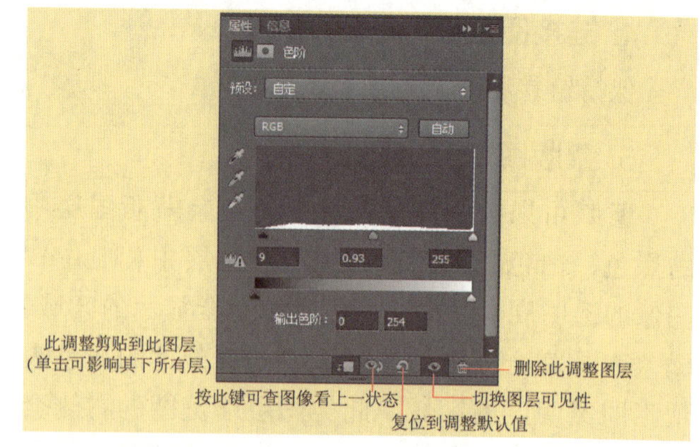

图 4-1-15

设置完成后，关闭“色阶”调板即可应用所设置的色阶效果，此时“图层”调板中也创建一个调整图层。

下面再通过一个案例来说明调整图层的作用。打开图像，如图 4-1-16 所示。

图 4-1-16

单击“图层”调板底部的“创建新的填充或调整图层”按钮，从弹出的菜单中选择“自然饱和度”选项，并在“自然饱和度”面板中，设置“自然饱和度”为 100，“饱和度”为 61，效果如图 4-1-17 所示。

图 4-1-17

同时，图层面板上会自动建立一个新的调整图层——“自然饱和度”图层，如图 4-1-18 所示。

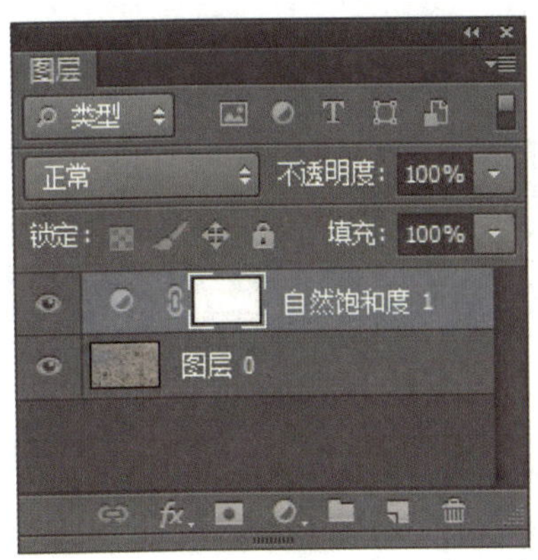

图 4-1-18

同样该图层也可以隐藏和删除。如果对当前图像效果不满意，可以在“自然饱和度”面板中重新调整数值来修改画面效果。

10. 视频图层

包含视频文件帧的图层。

11. 3D 图层

包含 3D 文件或者置入的 3D 文件的图层。

12. 填充图层

填充图层的填充内容可为纯色、渐变、图案，填充图层的创建方法介绍如下。

打开图像，如图 4-1-19 所示。

图 4-1-19

单击“图层”调板底端的“创建新的填充或调整图层”按钮，接着在弹出的菜单中选择“图案”选项，如图 4-1-20 所示。

图 4-1-20

打开“图案填充”对话框，设置填充图案为“泥土”，如图 4-1-21 所示。

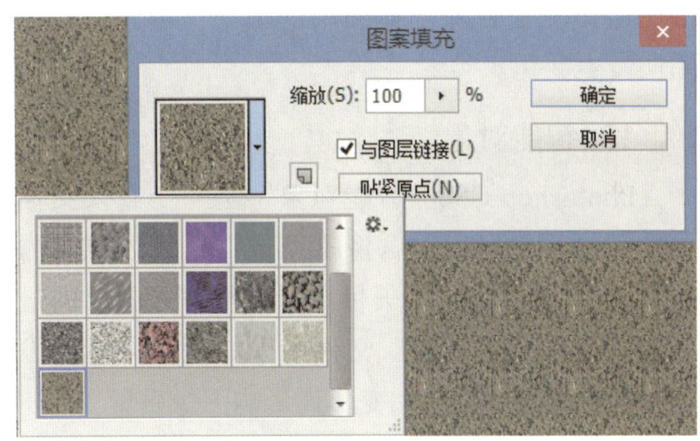

图 4-1-21

设置完成后，单击“确定”按钮即可应用，设置图层混合模式为“正片叠底”，填充不透明度为 48%，新建的填充图层名称为“图案填充”，如图 4-1-22 所示。

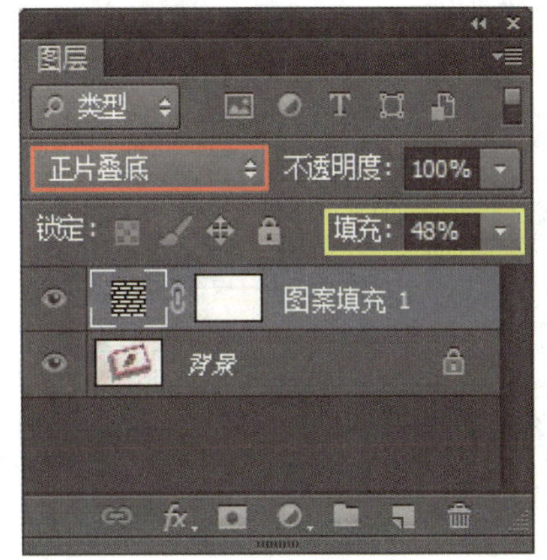

图 4-1-22

最终效果如图 4-1-23 所示。

图 4-1-23

值得注意的是，填充图层不同于图层的填充，一个是填充并新建图层，其原图层没有像素变化，而图层填充是针对当前图层的填充，填充后的原图层发生变化。

13. 智能对象

Photoshop CS6“智能对象”是一个嵌入文档中的图层，它可以包含像素图像，也可以包含为AI格式或其他格式的矢量图像。与普通图层的最大区别是能保存“源”文件的原始数据，不会因为图像的缩放、旋转和变形而影响图像质量。

创建智能对象时，普通图层可以直接被转换为“智能对象”，也可以直接将图像以智能对象的形式置入图像。

在Photoshop CS6软件中，按“Ctrl+O”组合键打开素材文件，如图4-1-24所示。

图 4-1-24

然后执行“文件→置入”命令，打开“置入”对话框，选择“美女风景”.psd图像文件，单击“置入”按钮，将该图像置入到图像中，如图4-1-25所示。

图 4-1-25

拖动控制点调整图像的大小，再右击执行“水平翻转”命令，接着双击鼠标完成图像的置入（也可以在Photoshop CS6“变换”属性栏上设置参数值，同样可以调整图像的大小和角度）。调整完毕后，在“图层”面板上可以看到“美女风景”图层缩略图上有一个“智能对象”图像 风景美女，表示图层为“智能对象”图层，如图4-1-26所示。

图 4-1-26

在“美女风景”智能对象图层上右击，从弹出的列表中选择“栅格化”选项，可以将Photoshop CS6“智能对象”图层转换为普通图层（如同将“文字图层”栅格化）。所有的绘画修饰工具就可以在该图层正常使用了，如图4-1-27所示。

图 4-1-27

同样的道理，在普通图层上右击，在弹出的列表中选择“转换为智能对象”选项，也可以将普通图层转换为“智能对象”图层。

因“智能对象”图层与普通图层不同，对“智能对象”图层的编辑调整也只能是选择性的操作，如可以对“智能对象”图像添加滤镜效果、复制智能对象图层、添加图层样式效果等，但是绘图与修饰工具是不可以在“智能对象”中使用的。

如果置入的图像并不是画面所需要的，可以执行“替换”命令更改当前的 Photoshop CS6 智能对象图层内容。

右击“图层”面板上的“美女风景”智能对象图层，从弹出的列表中选择“替换内容”选项，打开“置入”对话框，重新选择“白鸽”素材图像，单击“置入”按钮，即可将所选的内容替换原来的智能对象，如图 4-1-28 所示。

图 4-1-28

4.2 图层的基本操作

在 Photoshop CS6 中，图层的操作主要包括新建、删除、隐藏与显示、复制、合并、重命名以及调整图层叠放顺序等，如图 4-2-1 所示为“图层”下拉菜单。

新建图层...	Shift+Ctrl+N
复制图层(D)...	
删除图层	
删除隐藏图层	
新建组(G)...	
从图层新建组(A)...	
锁定组内的所有图层(L)...	
转换为智能对象(M)	
编辑内容	
混合选项...	
编辑调整...	
创建剪贴蒙版(C)	Alt+Ctrl+G
链接图层(K)	
选择链接图层(S)	
向下合并(E)	Ctrl+E
合并可见图层(V)	Shift+Ctrl+E
拼合图像(F)	
动画选项	▸
面板选项...	
关闭	
关闭选项卡组	

图 4-2-1

4.2.1 新建图层

在创建和编辑图像时，通常需要创建新的图层，一般新建图层为普通图层，可以在新建图层内建立选区填充、画笔涂抹，结合图层混合模式、调节不透明度以及运用滤镜等创造出不同画面效果。

打开素材图像，如图 4-2-2 所示。

图 4-2-2

单击“图层”调板底部的“创建新图层”按钮，即可新建图层，如图 4-2-3 所示。

图 4-2-3

新建图层的方法较多，除上述方法外还有以下几种。

（1）执行“图层（L）→新建（N）→图层（L）”命令，在弹出的“新建图层”对话框中输入图层的名称，并设置图层的颜色（指“图层”调板用于区别图层的标志颜色，不是图层颜色）、混合模式和不透明度，再单击“确定”按钮或按“Shift+Ctrl+N”组合键即可。

（2）单击“图层”面板右上角的三角形按钮，在弹出的面板菜单中选择“新建图层”选项。

（3）按“Shift+Ctrl+ Alt+N”组合键可在当前图层的上方新建一个图层。

（4）按住“ Alt”键的同时单击“图层”调板底部的“创建新图层”按钮，即可新建图层。

（5）按住“Ctrl”键的同时单击“图层”调板底部的“创建新图层”按钮，可在当前图层中的下一层新建一个图层。

（6）执行“通过拷贝的图层”命令创建图层。打开素材，如图 4-2-4 所示；执行“图层→新建→通过拷贝的图层”命令或按“Ctrl+J”组合键，可将当前图层复制到一个新的图层上，针对图层内的选区也可新建图层，如图 4-2-5 所示。

图 4-2-4

图 4-2-5

（7）执行“通过剪切的图层”命令创建图层。打开素材图像，如图 4-2-6 所示。使用多边形套索工具绘制选区，执行“图层（L）→新建（N）→通过剪切的图层”命令或按“Shift+Ctrl+J”组合键，可将选区的图形从当前图层剪切到一个新的图层上，如图 4-2-7 所示。

图 4-2-6

图 4-2-7

4.2.2 删除图层

在图像处理过程中会产生很多冗杂的多余图层，为了提高图像处理速度，通常会删除不再使用的图层。删除图层的操作与新建图层的操作是相对应的命令，具体操作如下。

打开 PSD 素材图像，如图 4-2-8 所示。在图层面板中选择所要删除的图层，按住鼠标左键将其拖动至“图层”调板底部的“删除图层”按钮，即可删除图层，如图 4-2-9 所示。

图 4-2-8

图 4-2-9

删除图层的方法还有以下几种。

（1）选中需要删除的图层，执行“图层（L）→删除→图层（L）”命令，在弹出的对话框中单击“是”按钮，即可删除图层。

（2）选中需要删除的图层，单击“图层”调板底部的“删除图层”按钮，即可删除图层。

（3）在选取移动工具并且当前图像中不存在选区的情况下，按“Delete”键删除图层。

4.2.3 复制图层

编辑图像时，若需要 2 个或更多相同像素的图层时可以使用复制图层来实现。

操作如下：打开素材图像，如图 4-2-10 所示。

图 4-2-10

在“图层”调板上选中所要复制的图层，按住鼠标左键将其拖动至“图层”调板底部的“创建新图层”按钮，即可在原位置上复制图层。

复制图层的方法还有以下三种。

（1）选中需要复制的图层，按“Ctrl+A”组合键，再按“Ctrl+C”组合键，然后按“Ctrl+V”组合键，即可复制新的图层。

（2）按住“Alt”键的同时，使用移动工具单击鼠标左键并拖动需要复制的图层，即可复制出新的图层。

（3）执行“图层（L）→复制图层（D）”命令，在弹出“复制图层”的对话框（图 4-2-11）中单击“确定”按钮，即可复制图层。

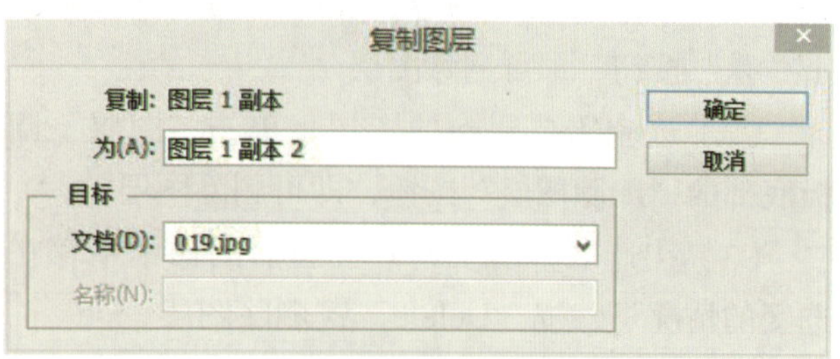

图 4-2-11

4.2.4 链接 / 合并图层和盖印图层

只有在“图层”面板中选择 2 个或 2 个以上图层时，“链接图层”按钮才显示为激活状态。合并图层就是将多个图层合并为一个图层，在编辑图像过程中，文档所占空间越大，计算机运行速度越慢，因此要合并不再需要处理的图层。

链接图层操作如下：打开素材图像，如图 4-2-12 所示。

在“图层”调板中，按住“Shift”键连选或按住“Ctrl”键拣选需要链接的图层，单击“图层”调板底部的“链接图层”按钮，即可完成链接操作，如图 4-2-13 所示。

图 4-2-12

图 4-2-13

链接图层后可对图层进行移动和变换操作，若要取消链接，可选择链接图层中的任一层，再次单击“图层”调板底部的“链接图层”按钮，即可取消链接。

合并图层的操作有如下四种。

（1）合并图层：在图层面板中选择需要合并的 2 个或 2 个以上图层，如图 4-2-14 所示。接着执行“图层→合并图层”命令，合并后图层使用上一层图层的名称，而其他图层保持不变，如图 4-2-15 所示。

（2）向下合并图层：执行“图层→合并图层”命令或按“Ctrl+E”组合键，即可将当前图层与其下一图层（为显示状态）合并，合并后图层使用下一层图层的名称，而其他图层保持不变，如图 4-2-16、4-2-17 所示。

图 4-2-14

图 4-2-15

图 4-2-16

图 4-2-17

（3）合并可见图层：该操作可以合并当前图像窗口中所有显示的图层，而隐藏的图层保持不变，执行“图像→合并可见图层”命令或按“Shift+Ctrl+E”组合键均可合并可见图层。

（4）拼合图层：把所有的图层都拼合到“背景”图层中，执行“图像→拼合图层”命令即可。若遇到隐藏图层则会弹出对话框提示是否删除隐藏图层。

4.2.5 盖印图层

盖印图层是较为特殊的合并方式，它可以将当前图像中所有可见图层合并到一个新的图层中，同时其他图层不发生任何变化。

（1）向下盖印图层：在图层面板中选择一个图层，按“Ctrl+Alt+E”组合键即可把本图层内容盖印到下面的图层中，原图层不变，如图 4-2-18、图 4-2-19 所示。

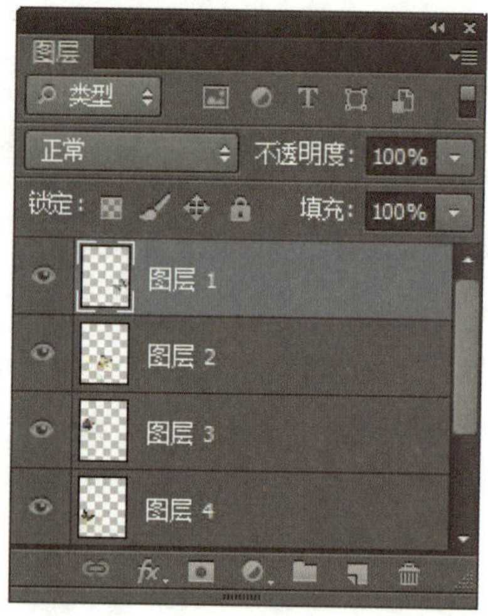

图 4-2-18

图 4-2-19

（2）盖印可见图层：按“Shift+Ctrl+Alt+E”组合键即可将所有可见图层盖印到一个新的图层中去，原有图层不发生变化，如图 4-2-20、图 4-2-21 所示。

图 4-2-20

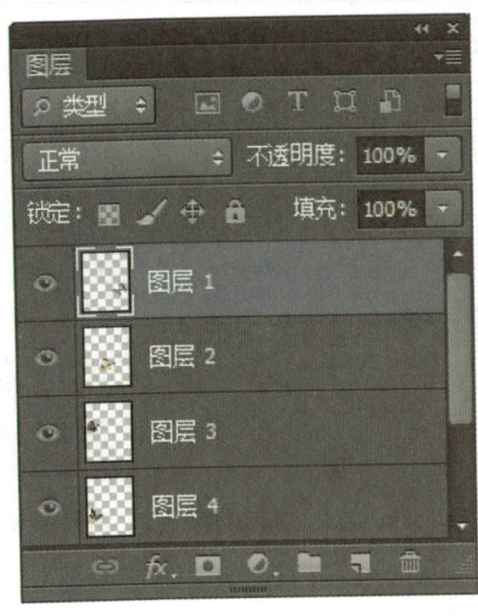

图 4-2-21

（3）盖印图层组：在图层面板中选择图层组，按“Ctrl+Alt+E”组合键可将组中的所有图层盖印到一个新的图层中，其图层组内图层不变，如图 4-2-22、图 4-2-23 所示。

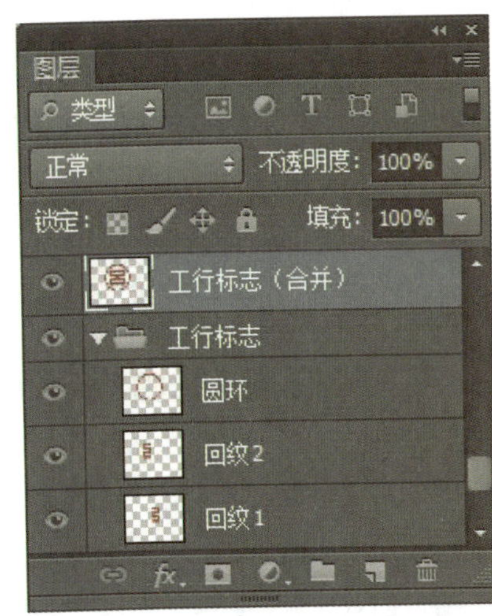

图 4-2-22

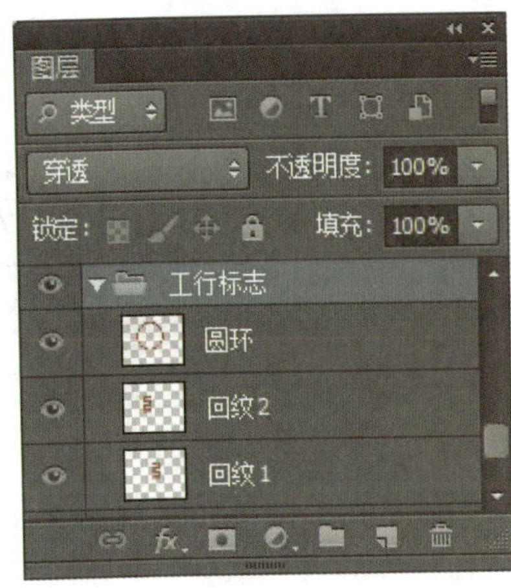

图 4-2-23

4.2.6 重命名图层

重命名图层可以使用菜单命令来操作，也可以使用“图层”调板实现。

在“图层”调板中选择需要命名的图层，双击其名称即可修改。重命名结束后，在名称以外的位置单击即可，如图 4-2-24、图 4-2-25 所示。

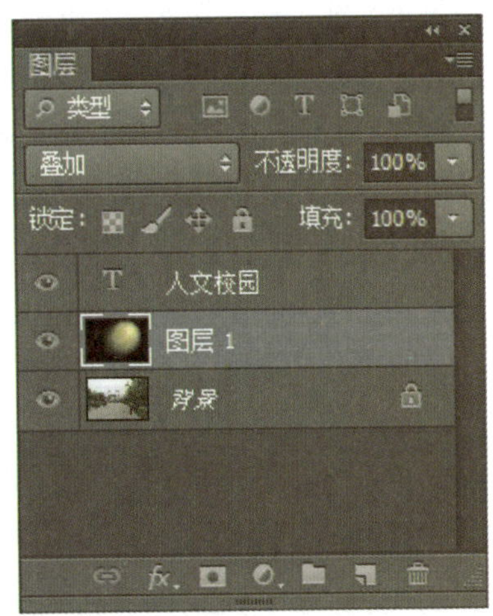

图 4-2-24

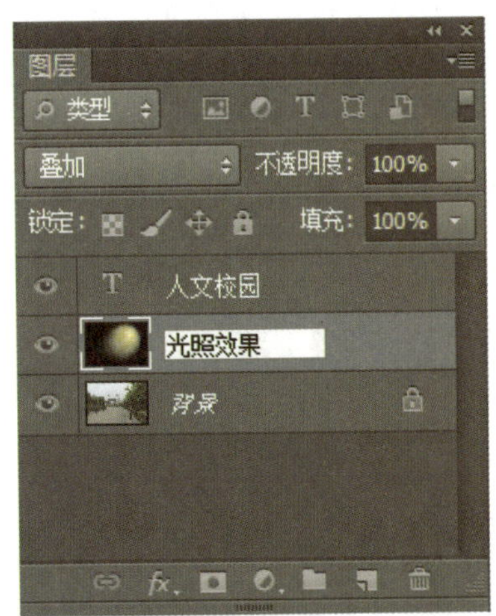

图 4-2-25

4.2.7 锁定 / 解锁图层

“图层锁定”包含锁定透明像素、锁定图像像素、锁定位置和锁定全部四方面内容，如图 4-2-26 所示。

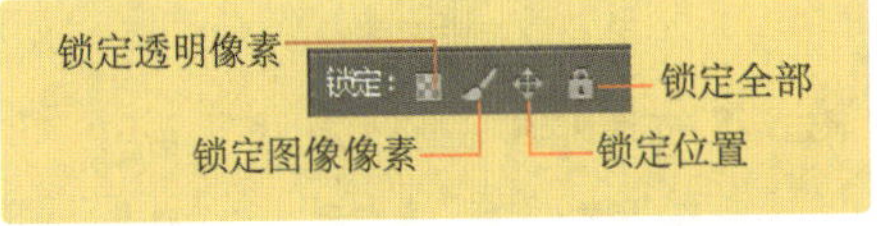

锁 定 图 层

图 4-2-26

图层锁定是限制所选图层编辑的内容和范围，便于对其他层的更好操作。通过单击“图层”调板中的四个锁定按钮，即可实现相应的图层锁定功能。

锁定透明像素：锁定图层或图层组中的透明区域。单击此按钮时，图层透明部分不可被编辑。

锁定图像像素：锁定图层或图层组中有像素的区域。单击此按钮，图层的图像像素不可被编辑。

锁定位置：锁定像素的位置，单击此按钮，当前图层不能执行移动、旋转和自由变换等操作，但可以绘图和编辑。

锁定全部：完全锁定图层，不能对图层进行任何操作。

解锁图层的操作方法是选中已经锁定的图层，再单击相应的锁定按钮。

若要锁定多个图层，可以在“图层”面板上选择需要锁定的图层，单击“锁定选项”（锁定透明像素、锁定图像像素、锁定位置和锁定全部）四项中的一个，即可锁定所选的多个图层。

锁定多个图层也可以通过执行菜单命令来实现，首先在“图层”调板中选择需要锁定的多个图层，如图 4-2-27 所示。执行“图层（L）→锁定图层（L）”命令，弹出“锁定图层”对话框，如图 4-2-28 所示。从中选择锁定方式，单击“确定”按钮即可，如图 4-2-29 所示。

图 4-2-27

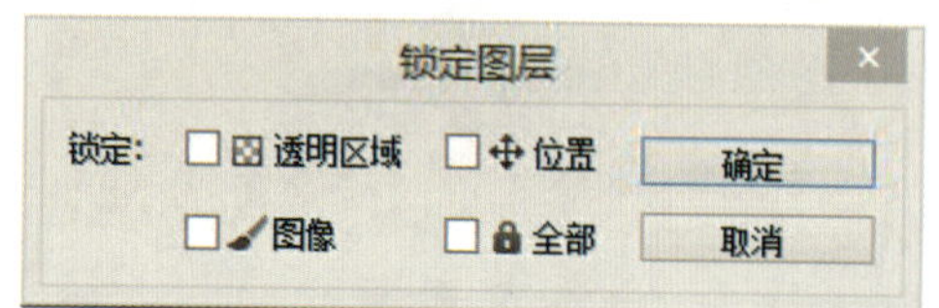

图 4-2-28

图 4-2-29

4.2.8 图层的对齐与分布

对于多个图层的 PSD 文件图像，在编辑的过程中，有时要将多个图层进行对齐或分布排列，如图 4-2-30 所示。

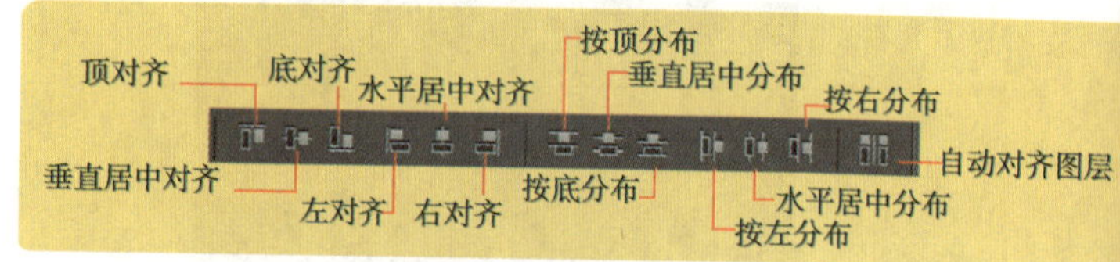

图 4-2-30

对齐图层执行操作命令如下。

首先在“图层”面板中选中要对齐的多个图层，执行“图层→对齐→垂直居中对齐”命令，如图 4-2-31 所示。

图 4-2-31

垂直居中对齐后的效果如图 4-2-32 所示。

若垂直居中对齐后，需要对其执行分布操作，在“图层”面板中选中要对齐的多个图层，再执行“图层→分布→水平居中分布”命令，如图 4-2-33 所示。

图 4-2-32

图 4-2-33

也可以在“图层”调板中选中要对齐的多个图层，再在工具箱中选择移动工具，单击移动工具选项栏上的图层对齐选项即可对齐所选图层。

4.2.9 调整图层的叠放顺序

在 Photoshop CS6 中，各个图层是自上而下叠放排列的，其上下图层顺序不同，所产生的图像效果也不同。

调整图层叠放顺序的操作如下。

在“图层”调板中，将需要调整的图层直接拖动其至合适的位置即可。鼠标指针按住图层 2 拖动至图层 1 下，松开鼠标即可调整图层顺序，如图 4-2-34、图 4-2-35 所示。

图 4-2-34

图 4-2-35

调整图层也可以使用菜单命令实现，执行“图层→排列”命令，再在子菜单中选择相应的命令来调整图层，如图 4-2-36 所示。

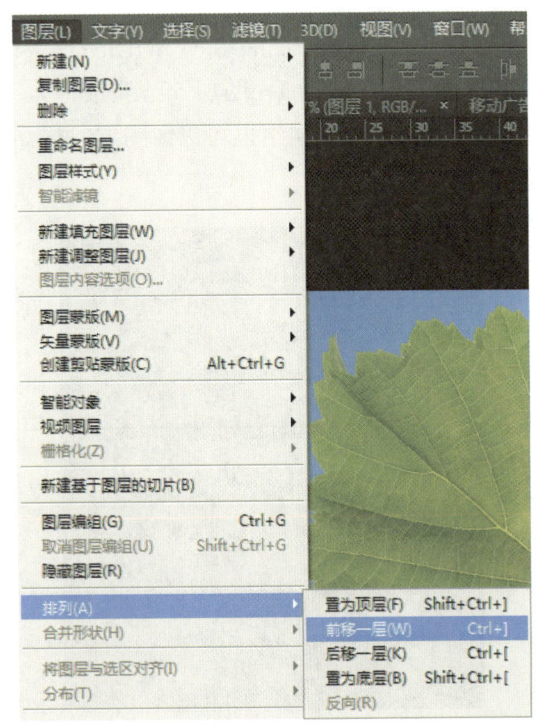

图 4-2-36

图层调整是图像编辑中常使用的命令，针对其快捷命令应熟练掌握。

4.2.10 创建与编辑图层组

在进行图像编辑过程中，图层会越来越多，通过对不同属性的图层进行分组，便于对组中的图层进行统一操作，如隐藏、缩放、移动等，从而更好地管理图层。创建图层组的操作如下。

在“图层”面板上单击“创建新组”按钮，如图 4-2-37 所示。

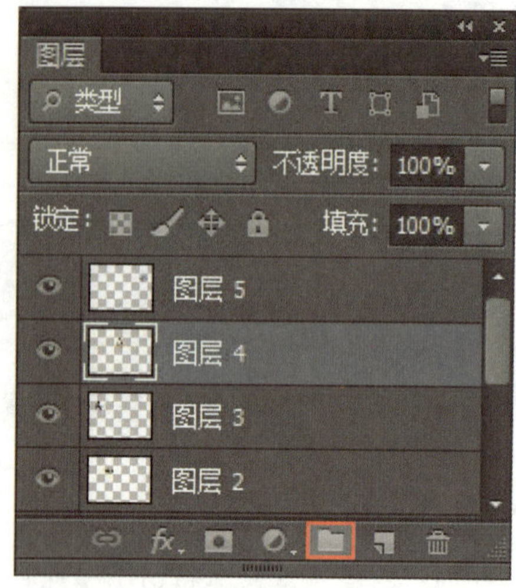

图 4-2-37

得到新建“图层组 1”，如图 4-2-38 所示。

然后将所要编入“图层组 1”的图层拖至该组中即可（图层 3、图层 4、图层 5 已经被拖入“图层组 1”了）。同样图层组也可以像图层一样命名，如图 4-2-39 所示。

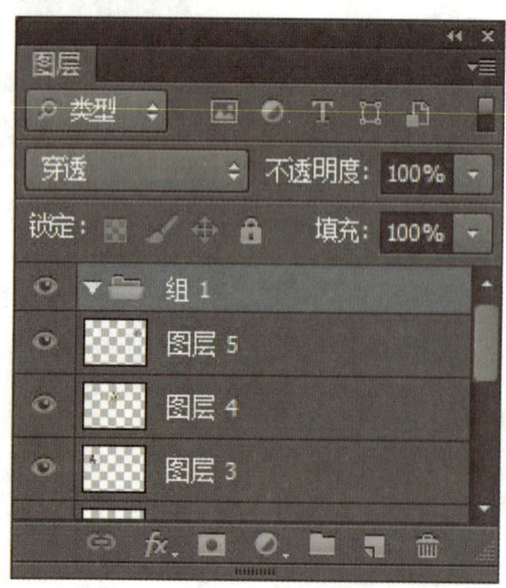

图 4-2-38

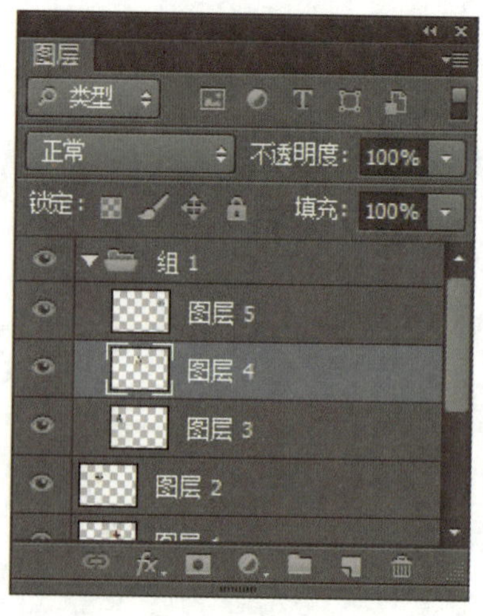

图 4-2-39

创建与编辑图层组的另一方法如下。

在“图层”调板中选择需要编组的多个图层，执行“图层→图层编组”命令或按“ Ctrl+G”组合键，多个图层即可完成编组。

值得注意的是，图层组内还可以创建图层组，这样就可以组成嵌套式的图层组。

4.2.11 取消编辑图层组

若需要取消图层编组，并且保持图层不变。首先选择该图层组，如图 4-2-40 所示。再执行“图层→取消图层编组”命令或按“ Shift+Ctrl+G”组合键，即可取消图层编组。取消图层组后的图层没有变化，如图 4-2-41 所示。

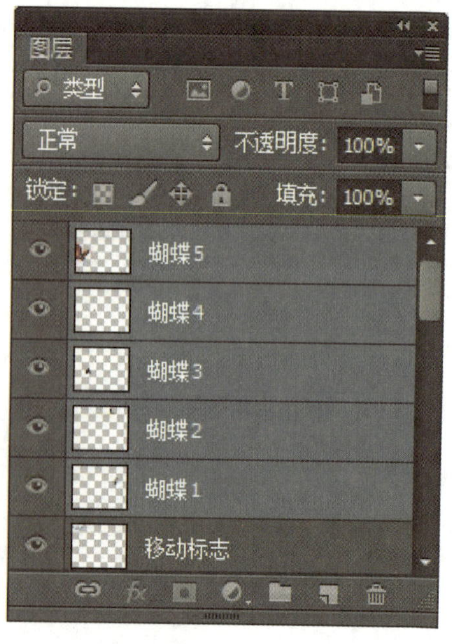

图 4-2-40

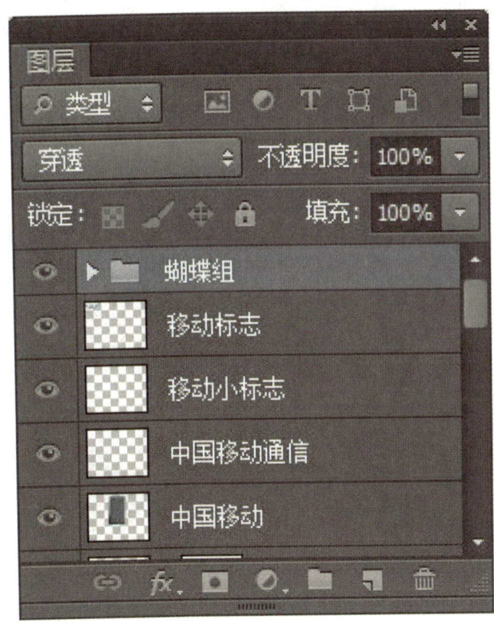

图 4-2-41

删除图层组和删除图层一样，选中图层组，使用鼠标拖动其到“图层”面板的“删除图层”按钮上即可删除图层组和组内图层。

4.3 图层的高级操作

以上是图层执行的基本操作，在 Photoshop CS6 中，还有针对图层更高级的操作命令，如设置图层混合模式、应用图层样式等。本节将对图层的高级操作进行逐一介绍。

4.3.1 图层的混合模式

常见的图层混合操作包括不透明度的设置和混合模式的设置。

4.3.1.1 不透明度的设置

控制图层不透明度主要包括“填充”和“不透明度”，当图层的不透明度为 100%，即为完全不透明；当图层的不透明度为 50%，即为半透明；当图层的不透明度为 0%，即为完全透明。所以可以通过改变不透明度实现上下层的混合。不透明度的设置操作如下。

打开图像，拷贝粘贴入新图层 1，在“图层”调板中选中“图层 1”，其默认状态下不透明度为 100%，如图 4-3-1 效果；再拖动“不透明度”选项的滑块至中间位置或在数值框里输入数值 50，效果如图 4-3-2 所示。

图 4-3-1

图 4-3-2

在“图层”调板中，“不透明度”和“填充”两个选项都可用于设置图层的不透明度，但其作用范围是有区别的。“填充”只影响图层的内部像素和形状，对添加到图层的外部图层效果不起作用。而“不透明度”不仅影响图层的内部像素和形状，还影响图层样式。

4.3.1.2 混合模式的设置

对于图像的设计合成而言，图层混合模式是 Photoshop 最核心的工具之一，它通过控制当前图层和其下一图层之间像素颜色的相互作用，从而使图像产生奇妙的效果。但是背景图层不支持图层混合。

Photoshop CS6 提供了 6 组 27 种图层混合模式，如图 4-3-3 所示。选择不同的混合模式将会得到不同的结果，但在一个组中的混合模式所产生的效果都很相似。

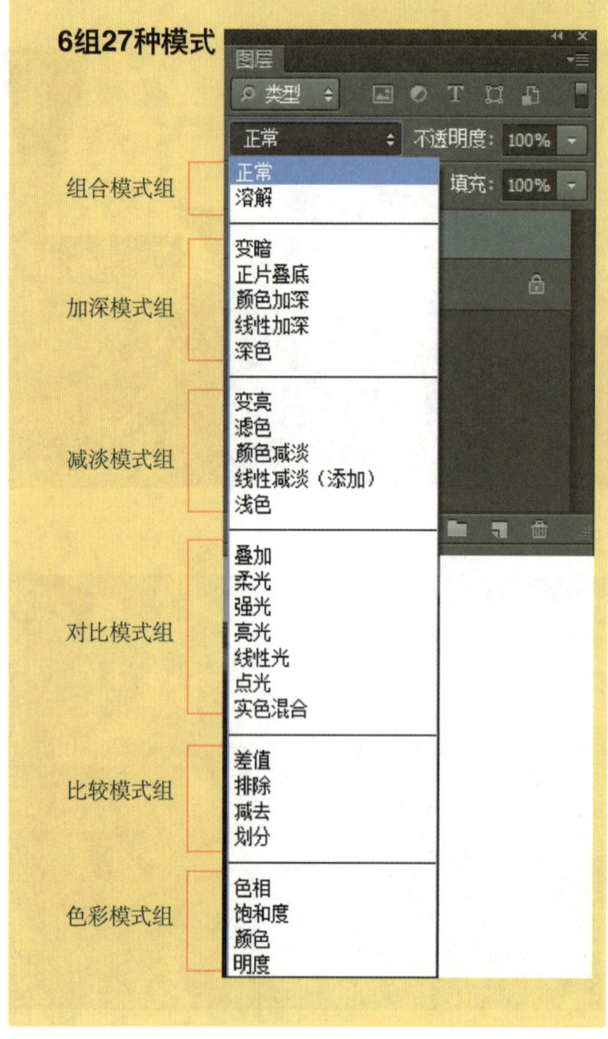

图 4-3-3

其中需要了解三个基本概念："基色"是图像中的原稿颜色；"混合色"是通过绘画或编辑工具应用后的颜色；"结果色"是混合后得到的颜色。

图层混合模式的设置效果及其功能说明如下所示。

（1）正常模式：该模式为默认的混合模式，在该模式状态下，图层之间不产生任何作用，如图 4-3-4 所示。

（2）溶解模式：在图层完全不透明的情况下，效果上看不出与正常模式的区别。但是当逐步降低图层的不透明度时，则产生了某些像素透明，某些像素则完全不透明的颗粒状态图像。不透明度越低，像素消失的就越多，如图 4-3-5 所示。

（3）变暗模式：该模式的应用将会使画面整体变暗，即它对上下两个图层相对应像素的颜色值进行比较，取较小值为各个通道的值。也就是当前图层内凡是比下一图层亮的像素值都被下一层的颜色替换，所以整体偏暗，如图 4-3-6 所示。

图 4-3-4

图 4-3-5

图 4-3-6

（4）正片叠底模式：该模式应用的计算方式是将两图层的颜色值相乘，然后除以 255，得到最终效果，所以整体颜色较暗。也就是说当前图层的像素与底层的白色混合不发生任何变化，与黑色混合则会被替换，如图 4-3-7 所示。

（5）颜色加深模式：该模式主要通过增加深色区域的对比度来实现画面效果，其底层白色的图像不发生变化，如图 4-3-8 所示。

图 4-3-7

图 4-3-8

（6）线性加深模式：通过降低图像亮度使画面变暗，即加暗所有通道的基色，并通过提高其他颜色的亮度来反映混合颜色，因与白色混合没有什么变化，所以和正片叠底效果相似，如图 4-3-9 所示。

（7）深色模式：该模式根据上一图层图像色彩的饱和度，用上方图层颜色直接覆盖下一图层中的暗调区域颜色，因此该模式的应用不会生成第三种颜色，如图 4-3-10 所示。

图 4-3-9

图 4-3-10

（8）变亮模式：此模式与“变暗”模式效果相反，当前图层中较亮的像素值会替换底层较暗的像素值，而较暗的像素值则会被底层较亮的像素值替换，如图 4-3-11 所示。

（9）滤色模式：该模式与“正片叠底”模式效果相反，是将当前图层像素的互补色与底色相乘，所得颜色更浅，通过调整透明度，图像逐步漂白，如图 4-3-12 所示。

图 4-3-11

图 4-3-12

（10）颜色减淡模式：该模式与“颜色加深”模式效果相反，其应用可以生成较亮的画面效果，但与黑色混合时无变化，如图 4-3-13 所示。

（11）线性减淡模式：该模式与“线性加深”模式效果相反，其应用将查看每个颜色通道的信息，通过增加亮度来减淡颜色，其效果较为强烈，但与黑色混合时无变化，如图 4-3-14 所示。

图 4-3-13

图 4-3-14

（12）浅色模式：该模式与“深色”模式效果相反，也不会产生第三种颜色，如图 4-3-15 所示。

（13）叠加模式：该模式通过对各图层颜色进行叠加来增强效果，并保留两层中的高光和暗调，如图 4-3-16 所示。

（14）柔光模式：该模式是根据当前图层的明暗程度来决定图像变亮或变暗，若当前图层颜色比 50% 的灰度亮时，图像变亮；若当前图层颜色比 50% 的灰度暗时，图像变暗，如图 4-3-17 所示。

（15）强光模式：该模式的应用效果与“柔光”模式类似，都是与当前图层像素是否亮于 50% 灰度亮有关，但是其变化程度强于“柔光”模式，如图 4-3-18 所示。

（16）亮光模式：该模式根据当前图层像素亮度增大或减小对比度来加深或减淡颜色，具体取决于混合色。如果混合色比 50% 的灰度亮，图像通过降低对比度来加亮图像；反之，通过增加对比度来使图像变暗，如图 4-3-19 所示。

图 4-3-15

图 4-3-16

图 4-3-17

图 4-3-18

图 4-3-19

（17）线性光模式：该模式是根据当前图层颜色提高或降低亮度来加深或减淡颜色。若当前图层颜色比 50% 的灰度亮，则使图像变亮，反之则使图像变暗，如图 4-3-20 所示。

（18）点光模式：该模式是通过置换颜色像素来混合图像的。若当前图层颜色比 50% 的灰度高，则当前图层的颜色被下方图层的颜色替代；反之则保持不变，如图 4-3-21 所示。

图 4-3-20

图 4-3-21

（19）实色混合模式：该模式是将两个图层叠加后，当前图层产生很强的硬性边缘，并提高了颜色饱和度，如图 4-3-22 所示。

图 4-3-22

（20）差值模式：该模式是把当前图层颜色与底色的亮度对比后，用亮度较高的颜色减去较暗的颜色。其差值的结果就是较暗的像素被较亮的像素代替，而较亮的像素不变，如图 4-3-23 所示。

图 4-3-23

（21）排除模式：该模式的应用效果与“差值”模式效果类似，但其具有高对比度和低饱和度的特点，比“差值”模式的图像效果更加柔和明亮，如图 4-3-24 所示。

图 4-3-24

（22）减去模式：该模式是根据不同的图像减去图像中较亮的部分或者较暗的部分，与底层的图像进行混合，如图 4-3-25 所示。

图 4-3-25

（23）划分模式：该模式是将图像划分为不同的色彩区域，与底层图像混合，产生较亮的，类似色调分离后的图像效果，如图 4-3-26 所示。

图 4-3-26

（24）色相模式：该模式是把底层图像的亮度、饱和度同上方图层中图像的色相相混合，混合后的颜色亮度和饱和度与底色相同，但是混合后的颜色色相则由当前图层的颜色决定，如图 4-3-27 所示。

图 4-3-27

（25）饱和度模式：该模式的运用方式与“色相”模式相似，它是用当前“颜色”的饱和度值进行着色，而使色相值和亮度值保持不变。混合后的色相和明度与底色相同，其饱和度是由上方的当前图层决定，若上方图层中图像的饱和度为零，图像就没有变化，如图 4-3-28 所示。

图 4-3-28

（26）颜色模式：该模式是将当前图层的色相和饱和度应用到底层图像像素上，画面亮度不变；"颜色"模式可以看成是"饱和度"模式和"色相"模式的综合效果，如图 4-3-29 所示。

图 4-3-29

（27）明度模式：该模式是将当前图层的亮度作用于底层图像的像素上，画面饱和度和色相不变。也可以说"明度"模式得到的效果与"颜色"模式得到的效果相反，如图 4-3-30 所示。

图 4-3-30

4.3.2 图层的分类查找

"图层的分类查找"是 Photoshop CS6 中文版新增工具，其主要作用是对于复杂平面设计图层较多时能够更快速更方便地查找和编辑某一图层或某一类图层。在图层面板上，图层的查找分类面板如图 4-3-31 所示。

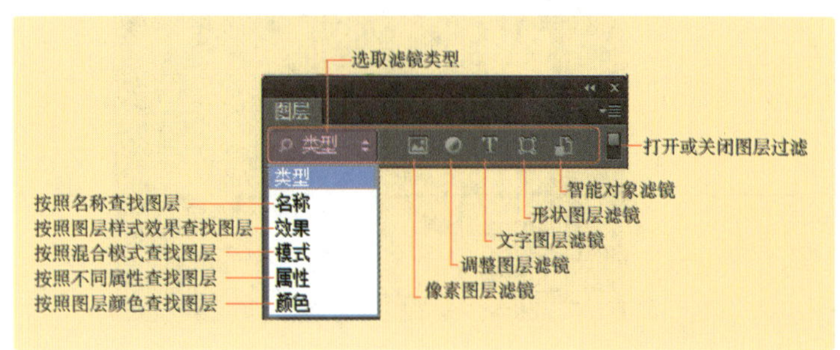

图 4-3-31

在 Photoshop CS6 软件中，按"Ctrl+O"组合键打开 PSD 文件图像，画面效果如图 4-3-32 所示。

图 4-3-32

在"图层面板"中单击图层搜索栏中的 类型 按钮，从弹出的下拉菜单中选择按"名称"类型搜索图层的方法进行搜索，从右侧的搜索框中输入图层名称："蝴蝶"，便可以在"图层"面板上看到只有含有"蝴蝶"名称的图层，如图 4-3-33 所示。

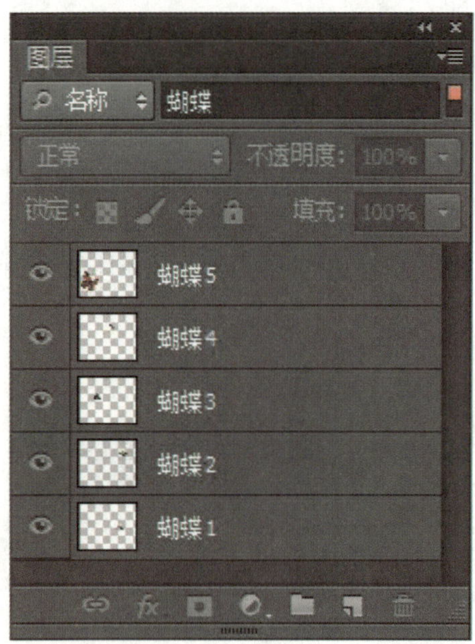

图 4-3-33

继续选择下拉列表中的按添加的图层样式“效果”进行搜索，从右侧的图层样式中选择一种效果，当选择“描边”效果时，我们便可以搜索到文本图层“一枝红杏出墙来”的描边效果，如图 4-3-34 所示。

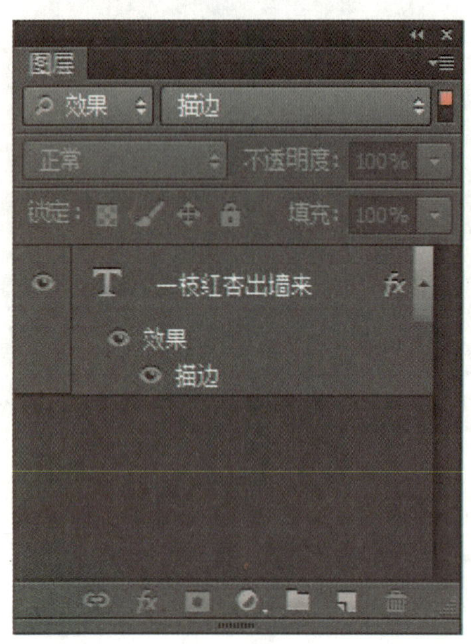

图 4-3-34

选择“模式”类型，可以按 Photoshop CS6 图层的混合模式进行图层查找，从右侧的图层样式中选择一种图层混合模式，当选择“正片叠底”图层混合模式时，即可找到相关图层，如图 4-3-35 所示。

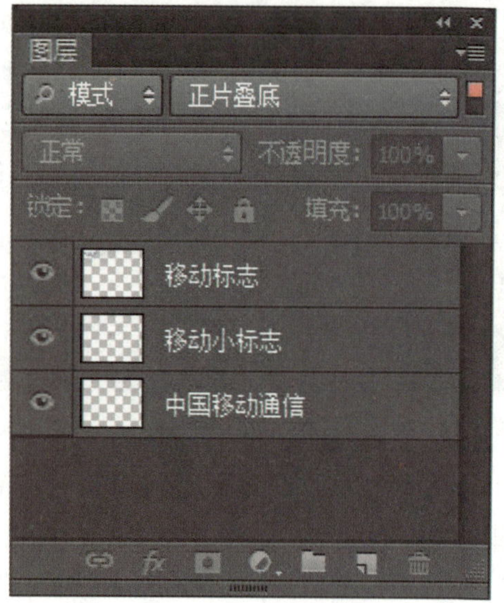

图 4-3-35

选择“属性”类型，可以按 Photoshop CS6 图层的属性进行图层搜索，从右侧的图层样式中选择一种图层属性，当选择“链接”图层属性时，即可找到相关图层，如图 4-3-36 所示。

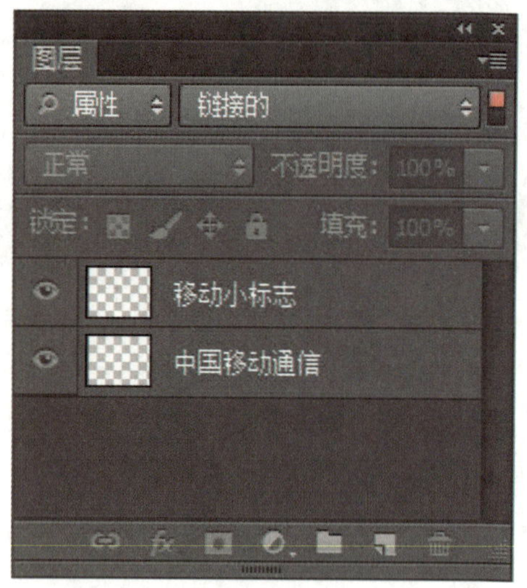

图 4-3-36

选择“颜色”类型，可以按 Photoshop CS6 图层设置的颜色进行图层搜索（这里的颜色是指在新建图层时为了区别查找而设置的颜色，不是图层图像颜色），从右侧的图层样式中选择一种图层颜色，当选择“红色”图层颜色时，即可找到相关图层，如图 4-3-37 所示。

图 4-3-37

除了以上的分类查找图层的方法外，还可以使用其他的搜索工具来进行查找图层，如按像素图层滤镜、调整图层滤镜、文字图层滤镜、形状图层滤镜和智能对象滤镜等方法进行 Photoshop CS6 图层的搜索和查找。

第5章 文字的编辑

学习目标

学会使用工具箱中的文字编辑工具，如字符属性的设置、段落属性的设置、段落文字的创建、变形文字的创建、路径文字的创建、文字的艺术处理等。

知识导图

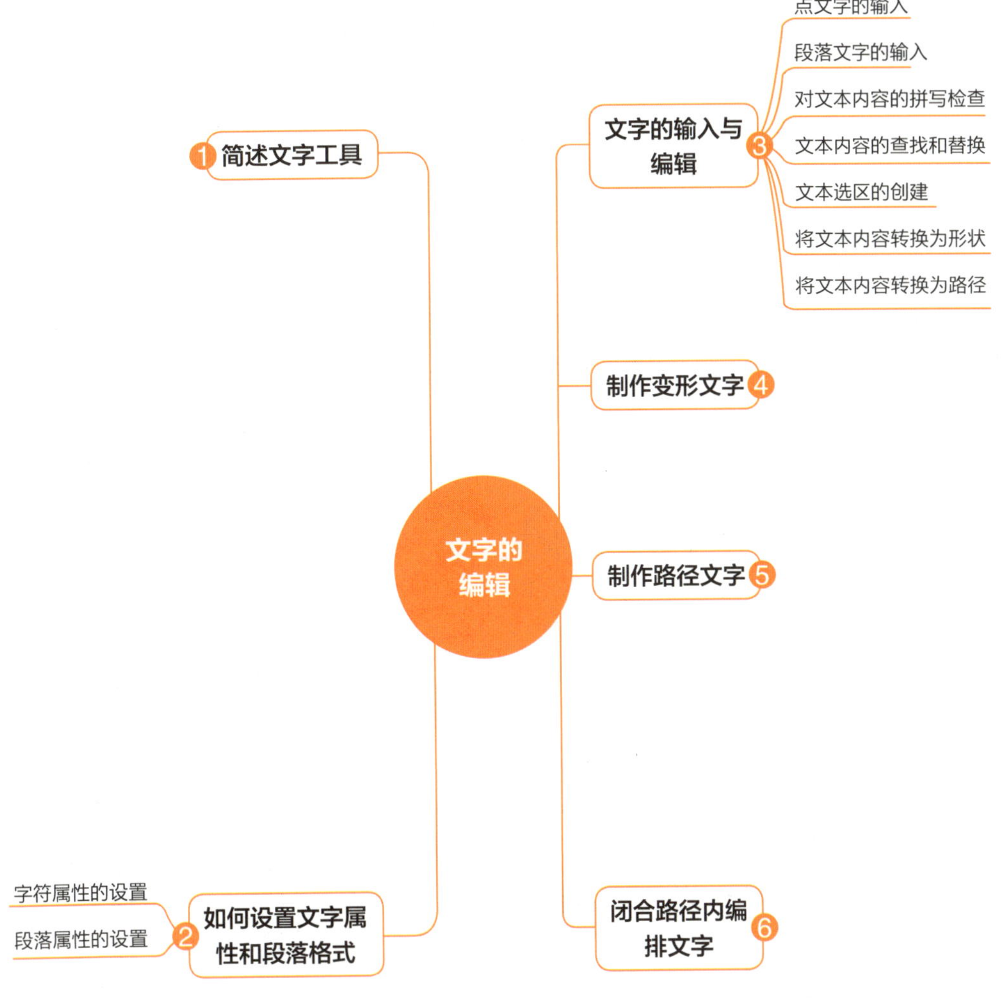

一幅优秀的平面设计作品离不开图形、色彩和文字的编排。在 Photoshop CS6 中，文字的编辑工具是常用的主要工具之一，尤其文字的艺术化处理、文字的编排等方面。文字工具主要包括字符属性的设置、段落属性的设置、点文字和段落文字的创建、变形文字的创建以及路径文字的创建等。通过这部分内容的学习，可以了解各文字工具的创建方法和应用效果，熟悉文本内容字符以及段落字符的设置，掌握文本内容转换为选区、形状、路径的操作，等等。

5.1 简述文字工具

在 Photoshop CS6 中文字具有特殊的属性，当选择文字工具（横排文字工具或竖排文字工具）输入文字时，在图层面板上会自动建立文本图层（用字母 T 来表示）。文字图层不同于 photoshop 的其他图层，该文字图层具有矢量图层的属性，所有绘图修饰工具不可以使用，只可以修改字体大小、颜色等。若想对字体图层进行艺术化处理，必须先将文字图层栅格化处理，具体操作在下面将会详细阐述。

在 Photoshop CS6 中执行“文件→新建（N）”命令或按“Ctrl+N”组合键，单击文字工具，如图 5-1-1 所示。

文字工具包括横排文字工具、直排文字工具、横排文字蒙版工具和直排文字蒙版工具。

其中，“横排文字工具”应用于输入横向排列的文字。“直排文字工具”应用于输入垂直排列的文字。“横排文字蒙版工具”应用于创建水平排列的文字选区。“直排文字蒙版工具”应用于创建垂直排列的文字选区。

前面已经说明使用横排文字工具和直排文字工具创建的文字是矢量图形，而使用横排文字蒙版工具和直排文字蒙版工具是在当前图层上创建文字选区，可对该选区进行填色、描边等绘图修饰工具修改，它是普通的像素位图。

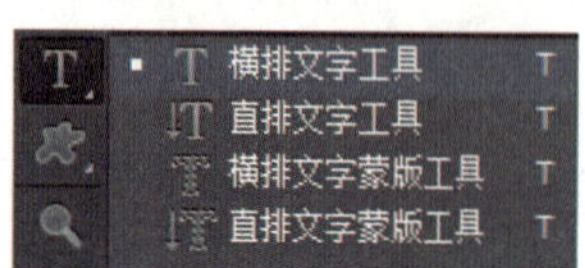

图 5-1-1

5.2 如何设置文字属性和段落格式

在输入文字后或输入文字前，可以对文字的格式进行设置，如字体、字号、对齐方式、颜色等。文字工具属性栏、“字符”和“段落”调板都可进行文字属性的设置。

5.2.1 字符属性的设置

字符属性的设置一般有两种方法，一是文字工具栏的使用，二是执行“字符调板”命令。

1. 文字工具选项栏的使用

在编辑文字的过程中，可以使用文字工具属性栏设置字符属性，如图 5-2-1 所示。

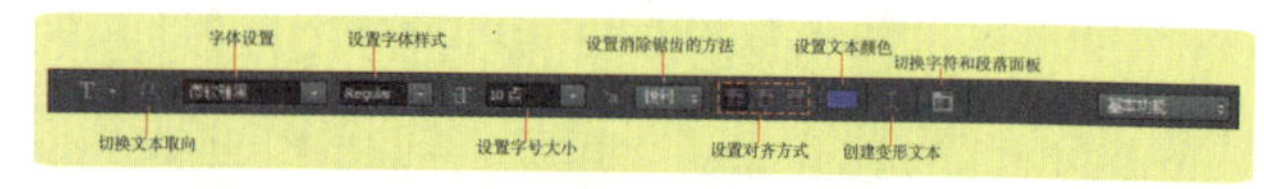

图 5-2-1

其中，部分选项的含义如下。

“切换文本取向”：单击该按钮可完成横排和直排文字的转换。

“字体设置”：单击该框旁边的三角形图标，弹出如图所示选项框。在此选择需要的字体即可，如图 5-2-2 所示。

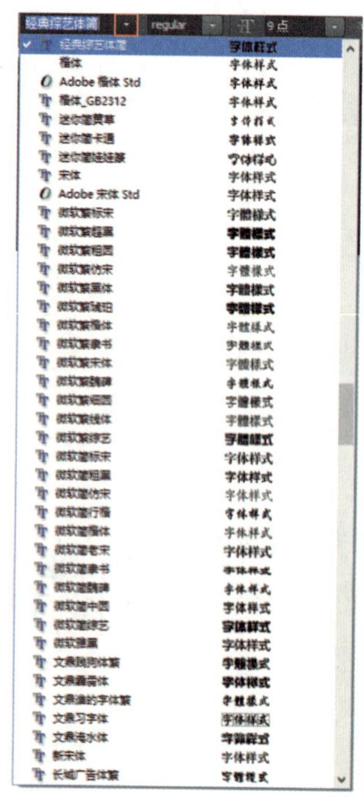

图 5-2-2

"设置文本颜色"：单击文本颜色框，将弹出"拾色器"（文本颜色）对话框，用户可以从中编辑所需要的颜色。若要更改当前文字色彩，需要在文字图层中选中字体，再单击文本颜色框，选择合适的颜色即可。

"设置对齐方式"：在属性栏只有三种，即为左对齐、居中对齐、右对齐三种。

"创建变形文本"：单击该按钮，就会弹出"变形文字"对话框，就可以从中选择变形的样式和设置变形的其他参数。

2. "字符面板"的使用

在文字工具选项栏上的图标上单击或执行"窗口→字符"命令，即可以弹出"字符面板"对话框，如图 5-2-3 所示。

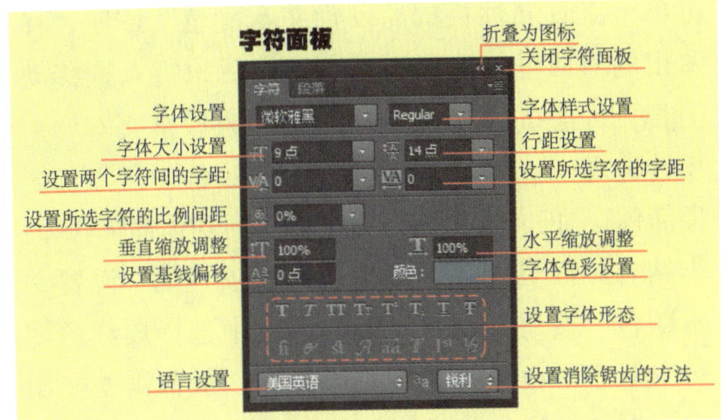

图 5-2-3

需要注意的是，文字工具选项栏显示是需要选中当前工具是文字工具为前提的，而"字符面板"可随时打开；文字工具选项栏只能在编辑文字的过程中修改文字属性，而"字符调板"在工具箱中选择移动工具后即可直接修改选中的当前文字图层的相关设置。

5.2.2 段落属性的设置

在 Photoshop 中打开含有文字图层的文件，再单击文字工具选项栏上的图标，在弹出的"字符调板"中单击"段落"选项卡或执行"窗口→段落"命令，即可打开"段落面板"，如图 5-2-4 所示。

通过"段落面板"各项参数的设置可以方便地编排、调整段落文字。

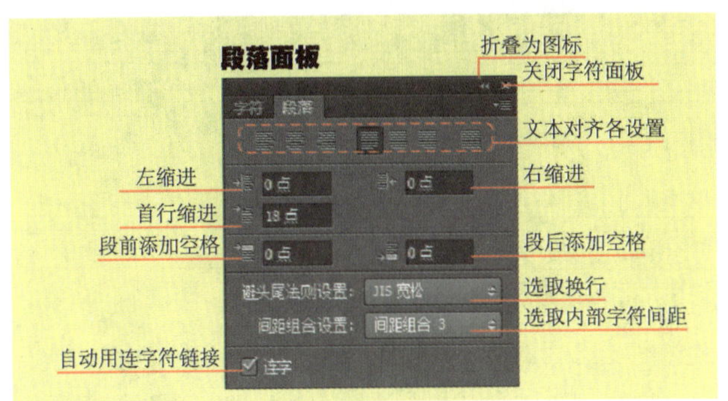

图 5-2-4

5.3 文字的输入与编辑

文字的输入主要表现为横排、竖排和蒙版文字的输入，相对较为简单。针对文字的编辑与调整则需要详细介绍，如文字排列方式的调整、拼写检查、内容查找以及内容替换等。

不论横排文字输入还是竖排文字输入，首先要确定输入文字的位置，在画面某一位置使用单击方式创建的文字称为点文字，而使用鼠标对角线拖动方式创建的文字称为段落文字。

5.3.1 点文字的输入

点文字类型主要适用于较少文字（标题文字）或个性化文字的编排。选择文字工具，单击所选择的图像位置，就会出现闪动光标，即可输入所需文字。点文字图层的文字独立成行，不会智能换行，若需要换行，则需按"Enter"键（回车键）。

在 Photoshop CS6 中打开图像，选择直排文字工具，单击图像上合适的位置，输入所需文字，即可得到如图 5-3-1、图 5-3-2 所示效果。

图 5-3-1

图 5-3-2

5.3.2 段落文字的输入

对于大篇幅的段落文字，可在 Photoshop 中使用鼠标指针拖动出矩形文本框，然后在文本框中输入需要的文字，这种文字称为段落文字。当文字到达文本框的边界时会自动换行，如果文字过多，文本框无法容纳时，文本框的右下角的方形控制点会显示一个“+”号，可将鼠标指针移动到文本框四周的控制点上就可以显示为双向箭头，拖动鼠标指针即可调整文本框的大小。在缩放文本框时，仅能调整文字的排列，而文字大小不会根据文本框的大小而调整，若想同时缩放文本框和文字则需要在选择“移动工具”的条件下，执行“编辑→自由变换”或按“Ctrl+T”组合键，在弹出的“变换矩形框”后，按“Shift”键的同时调整“变换矩形框”的对角线方向即可等比例缩放“段落文字”。

在 Photoshop CS6 中打开素材图像，如图 5-3-3、图 5-3-4 所示。

图 5-3-3

图 5-3-4

选择横排文字工具，在图像合适位置上单击，再选择文字工具，输入点文本“圆月话中秋”，选择字体为“方正艺黑简体”，大小结合画面自定，再单击工具属性栏的“设置文本颜色”按钮，在弹出的对话框中选择土黄色。然后执行点选移动工具，再次点选文字工具，输入段落文本“中秋传说之一……”，标题文字选择字体为“方正艺黑简体”，正文选择字体为“方正启功体简体”，大小结合画面自定。再单击工具选项栏的“设置文本颜色”按钮，在弹出的对话框中选择玫红色即可。对于平面设计的文字编排，一般都需要使用点文本和段落文本来完成编排制作。

若需要调整版面编排，选中该文本图层，单击文字工具选项栏上的“切换文本取向”图标，完成直排与横排文字的转换。使用移动工具，即可调整文本图层位置，如图 5-3-5 所示。

图 5-3-5

注意：文字输入完成后，按“Ctrl+Enter”组合键或单击文字工具选项栏上的按键 (提交当前所有编辑）即可完成文字的输入。若要取消文字的输入，可按“Esc”键或单击文字工具选项栏上的按键 (取消当前所有编辑）即可。在输入文字的过程中，不能进行其他编辑操作。

文字排列方式的确定，除了在创建文字的过程中设置外，还可以在文字内容编辑好之后进行调整。如执行“文字→取向→水平”或“文字→取向→垂直”命令，就可以实现排列方式的改变。

5.3.3 对文本内容的拼写检查

在 Photoshop CS6 中，文本内容的拼写检查相对较简单，执行操作如下。

打开素材文件，如图 5-3-6 所示。选择文字工具 ，在要输入文本的图像区域内沿对角线方向拖动出段落文本，文本图层自动建立，输入文字“徽州，简称徽，古称……”，设置字体为“方正启体简体”和字体大小为 9 点，如图 5-3-7 所示。

图 5-3-6

图 5-3-7

单击工具属性栏“切换字符和段落面板”按钮，打开“段落调板” ，设置文本对齐、首行缩进设置为 18 点（文字大小为 9 点，空 2 格子）以及避头尾法则设置等，效果如图 5-3-8 所示。

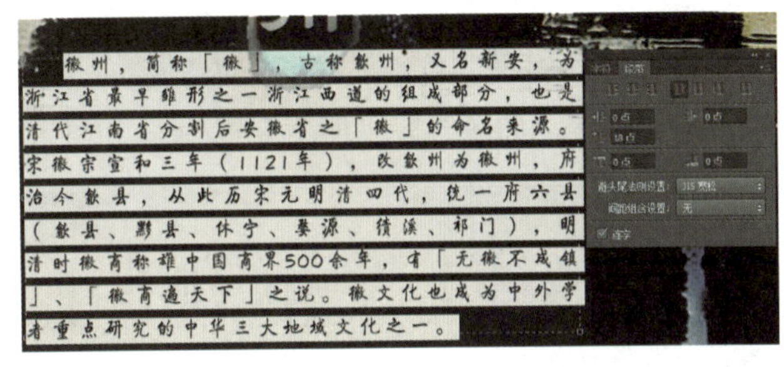

图 5-3-8

设置完成后，该文字内容就比较整齐划一了。接下来将对文档内容进行拼写检查，即执行“编辑→拼写检查”命令。若拼写无误，执行完该命令，系统将弹出拼写检查完成提示信息对话框，如图 5-3-9 所示，单击“确定”即可完成工作。

图 5-3-9

若拼写有误，执行完该命令，系统将弹出拼写检查完成提示信息对话框，如图 5-3-10 所示。根据提示，完成更改即可。

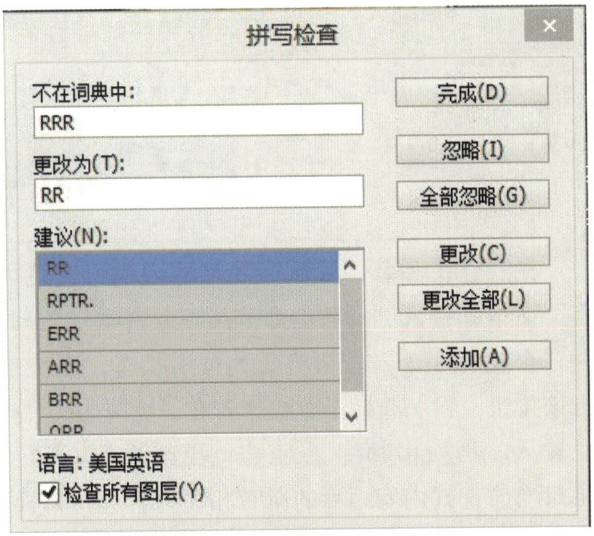

拼写检查
不在词典中：RRR
更改为(T)：RR
建议(N)：RR、RPTR.、ERR、ARR、BRR
完成(D)　忽略(I)　全部忽略(G)　更改(C)　更改全部(L)　添加(A)
语言：美国英语
检查所有图层(Y)

图 5-3-10

5.3.4 文本内容的查找和替换

在对文字的编辑上，Photoshop CS6 也可以像操作 Word 文档一样来对文本内容进行查找和替换。执行操作如下所示。

打开素材图像，对输入的文字内容进行字体和段落的设置，如图 5-3-11 所示。

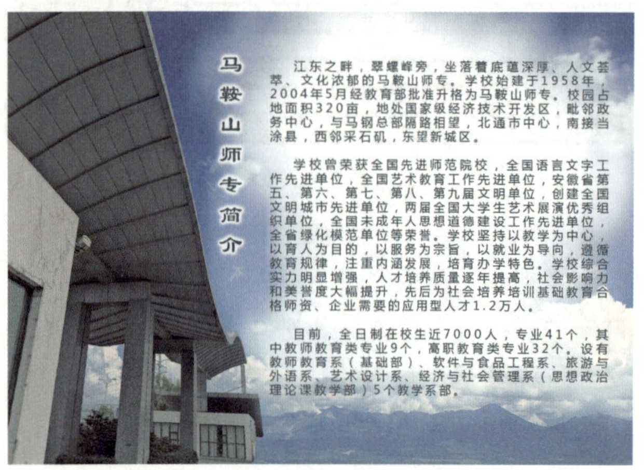

图 5-3-11

选择段落文字图层，执行“编辑→查找和替换文本”命令，将打开“查找和替换文本”对话框，如图 5-3-12 所示。

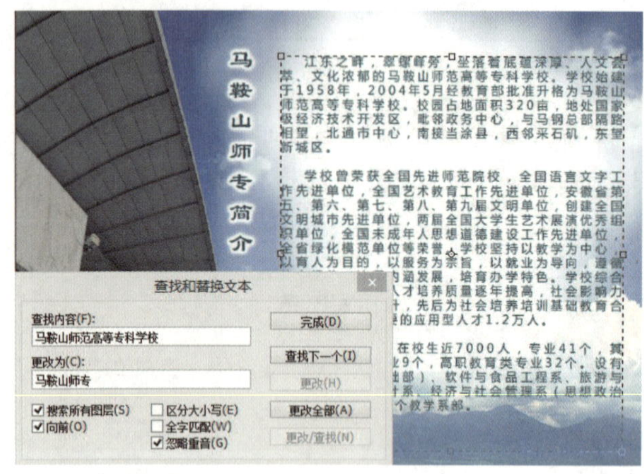

图 5-3-12

在“查找和替换文本”对话框内的“查找内容”文本框输入“马鞍山师范高等专科学校”，此时“查找下一个”按钮将变为可用状态，逐次单击该按钮，将一直向下查找。若在“更改为（C）”栏输入“马鞍山师专”，点击“更改全部（A）”，将对当前查找内容以后的所有相关内容进行替换，并弹出替换操作完成的信息，单击“确定”按钮即可，画面效果如图 5-3-13 所示。

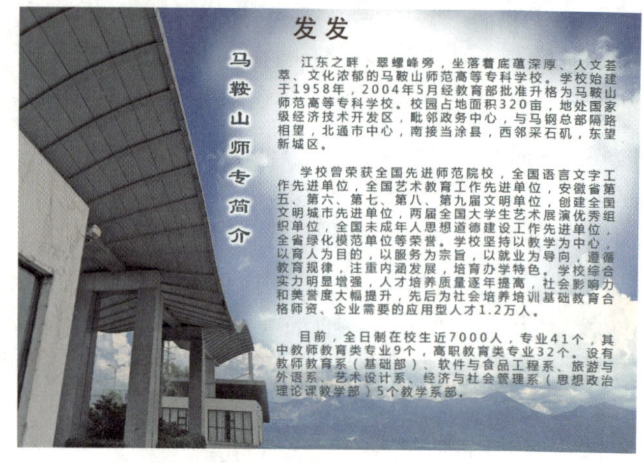

图 5-3-13

需要注意的是，为保证要查找和替换文本内容的准确度，在“查找和替换文本”对话框中，还可以进行精确的设置，如设置“搜索所有图层”“向前”“区分大小写”“全字匹配”“忽略重音”选项等。

5.3.5 文本选区的创建

文字工具项包括横排文字蒙版工具和直排文字蒙版工具，使用该工具可以创建文字选区。值得注意的是，使用文字蒙版工具创建选区时，因为文字以选区形式出现，不会自动生成文字图层。同时作为文本选区，一旦输入内容确定后就不可进行再编辑，对其所能编辑的只是选区本身。

打开素材文件，如图 5-3-14 所示。

图 5-3-14

选择“横排文字蒙版工具”，在要输入文本的图像区域内沿对角线方向拖动出段落文本，此时已进入快速蒙版编辑状态，整个图像被半透明红色覆盖。输入文字“Born one hundred days photos”，设置字体为“AR CHRISTY”，设置首行字体大小为 10 点，尾行字体大小为 20 点，再单击工具属性栏“切换字符和段落面板”按钮，接着单击“段落调板”，设置参数，效果如图 5-3-15 所示。

图 5-3-15

按“Ctrl+Enter”组合键或单击文字工具属性栏上的按键（提交当前所有编辑）即可完成文字的输入。半透明的红色自动消除，所输入的文字选区已出现在当前图层，如图 5-3-16 所示。

图 5-3-16

然后执行“图层（L）→新建（N）→图层（L）”命令或按“Shift+Ctrl+N”组合键新建图层，再选择“编辑（E）→填充（L）”命令，在弹出的“填充”面板的内容栏选择“颜色...”，在弹出的拾色器（填充颜色）中设置 R：118、G：238、B：12，如图 5-3-17 所示。

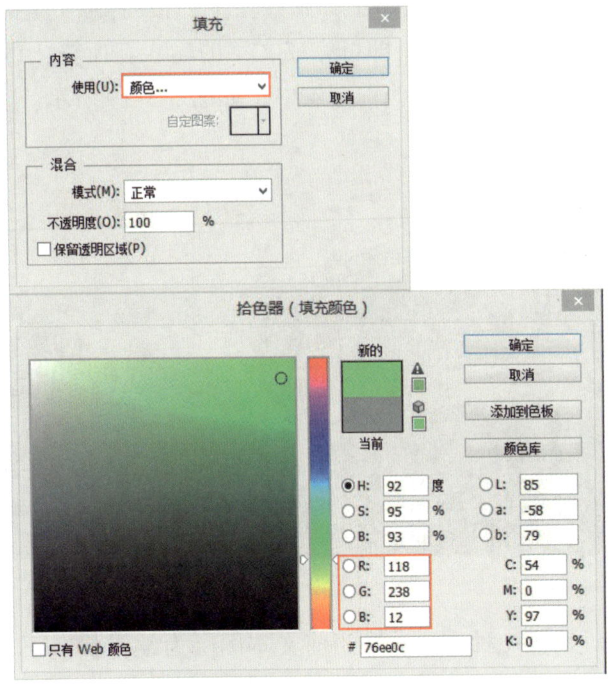

图 5-3-17

最后执行“编辑（E）→描边（S）”命令，在弹出的描边对话框中设置“描边宽度（W）”，在“拾色器（描边颜色）”对话框选择“描边颜色”；设置“位置”居外。单击“确定”按钮，即可得到如图 5-3-18 所示的最终效果。

图 5-3-18

还可以将文字图层转化为选区，除使用文字蒙版工具创建选区外，再介绍几种其他的方法。

打开素材图像，选择横排文字工具T，在图像中选择合适位置单击生成点文本，文本图层自动建立，输入文字“美丽校园”，设置字体为“方正大黑”和字体大小为36点，再按“Ctrl+Enter”组合键或单击文字工具属性栏上的按键✓（提交当前所有编辑），即可完成文字的输入。所输入的文字已经出现在当前图层中，如图5-3-19所示。

图 5-3-19

第一种方法：在当前文本图层为编辑状态下，执行“选择→载入选区（O）”命令，弹出“载入选区”对话框，选择默认通道与操作，单击“确定”按钮即可创建文本选区，如图5-3-20所示。

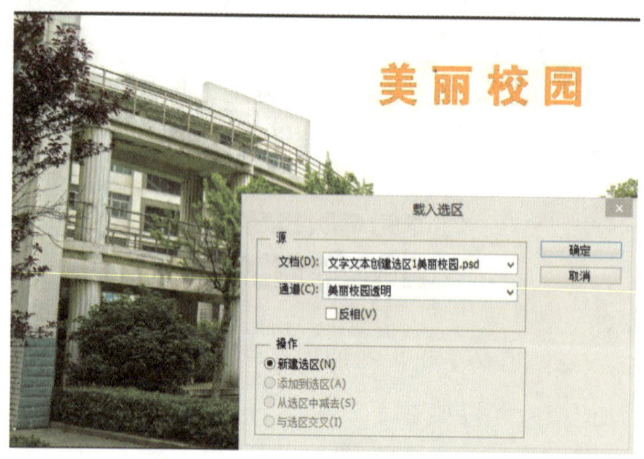

图 5-3-20

选区创建后可以新建图层，可以对选区进行色彩、渐变或图案的各种填充，从而丰富平面设计的字体表现形式。

第二种方法：按住“Ctrl+”组合键的同时单击“指示文本图层缩略图”，即可载入当前文本选区。操作如下所示，即可得到同第一种方法一样的效果，如图5-3-21所示。

图 5-3-21

第三种方法：选择“美丽校园”文本图层，执行“图层→栅格化→文字”命令。再选择矩形选框工具选中所输入的文字，再利用移动工具移动该选区，即可将“美丽校园”文字图层转换为选区，如图5-3-22所示。

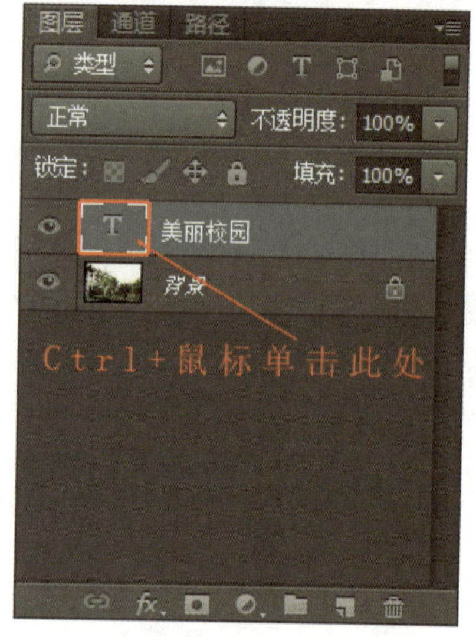

图 5-3-22

5.3.6 将文本内容转换为形状

文本内容可以转换为选区，同样文字图层也可以转换为形状图层。

打开素材图像，选择横排文字工具T，在图像中选择合适位置单击生成点文本，文本图层自动建立，输入文字“皖风徽韵”，设置字体为“经典特黑简”和字体大小为36点，再按“Ctrl+Enter”

组合键或单击文字工具属性栏上的按钮 ✓（提交当前所有编辑），即可完成文字的输入。所输入的文字已经出现在当前图层中，如图 5-3-23 所示。

图 5-3-23

在“图层”调板中选择“皖风徽韵”文字图层，右击，在弹出的快捷菜单中选择“转换为形状”选项，如图 5-3-24 所示。

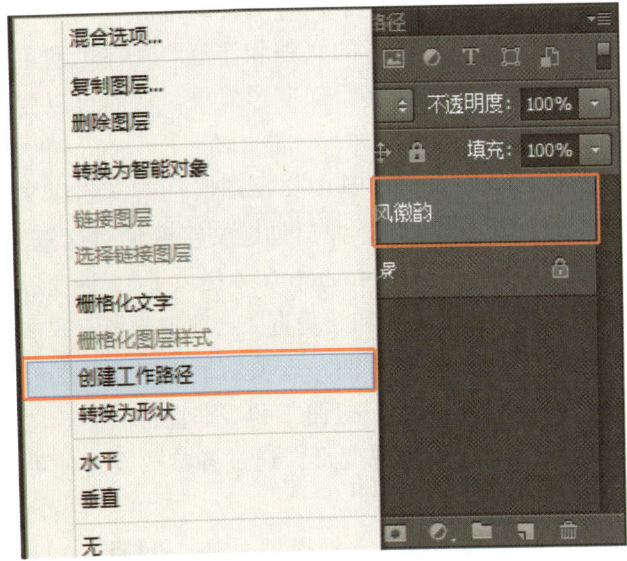

图 5-3-24

“皖风徽韵”文字图层被新产生的以文字轮廓为剪贴路径的新图层代替，再使用钢笔工具和路径工具，结合“徽派建筑”的建筑艺术特色即可进行字体设计了，如图 5-3-25 是“皖”字的设计雏形。

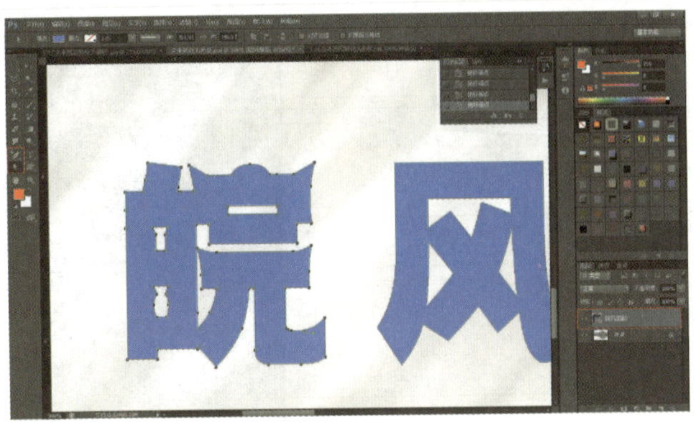

图 5-3-25

同样条件下，如果执行“文字→转换为形状”命令，所选中的文本内容也可转换为一个形状图层。

5.3.7 将文本内容转换为路径

将文本内容转换路径和文字图层与转换为形状图层极为相似。其操作如下所示。

打开素材图像，选择横排文字工具 T，在图像中选择合适位置单击生成点文本，文本图层自动建立，输入文字“西递”，设置字体为“经典特黑简”和字体大小为 36 点；按“Ctrl+Enter”组合键或单击文字工具属性栏上的按键 ✓（提交当前所有编辑），即可完成文字的输入。所输入的文字已经出现在当前图层中，如图 5-3-26 所示。

图 5-3-26

在“图层”调板中选择“西递”文字图层，右击，在弹出的快捷菜单中选择“创建工作路径”选项，如图 5-3-27 所示。

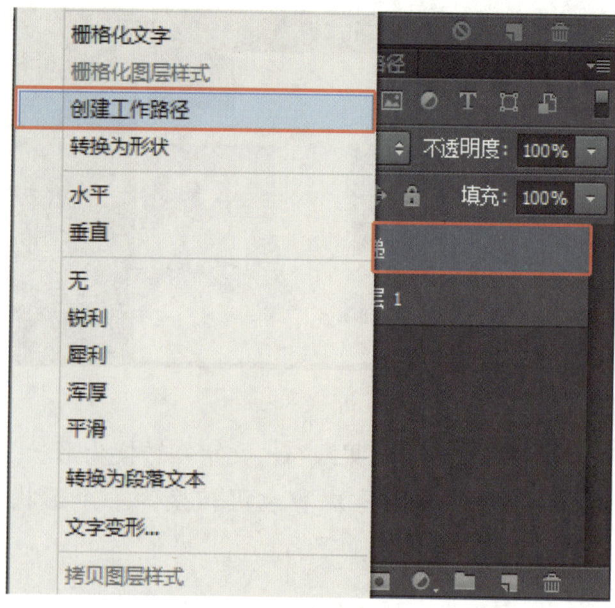

图 5-3-27

隐藏“西递”文字图层，使用钢笔工具和路径工具，在“路径”面板上通过锚点对路径进行设计编辑，使字体呈现具有地方特色的字体设计，如图 5-3-28 所示。

图 5-3-28

单击“路径”调板底部的“将路径作为选区载入”按钮，即可得到字体设计的选区。按“Shift+Ctrl+N”组合键新建图层，再选择“编辑（E）→填充（L）”命令，在弹出的“填充”面板的内容栏选择“颜色 ...”，在弹出的拾色器（填充颜色）中设置 R：2、G：126、B：126，最终图片效果如图 5-3-29 所示。

图 5-3-29

同样条件下，若执行“文字→创建工作路径”命令（C），所选中的文本内容也可创建出一个新的工作路径。值得注意的是，创建新的工作路径后，文字本身没有变化，文字图层仍然可以被文字工具所编辑。

5.4 制作变形文字

文字是平面设计中最为重要的部分，那么变形文字更能引起读者的兴趣和注意。现在可使用文字变形功能为文字添加变形效果，从而可以创建多种艺术字体。

打开素材文件，选中文字图层，单击创建文字变形图标按钮，弹出创建文字变形对话框，如图 5-4-1 所示。Photoshop CS6 提供了 15 种变形样式，其中“水平”和“垂直”选项主要用于调整变形文字的方向；“弯曲”选项用于指定对图层应用的变形程度；“水平扭曲”和“垂直扭曲”选项用于对文字应用透视变形。通过各参数设置便可得到多种变形文字样式。

打开素材图像，选择横排文字工具，在图像中选择合适位置单击生成点文本，文本图层自动建立，输入文字“清风苑”，设置字体为“创艺简隶书”和字体大小为 30 点，接着按“Ctrl+Enter”组合键或单击文字工具选项栏上的按键（提交当前所有编辑），即可完成文字的输入。所输入的文字已经出现在当前图层中，如图 5-4-2 所示。

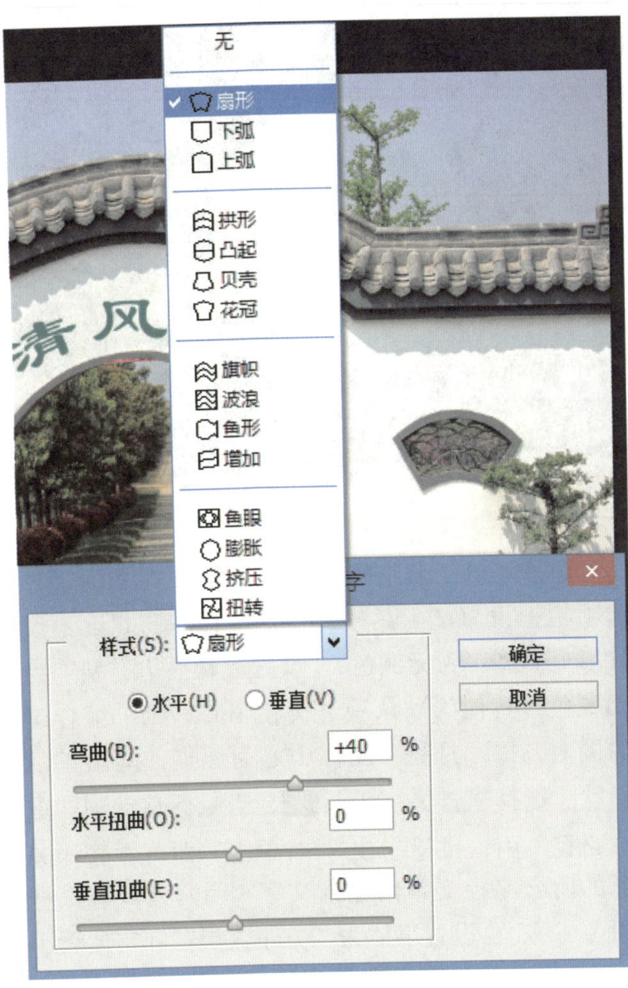

图 5-4-1

图 5-4-2

单击文字工具属性栏的按钮，打开“变形文字”对话框。在“样式”下拉列表框中选择“扇形”样式，然后在此选择“水平”变形方向，最后再设置“弯曲”程度为 +40%，效果如图 5-4-3 所示。

图 5-4-3

单击“确定”按钮，最终效果如图 5-4-4 所示。

图 5-4-4

同样条件下，若执行“文字→文字变形（W）”命令也可打开“变形文字”对话框。设置同样参数也可得到同样画面效果。

5.5 制作路径文字

所谓路径文字即指沿着路径轮廓（钢笔工具或形状图层工具创建的直线 / 曲线或开放 / 闭合的路径）排列的文字。文字主要沿路径进行排列，首先要绘制路径，然后使用文字工具输入文字。

打开素材图像，选择矢量工具组的椭圆工具，在椭圆工具属性栏上设置“工具模式”为形状，“设置形状填充类型”为无颜色，“设置形状描边类型”为无颜色，其他为默认项，如图 5-5-1 所示。

形状 填充： 描边： 1.92 点 W: 791 像 H: 791 像 对齐边缘 基本功能

图 5-5-1

按“Shift+Alt”组合键的同时，以“禁止吸烟”图标中心为原点，画出正圆形状，如图 5-5-2 所示。

图 5-5-2

图 5-5-3

选择一个横排文字工具，将鼠标指针移至路径上方，当鼠标显示为形状时，选择合适路径位置上单击，即可输入文字“公共场所请勿吸烟”。再设置字体为“方正大黑”和字体大小为 24 点，接着按“Ctrl+Enter”组合键或单击文字工具选项栏上的按键（提交当前所有编辑），即可完成文字的输入，调整画面最终效果如图 5-5-3 所示。

值得注意的是，文字路径是无法在“路径”调板中直接删除的，除非在“图层”调板中删除该文字图层。

在输入文字后，开放路径和闭合路径都可以调整的。在“路径”调板中选中文字路径，然后使用路径选择工具，并在稍微偏离文字路径的地方单击，当出现锚点和控制柄即可调整。

在文字路径的调整过程中，当鼠标指针靠近起点、中点或终点时，鼠标指针会变为、或形状，此时拖动鼠标，可以调整起点、中点或终点的位置。

5.6 闭合路径内编排文字

文字除了可以沿路径编排外，还可以在不同闭合路径形状内编排。操作如下所示。

打开素材图像，如图 5-6-1 所示。

图 5-6-1

选择矢量工具组的椭圆工具，在椭圆工具选项栏上设置“工具模式”为“形状”，“设置形状填充类型”为无颜色，“设置形状描边类型”为无颜色，其他为默认项。按“Shift+Alt”组合键的同时，以“月亮”图标中心为原点，画出正圆形状。选择横排文字工具，当鼠标移动到“矩形路径”内，鼠标变成时单击，即可在光标闪烁的闭合路径文本内输入文字“明月几时有，把酒……”。再设置字体为“方正大黑”和字体大小为 10 点，再在字体属性栏上设置字体颜色，按“Ctrl+Enter”组合键或单击文字工具选项栏上的按键（提交当前所有编辑），即可完成文字的输入，调整画面最终效果如图 5-6-2 所示。

图 5-6-2

第6章 图层样式

学习目标

能够熟练掌握图层样式工具里的一系列操作命令，掌握如何设置图层的高级混合、常规混合。掌握如何应用图层样式，如投影、内阴影、外发光、斜面和浮雕以及描边等效果的制作以及如何设置各个图层的不透明度、混合模式。

知识导图

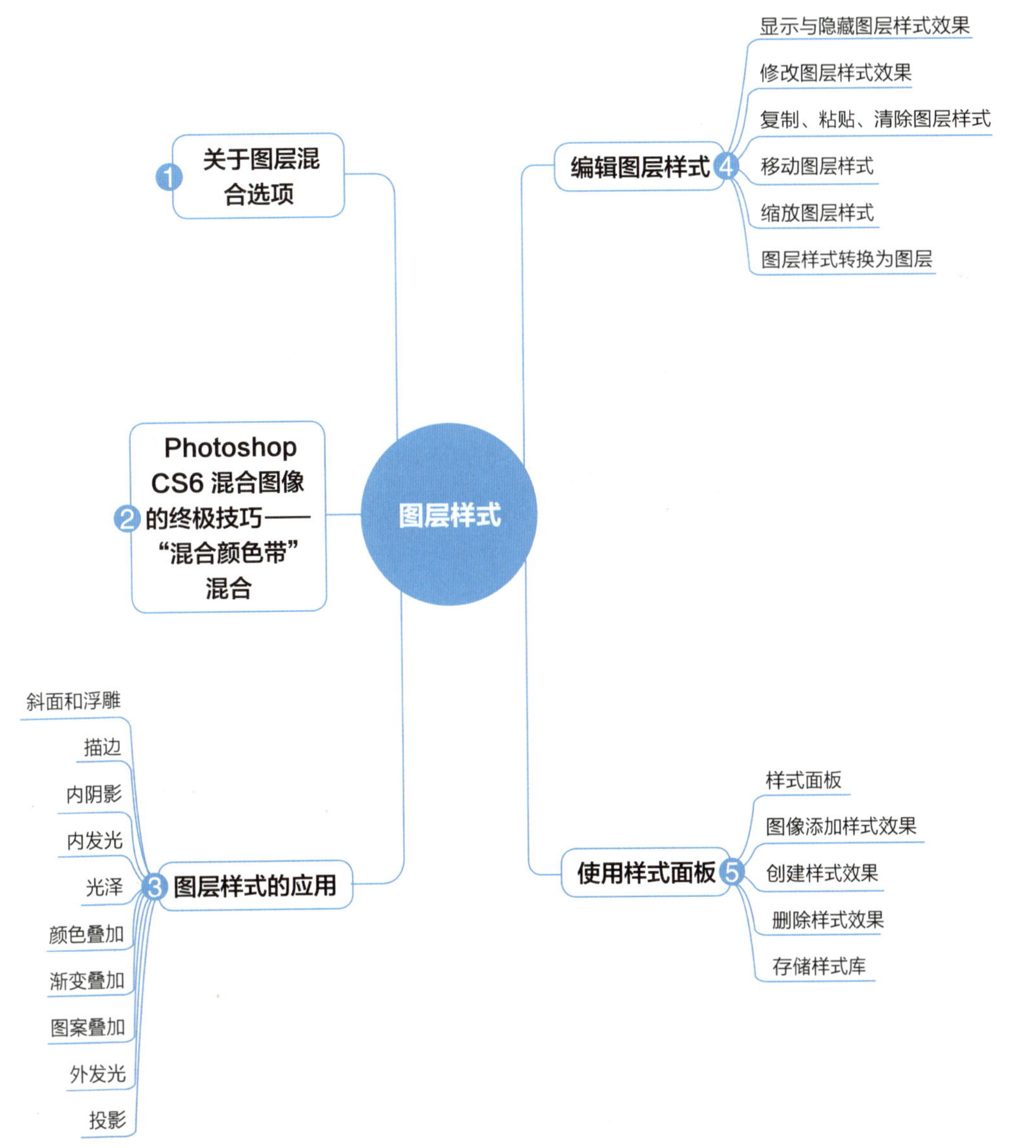

为增强创建图形的外观效果，Photoshop CS6 提供了各种高级的图层样式。“图层样式”能够为图层添加特殊效果，如投影、内阴影、外发光、斜面和浮雕以及描边等效果。设置各个图层的不透明度和混合模式可以控制各图层之间的相互作用与影响，从而产生艳丽精美的图像画面。

“图层样式”是可以应用于一个图层或图层组的一种或多种效果。Photoshop CS6 自身附带的多种预设样式可供选择使用，也可以使用“图层样式”对话框来创建自定义样式。

为图层创建“图层样式”较为简单，并且所有的图层（包括普通图层、文本图层和形状图层在内的任何种类的图层）都可以添加“图层样式”。

6.1 关于图层混合选项

在 Photoshop CS6 中，图层之间除了常规作用于图层内部的混合外，还有作用在图层外部的高级混合选项设置，具体详情如下。

打开图像素材，单击“图层”调板底部的“添加图层样式”按钮，从弹出的下拉菜单中选择“混合选项”选项，如图 6-1-1 所示。

图 6-1-1

打开“图层样式”对话框，在对话框中对“常规混合”和“高级混合”各选项进行相应的设置，如图 6-1-2 所示。

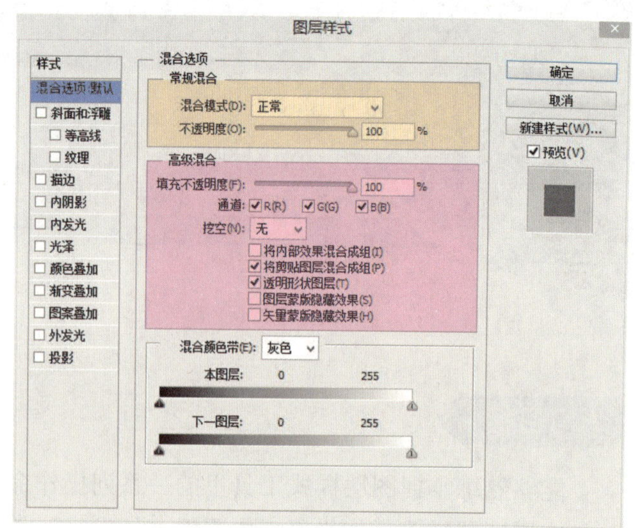

图 6-1-2

常规混合：该选项区包含“混合模式”选项和“不透明度”选项。这两个选项与“图层面板”上的“混合模式”和“不透明度”选项的使用方法和作用相同。

高级混合：在该选项区域中可以设置图层填充、不透明度，以及根据图层颜色模式来显示 RGB 通道颜色或 CMYK 通道颜色。而且，它还拥有能够透视查看当前图层和下级图层的功能。

“填充不透明度”选项与“图层”调板的“填充”设置功能相同。可以将图层中像素隐藏，但不影响已经添加的图层效果。

“通道”选项用于选择要混合的通道。也就是在混合图层时，将混合效果限制在指定的通道内。单击 G 选项，使该选项取消勾选，这时“绿色”通道将不会进行混合，如图 6-1-3 所示。

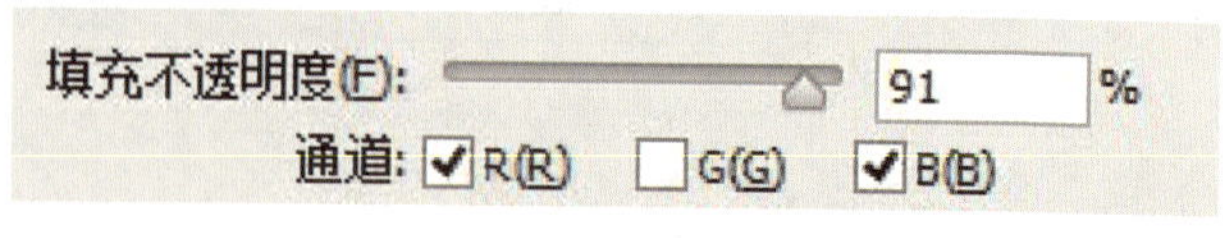

图 6-1-3

“挖空”选项可以将当前图层下面的所有图层“穿透”，能够看到文件的背景图层中的图像。

“挖空”包括三个选项，含义如下。

选择“无”选项表示图层之间没有挖空效果。

选择“浅”选项后，设置图层可以将本图层组内的所有图层挖空（针对含有图层组的 PSD 文件）。

选择“深”选项后，设置图层会将其下面所

有的图层挖空。

值得注意的是，在“挖空”选项中，选择“浅”或“深”选项的前提是要把填充不透明度设置很低或为 0%，这样才便于观察“挖空”的效果。当使用有图层组的文件时，在“图层”上选择除“穿透”混合模式以外的其他任何模式时，选择“浅”或“深”选项都只可以挖空本图层。

“挖空”下列的五个选项的含义如下。

（1）将内部效果混合成组：对一个图层添加图层样式，有的效果在图层图像的外面，如“外发光”“投影”等；有的在图层图像的内部，如添加“内发光”“光泽”“颜色叠加”“图案叠加”“渐变叠加”图层样式（内阴影除外）等。该命令就是用来控制执行如上所述命令的。但是若设置了“挖空”选项，这些效果都将看不到。

打开素材图像，选择需要添加图层样式的图层，单击“图层”调板底部的添加图层样式按钮 fx，为图层添加“描边”“斜面浮雕”和“图案叠加”效果，如图 6-1-4 所示。

图 6-1-4

选中“精彩世界”文字图层，双击其“效果”区域，弹出“图层样式”对话框，设置“填充不透明度”为 0%，“挖空”为“浅”，并勾选“将内部效果混合成组”，如图 6-1-5 所示。

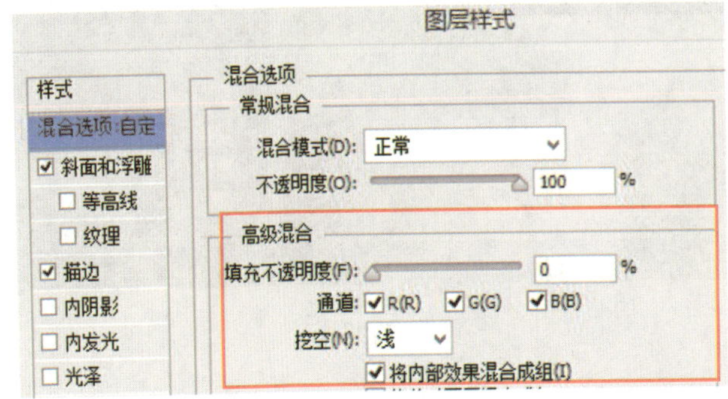

图 6-1-5

其内部的“图案叠加”效果不见了，而属于外部的“描边”“斜面浮雕”效果则不受影响，效果如图 6-1-6 所示。

图 6-1-6

（2）将剪贴图层混合成组：当勾选该复选框时，“挖空”命令只对剪贴组的图层有作用。

打开素材图像，如图 6-1-7 所示。

图 6-1-7

在“图层”面板上，选中“红花朵”图层，右击，在弹出的对话框中选择“创建剪贴蒙版”选项，如图 6-1-8 所示。

图 6-1-8

在“图层”面板上，选中“圆”图层，单击“图层”调板底部的添加图层样式按钮 fx ，打开“图层样式”面板，设置“填充不透明度”为 0%，“挖空”为“浅”，并勾选“将剪贴图层混合成组”，如图 6-1-9 所示。

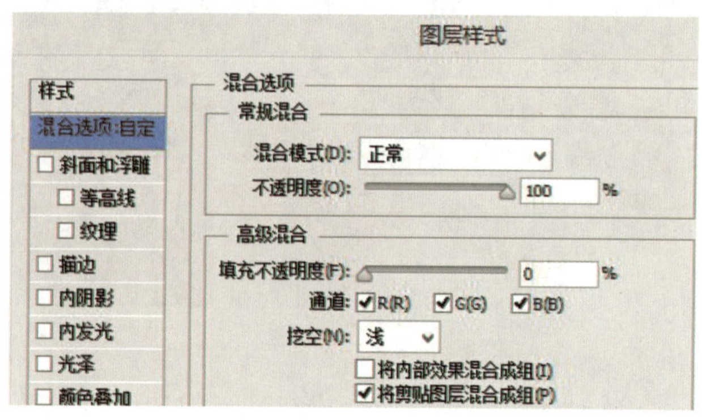

图 6-1-9

此时会发现“剪贴图层”透过其下一“绿树”层，挖空到背景层了，如图 6-1-10 所示。

图 6-1-10

（3）透明形状图层：若添加图层样式的图层中有透明区域时，勾选该复选框，则透明区域相当于蒙版。生成的效果若延伸到透明区域，则将被遮盖。

打开素材图像，新建形状图层“矩形 1”，如图 6-1-11 所示。

在“图层”面板上，选中“矩形 1”图层，单击“图层”调板底部的添加图层样式按钮 fx ，打开“图层样式”面板，设置“挖空”为“浅”，并勾选“透明形状图层”，如图 6-1-12 所示。

图 6-1-11

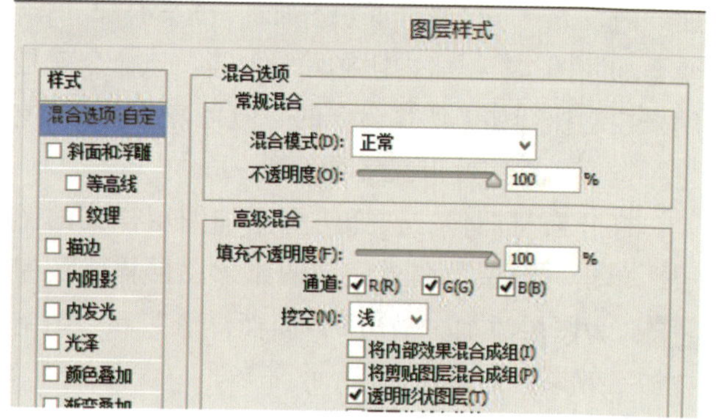

图 6-1-12

这里的图层“矩形 1”已经是透明的，故“填充不透明度”的值不需要调整，如图 6-1-13 所示。

（4）图层蒙版隐藏效果：若添加图层样式的图层中有图层蒙版时，选中该复选框，则生成的效果若延伸到蒙版区域，将被遮盖。

（5）矢量蒙版隐藏效果：若添加图层样式的图层中有矢量蒙版时，勾选该复选框，则生成的效果若延伸到矢量蒙版区域，将被遮盖。

图 6-1-13

6.2 Photoshop CS6 混合图像的终极技巧——“混合颜色带”混合

“混合颜色带”可以通过设置选项区中的参数来作用于图层的像素，从而使上下层之间形成混合。该命令既与当前选定的混合模式有关，也离不开自身选项的具体设置。下面将用具体事例来说明。

打开素材图像，图中含有“美酒”和“雪山”图层，如图 6-2-1 所示。

图 6-2-1

在“图层”面板上，选中“美酒”图层，单击“图层”调板底部的添加图层样式按钮fx，打开“图层样式”面板，如图 6-2-2 所示。

“混合颜色带”选项中的“灰色”是指图像中所有的像素点，而“红”“绿”“蓝”则是指图像的不同通道。

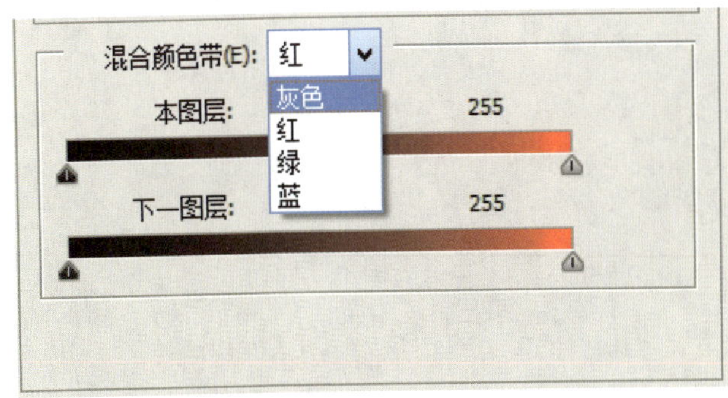

图 6-2-2

这里的“本图层”是指当前选中的图层，“下一图层”是指所选图层下面的所有像素点，“本图层”和“下一图层”是通过数值“0~255”来定义范围的，在“混合颜色带”选项为“灰度”时，其中的“0”是指色阶为黑色，“255”是指色阶为白色。若“混合颜色带”选项为“某一通道”时，“0~255”仅定义本通道的色值范围。

如图 6-2-3 所示，将本图层右边的滑块向左拖移，则“灰度”颜色带中亮度值大于 229 的像素完全混合，也就是“本图层”像素亮度部分对“下一图层”的混合。反之，则是“本图层”像素暗部部分对“下一图层”的混合。

图 6-2-3

设置混合后，效果如图 6-2-4 所示。

图 6-2-4

再次设置“颜色混合带”选项，具体如图 6-2-5（a）、（b）所示。

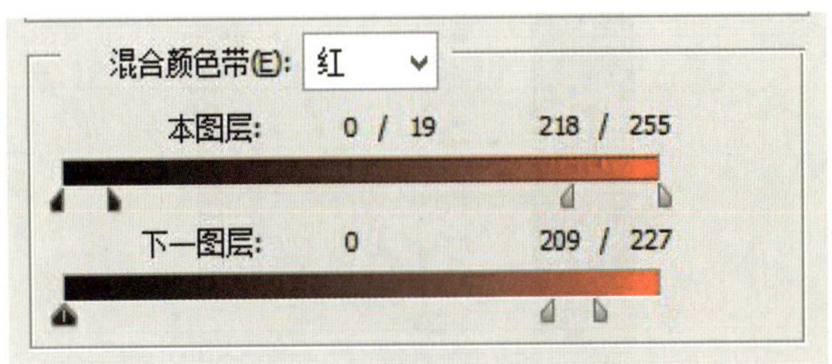

（a）

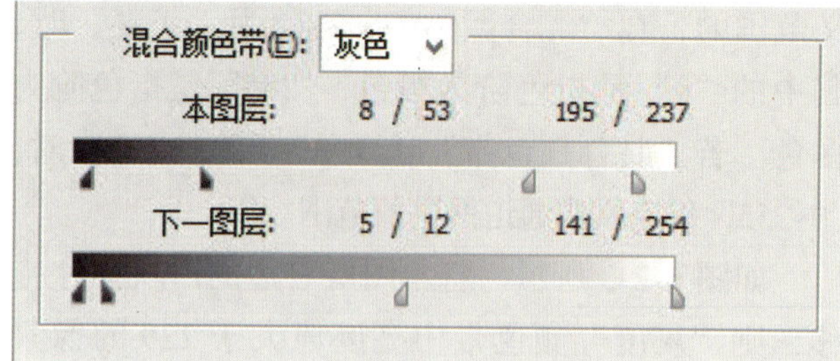

(b)

图 6-2-5

需要注意的是，按住“Alt”键的同时单击并移动滑块，调整部分混合像素的范围，最终的图像效果将在混合区域和非混合区域之间产生较为柔和平滑的过渡。

调整红色通道和灰度颜色混合带图像的最终效果如图 6-2-6 所示。

图 6-2-6

6.3 图层样式的应用

“图层样式”包括“斜面和浮雕”“描边”“内阴影”“内发光”“光泽”“颜色叠加”“渐变叠加”“图案叠加”“外放光”“投影”10 种图层效果，如图 6-3-1 所示。

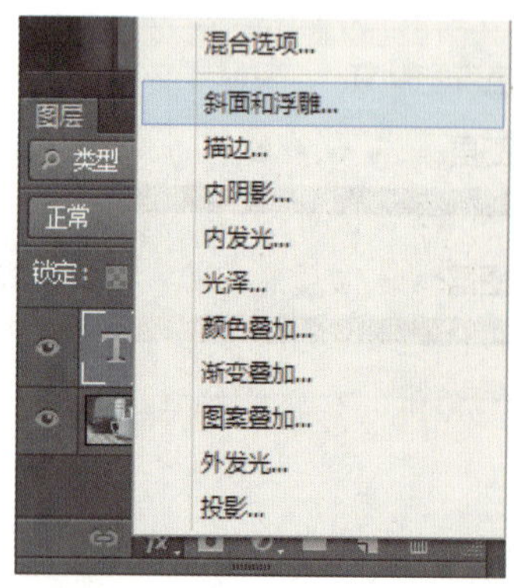

图 6-3-1

打开素材图像，选中需要添加图层样式的图层，单击“图层”面板底部的“添加图层样式” fx. 按钮，从弹出的下拉菜单中任意选择一种样式，如“斜面与浮雕”。打开“图层样式”对话框，如图 6-3-2 所示。

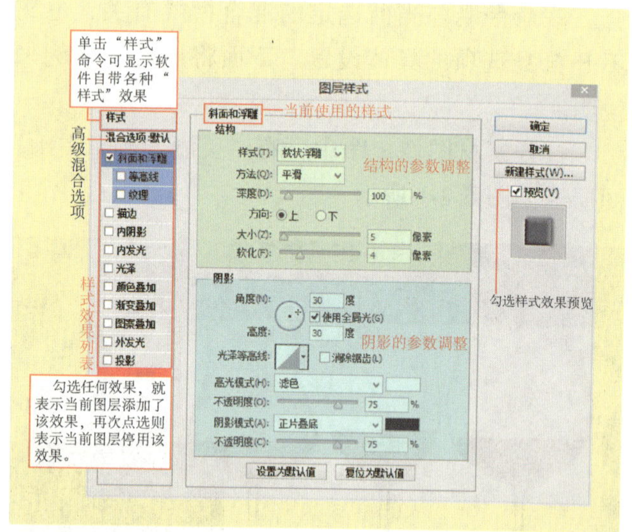

图 6-3-2

6.3.1 斜面和浮雕

勾选“斜面和浮雕”选项，可以对图层添加高光和阴影效果，从而增加图层图像的立体感，实例操作“斜面和浮雕”样式效果如下。

打开图像素材，如图 6-3-3 所示。

图 6-3-3

在“图层”面板上，选中“杯具”文字图层，单击“图层”调板底部的“添加图层样式”按钮 fx.，打开“斜面和浮雕”样式效果面板，设置各选项如图 6-3-4 所示，效果如图 6-3-5 所示。

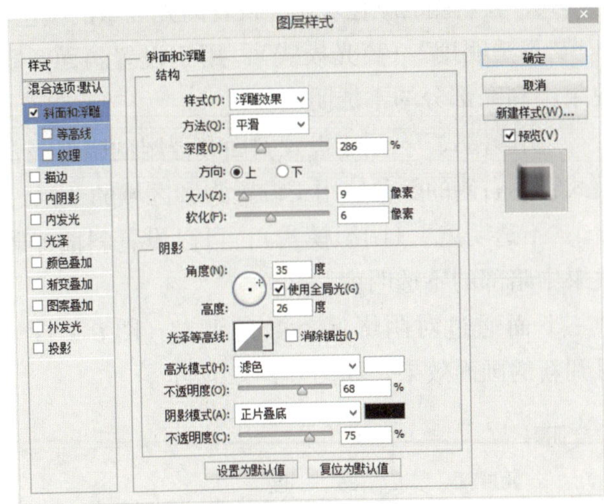

图 6-3-4

图 6-3-5

“斜面和浮雕”样式效果的结构区域各选项的设置如图 6-3-6 所示。

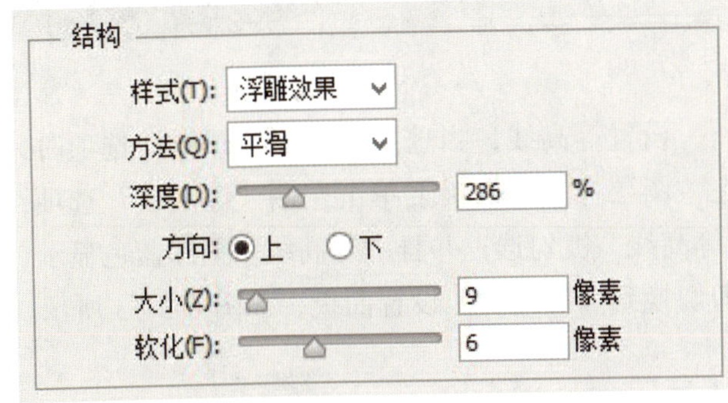

图 6-3-6

“样式”提供了五种样式：“内斜面”“外斜面”“浮雕效果”“枕状浮雕”和“描边浮雕”。“外斜面”是围绕图像外边缘创建斜面（居外创建）；“内斜面”是沿着图像内边缘创建斜面（居内创建）；“浮雕效果”是指模拟图像相对于下层图像呈现出浮雕状效果；“枕状浮雕”是指创建出将图像边缘压入下层图像中的浮雕效果；“描边浮雕”可将浮雕效果应用于描边图像的边界（图像描边是前提条件）。五种效果如图 6-3-7 所示。

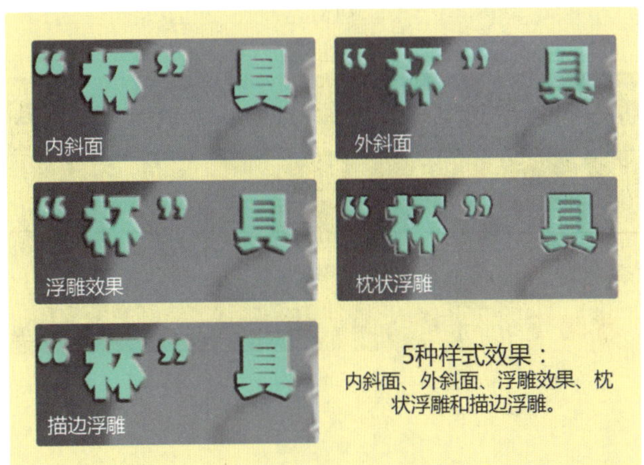

图 6-3-7

“方法”提供了三种方法：“平滑”“雕刻清晰”“雕刻柔和”，“平滑”是指使用模糊来修整不平滑的边缘，使高光和阴影过度柔和；“雕刻清晰”是指使用距离测量技术，主要用于消除锯齿的几何图形的杂边硬边；“雕刻柔和”是指使用修改的距离测量技术，适用于较大范围边缘的图像，其保留特征的效果优于平滑方法，如图 6-3-8 所示。

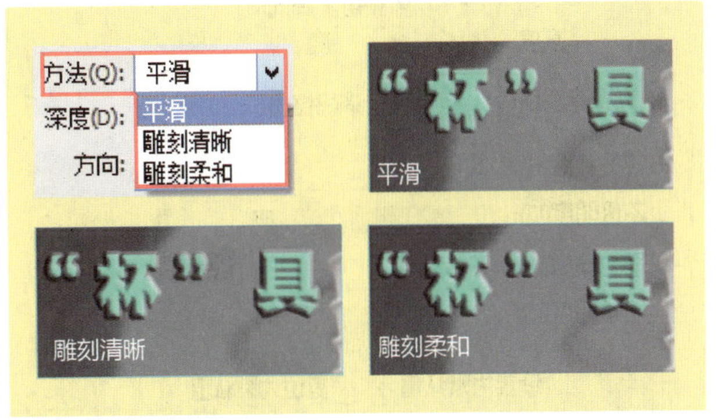

图 6-3-8

“深度”：可以调整斜面的深度，数值越大，斜面的深度越深。

“方向”：通过“上”和“下”两个单选按钮供选择，可以使高光和阴影的方向反转，如图 6-3-9（a）、（b）所示。

(a)

(b)

图 6-3-9

“大小”：用于设置斜面和浮雕范围的大小，数值越大，立体效果越明显。

“软化”：用于设置斜面和浮雕效果的柔和度，数值越大越圆滑。

“斜面和浮雕”样式效果的阴影区域各选项的设置如图 6-3-10 所示。

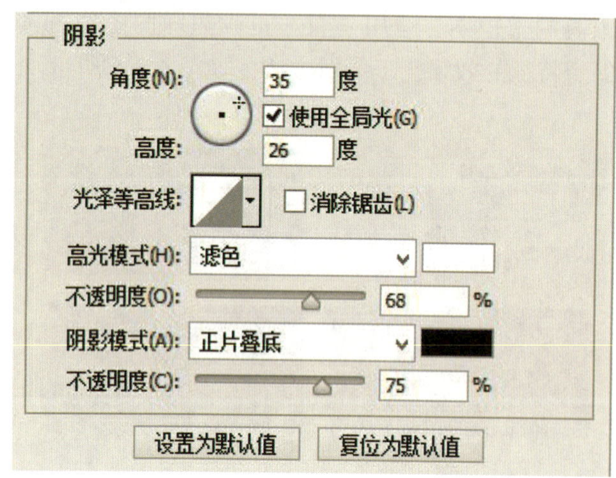

图 6-3-10

“角度”：用于调整光照的角度，即亮部和暗部的方向，若勾选“使用全局光”，表示同一图像中的所有图层应用相同的光照角度。高度用于调整光照水平面的角度。

“光泽等高线”：为图像表面添加具有金属外观的浮雕效果。

“高光模式”：用于设置样式效果中高光部分的模式，其右侧的颜色块用于设置高光区域的颜色。

“不透明度”（高光模式）：用于设置斜面浮雕效果中高亮部分的不透明度。

“阴影模式”：用于设置斜面和浮雕的暗部混合模式，其右侧的颜色块用于设置阴影区域的颜色。

“不透明度”（阴影模式）：可以设置斜面浮雕效果中暗部的不透明度。

下面通过对阴影区参数的调整（图 6-3-11），得到新的画面效果，如图 6-3-12 所示。

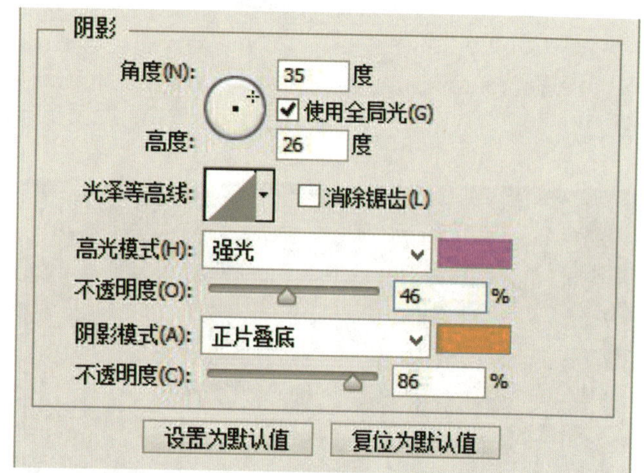

图 6-3-11

图 6-3-12

设置等高线，当选择“斜面与浮雕”选项时，在“图层样式”面板上单击左侧“等高线”选项，“等高线”被勾选，并且“等高线”呈深蓝色显示，即切换到“等高线”设置面板，如图 6-3-13 所示。

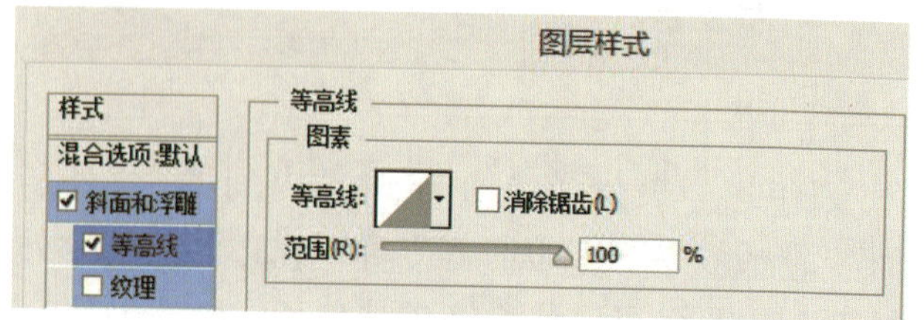

图 6-3-13

设置纹理，当选择“斜面与浮雕”选项时，在“图层样式”面板上单击左侧“纹理”选项，“纹理”被勾选，并且“纹理”呈深蓝色显示，即切换到“纹理”设置面板，如图 6-3-14 所示。

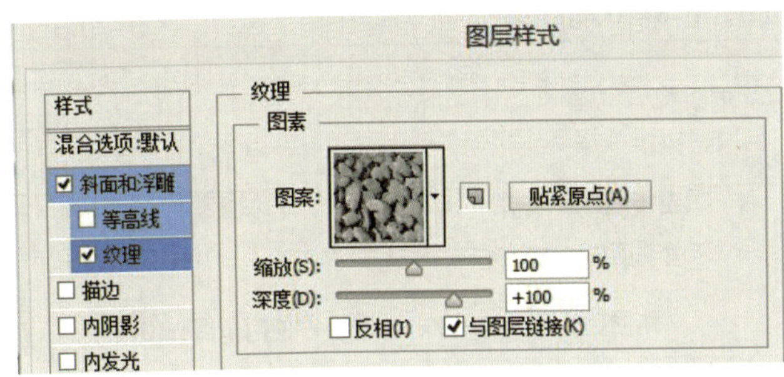

图 6-3-14

“图案”：若单击“贴紧原点”按钮，则可以将移动后的图案恢复到原位置。

“缩放”：用于设置纹理的缩放比例。

“深度”：用于设置纹理的深度和方向。

“反向”：若勾选“反相”选项框，则可将设置的纹理反相；若勾选“与图层链接”选项框，则可将图案与图层链接，以实现图案与图层的统一移动、缩放或变形。

6.3.2 描边

“描边”：可以为当前图层添加描边效果，并可以设置修改描边的颜色、填充描边图案以及混合模式等效果。该样式的面板如图 6-3-15 所示。

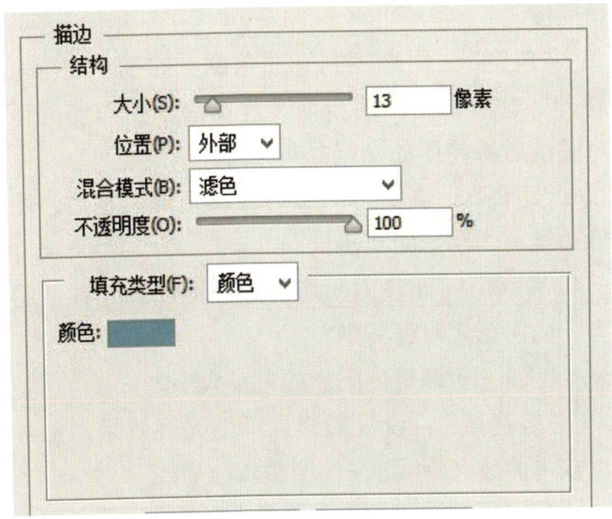

图 6-3-15

“大小”：指描边的宽窄大小。

“位置”：包含三部分选项：为外部、内部、居中。

“混合模式”：指图像所描的边与下一层图像混合，图像本身不受影响。其所含有的模式与图层混合模式相同。

“不透明度”：用来控制图像所描的边的不透明度。

“填充类型”：可以填充颜色、渐变和图案。下面是颜色填充、渐变填充和图案填充的不同面板，如图 6-3-16（a）、（b）、（c）所示。

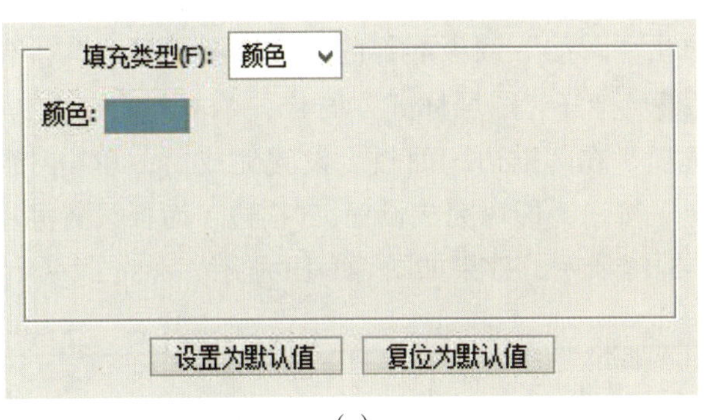

（a）

（b）

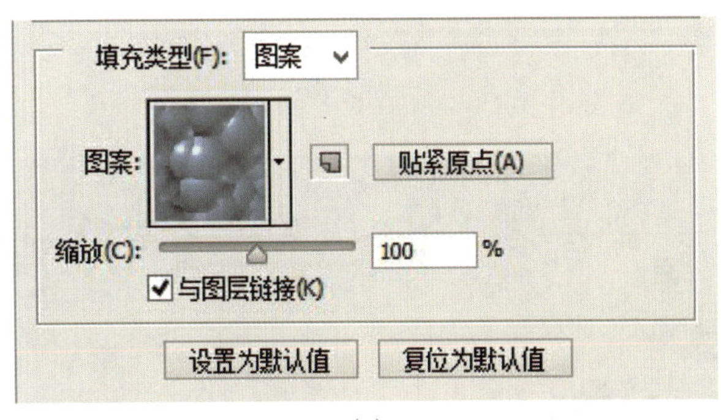

（c）

图 6-3-16

打开 PSD 图像素材，如图 6-3-17 所示。

图 6-3-17

在“图层”面板上，选中“采石矶”图层，单击“图层”调板底部的“添加图层样式”按钮 ，打开“图层样式”面板，单击勾选“描边”选项，在“描边”面板上设置完成后，单击“确定”按钮，即可完成设置，“描边”面板设置如图 6-3-18 所示，效果如图 6-3-19 所示。

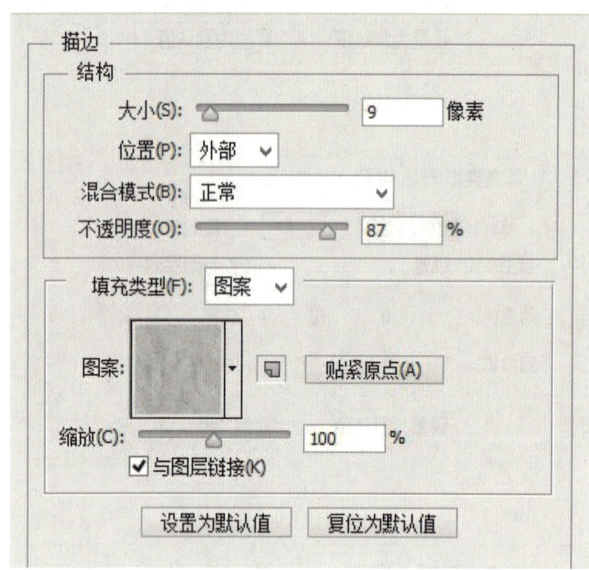

图 6-3-18

图 6-3-19

6.3.3 内阴影

“内阴影”是在紧贴图层内图形的边缘添加阴影，使图层内图形有内陷的效果。该样式的面板如图 6-3-20 所示。

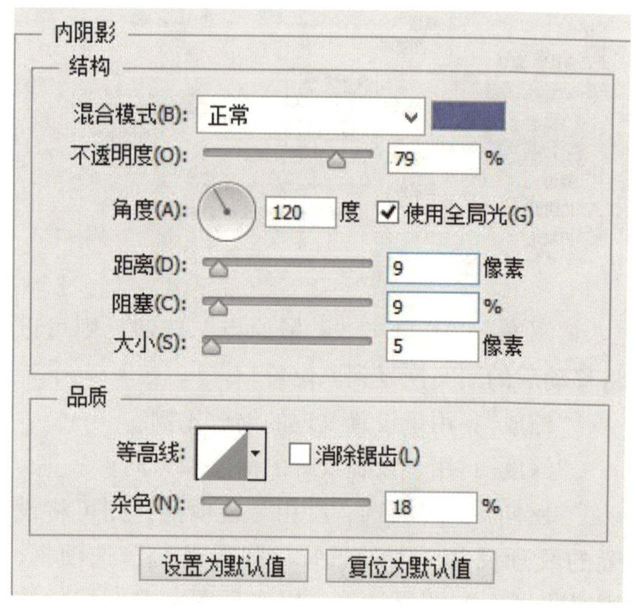

图 6-3-20

“混合模式”：指“内阴影”效果部分与图像自身的混合，其所含有的模式与图层混合模式相同。右边的颜色区域是用来选择内阴影色彩的，单击该区域即可在弹出的“拾色器”中选择需要的颜色。

“不透明度”：用来控制“内阴影”效果的不透明度。

“角度”：用来控制光照角度。勾选“使用全局光”选项框，可使当前文件图层上所有与光源有关的效果使用的光照方向相同。

“距离”：调整内阴影的距离，数值越大，图像边缘与内阴影距离越大。

“阻塞”：调整内阴影的边缘清晰度，数值越大，内阴影边缘越清晰。

“大小”：调整内阴影的宽窄大小。

“等高线”：设置阴影内部的光环效果，也可以双击曲线区 等高线: 来绘制编辑等高线。

“杂色”：控制加入内阴影中颗粒的数量。

打开 PSD 图像素材，如图 6-3-21 所示。

图 6-3-21

在“图层”面板上，选中“圆”图层，单击“图层”调板底部的“添加图层样式”按钮 fx，打开“图层样式”面板，单击勾选“内阴影”选项框，在“内阴影”面板上设置完成后，单击“确定”按钮，即可完成设置，“内阴影”面板设置如图 6-3-22 所示。

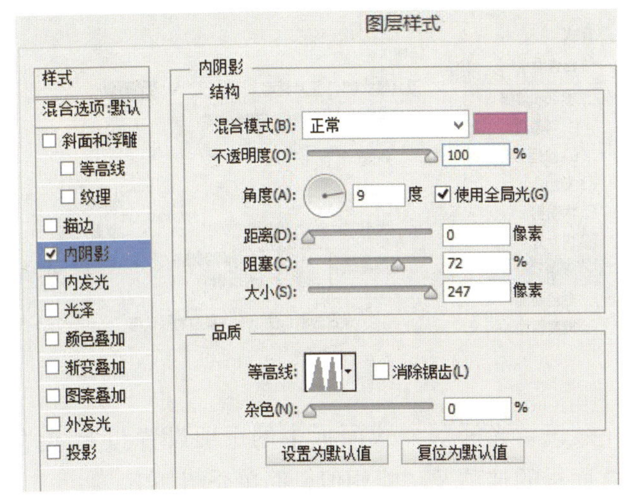

图 6-3-22

最终“描边”效果如图 6-3-23 所示。

图 6-3-23

6.3.4 内发光

“内发光”可以使图像的边缘居内产生光晕效果，与“外发光”样式效果相反，该样式的面板如图 6-3-24 所示。

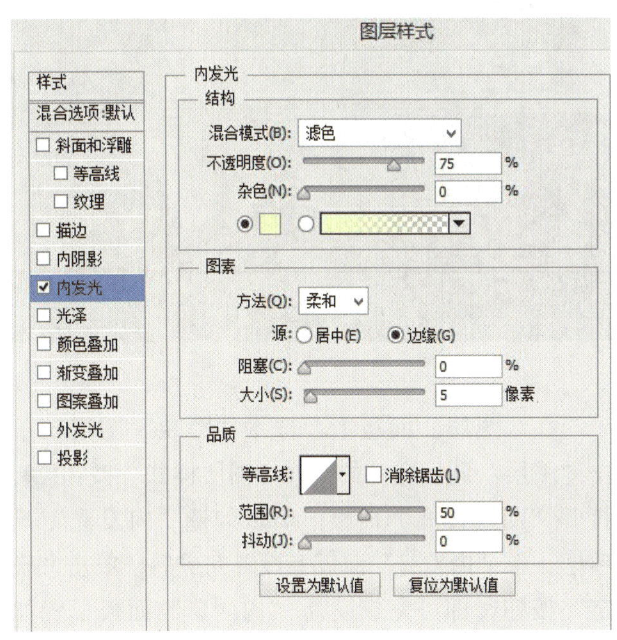

图 6-3-24

“混合模式”：指“内放光”效果与下面图层的混合方式，其所含有的模式与图层混合模式相同。

“不透明度”：控制“内放光”效果的不透明度。

“杂色”：控制加入内放光效果中颗粒的数量，其下面区域的色彩是控制当前发光的颜色，可选色块或渐变颜色。

“方法”：调整内“内放光”缘的样式，在“方法”下拉列表中有“柔和”和“精确”两种样式，“柔和”的边缘变化比较模糊，而“精确”的边缘变化则比较清晰。对于“源”（就是指发光源的位置）的“居中”和“边缘”；居中是从图层的图案中发光，边缘是从图层的图案边缘内发光。

“阻塞”：调整“内放光”的边缘清晰度，数值越大，“内放光”边缘越清晰。

“大小”：调整“内放光”的宽窄大小。

“等高线”：设置颜色或不透明度的改变，也可以双击曲线区 等高线 来绘制编辑等高线。

“范围”：控制“等高线”的应用范围。

“抖动”：调整渐变中的多种颜色以颗粒状态混合。

打开 PSD 图像素材，如图 6-3-25 所示。

图 6-3-25

在“图层”面板上，选中“影映”图层，单击“图层”调板底部的“添加图层样式”按钮 fx，打开“图层样式”面板，单击勾选“内发光”选项框，在“内发光”面板上设置完成后，单击“确定”按钮，即可完成设置；“内阴影”面板设置如图 6-3-26 所示。

最终“内发光”效果如图 6-3-27 所示。

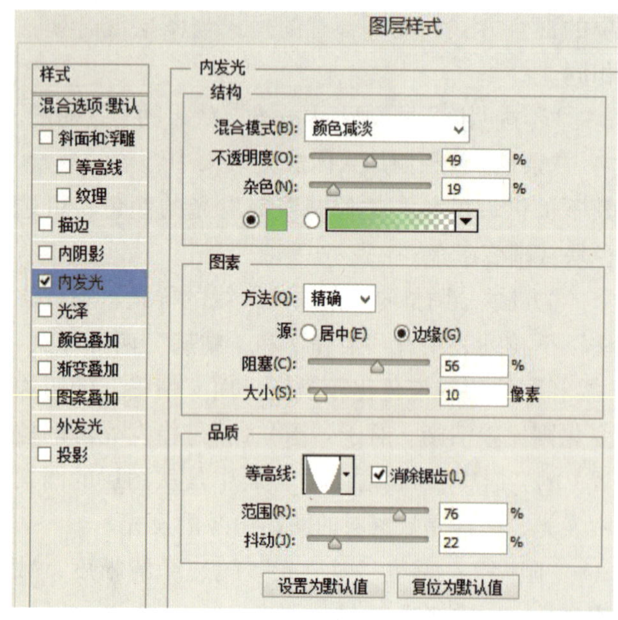

图 6-3-26

图 6-3-27

6.3.5 光泽

“光泽”效果通过使用光滑的内部阴影，一般用在金属表面或反光度比较高的表面来体现其光泽外观，该样式的面板如图 6-3-28 所示。

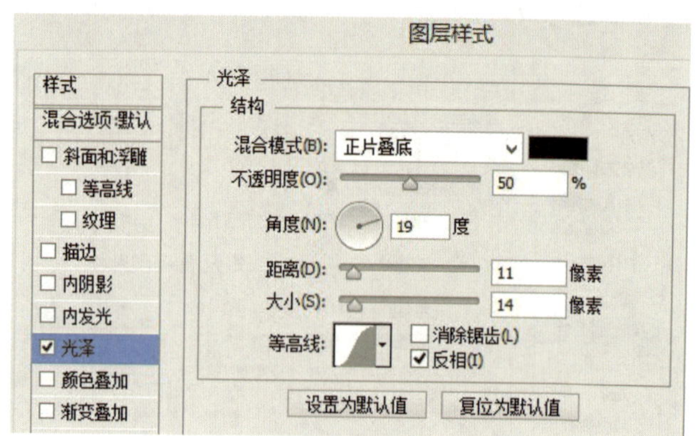

图 6-3-28

该“光泽”样式面板中的选项设置与上述样式面板的选项及功能相似，简单介绍如下。

“距离”：设置两组光环之间的距离。

“大小”：设置每组光环的宽度。

“等高线”：设置光环的数量。

打开 PSD 图像素材，如图 6-3-29 所示。

在“图层”面板上，选中“圆球”图层，单击“图层”调板底部的“添加图层样式”按钮 fx，打开“图层样式”面板，单击勾选“光泽”选项框，在“光泽”面板上设置完成后，单击“确定”按钮，即可完成设置，“光泽”面板设置如图 6-3-30 所示。

图 6-3-29

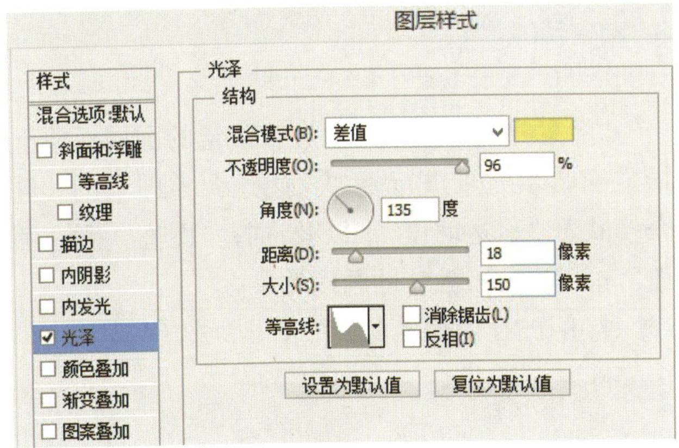

图 6-3-30

最终“光泽”效果如图 6-3-31 所示。

图 6-3-31

值得注意的是，“光泽”效果是指光环的交叉重叠，同时又受到光环的数量、距离以及光环宽度等影响，制作具有随机性，画面的效果往往不规则。

6.3.6 颜色叠加

“颜色叠加”效果是通过在固定的图层对象上填充制定的颜色填充来进行叠加。通过设置颜色、颜色的混合模式、不透明度来控制叠加效果。

打开 PSD 图像素材，如图 6-3-32 所示。

图 6-3-32

在“图层”面板上，选中“向日葵”图层，单击“图层”调板底部的“添加图层样式”按钮 fx，打开“图层样式”面板，单击勾选“颜色叠加”选项框，在“颜色叠加”面板上设置完成后，单击“确定”按钮，即可完成设置，“颜色叠加”面板设置如图 6-3-33 所示。

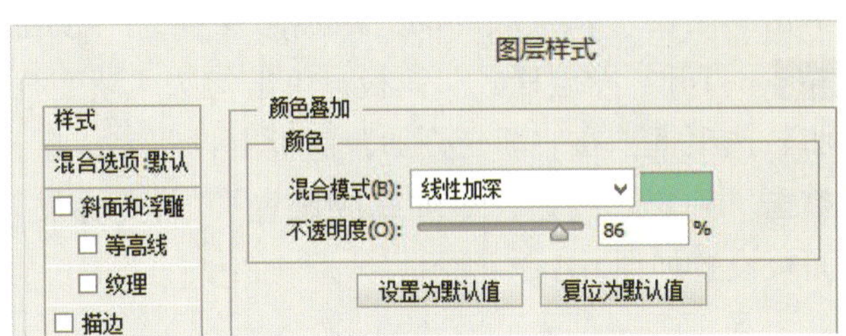

图 6-3-33

最终“颜色叠加”效果如图 6-3-34 所示。

图 6-3-34

6.3.7 渐变叠加

“渐变叠加”效果是通过在固定的图层对象上使用渐变颜色填充来进行叠加。“渐变叠加”和工具箱中的“渐变工具”类似，但是“渐变叠加”增加了“缩放”和“角度”两个选项，使渐变色的角度和大小更容易把握控制。

打开 PSD 图像素材，如图 6-3-35 所示。

图 6-3-35

在“图层”面板上，选中“西递牌坊”图层，单击“图层”调板底部的“添加图层样式”按钮，打开“图层样式”面板，单击勾选“渐变叠加”选项框，在“渐变叠加”面板上设置完成后，单击“确定”按钮，即可完成设置，“渐变叠加”面板设置如图 6-3-36 所示。

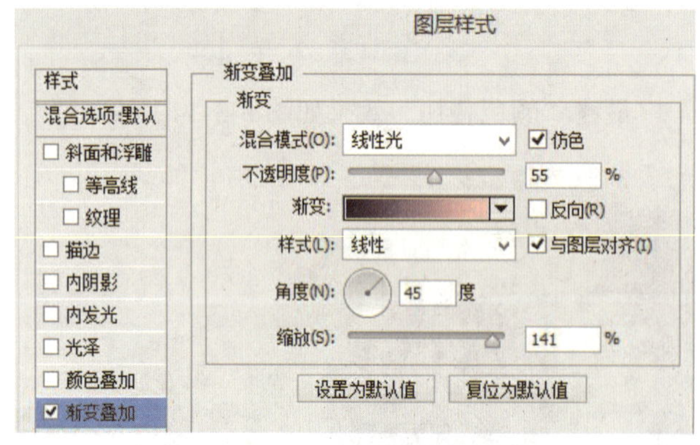

图 6-3-36

最终“渐变叠加”效果如图 6-3-37 所示。

图 6-3-37

6.3.8 图案叠加

“图案叠加”效果是通过在固定的图层对象上指定图案填充来进行叠加。通过调整图案的“混合模式”“不透明度”，以及选择“图案”和“缩放”选项来实现独特的画面效果。

打开 PSD 图像素材，如图 6-3-38 所示。

图 6-3-38

在“图层”面板上，选中“鸡蛋”图层，单击“图层”调板底部的“添加图层样式”按钮，打开“图层样式”面板，单击勾选“渐变叠加”选项框，在“图案叠加”面板上设置完成后，单击“确定”按钮，即可完成设置，“图案叠加”面板设置如图 6-3-39 所示。

添加“图案叠加”后，鸡蛋更加逼真，效果如图 6-3-40 所示。

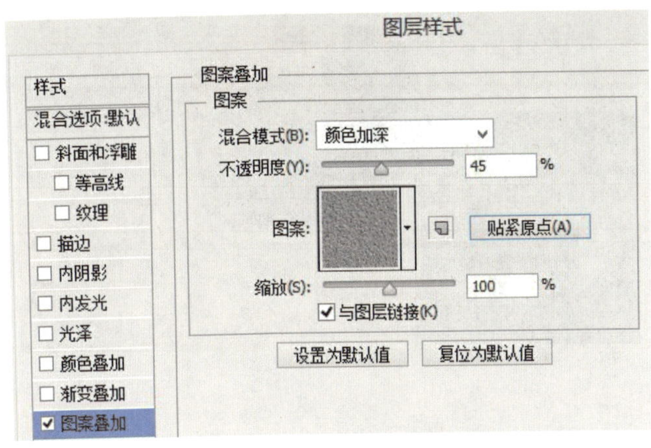

图 6-3-39

图 6-3-40

6.3.9 外发光

“外放光”是以图层对象的边缘来制作发光效果，该效果与“内发光”效果相似，一个居内，一个居外，面板设置具体可参照 6.3.4“内发光”效果介绍。

打开 PSD 图像素材，如图 6-3-41 所示。

图 6-3-41

在“图层”面板上，选中“文明出行 交通你我”文字图层，单击“图层”调板底部的“添加图层样式”按钮 fx，打开“图层样式”面板，单击勾选“外放光”选项框，在“外放光”面板上设置完成后，单击“确定”按钮，即可完成设置，“外放光”面板设置如图 6-3-42 所示。

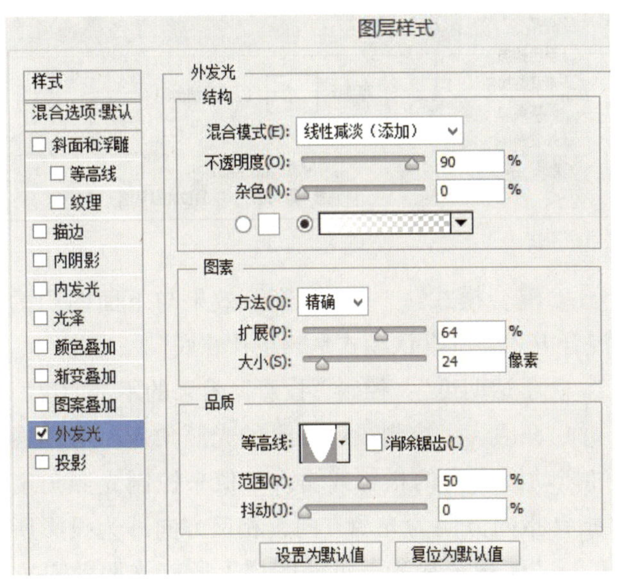

图 6-3-42

最终添加“外发光”样式的文字图层效果如图 6-3-43 所示。

图 6-3-43

6.3.10 投影

“投影”是对图层图形添加投影效果，从而使图像产生立体感，是较为常用的一种图层样式，该样式的面板如图 6-3-44 所示。

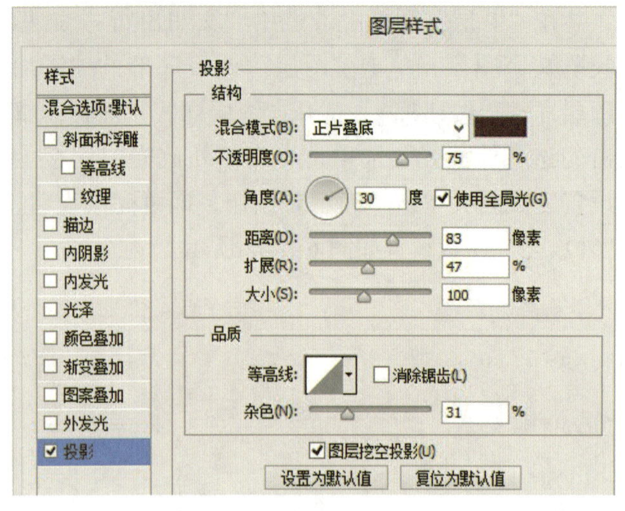

图 6-3-44

“混合模式”：指“投影”效果与下面图层的混合方式，其默认模式是“正片叠底”。

“不透明度”：控制“投影”效果的不透明度。

“角度”：控制投影效果的光照角度，可以通过拖动圆形内的指针或输入数值来控制光照角度（指针指向方向为光源方向，相反方向即为投影所在）。“使用全局光”可使图层上所有光照效果方向一致。

“距离”：设置“投影”效果与图层内容的距离，其值越大，投影就越远。

“扩展”：设置“投影”的范围，其值越大，投影范围就越大。

“大小”：设置“投影”的模糊范围，其值越大，模糊范围越广。

“等高线”：设置“投影”的形状，也可以双击曲线区 等高线: 来绘制编辑等高线。“消除锯齿”通过混合投影边缘线的像素，使“投影”效果更加平滑。

“杂色”：为阴影图像添加颗粒效果，数值越大，杂点越多。“图像挖空投影”可以使阴影根据图像的形状产生挖空效果。

打开 PSD 图像素材，如图 6-3-45 所示。

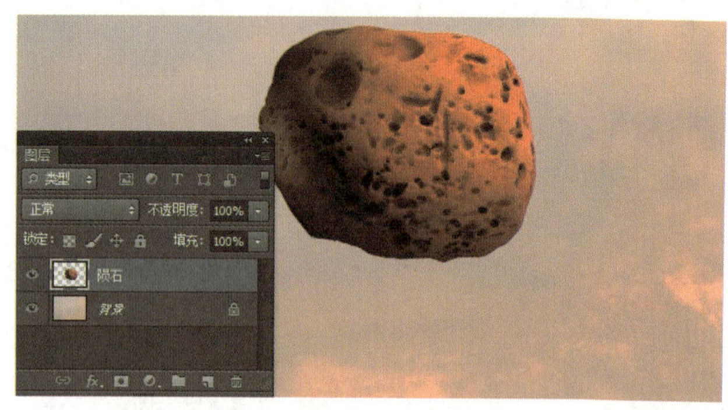

图 6-3-45

在“图层”面板上，选中“陨石”图层，单击“图层”调板底部的“添加图层样式”按钮 fx，打开“图层样式”面板，单击勾选“投影”选项框，在“投影”面板上设置完成后，单击“确定”按钮，即可完成设置，“投影”面板设置如图 6-3-46 所示。

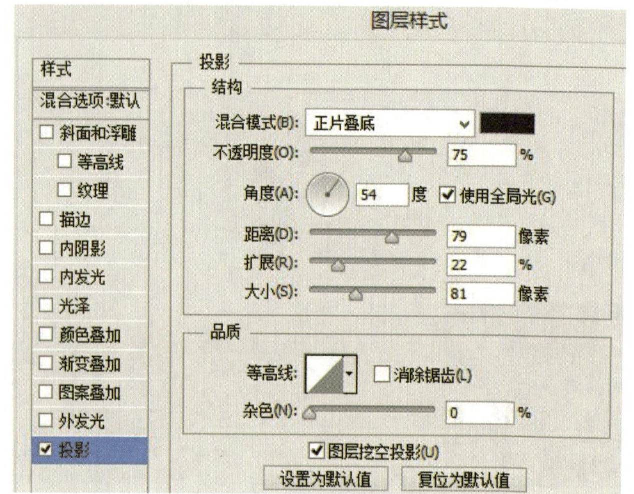

图 6-3-46

最终“投影”效果如图 6-3-47 所示。

图 6-3-47

另外，也可运用“等高线”和“图像挖空投影”来为图中的文字添加投影。打开素材图像，如图 6-3-48 所示。

图 6-3-48

选择添加投影图层样式，在投影设置面板上选择“等高线”类型为“环形—双”，如图 6-3-49 所示。

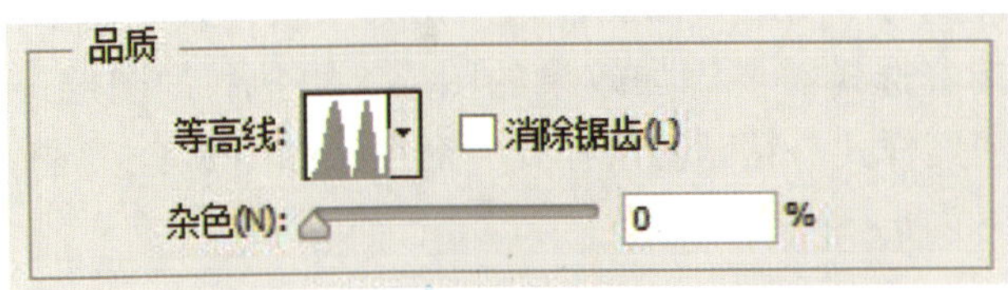

图 6-3-49

文字投影效果如下图 6-3-50 所示。

若启用“图层挖空投影”，需要将“杂色”选项参数设置为默认的 0%，在图层面板上设置“摇曳”图层的“填充”数值低于 50%，数值越低，“图层挖空投影”效果越明显，如图 6-3-51 所示。

图 6-3-50　　图 6-3-51

6.4 编辑图层样式

图层样式的管理应用较为方便，图层样式是作为效果图层存在的，所以也具有普通图层的一般属性，可以对其进行隐藏、复制、移动、删除以及修改等，并且这些操作不会对图像本身造成任何损坏。

6.4.1 显示与隐藏图层样式效果

通过“图层”面板可以单击效果前面的眼睛图标 效果 来控制图层样式的显示或隐藏，显示或隐藏图层样式如图 6-4-1 (a)、(b) 所示。

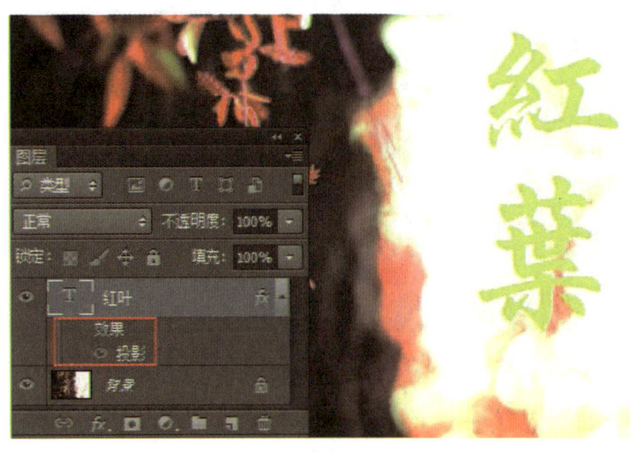

(a)

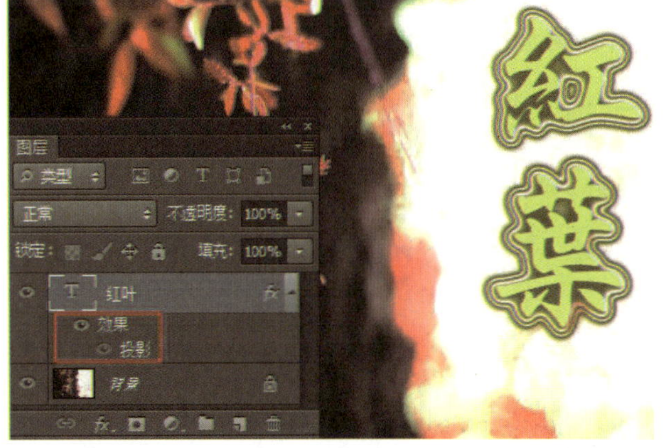

(b)

图 6-4-1

若需要隐藏所有图层样式，可执行“图层→图层样式→隐藏所有效果”命令，即可隐藏所有图层的样式；若需要显示图层样式，再次单击原眼睛图标处即可显示图层样式效果。

6.4.2 修改图层样式效果

通过“图层”面板可以双击效果前面的效果名称，在弹出的“图层样式”对话框中选择效果，进入效果面板。再根据需要重新设置参数，也可以在左侧效果选项中重新选择一个或多个新的效果，设置完成后，单击“确定”按钮，即可完成图层样式效果的修改。

打开 PSD 图像素材，文字图层“马年”已经添加“投影”效果，如图 6-4-2 所示。

图 6-4-2

在“图层”面板上，双击效果下的“投影”名称，即可在弹出的图层样式中选择添加“斜面和浮雕”“描边”选项，并修改“投影”效果参数，具体设置如图 6-4-3 所示。

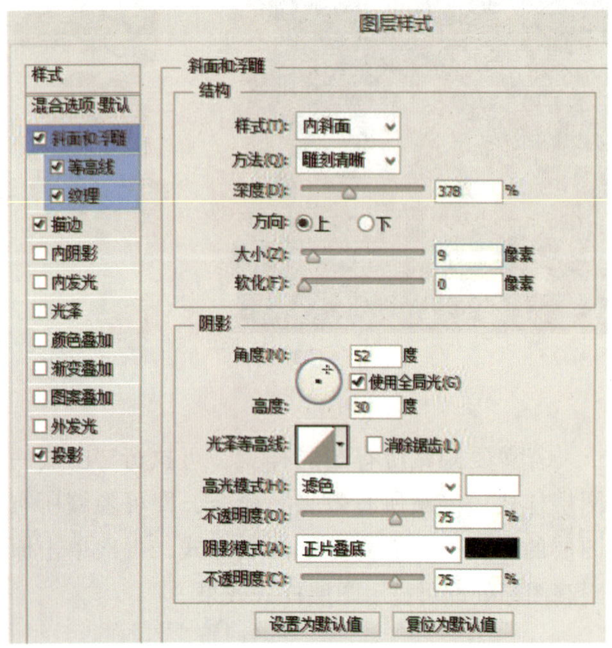

图 6-4-3

最终画面效果如图 6-4-4 所示。

图 6-4-4

6.4.3 复制、粘贴、清除图层样式

在“图层”调板中选择已添加图层样式图层，再执行“图层→图层样式→拷贝图层样式”命令，接着选择需要添加效果的图层，再执行“图层→图层样式→粘贴图层样式”命令，如图 6-4-5（a）、（b）所示。

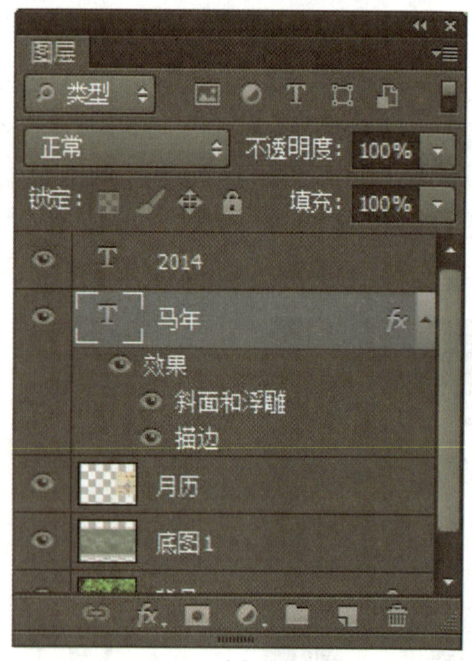

（a）

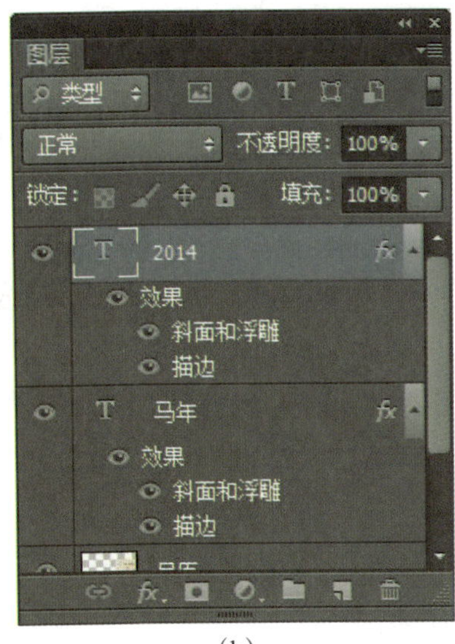

（b）

图 6-4-5

也可在“图层”调板中，在效果名称上右击，在弹出的快捷菜单中选择“拷贝图层样式”选项，再右击需要添加效果的图层，从弹出的快捷菜单中选择“粘贴图层样式”选项，即可将该图层所应用的图层样式添加到新图层中。

需要注意的是，在复制图层样式的操作中，若新图层已经添加了样式效果，而原有的样式效果将被新的图层效果替换。

此外，还可以通过按住“Alt”键的同时鼠标指针拖动效果名称到需要添加效果的图层，即可复制该名称样式效果。若按住“Alt”键的同时鼠标指针拖动图层样式图标到需要添加效果的图层，即可复制原图层的所有样式效果。

清除图层样式的操作较为简单，在“图层”调板中选择图层样式图标，将其拖动到调板底端的“删除图层”按钮上即可删除当前图层所有样式效果。也可在“图层”调板中选择某一效果名称，将其拖动到调板底端的“删除图层”按钮上，便可以删除某一图层样式效果。

6.4.4 移动图层样式

图层样式图层和普通图层一样，也是可以进行移动的，若移动所有的图层样式，需要在“图层”调板中选择图层样式图标，将其拖动到目标图层即可。若移动某一种图层样式，首先将鼠标指针指向该效果名称，然后拖动鼠标指针至目标图层上即可，如图 6-4-6（a）、（b）、（c）所示。

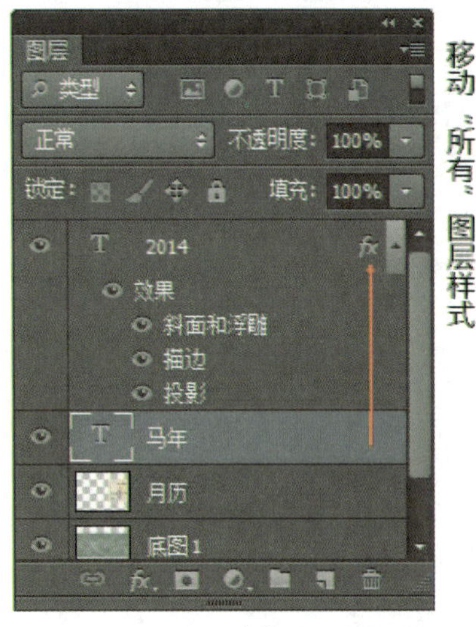

（a）

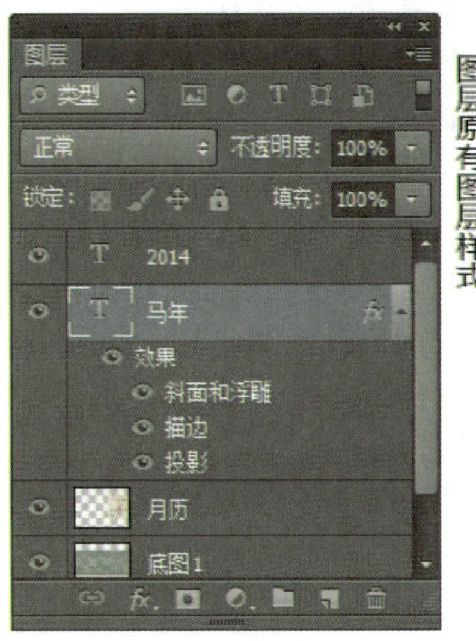

（b）

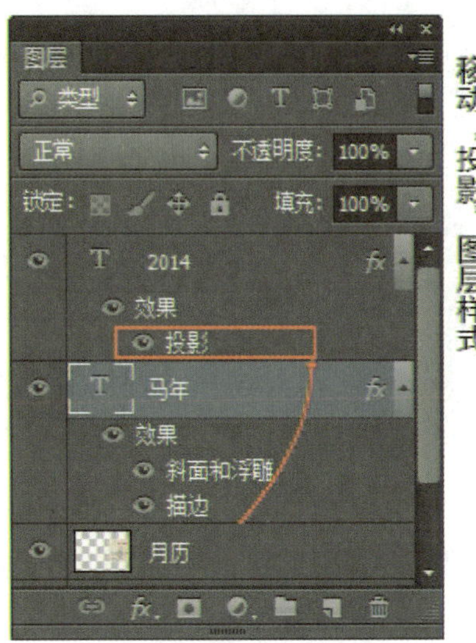

（c）

图 6-4-6

6.4.5 缩放图层样式

缩放图层样式是指按比例调整样式参数，以取得等比缩放的画面效果。缩放图像时，就需要调整该图层样式的缩放效果。

打开 PSD 图像素材，文字图层“重阳节”已经添加“投影”和“描边”效果，如图 6-4-7 所示。

图 6-4-7

在“图层”面板中选择“重阳节”文字图层，执行“编辑→变换→缩放”命令或按“Ctrl+T”组合键，在工具属性栏中设置水平缩放为 65%，垂直缩放为 65%，如图 6-4-8 所示。

图 6-4-8

文字变换后的画面效果如图 6-4-9 所示。

图 6-4-9

但文字图层的图层样式效果并没有被缩放。在“图层”面板中选择“重阳节”文字图层，执行“图层→图层样式→缩放效果”命令或在文字效果上右击，在弹出的快捷菜单中选择“缩放效果”，即可弹出“缩放效果”对话框，在对话框中输入 65% 的数值，设置结束后，单击“确定”按钮即可，画面效果如图 6-4-10 所示。

图 6-4-10

6.4.6 图层样式转换为图层

图层样式转化为普通图层有两种方法：一是通过菜单命令，执行“图层→图层样式→创建图层”命令，即可将图层样式转换为单独的图层。二是在“图层”调板中选择图层样式并右击，在弹出的快捷菜单中，选择“创建图层”选项即可将图层样式转换为单独的图层，如图 6-4-11（a）、（b）所示。

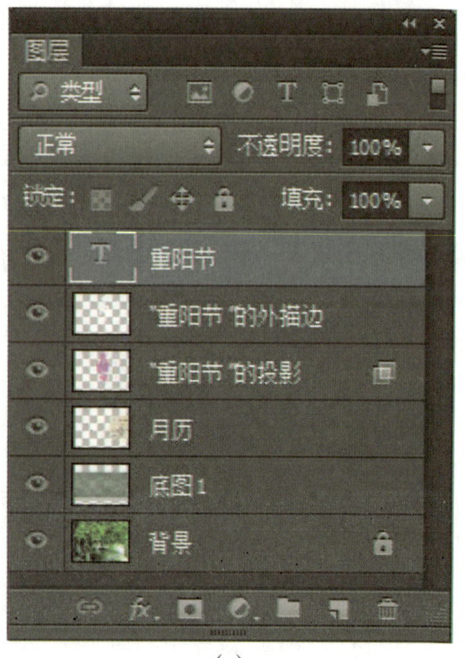

（a）

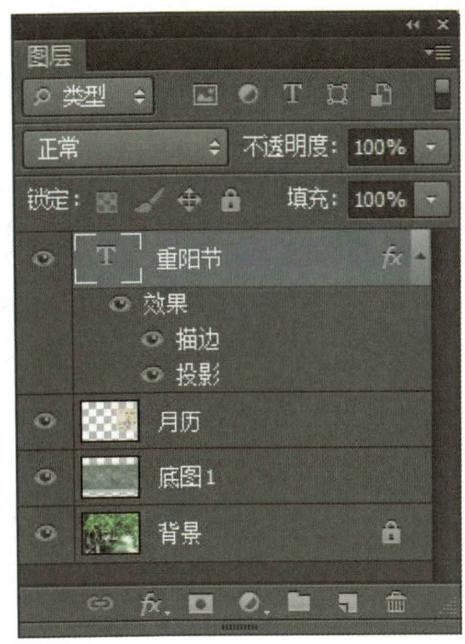

（b）

图 6-4-11

6.5 使用样式面板

6.5.1 样式面板

在 Photoshop CS6 软件中，当执行“窗口→样式”命令，软件右侧就会出现“样式”浮动面板，“样式”面板中提供了各种已设置的图层样式，如图 6-5-1 所示。

单击“样式”面板右上角的图标，即可展开“样式”面板菜单，如图 6-5-2 所示。

图 6-5-1

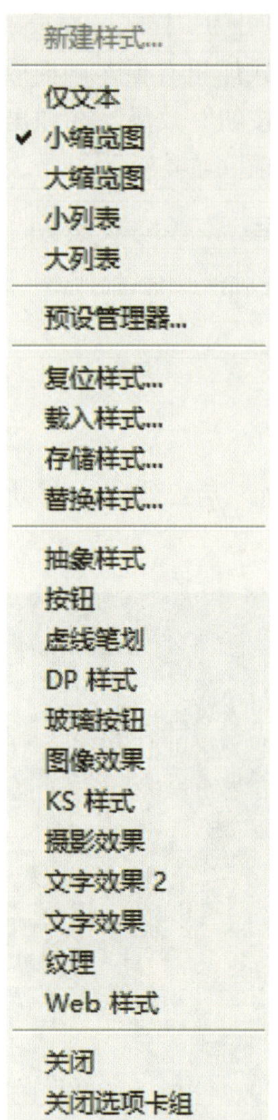

图 6-5-2

在面板菜单中还可选择“样式”浮动面板的预览方法，当前默认预览是“小缩略图”。若选择“仅文本”预览，“样式”浮动面板如图 6-5-3 所示。

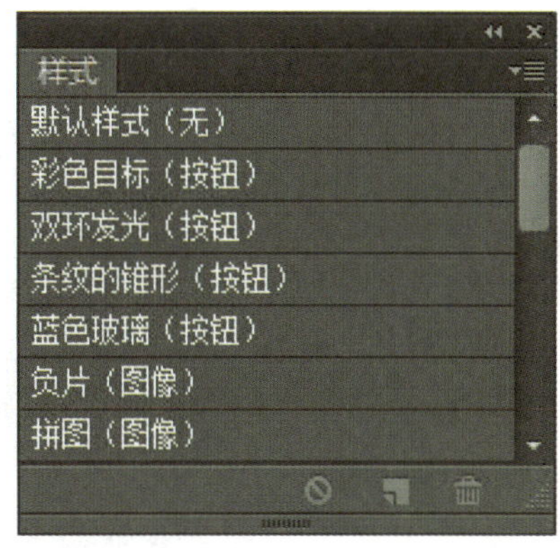

图 6-5-3

同样，可以添加不同种样式效果，使用“复位样式”时，“样式”浮动面板回归到默认状态，

“载入样式”即可为“样式”面板添加新的样式效果。在下面样式库里有很多画面效果组供选择添加，若选择“按钮”效果，在弹出的对话框中单击“追加”，如图 6-5-4 所示。

图 6-5-4

选择“追加”后，“样式”浮动面板如图 6-5-5 所示。

图 6-5-5

6.5.2 图像添加样式效果

打开 PSD 图像素材，选择“翰林”目标图层，如图 6-5-6 所示。

图 6-5-6

然后在“样式”浮动面板上单击“雕刻天空(文字)”样式效果，即可为目标图层添加样式效果。画面效果如图 6-5-7 所示。

图 6-5-7

6.5.3 创建样式效果

当对图层内容设置一个或多个样式效果后，就可以把该图层样式添加保存到“样式”面板上。

打开 PSD 图像素材，选择已经添加样式效果的图层，如图 6-5-8 所示。

图 6-5-8

然后在“样式”浮动面板上单击“创建新样式”按钮，打开如图 6-5-9 所示对话框，并在对话框中重新输入名称。“包含图层效果”：通过勾选将当前图层效果设置为样式。“包含图层混合选项”：指若图层中设置了混合模式，勾选该项，新建的图层样式也有此种混合模式。一般默认选项，单击“确定”后，在“样式”浮动面板上就会创建一个新的样式效果预设，如图 6-5-10 所示。

图 6-5-9

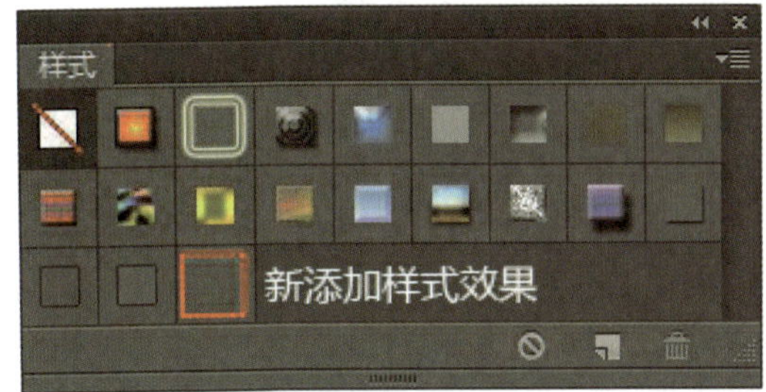

图 6-5-10

6.5.4 删除样式效果

在“样式”浮动面板上，若删除样式效果，鼠标指针将其选中并拖动该图标至删除样式按钮 上，即可删除样式效果。也可以按住“Alt”键，当鼠标指针变成带有剪刀的图形，单击某一样式效果，即可将其删除。

6.5.5 存储样式库

若创建了大量样式效果，可以将这些样式效果整合成一个样式库保存起来。单击“样式”浮动面板右上角的图标 ，在弹出的快捷菜单里选择“存储样式”，再在弹出的对话框设置名称为“2014 新建”，单击“确定”即可。

该文件一般默认保存在“Photoshop/Presets/Styles”文件夹里，重启 Photoshop CS6 后，再次单击“样式”浮动面板右上角的图标 ，该样式就出现在样式库的底部，如图 6-5-11 所示。

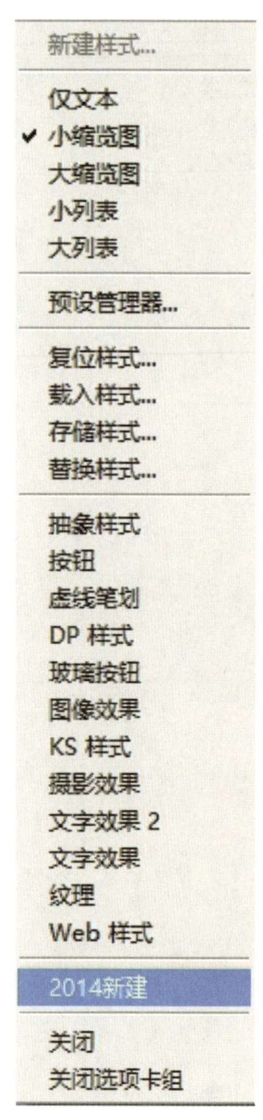

图 6-5-11

第7章 通道和蒙版的应用

学习目标

理解通道和蒙版的概念、作用、类型，能够学会对通道进行操作，能够使用快速蒙版、图层蒙版、剪贴蒙版和矢量蒙版对图形进行编辑、操作，并能够熟练掌握管理蒙版、删除蒙版、链接图层蒙版等。

知识导图

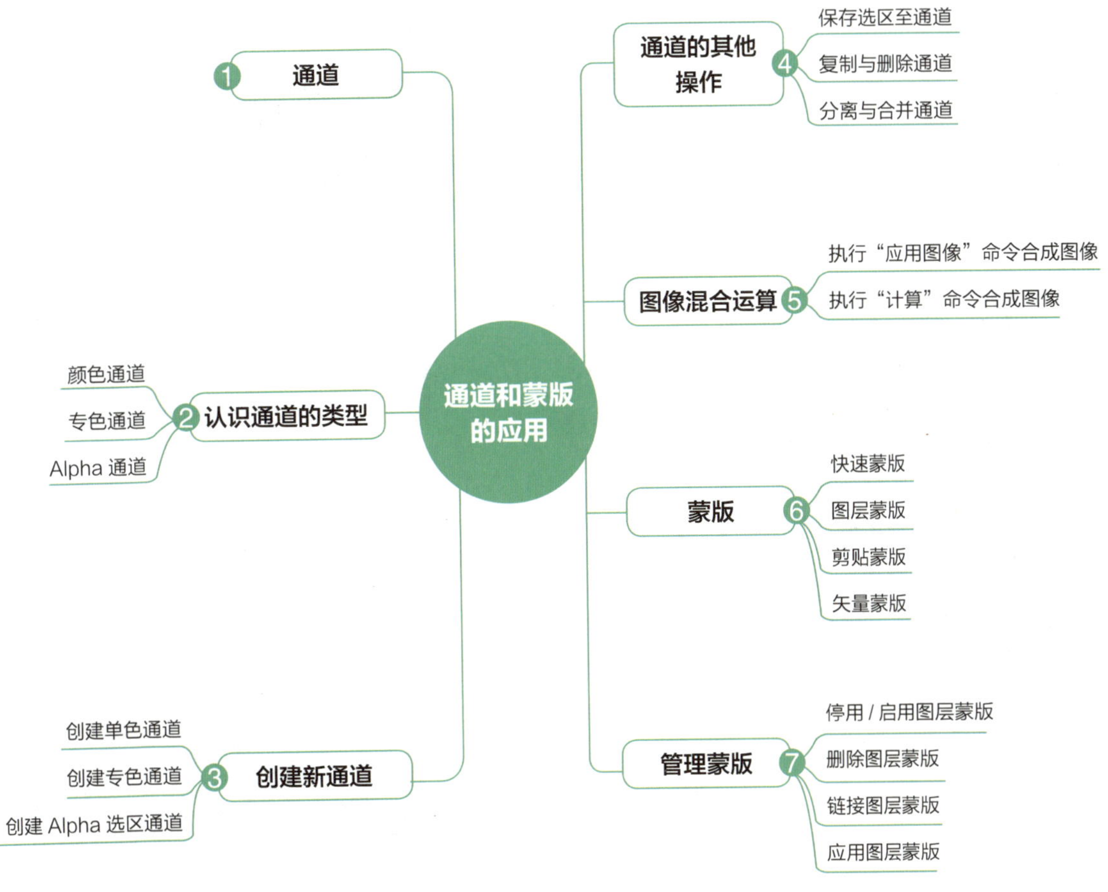

通道和蒙版是Photoshop CS6的重要工具之一，其使用频率仅次于图层。简单地说，通道就是颜色信息、选区信息和专色信息的载体，它通过黑白图像来记录色彩信息，直观形象，易于对其进行操作编辑。而蒙版可以将图像的某部分分离出去，来保护图像的该部分不被编辑。在操作中使用较多的是剪贴蒙版、快速蒙板和图层蒙版。

7.1 通道

通道是存放图像的颜色信息及自定义的选区，也就是说可以通过通道来设定选区和改变通道中存放的颜色信息来调整图像的色调。

任何一张图像被Photoshop打开后，都会在Photoshop中创建出颜色通道信息，即颜色通道（原色通道的数目取决于图像的颜色模式）。

“通道”面板是用来显示当前通道信息的，也是创建和编辑通道的地方。在默认状态下，“通道”面板显示的都是颜色通道，如图7-1-1所示。

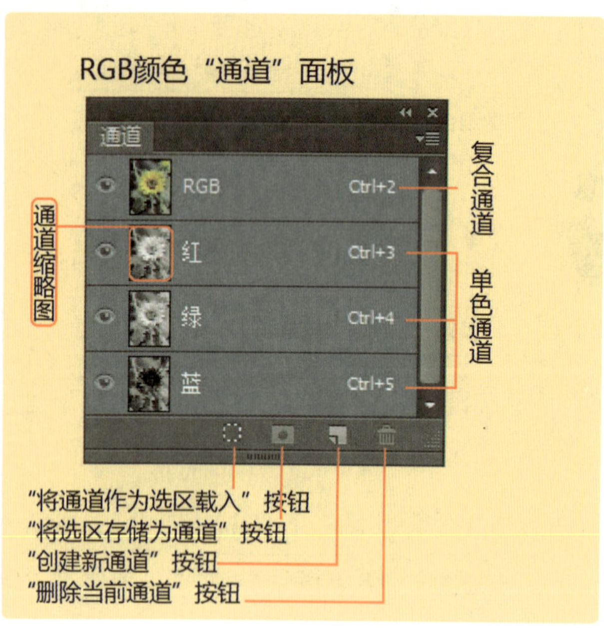

图7-1-1

“通道”面板中各个按钮的含义如下。

“将通道作为选区载入”：单击可以调出当前通道所保存的选区。

“将选区存储为通道”：可将图像当前选区保存Alpha通道。

“创建新通道”：单击可创建一个新的保存选区的Alpha通道。

“删除当前通道”：单击可删除当前选择的通道。

7.2 认识通道的类型

通道一般分为三种类型，即颜色通道、专色通道和Alpha通道。

7.2.1 颜色通道

颜色通道的数目由图像颜色模式所决定，多个分色通道叠加在一起可以组成一幅具有颜色层次的图像。“RGB”颜色模式的图像有4个颜色通道，即“RGB复合通道”“红色单色通道”“绿单色通道”“蓝单色通道”，如图7-2-1所示。

图7-2-1

“CMYK”颜色模式的图像有5个颜色通道，即“CMYK复合通道”“青色单色通道”“黄色单色通道”“洋红单色通道”“黑色单色通道”，如图7-2-2所示。

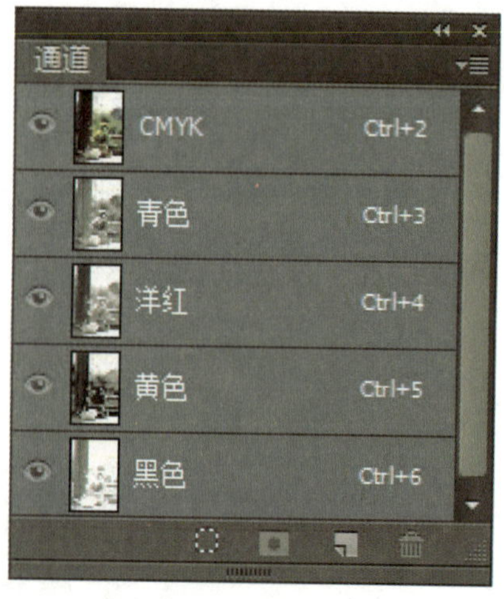

图7-2-2

每个颜色通道都是一副灰色的图像，其明暗的变化代表颜色信息的多少。对于RGB色彩模式的图像来说，通道中较亮的部分表示该色使用较多，反之，该色则使用较少。但是对于CMYK色彩模式的图像来说，通道中较亮的部分表示该色使用较少，反之，该色则使用较多。

RGB颜色模式是可以转化为CMYK颜色模式的，可通过执行“图像→模式→CMYK颜色”命令，图像就会以CMYK颜色模式显示。

7.2.2 专色通道

专色通道可以保存专色信息。它具有Alpha通道的特点，并且有保存选区等作用。每个专色通道以灰度形式只存储一种专色信息。专色的准确性非常高而且色域很宽，常作为印刷使用，如UV、烫金色、烫银色等特殊印刷工艺的印制需要创建专色通道。

除了位图模式以外，其余所有的色彩模式下都可以建立专色通道。也就是说，即使是灰度模式的图片，也可以使之呈现出彩色图像效果（只要设计时给它加上专色）。

7.2.3 Alpha 通道

Alpha通道的主要功能是存储选区，所以它也称之为“Alpha选区通道”。一些特殊选区的制作一般是通过使用Alpha通道获得的。

7.3 创建新通道

通过通道面板可以编辑管理通道，如新通道的建立、通道的删除等。

7.3.1 创建单色通道

通道和图层一样，可以通过单击每个通道前面的眼睛图标 来隐藏或显示通道信息。当隐藏某一单色通道信息时，复合通道和该单色通道颜色都被隐藏，如图7-3-1（a）、（b）所示。

（a）

（b）

图 7-3-1

需要注意的是，在“通道”面板中随意删除其中一个通道，所有通道都会以灰度显示，原有的彩色通道即使不删除也会变成灰度的。

那么，若删除一个颜色通道信息，则复合通道和该颜色通道一起被删除。同时，图像也转化为CMYK色彩模式的单色颜色通道。

打开素材图像，如图7-3-2所示。

图 7-3-2

选择“绿”色单色通道并右击，在弹出的快捷菜单中选择“删除通道”选项，即创建出单色通道，画面效果如图 7-3-3 所示。

图 7-3-3

7.3.2 创建专色通道

专色通道用于印刷可以保存专色信息的通道（即可以作为一个专色版应用到图像和印刷当中，这是它区别于 Alpha 通道的明显之处）。同时，专色通道具有 Alpha 通道的一切特点，如保存选区信息、透明度信息等。

打开素材图像，执行“选择→色彩范围”命令，弹出对话框，如图 7-3-4 所示，选择“吸管工具”在图像的黄色花朵的位置单击，并设置“颜色容差”为 35，其他为默认，单击“确定”按钮，为花朵创建选区，如图 7-3-5 所示。

图 7-3-4

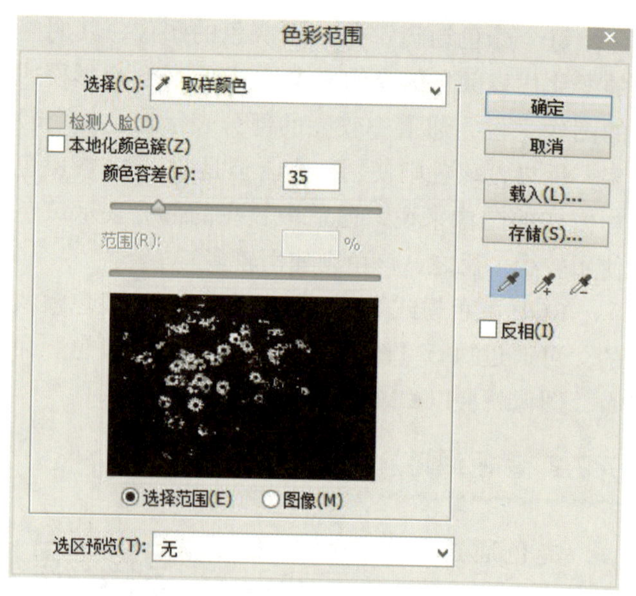

图 7-3-5

选区画面效果如图 7-3-6 所示。

图 7-3-6

单击“通道”面板右上角的三角形按钮，在弹出的快捷菜单中选择“新建专色通道”选项，弹出“新建专色通道”对话框，可以设置颜色名称，然后单击色块，在弹出的拾色器上选择“明黄色”（或输入数值 R：255、G：246、B：0），如图 7-3-7 所示。

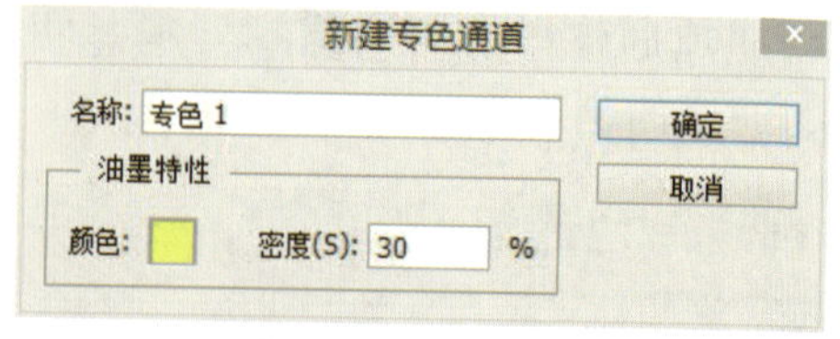

图 7-3-7

单击“确定”按钮，即可在“通道”面板中自动生成一个专色通道，图像效果如图 7-3-8 所示。

图 7-3-8

7.3.3 创建 Alpha 选区通道

图像在处理过程中，有时需要创建 Alpha 通道来辅助图像的处理。在通道面板中创建的 Alpha 通道可以用来保存和编辑选区，创建 Alpha 通道的方法如下。

打开素材图像，如图 7-3-9 所示。

图 7-3-9

选择多边形套索工具，按住“Alt”键的同时绘制出新选区，如图 7-3-10 所示。

图 7-3-10

单击“通道”面板右上角的三角形按钮，从弹出的面板菜单中选择“新建通道”选项，弹出“新建通道”对话框，如图 7-3-11 所示。

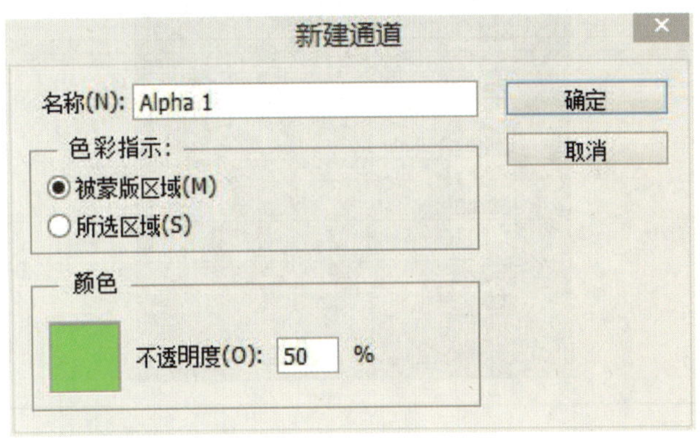

图 7-3-11

单击“确定”按钮即可创建一个新的 Alpha 通道，单击“通道”面板中“Alpha 1”通道左侧的“指示通道可见性”图标，即可显示“Alpha 1”通道，如图 7-3-12 所示。

图 7-3-12

选中“Alpha 1”通道，执行“图像→填充”命令，在弹出的填充面板设置填充颜色为“白色”，其他默认，如图 7-3-13 所示。

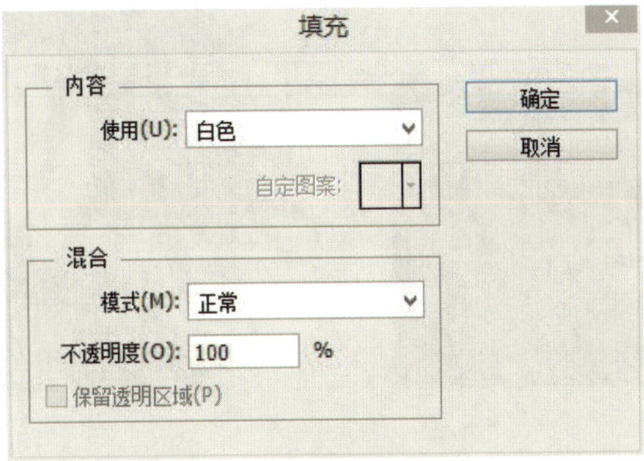

图 7-3-13

单击“确定”按钮，“通道”面板如图 7-3-14 所示。

图 7-3-14

使用通道存储选区也可以单击“通道”面板底部的“将选区存储为通道”按钮，即可自动生成“Alpha 1”。

值得注意的是，“Alpha 1”通道在默认状态下，白色表示完全选中的区域，黑色部分表示完全没有选中的区域，灰色则为半透明过度区域。

7.4 通道的其他操作

通道的其他操作主要包括保存选区至通道、复制和删除通道、分离和合并通道。

7.4.1 保存选区至通道

在“7.3.3 创建 Alpha 选区通道”中已经操作了将新建的选区保存到通道中的方法，下面将以另一种方法保存选区。

打开 PSD 图像素材，如图 7-4-1 所示。

图 7-4-1

选中“竹子”图层，按“Ctrl”键的同时单击“竹子”图层的“图层缩览图”，即可创建一个“竹子”图层的选区，如图 7-4-2 所示。

图 7-4-2

然后执行“选择→存储选区”命令，在弹出的“存储选区”对话框中设置相应的选项，如图 7-4-3 所示。

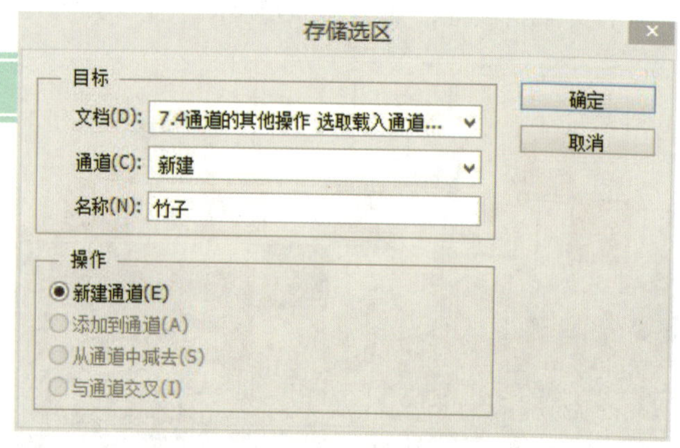

图 7-4-3

单击“确定”按钮，也可将创建的选区存储为通道，如图 7-4-4 所示。

图 7-4-4

7.4.2 复制与删除通道

复制或删除通道操作如下。

打开素材图像，再展开“通道”面板，如图 7-4-5 所示。

图 7-4-5

选择任一单色通道，如选择“绿”色单色通道并右击，在弹出的快捷菜单中选择“复制通道”选项，弹出“复制通道”对话框，如图 7-4-6 所示。

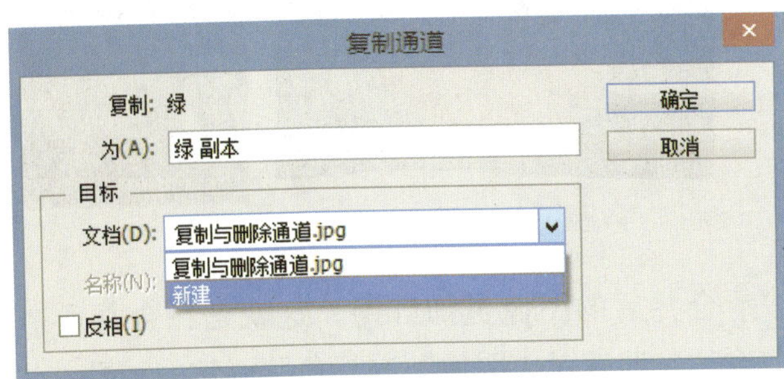

图 7-4-6

“复制通道”对话框介绍如下。

复制：“绿”为（A）项——可为通道命名。

文档 D：有两个选项，即将复制的通道是存放于当前文件里，还是单独新建一个文件来存放该通道。

反向：勾选此项是指复制出来的通道颜色与原来通道的颜色相反。

设置默认选项，单击“确定”按钮，再单击“通道”面板左侧的“指示通道可见性”图标，显示通道，复制“绿”色单色通道后的图像效果如图 7-4-7 所示。

图 7-4-7

要删除某个通道，前面的“7.3.1 创建单色通道”里已经提到过。下面也可以使用另一种方法，在“通道面板”中选择该通道，然后单击“通道面板”底部的“删除当前通道”按钮，在弹出的面板中选择“是”即可删除通道。

7.4.3 分离与合并通道

根据图像进行编辑处理的需要，通过分离通道将单一图层图像中的通道分离出来，使各个通道成为一个个单独的文件，且这些图像的色彩模式都是灰度的。

打开素材图像，选择“通道”面板，如图 7-4-8 所示。

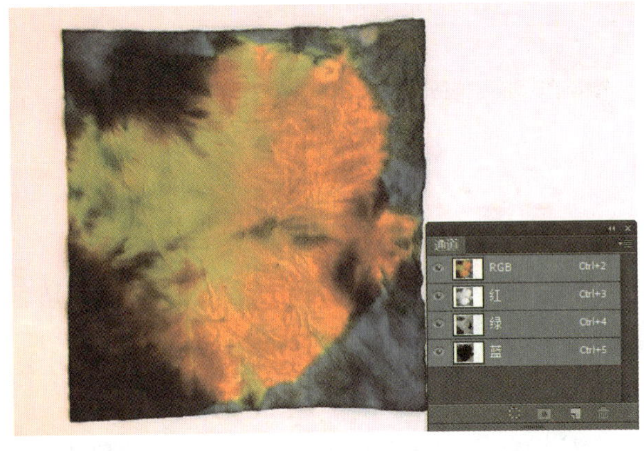

图 7-4-8

单击“通道”面板右上角的三角形按钮，在弹出的面板菜单中选择“分离通道”选项，即可分离通道，如图 7-4-9 所示。

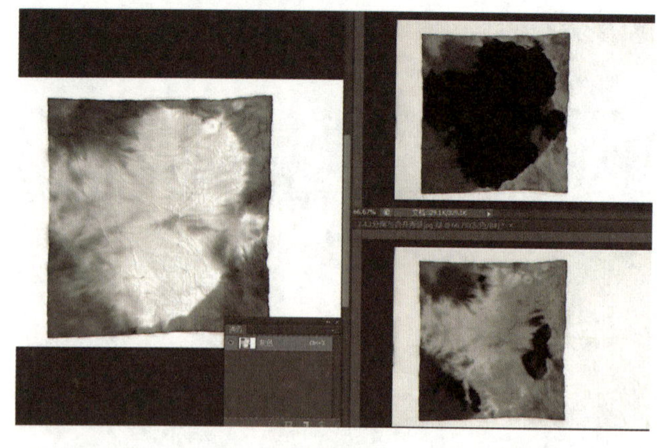

图 7-4-9

图像编辑窗口就会出现“红”“绿”“蓝”三个灰度模式的单独文件，若需要增加该图像的红色，需要选择图像分出来的“红”文件，执行“图像→调整→色阶”命令或按“Ctrl+L”组合键，在弹出的色阶对话框中，移动滑块来提高画面亮度，设置完成后，单击“确定”按钮，如图 7-4-10 所示。

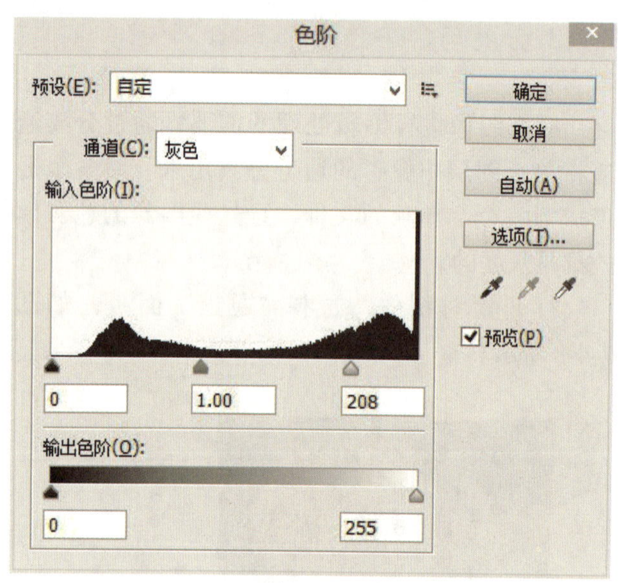

图 7-4-10

然后单击“通道”面板右上角的三角形按钮 ，在弹出的面板菜单中选择“合并通道”选项，弹出“合并通道”对话框，如图 7-4-11 所示。

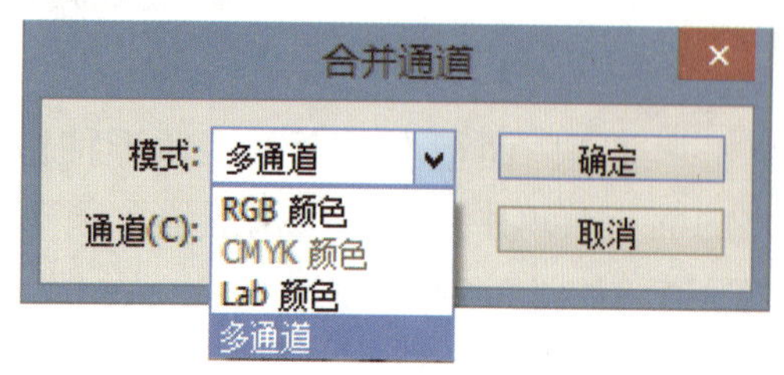

图 7-4-11

在“模式”栏选择 RGB 颜色（图像分离前就是 RGB 颜色模式），单击“确定”按钮，弹出“合并 RGB 通道”对话框，在其中分别选择各原色通道对应的图像，如图 7-4-12 所示。

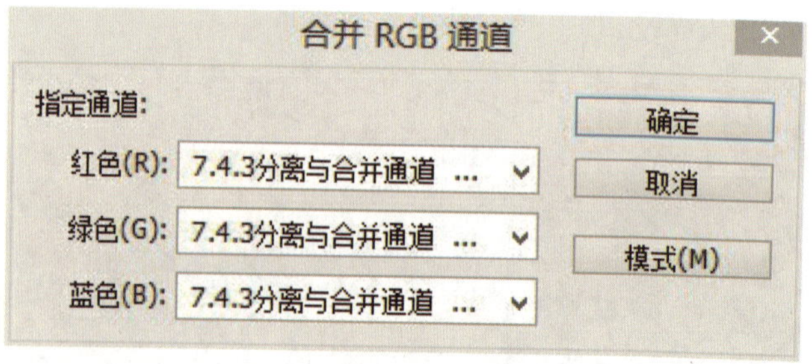

图 7-4-12

单击“确定”按钮，得到通道合并后的画面，效果如图 7-4-13 所示。

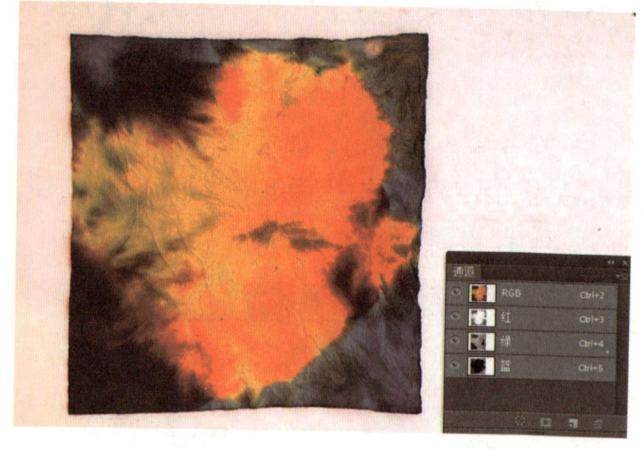

图 7-4-13

合并后的图像更加红艳，这就是在合并通道前对“红通道对应图像”进行色阶调整的结果。

值得注意的是，分离后的灰度图像如果改变了画面的像素或尺寸，将无法合并。

7.5 图像混合运算

图像混合运算的前提：2 幅或 2 幅以上图像素材要有相同的高度、宽度以及分辨率才可以通过“应用图像”和“计算”来混合图像。

7.5.1 执行“应用图像”命令合成图像

下面将执行“应用图像”命令来混合图像。（它们的混合方法是将一幅图像的图层及通道与另一幅图像中的图层及通道合成。）

打开素材图像分别为“素材 1.jpg”和“素材

2.jpg”，两幅图像已经通过执行“图像→图像大小”命令使图像的尺寸、像素大小相同。为便于观察，执行“窗口→排列→平铺”命令，将“素材1.jpg”和“素材2.jpg”两图像平铺在图像编辑窗口中，如图7-5-1所示。

图7-5-1

选择“素材1.jpg”图像，执行“图像→应用图像”命令，弹出“应用图像”对话框，设置“源”为“素材2.jpg”，“混合”为“深色”，“不透明度”为90%，对话框设置如图7-5-2所示。

单击“确定”按钮，即可完成两图像合成，效果如图7-5-3所示。

应用图像对话框的选项含义介绍如图7-5-4所示。

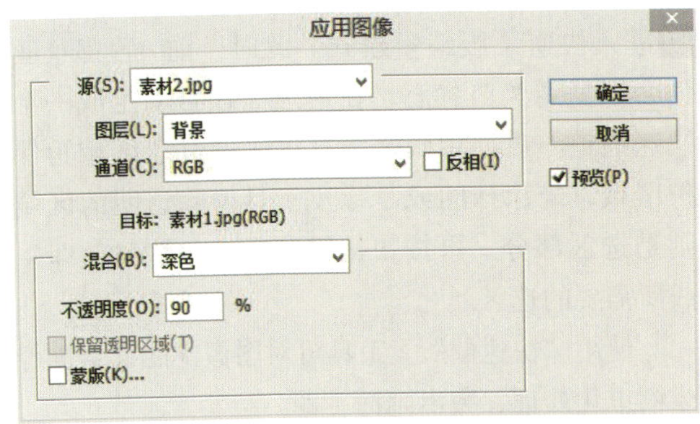

图7-5-2

图7-5-3

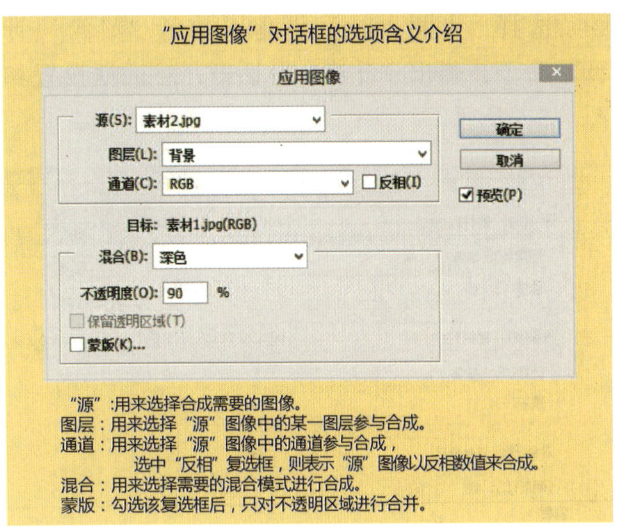

图7-5-4

“应用图像”是将图像内某一图层或通道（包括RGB通道或Alpha通道）与现用图像的图层或通道混合，实质上是把通道（包括RGB通道或Alpha通道）看成图层与图层的一种混合，只是这种混合的主题是图层内的单一通道或者复合通道，是通道到通道发生作用而直接产生结果于单一图层，“应用图像”的结果是单一图层发生了改变。

7.5.2 执行“计算”命令合成图像

“计算”命令的工作原理与“应用图像”命令相似，只是混合的选项和结果不同。“计算”工具的结果可以将两个通道混合为新的通道、选区和创建新的多通道黑白图像。

打开素材图像分别为“素材3.jpg”和“素材4.jpg”，两幅图像已经通过执行“图像→图像大小”命令使图像的尺寸、像素大小相同。为便于观察，执行“窗口→排列→平铺”命令，将“素材3.jpg”和“素材4.jpg”两图像平铺在图像编辑窗口中，如图7-5-5所示。

图7-5-5

选择“素材 3.jpg”图像，执行“图像→计算”命令，弹出“计算”对话框，对话框设置如图 7-5-6 所示。

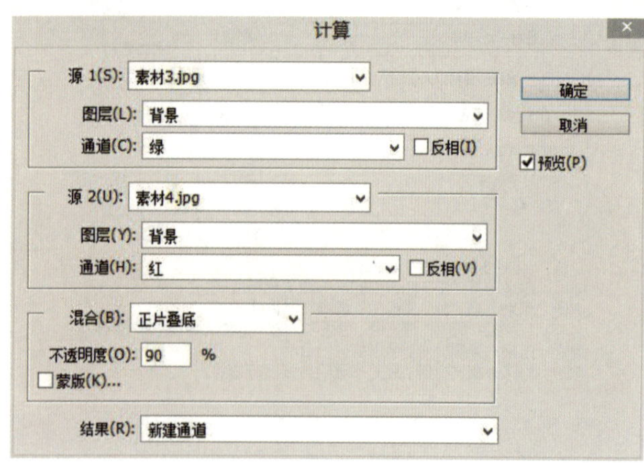

图 7-5-6

单击“确定”按钮，即可完成两图像合成，展开“通道”面板，计算所得的新通道效果，如图 7-5-7 所示。

图 7-5-7

需要注意的是，“计算”工具实质是通道与通道间采用“图层混合”的模式进行混合，运算产生新的选区即 Alpha 专用通道。Alpha 通道是以选区形式存储所需要的选取部分。通道是存储选区的，实际上“计算”工具是通道“选区”产生的一个工具。

“应用图像”和“计算”的区别：“应用图像”是直接作用于本图层，是不可逆的，而“计算”是在通道中形成新的待选区域，是待选或备用的。“计算”的结果既不像图层与图层混合那样产生图层混合的视觉上的变化，又不像“应用图像”那样让单一图层发生变化。

7.6 蒙版

使用“蒙版”对图像进行合成是 Photoshop 软件的高级应用。Photoshop 的“蒙版”作用就是隐藏部分图像，再将不同灰度色值转化为不同的透明度，通过画笔工具作用到它所在的图层，使图层不同部位透明度产生相应的变化。黑色为完全透明，白色为完全不透明。

蒙版有不少优点，如修改方便，不会出现因保存后不能再次修改的情况。另外，可通过滤镜制造不同特效等。

在 Photoshop CS6 中蒙版的类型共有 4 种，即快速蒙版、图层蒙版、剪贴蒙版和矢量蒙版。

7.6.1 快速蒙版

快速蒙版就是制作选择区域，是通过屏蔽图像的某一个部分显示另一个部分来达到制作选区的目的。

使用“快速蒙版”工具操作的时候不会影响图像本身，是一种创建选区的方法。快捷键是字母“Q”。按下键盘字母“Q”或单击工具箱底部的“以快速蒙版模式编辑”按钮 进入快速蒙版编辑模式。此时，前 / 后背景颜色会恢复到黑白状态，在通道面板自动生成一个快速通道。再使用画笔涂抹出来的红色区域为保护区域，未涂抹的或是橡皮工具擦除透明的区域则是选区部分。再按快捷键字母“Q”时，即生成所需要的选区。

使用“快速蒙版”工具可对图像中的背景进行模糊虚化处理，突出画面主题。

打开素材图像，如图 7-6-1 所示。

图 7-6-1

按下键盘字母“Q”或单击工具箱底部的“以快速蒙版模式编辑”按钮，在前景色为“黑色”下，选取画笔工具，在“石榴花”上进行涂抹（也可借助橡皮擦工具修整），如图 7-6-2 所示。

图 7-6-2

再次按下键盘字母“Q”或单击工具箱底部的“以标准模式编辑”按钮，即可将涂抹区域转换为选区，如图 7-6-3 所示。

图 7-6-3

执行“选择→修改→羽化”命令或按“Shift+F6”组合键，弹出“羽化”对话框，设置“羽化半径”为 20，单击“确定”按钮，然后执行“滤镜→模糊→高斯模糊”命令，在“高斯模糊”对话框中设置“半径”为 18，单击“确定”按钮；画面效果如图 7-6-4 所示。

图 7-6-4

值得注意的是，进入快速蒙版后，当前景色为“黑色”，使用画笔工具涂抹时，可在图像中得到红色的区域，即非选区区域（保护区域）；当前景色为“白色”，使用画笔工具涂抹时（和橡皮擦工具擦除类似），可以擦除红色的区域，即生成的选区；当前景色为“灰色”，使用画笔工具涂抹，生成的则是带有羽化的区域。

7.6.2 图层蒙版

图层蒙版

图层蒙版是图像合成较常用的方法之一，主要特点是可以非破坏性地合成图像。同时图层蒙版是通道的另一种表现形式，通过添加遮罩效果可以制作出奇异变化的画面效果。

图层蒙版可通过画笔涂抹的黑色和白色来控制图层或图层区域的隐藏和显示。

创建图层蒙版来合成图像的操作如下。

打开素材图像分别为“素材 1.jpg”和“素材 2.jpg”，执行“窗口→排列→平铺”命令，将“素材 1.jpg”和“素材 2.jpg”两图像平铺在图像编辑窗口，如图 7-6-5 所示。

图 7-6-5

单击“素材 2.jpg”，并执行“图像→调整→匹配颜色”命令，设置“匹配颜色”对话框，如图 7-6-6 所示。

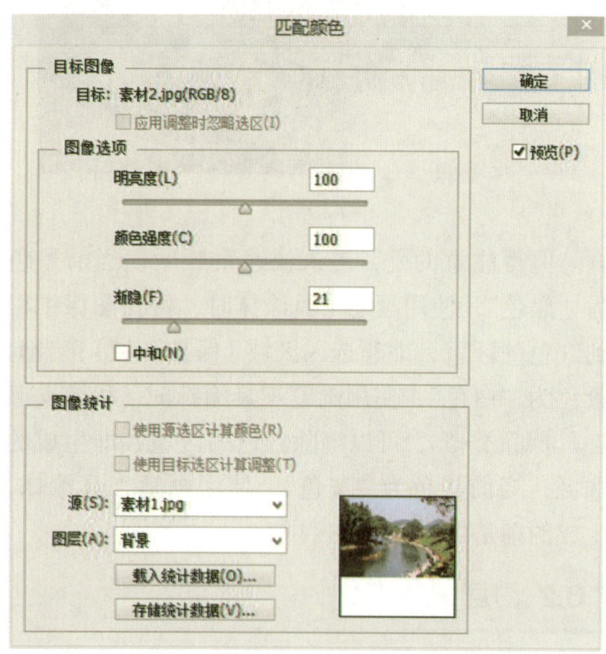

图 7-6-6

单击“确定”按钮，使用移动工具将“素材 2.jpg”拖入“素材 1.jpg”图像中。

单击“图层”面板底部的“添加矢量蒙版”按钮或执行“图层→图层蒙版→显示全部”命令，为该图层添加蒙版，即可创建一个显示图层内容的白色蒙版，“通道面板”和“图层面板”如图 7-6-7 所示。

图 7-6-7

设置前景色为黑色，选取画笔工具，设置画笔形状、大小、不透明度和流量等参数，单击图层 1 所在的“蒙版缩览图”框，再使用画笔工具在图像编辑窗口涂抹，效果如图 7-6-8 所示。

图 7-6-8

值得注意的是，单击“图层→图层蒙版→显示全部”命令，即可创建一个显示图层内容的白色蒙版。若执行“图层→图层蒙版→隐藏全部”命令，即可创建一个隐藏图层内容的黑色蒙版。

7.6.3 剪贴蒙版

这是一类通过图层与图层之间的关系，控制图层中图像显示区域与显示效果的蒙版，能够实现一对一或一对多的屏蔽效果。

基层图层中的像素分布将影响剪贴蒙版的整体效果，基层中的像素不透明度越高，分布范围就越大，则整个剪贴蒙版产生的效果越不明显，反之则越明显。

创建和编辑蒙版的操作如下。

打开 PSD“素材 1”，画面如图 7-6-9 所示。

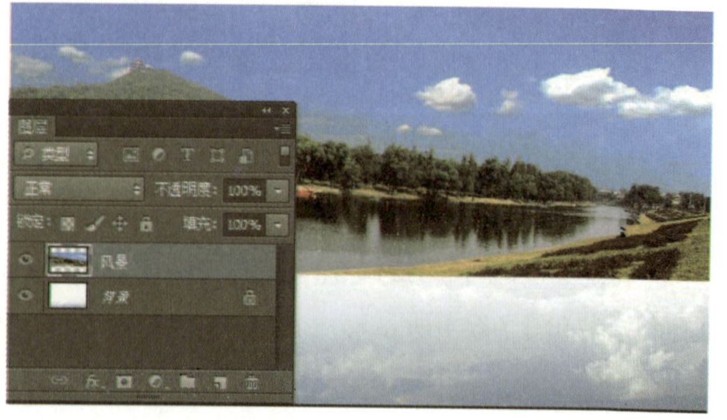

图 7-6-9

选择横排文字工具，并输入“风景如画”，创建“风景如画”文字图层。选中文字图层，并按“Ctrl+[”组合键，调整“风景如画”文字图层至“风景”图层下，如图 7-6-10 所示。

图 7-6-10

选择“风景”图层，执行“图层→创建剪贴蒙版”命令或按“Alt+ Ctrl+G”组合键，创建剪贴蒙版，效果如图 7-6-11 所示。

图 7-6-11

若执行“图层→释放剪贴蒙版”命令或再次按“Alt+Ctrl+G”组合键，即可从剪贴蒙版中释放出该图层。

上图例创建“剪贴蒙版”还可以先选择“风景”图层，按住“Alt”键的同时将鼠标指针移动到“风景图层”和“风景如画”文字图层之间，当指针变成“”图标时，单击即可创建剪贴蒙版。若需要释放剪贴蒙版，按住“Alt”键的同时将鼠标指针移至两图层之间，当指针变成“”图标时，单击即可释放剪贴蒙版。

相邻的两个图层创建剪贴蒙版后，上面图层所显示的图像或形状就要受下面图层图像的控制，但图层本身无任何变化。

7.6.4 矢量蒙版

矢量蒙版是图层蒙版的另一种类型，是依靠钢笔工具或自定形状路径来定义图层中图像的显示区域。

创建矢量蒙版的操作如下。

打开 PSD“素材 1”，画面如图 7-6-12 所示。

图 7-6-12

在“图层”面板选择“图层 1”，执行“图层→矢量蒙版→显示全部”命令，“图层 1”添加矢量蒙版，如图 7-6-13 所示。

图 7-6-13

单击“图层 1”的矢量蒙版缩览图图标 ，选取自定形状工具，设置“形状”为网格，在图像编辑窗口中的合适位置绘制一个网格路径，如图 7-6-14 所示。

图 7-6-14

使用工具箱中“直接选择工具”，选择路径锚点，调整路径形状，矢量蒙版的效果也会变化。

需要提醒的是，矢量蒙版与图层蒙版非常相似，都是通过控制图层中图像的显示与隐藏，但矢量蒙版是依靠路径形状来限制图像的显示与隐藏，因此它们的边缘线都比较清晰。

如果需要使用绘图工具或滤镜等其他工具来编辑矢量蒙版，首先需要将矢量蒙版转换为图层蒙版。在矢量蒙版缩览图上右击，从弹出的快捷菜单中选择“栅格化图层”选项或执行“图层→栅格化→矢量蒙版”命令，即可将矢量蒙版转换为图层蒙版。

7.7 管理蒙版

图层蒙版被创建后，为了更方便地使用和管理蒙版，常用的方法有查看图层蒙版、停用/启用图层蒙版、删除图层蒙版、链接图层蒙版、应用图层蒙版。

7.7.1 停用/启用图层蒙版

若要查看蒙版图层的原始效果或是节省系统运行空间，可临时停用图层蒙版的屏蔽功能。

打开蒙版图像“素材 1”，画面如图 7-7-1 所示。

在“图层”面板中的“树叶”图层蒙版上右击，在弹出的快捷键菜单中选择“停用图层蒙版”选项，即停用图层蒙版。也可按住“Shift”键的同时单击图层蒙版的图层蒙版缩略图即可，效果如图 7-7-2 所示。

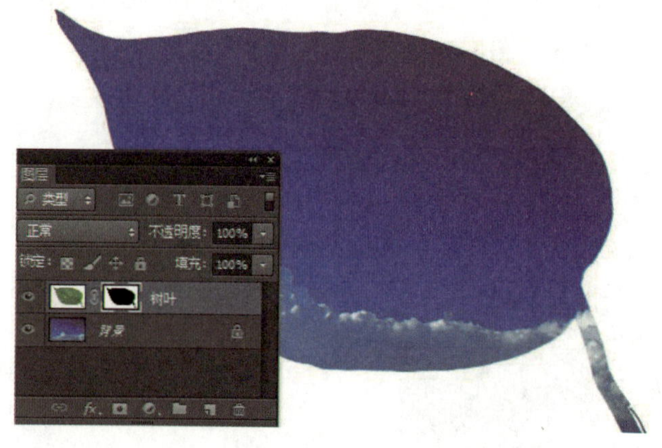

图 7-7-1

图 7-7-2

若启用图层蒙版，在“图层”面板中的“树叶”图层蒙版上右击，在弹出的快捷菜单中选择“启用图层蒙版”选项。也可按住“Shift”键的同时单击图层蒙版上的图层蒙版缩略图，画面回到刚打开状态。

除上述 2 种停用/启用图层蒙版方法外，也可执行“图层→图层蒙版→停用”命令来停用图层蒙版；执行“图层→图层蒙版→启用”命令来启用图层蒙版。

7.7.2 删除图层蒙版

对于不需要的图层蒙版可单击图层蒙版缩略图直接将其拖至“图层面板”上的“删除图层”按钮上，在弹出的对话框中单击“删除”即可，或者在图层蒙版上右击，选择“删除蒙版”选项。

也可执行“图层→图层蒙版→删除”命令来删除不需要的图层蒙版。

7.7.3 链接图层蒙版

默认情况下，图层与图层蒙版是链接状态，如果需要取消链接，单击图层和蒙版缩览图中间的链接按钮即可。若需要链接该图层则再次单击图层和蒙版缩览图中间的链接按钮即可。

7.7.4 应用图层蒙版

图层蒙版是通过添加遮罩效果，显示或隐藏了某部分图像。若图层蒙版效果已达到最佳效果，无须改动，就可以应用图层蒙版，隐藏的图像被删除，从而减小图像文件大小。

具体方法是鼠标右击图层蒙版图层，在弹出的快捷菜单中选择“应用图层蒙版”即可。

值得注意的是，图层蒙版具有图层的属性，所以也可以设置蒙版混合模式及不透明度。具体案例参见图层章节。

第8章 路径工具和3D功能的应用

学习目标

学会使用钢笔工具组的各种命令操作。熟悉3D工具界面，能够创建3D工作对象，将3D对象旋转，设置3D场景，并且能够存储和导出3D文件、栅格化3D图层、将3D图层转化为智能对象等。

知识导图

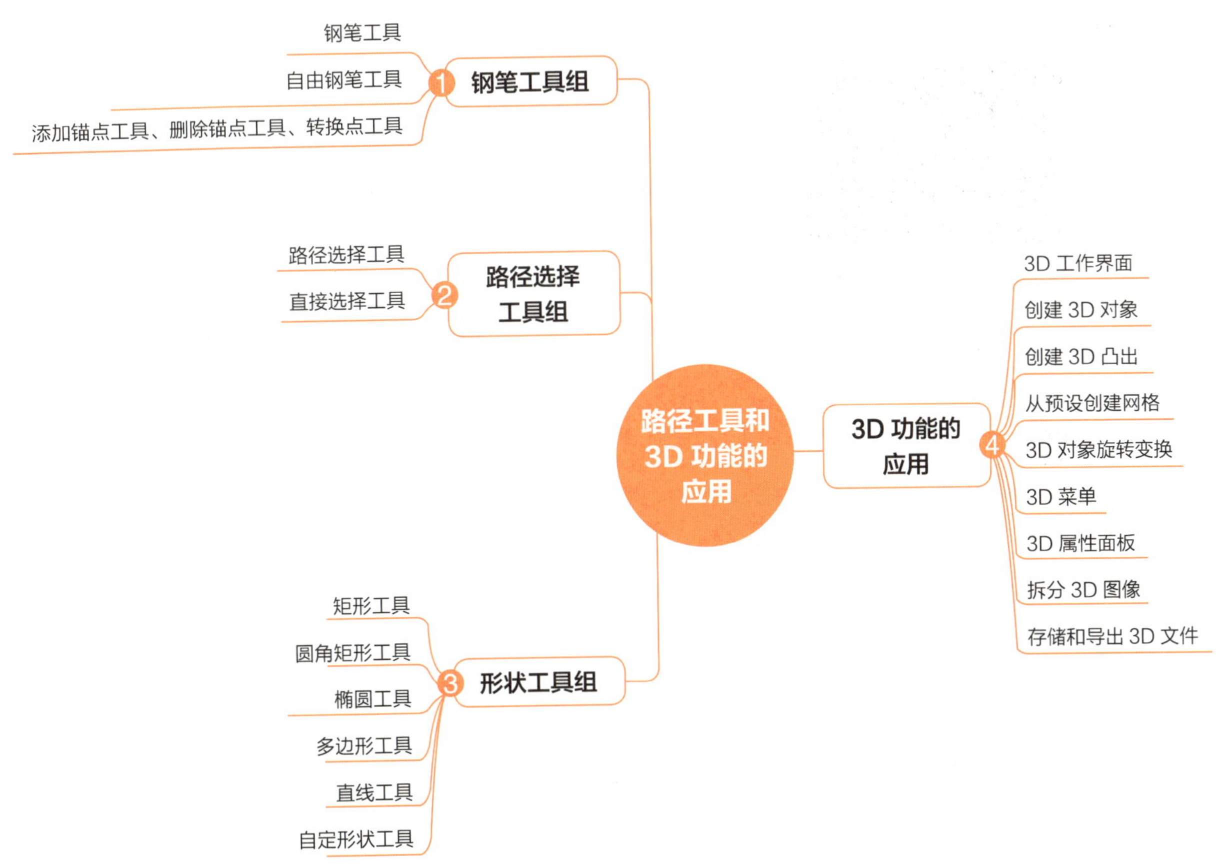

钢笔工具组、形状工具组和3D工具的运用是Photoshop功能日臻强大、完善的重要阶段。如果说钢笔工具、形状工具作为矢量图形是满足处理平面图形的需要，那么3D工具则表明Photoshop开始由二维图像向三维图像领域的迈进。

矢量工具组包含钢笔工具组、形状工具组、文字工具组和路径选择工具组。其中的文字工具组在“第五章——文字的编辑”中已经学习了，那么钢笔工具组、形状工具组、路径选择工具组则是路径工具的具体内容。路径是由钢笔工具或由形状工具绘制的，它可以是直线、曲线、弧线，或是环绕一圈的具体图形等。它像参考线一样不可以被打印，但是可以储存在路径面板里。

8.1 钢笔工具组

钢笔工具组如图8-1-1所示。

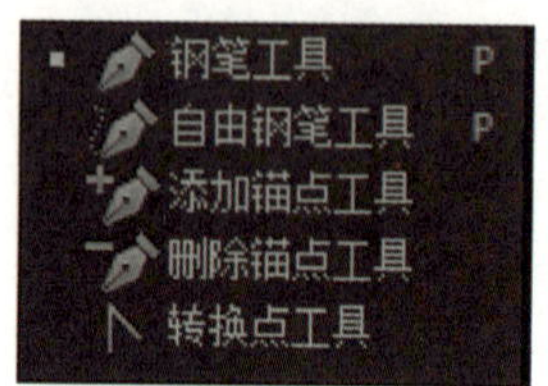

图 8–1–1

8.1.1 钢笔工具

钢笔工具是创建路径的主要工具，因为路径可以转化为选区，所以说钢笔工具是一种最为精确的选区工具。“钢笔工具”是通过每一次单击产生的“锚点”来连接成路径的，锚点行走一圈生成的路径称之为“闭合路径”，反之，如直线、曲线等为“开放路径”。

钢笔工具组

钢笔工具选项栏如图8-1-2所示。

路径排列方式
选择工具模式
新建矢量蒙版
路径操作
绘制时显示路径外延
将矢量图像边缘与像素网格对齐
建立选区
新建形状图层
路径对齐方式
当位于路径上时自动添加或删除锚点

图 8–1–2

“类型”是可以选择工具模式的，在下拉选项里包含形状、路径和像素3个选项，其中“像素”选项是针对在形状工具组内工具的，在钢笔工具组下不可用。

若在钢笔工具选项栏中选择工具模式为“形状”，选项栏变化如图8-1-3所示。

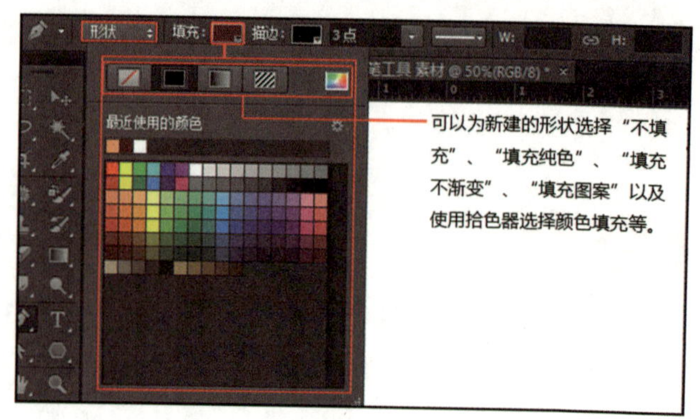

图 8–1–3

在该选项栏中，可以设置内部填充和描边填充，同时也可以设置描边的宽度和类型等，其功能和作用等同于形状工具组，但比形状工具组操作起来更具灵活性。

“建立”选项包含选取、矢量蒙版以及形状图层。可以使新建的路径与选区、蒙版和形状间的转换更加方便。

“路径操作”是指路径的绘制和选区相同，路径也可以执行相加、相减和相交等操作。

“路径对齐方式”与不同图层图像之间的对齐相同，可以左边对齐、右边对齐、水平居中等对齐方式。

“路径排列顺序”就是设置路径居于上层或下层的关系。

“显示路径外延”是通过勾选“橡皮带”选项来设置钢笔工具在绘制路径时是否连续。

“自动添加/删除”，勾选此项，钢笔工具在绘制的路径上会自动转化为“添加”或“删除”锚点的图标，在“锚点”上单击即为删除锚点，在路径上单击即为添加锚点。

“对齐边缘”是指在选择“路径”工具模式下，可以将矢量形状边缘与像素网格对齐。

钢笔工具应用案例如下。

执行“文件/新建”命令或按“Ctrl+N”组合键，在弹出的新建文件对话框中设置合适的大小、分辨率以及色彩模式，如图8-1-4所示。

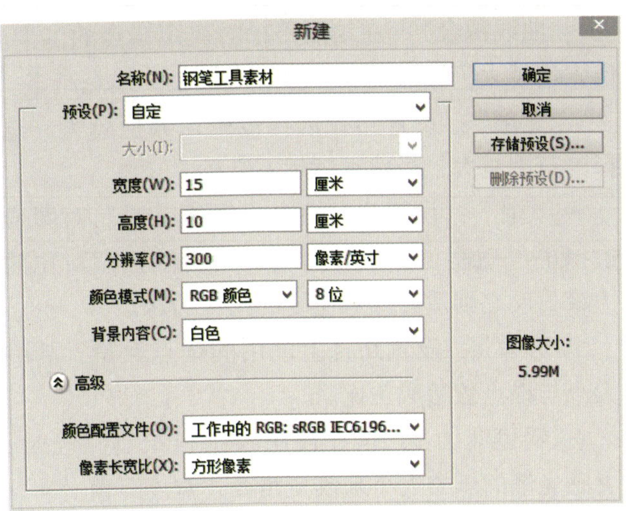

图 8-1-4

选择钢笔工具，在钢笔工具选项栏中“类型”选项设置为“路径”，其他选项为默认，下面来绘制一个“耐克标志”，钢笔工具在图像上单击一下，生成的“点”就是“锚点”，具体操作如图 8-1-5 所示。

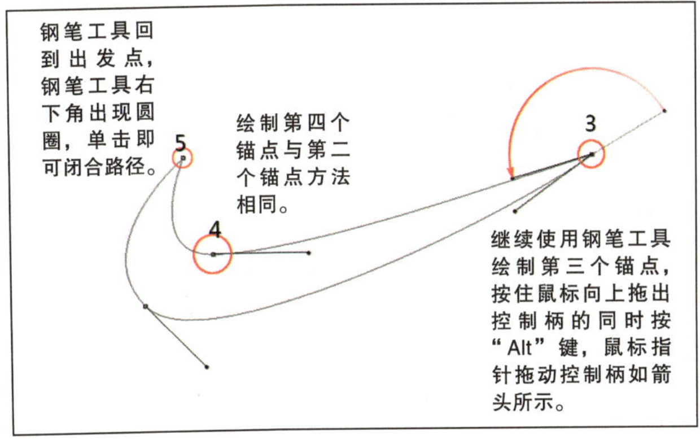

图 8-1-5

弧线绘制完成后，继续向下绘制，如图 8-1-6 所示。

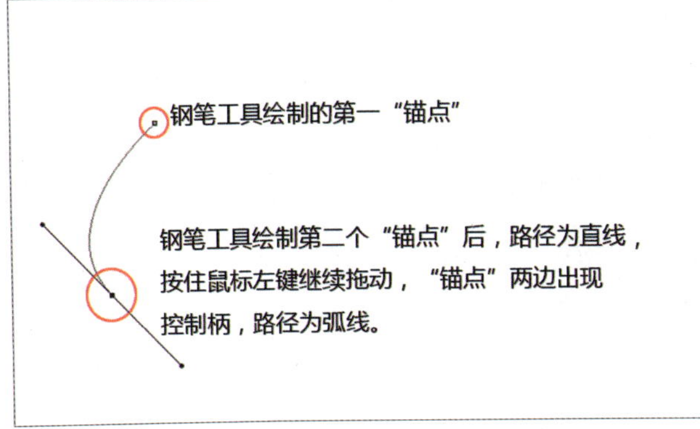

图 8-1-6

“耐克”标志绘制完成，若要进行细部调整，在当前使用钢笔工具的同时按住“Ctrl”键，并单击锚点，拖动控制柄来对图像进行进一步调整。

执行“窗口→路径”命令，即可弹出“路径”面板，“路径”面板中有当前路径信息，通过“路径”面板底部的按钮（“用前景色填充路径”“用画笔描边路径”“将路径作为选区载入”“从选区生成工作路径”“添加图层蒙版”“创建新路径”“删除当前路径”）实现对路径的管理。单击路径面板底部的第三个按钮“将路径作为选区载入”，如图 8-1-7 所示。

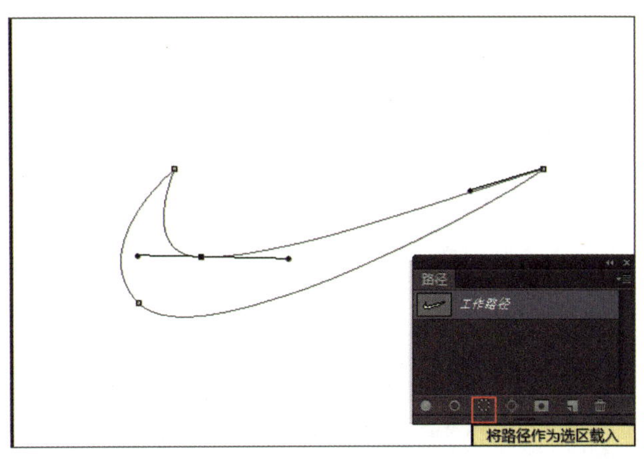

图 8-1-7

“耐克”标志路径转化为选区，执行“编辑→填充”命令或按“Shift+F5”组合键，在弹出的“填充对话框”中使用“颜色”填充，在拾色器中设置 C：0、M：100 、Y：100、K：0，单击“确定”按钮，填充效果如图 8-1-8 所示。

图 8-1-8

8.1.2 自由钢笔工具

自由钢笔工具可以在工作区随鼠标指针的移动绘制任意矢量图形，与铅笔工具操作相似，只是自由钢笔工具绘制出来的是路径，它可以较为轻松地绘制出开放路径和闭合路径。

自由钢笔工具选项栏如图 8-1-9 所示。

图 8-1-9

“磁性的”：勾选该选项即启用磁性钢笔选项，其作用和效果类似磁性套索工具。其他选项参见“钢笔工具选项栏”介绍。

自由钢笔工具案例应用如下。

打开素材图像，效果如图 8-1-10 所示。

选择工具箱“自由钢笔工具”，在其选项栏勾选“磁性的”选项，单击其选项前面的“梅花点”，具体设置如图 8-1-11 所示。

图 8-1-10

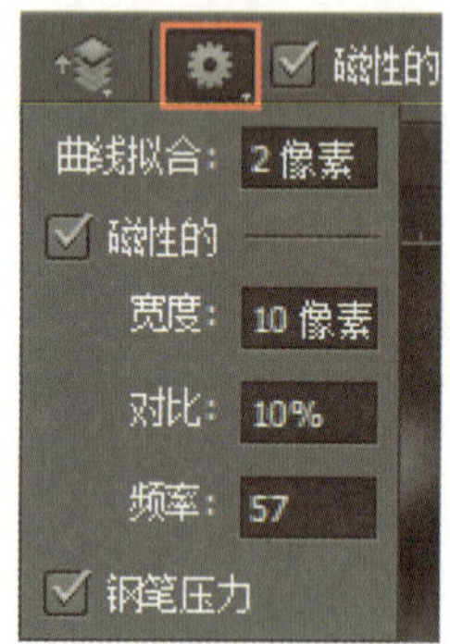

图 8-1-11

“曲线拟合”：在绘制路径时决定锚点的多少。像素值越大，锚点越少；像素值越小，锚点越多。

“宽度”：设置路径选择范围，其值越大，选择的范围越大，当然也就越不准确。

“对比”：设置“磁性自由钢笔工具”对图形边缘的灵敏度，比值较高适合与周围强烈对比的边缘，反之则适合低对比度的图像边缘。

“频率”：设置路径上使用的锚点数量，其值大小与锚点数量成正比。

“钢笔压力”：指在使用绘图板绘制路径时，由感光笔的压力大小来改变路径“宽度”值。

使用“自由钢笔工具”在图像中沿着花朵的外形绘制路径，由起点绘制到终点，当自由钢笔工具右下角出现一圆圈时，单击即可完成闭合路径的绘制，如图 8-1-12 所示。

图 8-1-12

单击该工具选项栏的“建立选区”按钮，该路径即转化为选区，如图 8-1-13 所示。

图 8-1-13

执行“图像→调整→色相 / 饱和度”命令，在弹出的“色相 / 饱和度”对话框中设置相关参数，如图 8-1-14 所示。

图 8-1-14

单击“确定”按钮，即可调整图像色相，效果如图 8-1-15 所示。

图 8-1-15

8.1.3 添加锚点工具、删除锚点工具、转换点工具

添加锚点工具可以在绘制好的路径上添加新锚点来完成进一步操作；删除锚点工具可以对绘制好的路径锚点进行删除；转换点工具可以通过调整控制柄使锚点在平滑点和角度点之间转换。

8.2 路径选择工具组

路径选择工具组包括两个工具，即“路径选择工具”和“直接选择工具”，该工具组是针对路径图形的选择操作而设置的，如图 8-2-1 所示。

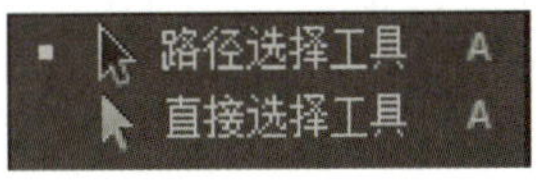

路径选择工具 A
直接选择工具 A

图 8-2-1

8.2.1 路径选择工具

路径选择工具主要作用于“路径”的选择、移动、复制或多个路径分布对齐等，其功能和移动工具相似。该工具操作也较为简单，选择该工具，使用鼠标黑色箭头在路径线或内部单击，路径锚点呈黑色显示即为选中该路径。

路径选择工具案例应用如下。

打开素材文件，查看矢量图像，如图 8-2-2 所示。

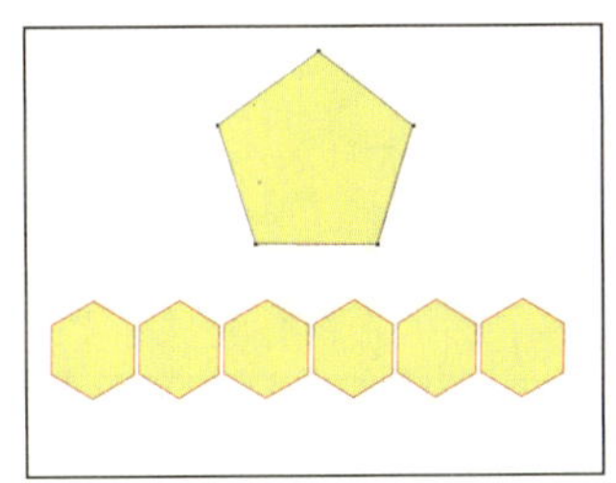

图 8-2-2

在工具箱中选择“路径选择工具”，在五边形图像上单击，五边形四周出现实心的黑色节点，即表示该图形被选中，则会出现路径选择工具选项栏，如图 8-2-3 所示。

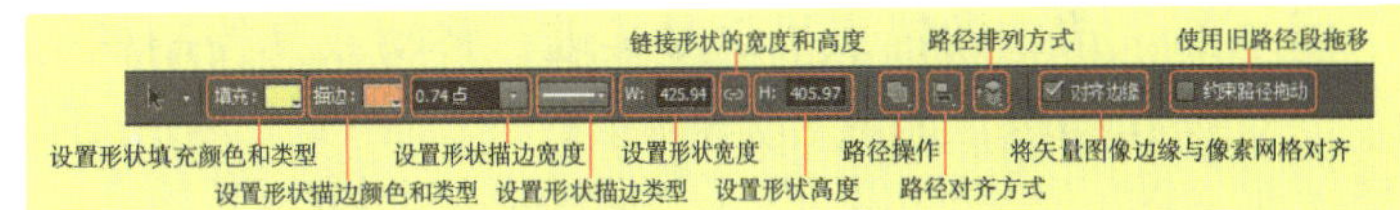

图 8-2-3

该工具选项栏可以修改五边形的内部颜色、描边颜色等，如单击“填充”选项栏，并在其下拉菜单中选择绿色，效果如图 8-2-4 所示。

图 8-2-4

还可以更改描边颜色和类型、描边宽度等。若选择多个形状，则需按“Shift”键的同时逐一添加，若需要删除形状路径，则单击选中该路径后，按“Delete”键删除即可。右击可以对形状路径进行复制、拷贝、变换等操作。

8.2.2 直接选择工具

直接选择工具是通过选择路径中的锚点来进行编辑。

打开素材文件，查看矢量图像，如图 8-2-5 所示。

图 8-2-5

在工具箱中选择“直接选择工具”，选择锚点的方法可以通过单击某一锚点，锚点为实心即为选中，也可以通过框选的方法选择一个或多个锚点。选中的锚点可以对其进行移动或其控制柄的操作编辑，如图 8-2-6 所示。

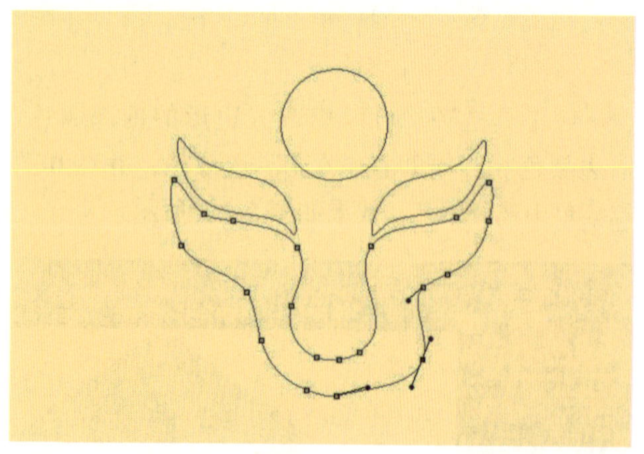

图 8-2-6

继续调整路径至满意效果，在工具箱中选择“路径选择工具”对所有路径进行框选，如图 8-2-7 所示。

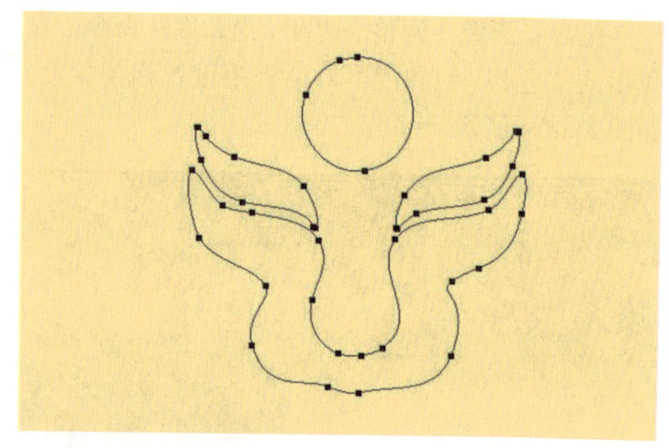

图 8-2-7

右击，在弹出的下拉菜单中选择“填充路径”，在“填充路径”对话框里设置相关选项，如图 8-2-8 所示。

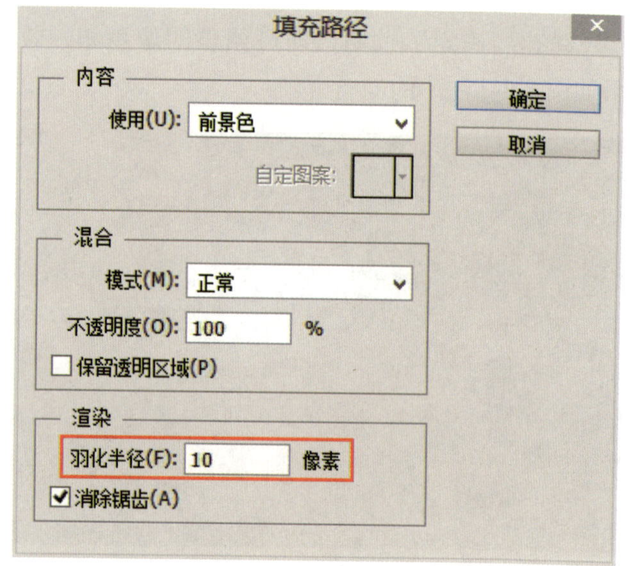

图 8-2-8

设置羽化后的“填充路径”效果如图 8-2-9 所示。

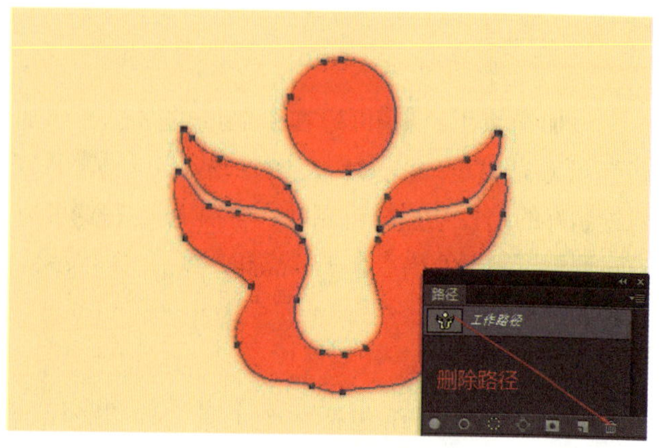

图 8-2-9

若路径编辑完毕，单击“路径面板”，并将“工作路径”拖动到“路径面板”底部的“删除”按钮上，即可删除路径，最终效果如图 8-2-10 所示。

图 8-2-10

需要注意的是，不论当前使用的是“路径选择工具”还是“直接选择工具”，若按住“Ctrl”键，可以在两者之间切换，非常方便使用。

8.3 形状工具组

形状工具组所包含的是专门绘制形状图层的矢量工具，共计 6 个工具，分别是矩形工具、圆角矩形工具、椭圆工具、多变形工具、直线工具以及自定形状工具，如图 8-3-1 所示。

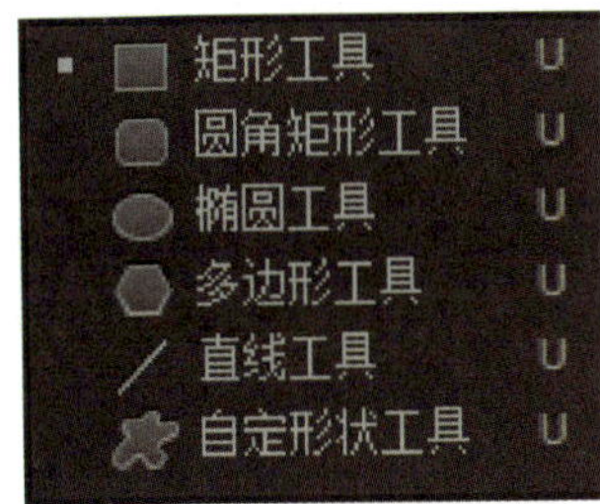

图 8-3-1

8.3.1 矩形工具

矩形工具是用来绘制矩形、正方形的形状或路径或像素。

当选择矩形工具，在该工具选项栏上的“选择工具模式”上有“形状、路径、像素”供选择。

下面是矩形工具选项栏“选择工具模式”选择“形状”时，选项栏如图 8-3-2 所示。

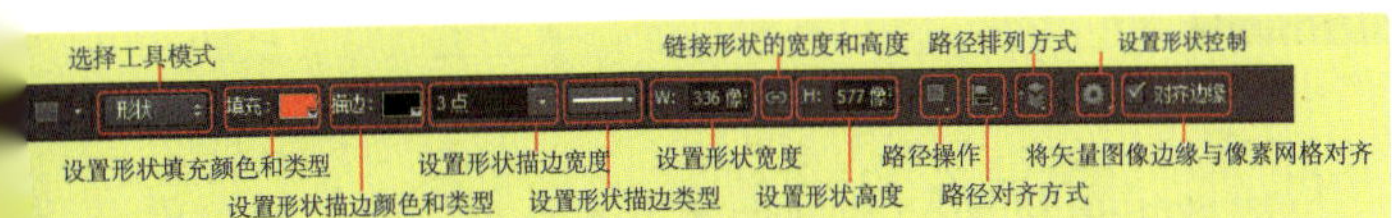

图 8-3-2

下面是矩形工具选项栏“选择工具模式”选择“路径”时，选项栏如图 8-3-3 所示。

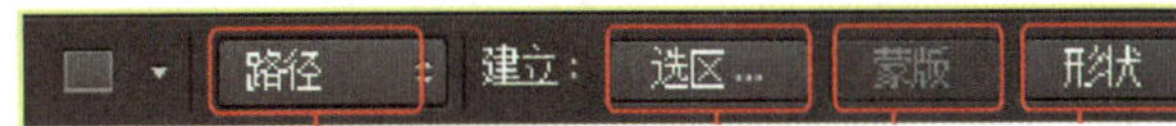

图 8-3-3

下面是矩形工具选项栏“选择工具模式”选择“像素”时，选项栏如图 8-3-4 所示。

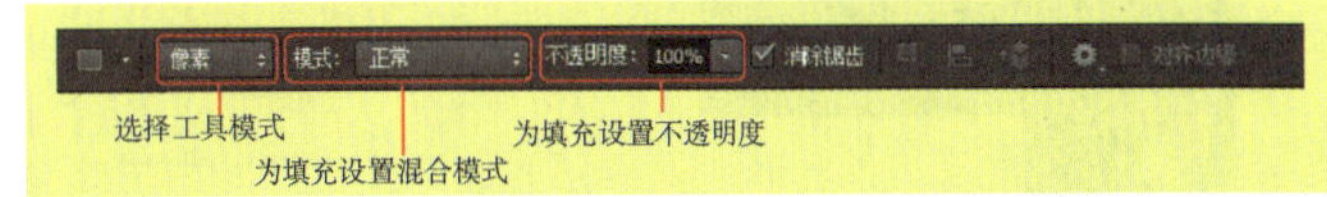

图 8-3-4

矩形工具应用案例如下。

其绘制方法非常简单，和操作矩形选框工具相似，若要绘制正方形的形状或路径或像素，可以按住“Shift”键的同时拖动鼠标指针绘制；若想以鼠标的起点为中心点来绘制正方形的形状或路径或像素，则需要按住“Alt+Shift”组合键的同时拖动鼠标指针绘制。若使用矩形工具在画面上单击，即可弹出“创建矩形”对话框，设置其宽度、高度，单击“确定”按钮即可。

执行“文件→新建”命令或按“Ctrl+N”组合键，在弹出的新建文件对话框中设置合适的大小、分辨率、色彩模式，背景内容为白色等，单击“确定”按钮即可完成新建文件。

选择矩形工具，设置该选项栏“选择工具模式”为“形状”，在新建的文件中按住鼠标左键并拖动，绘制出一个矩形框，在“路径面板”上自动新建了“矩形 1 形状路径”，在“图层面板”上自动新建了“矩形 1”形状图层，如图 8-3-5 所示。

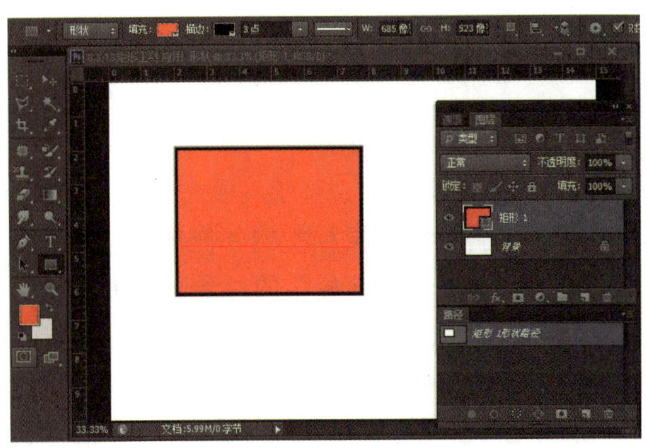

图 8-3-5

在该选项栏上可以继续设置“填充颜色”“描边颜色和类型”“描边宽度”等，如图 8-3-6 所示。

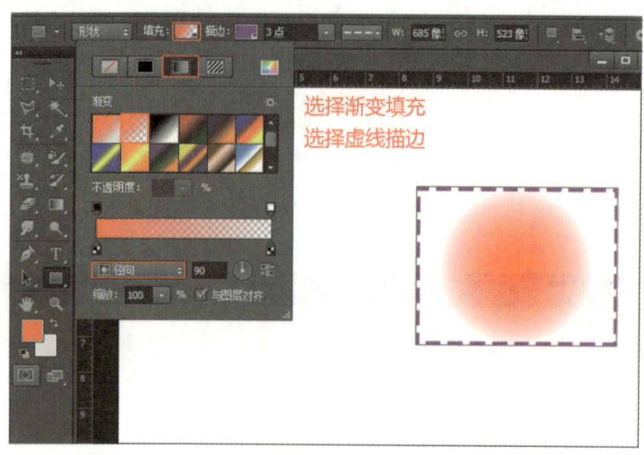

图 8-3-6

若设置该选项栏“选择工具模式”为“路径”，在新建的文件中按住鼠标左键并拖动，绘制出一个矩形框，在“路径面板”上自动新建“工作路径”，“图层面板”没有新建图层，如图 8-3-7 所示。

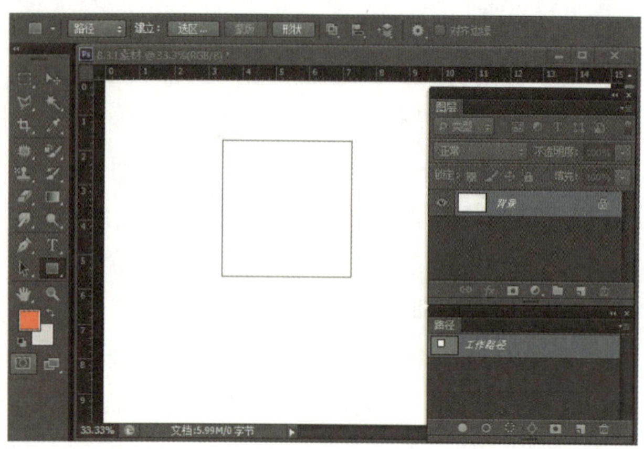

图 8-3-7

在该选项栏上将所绘制的“工作路径”转化为“形状”图层等。如下面将“矩形工作路径”转化为“形状”图层，在“路径面板”上自动新建了“工作路径”，“图层面板”上新建了“矩形 1”图层，如图 8-3-8 所示。

若设置该选项栏“选择工具模式”为“像素”，在新建的文件中按住鼠标左键并拖动，绘制出一个矩形框。在“图层面板”的背景图层上绘制了一个填充前景色的矩形图形，在“路径面板”上没有新建路径。该操作效果和“矩形选框工具”在“背景图层”新建“矩形选区”并填充前景色一样，如图 8-3-9 所示。

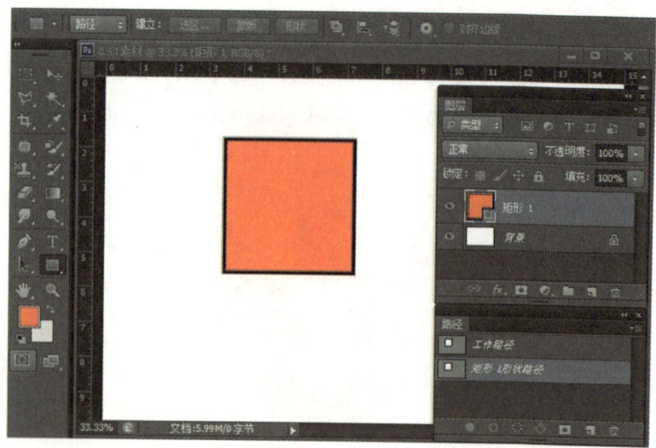

图 8-3-8

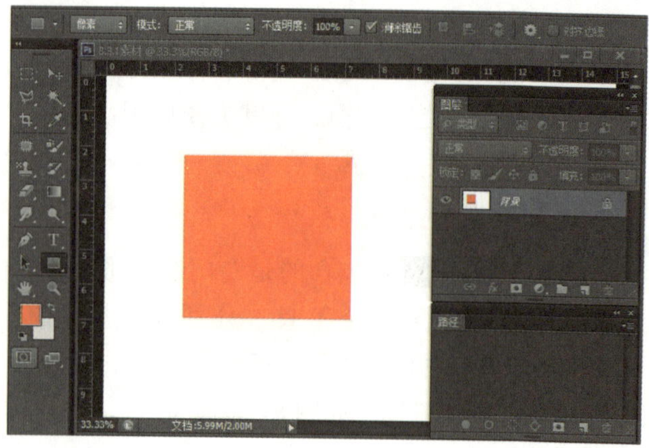

图 8-3-9

下面学习矩形工具选项栏中“形状模式”下其他选项设置。在新建的文件中按住鼠标左键并拖动，绘制出一个矩形框，然后再绘制一个同样大小的矩形框，调整矩形描边的宽度，如图 8-3-10 所示。

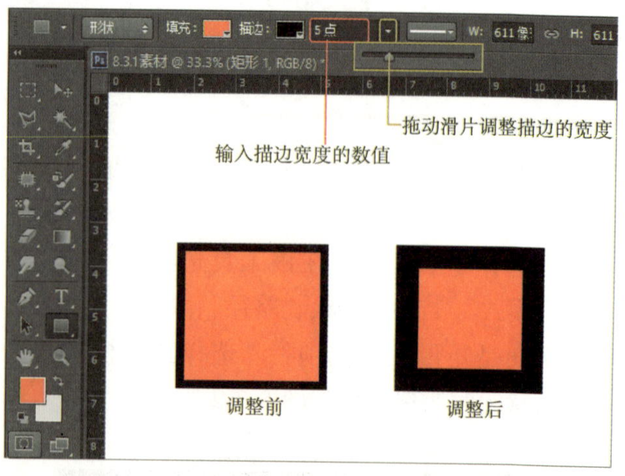

图 8-3-10

调整矩形描边的类型如图 8-3-11 所示。

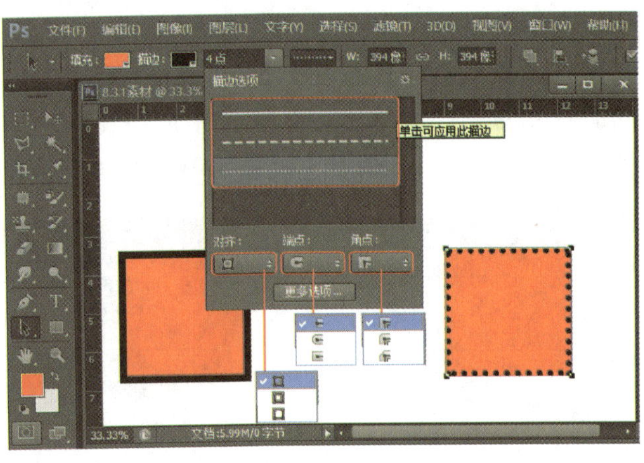

图 8-3-11

在这里还可以设置描边的对齐方式、端点位置以及角点的方、圆、抹角等。其中“更多选项”的“描边”对话框，如图 8-3-12 所示。

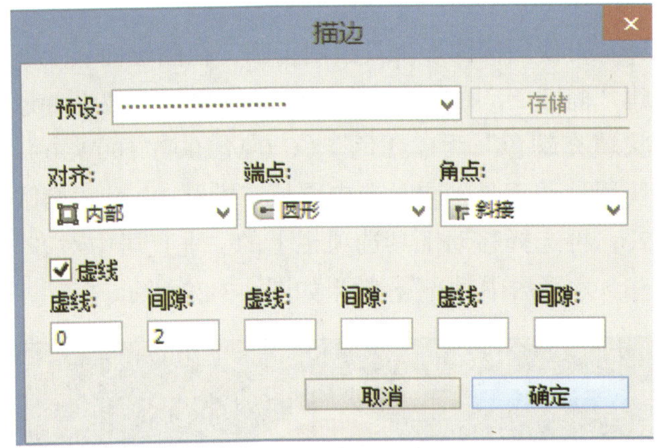

图 8-3-12

对于已经绘制好的形状图层，可以修改其高度和宽度，也可以通过“链接”来锁定形状图层的长宽比例进行等比例缩放，如图 8-3-13 所示。

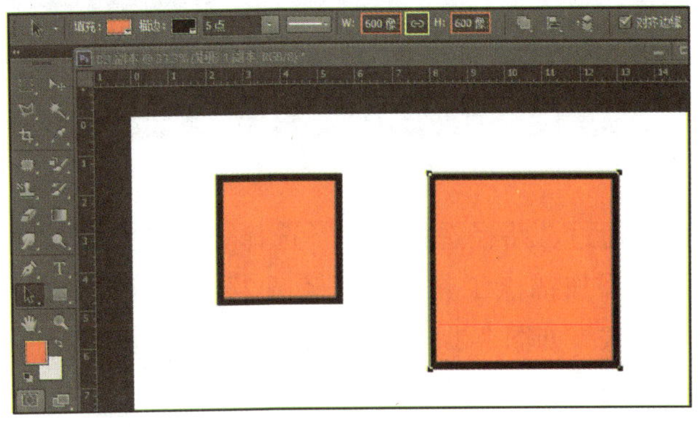

图 8-3-13

对路径的缩放也可使用“自由变换”“Ctrl+T”组合键来操作，具体方法和图像自由变换相同，如图 8-3-14 所示。

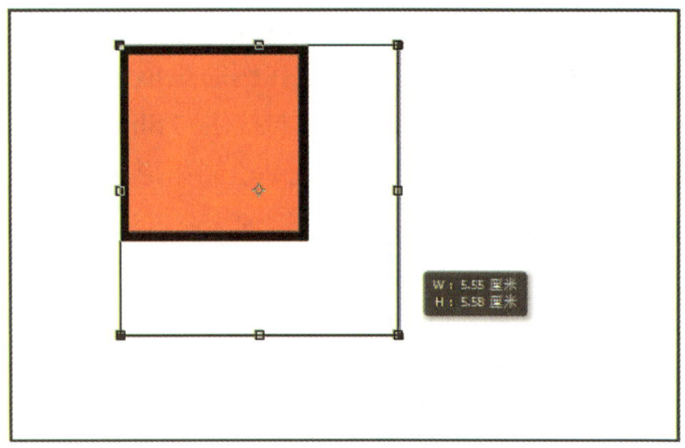

图 8-3-14

“路径操作”包含“新建图层”“合并形状”“减去顶层形状”“与形状区域相交”“排除重叠形状”“合并形状组件”。其中，“合并形状组件”就是将两个或两个以上的多个形状路径选中后，合并成一个形状路径，如图 8-3-15 所示。

“路径对齐方式”是针对两个或两个以上形状路径的对齐与分布，包含多种对齐与分布，如图 8-3-16 所示。

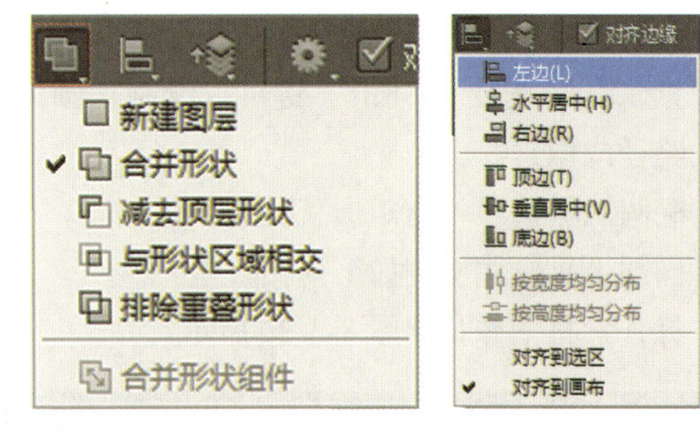

图 8-3-15　图 8-3-16

“路径的排列”也是针对两个或两个以上形状路径的排列，包含 4 种排列方式，如图 8-3-17 所示。

单击“路径绘制的其他控制”按钮，弹出的对话框，如图 8-3-18 所示。

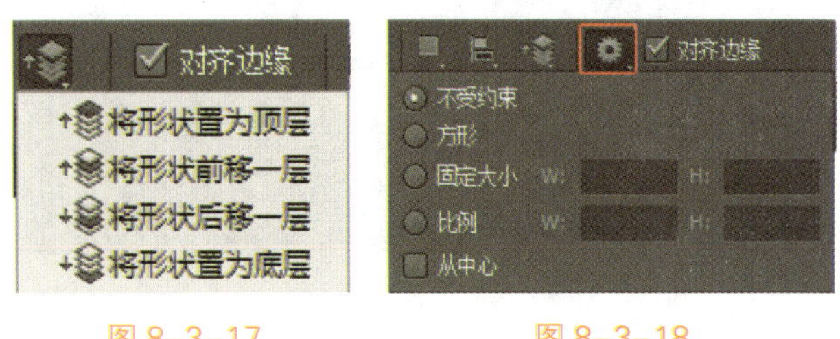

图 8-3-17　图 8-3-18

其中，“不受约束”表示可以绘制任意大小和比例的矩形；“方形”是指仅绘制正方形；“固定大小”表示可以输入需要的宽度和高度值来绘制固定大小的矩形；“比例”表示可能可以输入需要的宽度和高度值来绘制固定比例的矩形，若输入 1 ：1，即可绘制正方形，这与按住“ Shift”键的绘制方法相同。“从中心”就是绘制矩形起点为矩形的中心，这与按住“Alt”键的绘制方法相同。

8.3.2 圆角矩形工具

圆角矩形工具是用来绘制圆角矩形、圆角正方形的形状或路径或像素。

圆角矩形工具选项栏如图 8-3-19 所示。

图 8-3-19

“半径”指的是圆角的半径大小，值越大，角度越圆。

其操作方法和矩形工具相同。

8.3.3 椭圆工具

椭圆工具可以用来绘制椭圆的形状或路径或像素，同时按住“ Shift”键可以绘制正圆的形状或路径或像素。

椭圆工具选项栏与矩形工具选项栏相同。

椭圆工具应用案例如下。

打开素材图像，如图 8-3-20 所示。

图 8-3-20

在工具箱中选择椭圆工具，并在该工具选项栏上设置“选择工具模式”为“形状”，“设置形状填充颜色”为“白色”，“设置描边宽度”为零，其他选项默认。接着按住“ Shift+Alt”组合键的同时拖动鼠标，绘制出正圆形状图形，在图层面板上新建“椭圆 1”图层，效果如图 8-3-21 所示。

图 8-3-21

再使用椭圆形工具绘制正圆，在图层面板上新建“椭圆 2”图层，并在该工具选项栏上“设置形状填充颜色”为“红色”（C:0\M:100\Y:100\K:0）。使用移动工具，同时选中图层“椭圆 1”和“椭圆 2”，再选择移动工具选项栏上的“垂直居中对齐”和“水平居中对齐”，效果如图 8-3-22 所示。

图 8-3-22

通过“路径选择工具”选择“椭圆 2”，再使用“添加锚点工具”在“椭圆 2”上继续添加锚点，效果如图 8-3-23 所示。

使用“删除锚点工具”将“椭圆 2”形状左下角的两个点删除，再使用“转化点工具”调整“椭圆 2”形状，如图 8-3-24 所示。

图 8-3-23

图 8-3-24

继续使用椭圆形工具绘制正圆，在图层面板上新建“椭圆 3”图层，并在该工具选项栏上“设置形状填充颜色”为“蓝色”（C:88\M:60\Y:15\K:0）。接着使用移动工具，同时选中图层“椭圆 1”和“椭圆 3”，选择移动工具选项栏上的“垂直居中对齐”和“水平居中对齐”，效果如图 8-3-25 所示。

图 8-3-25

使用和操作“椭圆 2”形状一样的方法，先选择“添加锚点工具”，在合适的位置上添加锚点，再使用“删除锚点工具”删除右上角的锚点，最后使用“转化点工具”调整“椭圆 3”路径，效果如图 8-3-26 所示。

图 8-3-26

“百事可乐”新标志最终效果如图 8-3-27 所示。

图 8-3-27

8.3.4 多边形工具

多边形工具可用来绘制多边形的形状或路径或像素。

椭圆工具选项栏如图 8-3-28 所示。

图 8-3-28

“边”用于设置多边形的边数，可以在文本框中直接输入边的数值。

单击该选项栏上的按钮，弹出多边形控制

选项框，如图 8-3-29 所示。

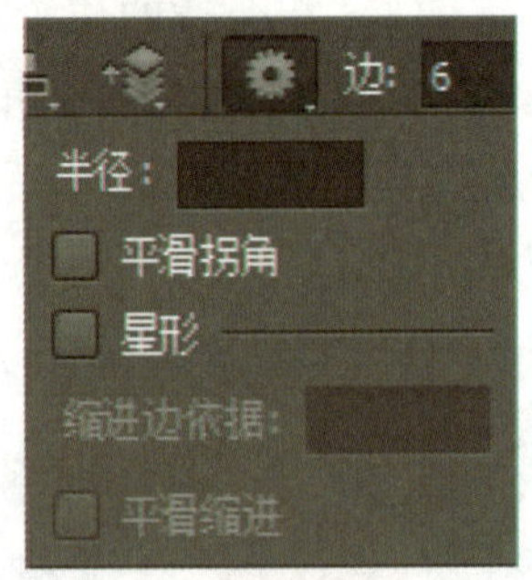

图 8-3-29

在这里可以设置多边形的半径、平滑拐角、星形以及平滑缩进等参数。“半径”是用来限定所绘多边形外圆的半径，半径值越大，多边形图形也就越大。“平滑拐角”是使得所绘多边形的边缘更平滑。“星形”就是可以绘制星形图形，同时在设置星形图形时，“缩进边依据”可以设置具体百分比数值，百分比值越大，边向内缩进得越多。“平滑缩进”可以将边缩进并使边缘更圆滑。

同样还可以设置多边形的边数，这和使用“多边形工具”在 Photoshop 工作区中单击弹出的“创建多边形”对话框设置选项相同，如图 8-3-30 所示。

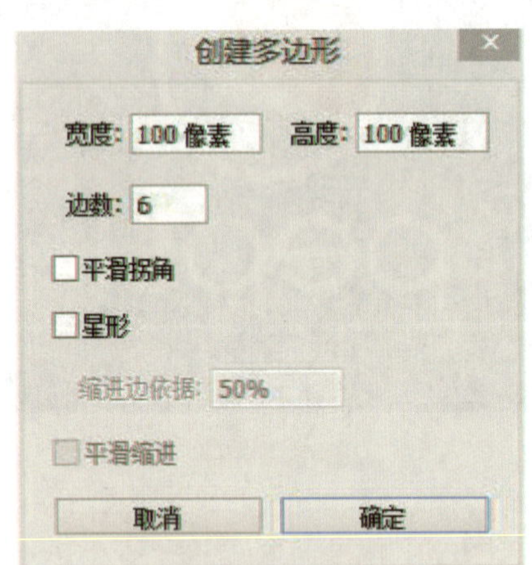

图 8-3-30

多边形工具案例应用如下。

执行“文件→新建”命令或按“Ctrl+N”组合键，在弹出的新建文件对话框中设置合适的大小、分辨率以及色彩模式，新建空白文档；在工具箱中选择“多边形工具”，并在该工具选项栏上设置“边”为 5，勾选“星形”，“缩进边依据”默认为 50%，“填充”为红色，“描边”为 0；绘制出红色五角星，如图 8-3-31 所示。

图 8-3-31

8.3.5 直线工具

直线工具主要用来绘制直线的形状或路径或像素，也可以通过对选项栏的设置来绘制不同的箭头形状或路径或像素。

直线工具选项栏如图 8-3-32 所示。

图 8-3-32

“粗细”用于设置线段的粗细值。

单击该选项栏上的按钮，弹出箭头控制选项框，如图 8-3-33 所示。

在这里可以设置“箭头”的粗细、起点、终点、宽度、长度以及凹度等参数。“起点”被勾选即为所绘线段的箭头在起点。“终点”被勾选即为所绘线段的箭头在终点。“宽度”是指将所绘箭头宽度设置为线条粗细的百分比。“长度”是指将所绘箭头长度设置为线条粗细的百分比。“凹度”是指将所绘箭头凹度设置为箭头长度的百分比。

直线工具应用案例。

执行“文件→新建”命令或按“Ctrl+N”组合键，新建空白文档；选择工具箱中的“直线工具”，在该工具选项栏设置“粗细”为 4 像素，勾选“起点”选项；设置“宽度”为 400%，“长度”为 800%，“凹度”为 0，如图 8-3-34 所示。

在图像窗口中按住“Shift”键的同时拖动鼠标绘制单向箭头，其“选择工具模式”为“形状”，“设置形状填充颜色”为“红色”，“设置描边宽度”为零，其“H”为 16 像素（线段粗细的 4 像素 ×

宽度的 400%)，如图 8-3-35 所示。

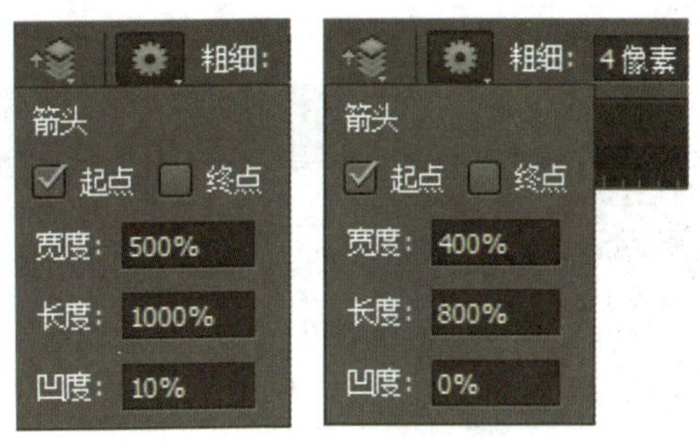

图 8-3-33　　图 8-3-34

图 8-3-35

在同样条件下，勾选“起点”和“终点”，可以绘制出双向箭头，主要用于标注使用，如图 8-3-36 所示。

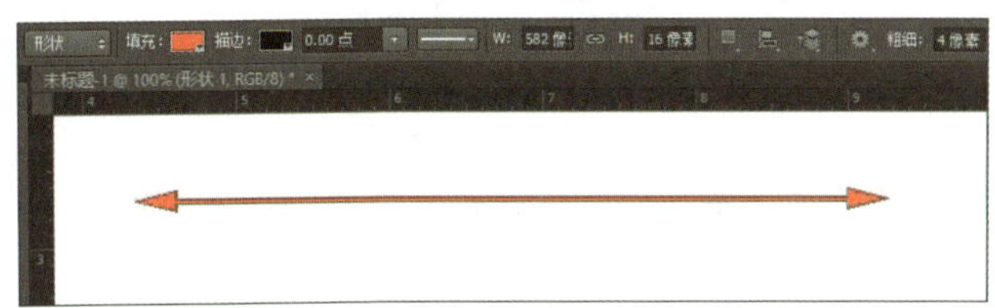

图 8-3-36

需要注意的是，若按住“Shift”键的同时拖动鼠标可以绘制直线和 45° 的直线段。

8.3.6 自定形状工具

自定形状工具主要用来绘制自定的形状或路径或像素。

自定形状工具选项栏如图 8-3-37 所示。

图 8-3-37

单击该选项栏上的按钮，弹出自定形状控制选项框；可以对形状的比例、大小以及固定值等参数进行设置，如图 8-3-38 所示。

单击“设置等待创建的形状”按钮，先打开形状预设框，选择所需的形状，再在图像工作区中按住鼠标左键拖动出形状即可，如图 8-3-39 所示。

图 8-3-38

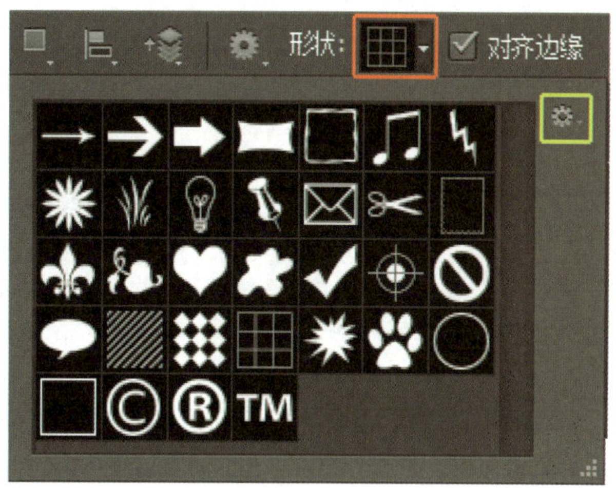

图 8-3-39

在形状预设框中可以直接选择预设好的形状，也可以把在图形中所自定义的形状添加到形状预设框中。

打开素材图像（PSD 格式），如图 8-3-40 所示。

图 8-3-40

使用“路径选择工具”框选该图形所有路径，右击，在弹出的对话框中选择“定义自定形状”，如图 8-3-41 所示。

在弹出的“形状名称”对话框中设置形状名称，单击“确定”按钮即可，如图 8-3-42 所示。

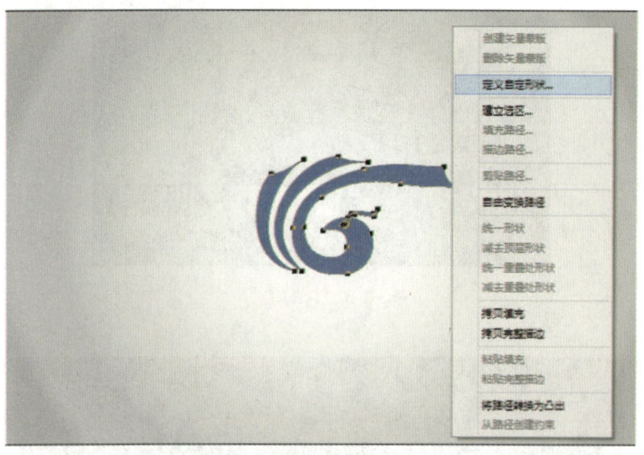

图 8-3-41

图 8-3-42

添加“自定义的形状”后的形状预设框，如图 8-3-43 所示。

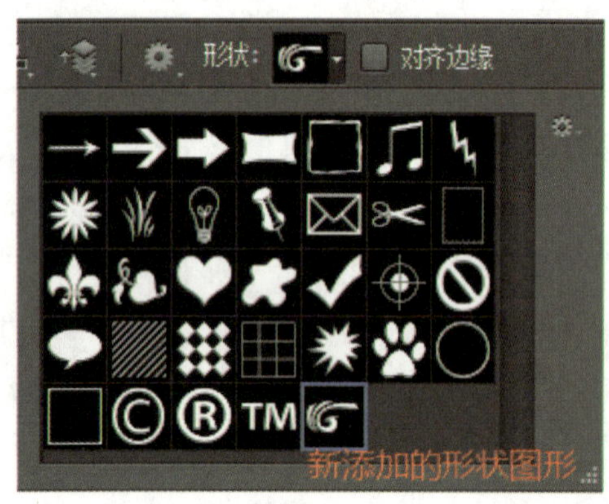

图 8-3-43

若要删除形状，在形状预设框内选中形状，右击即可删除形状或者重命名形状，如图 8-3-44 所示。

图 8-3-44

删除形状也可以点击形状预设框右上边的梅花点 ，弹出对话框，如图 8-3-45 所示。

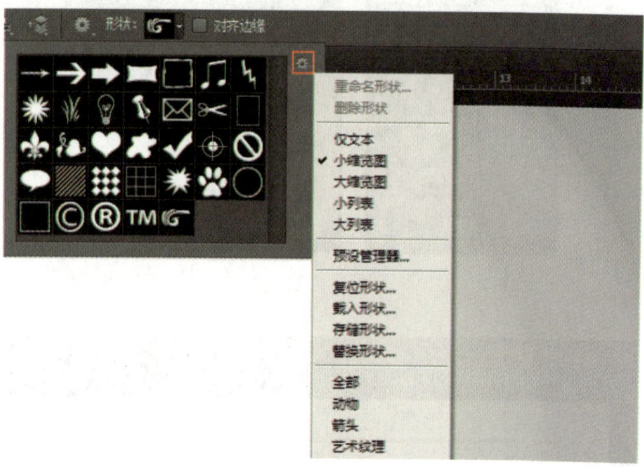

图 8-3-45

在这里还可以“复位形状”“载入形状”“存储形状”“替换形状”，若要增加其他形状，如选择“动物”形状，弹出对话框如图 8-3-46 所示。

图 8-3-46

若要替换当前形状，则单击“确定”按钮；若要添加“动物”形状，则单击“追加”按钮即可。

8.4 3D 功能的应用

Photoshop CS6 在以前版本基础上增加了对三维图像编辑应用功能。Photoshop CS6 不但可以打开 3ds、obj、u3d、Maya 等程序创建的三维模型文件，还可以对其进行纹理、渲染和光照的编辑，甚至制作动态图像效果。

8.4.1 3D 工作界面

当在 Photoshop CS6 中创建或打开 3D 文件进行编辑时，图像工作区会自动跳转到 3D 工作界面，如图 8-4-1 所示。

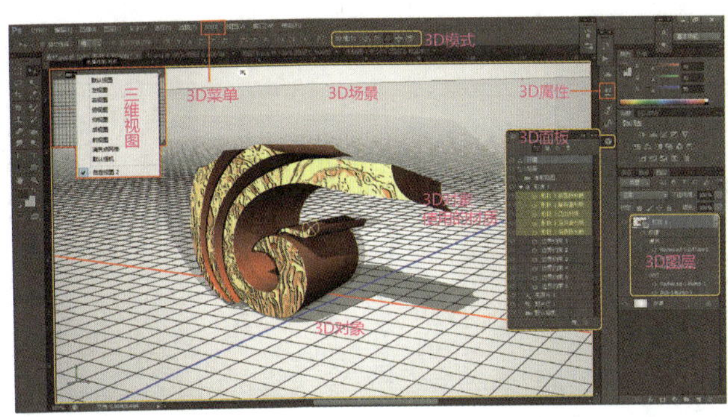

图 8-4-1

8.4.2 创建 3D 对象

在 Photoshop CS6 中可以直接创建多种 3D 对象，创建的方法有 2 种，一是可以在 3D 面板中完成创建，二是通过菜单栏的 3D 菜单进行创建。创建 3D 对象，可以将 2D 图像转换为 3D 图像，并可以在属性栏编辑其 3D 形态、材质以及灯光效果等。

8.4.2.1 创建 3D 明信片

创建 3D 明信片就是将二维的平面图形转化为具有 3D 效果的明信片形式。

打开素材文件，按“Ctrl+A”组合键全选背景图层，再按“Ctrl+C”组合键复制该图层，继续按“Ctrl+V”组合键，粘贴该图层，在图层面板生成新图层为“图层 1”；使用“移动工具”单击再次回到背景图层，将该图层填充为白色，效果如图 8-4-2 所示。

选择“图层 1”，单击图像工作区右边底部的“3D”图标，弹出 3D 面板，依此在 3D 面板中设置各选项，如图 8-4-3 所示。

图 8-4-2

图 8-4-3

单击“创建”按钮，弹出询问对话框，如图 8-4-4 所示。

图 8-4-4

若单击“是”按钮，创建一个 3D 图层，Photoshop CS6 工作界面转化为 3D 工作区；若单击“否”按钮，同样创建一个 3D 图层，但 Photoshop CS6 工作界面不变。

画面 3D 效果如图 8-4-5 所示。在工具箱选择“移动工具”后，在形状上单击并拖动，旋转形状；查看效果。

创建 3D 明信片还可以通过在 Photoshop CS6 菜单栏中执行“3D→从图层新建网格→明信片”命令，如图 8-4-6 所示。

图 8-4-5

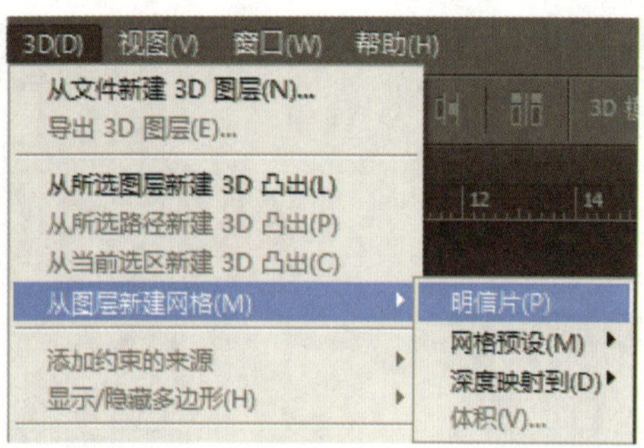

图 8-4-6

8.4.3 创建 3D 凸出

创建 3D 凸出就是针对所选的图形创建出三维空间的图形效果。创建 3D 凸出可以从所选图层、从所选路径、从所选选区来新建。

执行“文件→新建”命令或按“Ctrl+N”组合键，在弹出的新建文件对话框中设置合适的大小、分辨率以及色彩模式，新建空白文档；在工具箱中使用“横排文字工具”，在空白文字上单击，输入“LOVE”文字；在图层面板生成文字图层为“LOVE”，如图 8-4-7 所示。

使用“移动工具”选择文字图层为“LOVE”，执行“3D→从所选图层中创建 3D 凸出”命令；在弹出的询问对话框中，单击“否”按钮，效果如图 8-4-8 所示。

使用“3D 材质拖放工具”和“3D 材质吸管工具”来对新建的 3D 图形的不同面添加材质，效果如图 8-4-9 所示。

通过材质属性面板可以对材质进行多项编辑，如闪亮、反射、粗糙度、凹凸、不透明度等，如图 8-4-10 所示。

图 8-4-7

图 8-4-8

图 8-4-9

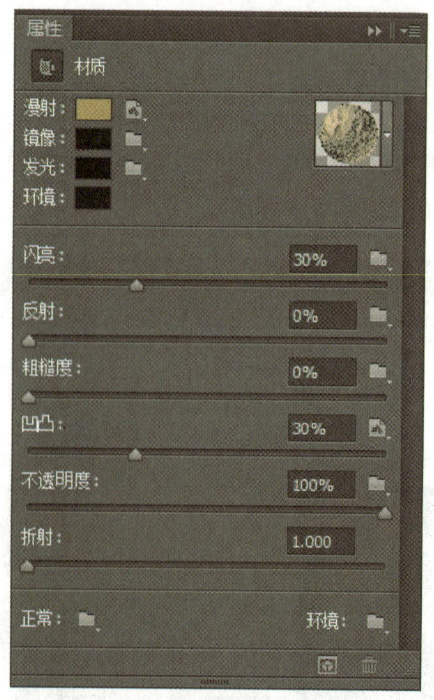

图 8-4-10

8.4.4 从预设创建网格

从预设创建 3D 形状，在“3D/ 从图层新建网格 / 网格预设”的下拉列表中可选择预设的形状有锥形、立体环绕、圆柱体、圆环、帽子、金字塔、环形、汽水、球体、球面全景、酒瓶 11 种形状。选择任一形状创建后，即是将以当前选择的图层内容作为材质应用到 3D 形状中。

打开素材图像，如图 8-4-11 所示。

图 8-4-11

单击图像工作区右边底部的“3D”图标，弹出 3D 面板，选择“从预设创建网格”，在其下拉列表中选择“圆柱体”，如图 8-4-12 所示。

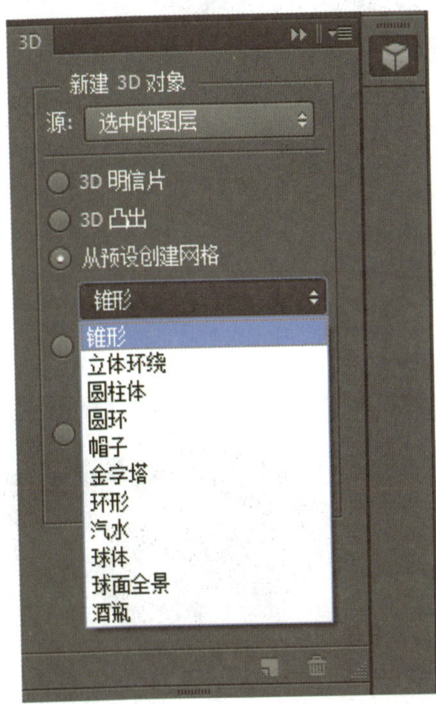

图 8-4-12

单击“创建”按钮，在弹出的询问对话框中单击“否”按钮，“从预设创建网格”效果如图 8-4-13 所示。

图 8-4-13

在工具箱选择“移动工具”后，在形状上单击并拖动，旋转形状，查看合适角度后，执行“3D →渲染”命令或按“ Alt+Shift+Ctrl+R”组合键，画面渲染效果如图 8-4-14 所示。

图 8-4-14

“从预设创建网格”也可以通过在 Photoshop CS6 菜单栏中执行“3D →从图层新建网格→网格预设→圆柱体”命令，如图 8-4-15 所示。

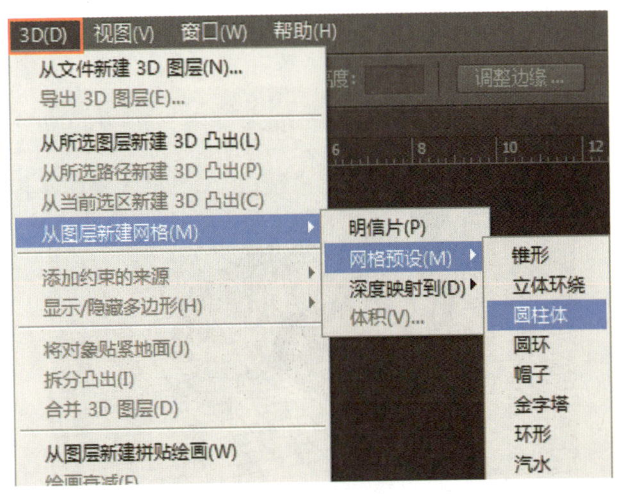

图 8-4-15

8.4.5 3D 对象旋转变换

Photoshop CS6 不仅可以创建 3D 形状，还可以对其进行旋转、缩放、改变光照效果、替换材质等编辑。打开或创建 3D 文件后，选择“移动工具”，在该工具选项栏即可显示其“3D 对象变换”工具按钮组，如图 8-4-16 所示。

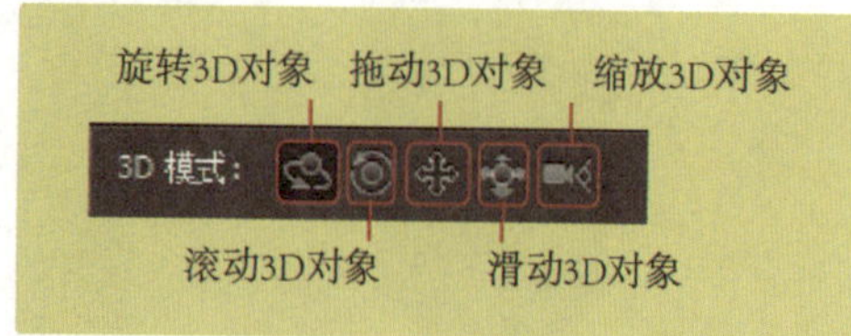

图 8-4-16

1. 旋转 3D 对象

旋转 3D 对象，选择该按钮，当鼠标指针在画面中变成“旋转”图标，按住鼠标左键并拖动，可对 Photoshop CS6 当前的 3D 对象进行三维空间内的旋转，即沿 Y 或 X 或 Z 轴进行旋转，画面前后对比如图 8-4-17、图 8-4-18 所示。

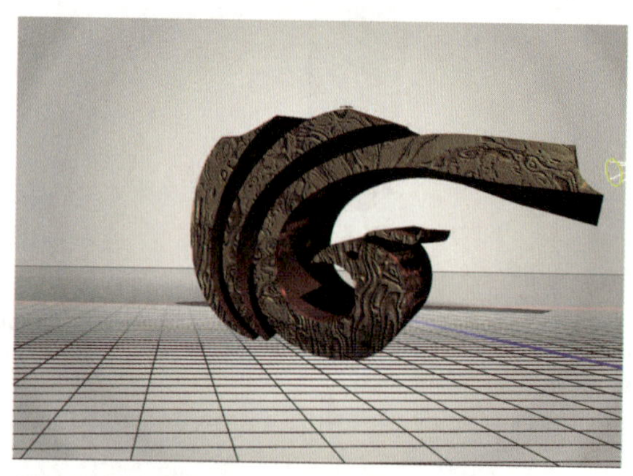

图 8-4-17

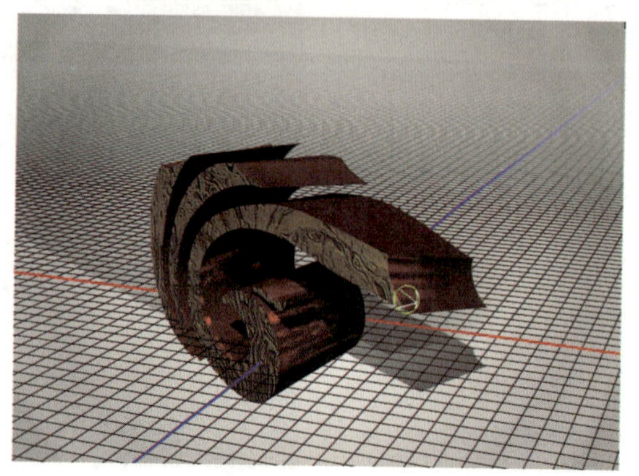

图 8-4-18

2. 滚动 3D 对象

滚动 3D 对象，选择该按钮，在 3D 对象外按住鼠标左键并拖动，可滚动 Photoshop CS6 视图，调整模型角度，如图 8-4-19 所示。

3. 拖动 3D 对象

拖动 3D 对象可以对 3D 对象在三维环境中进行平移活动。因摄影机的影响，平移后的图像中 3D 对象的角度有所改变，如图 8-4-20 所示。

4. 滑动 3D 对象

在 3D 场景中，选择“滑动方向”并拖动，使得 3D 对象在水平方向上移动，如图 8-4-21 所示。

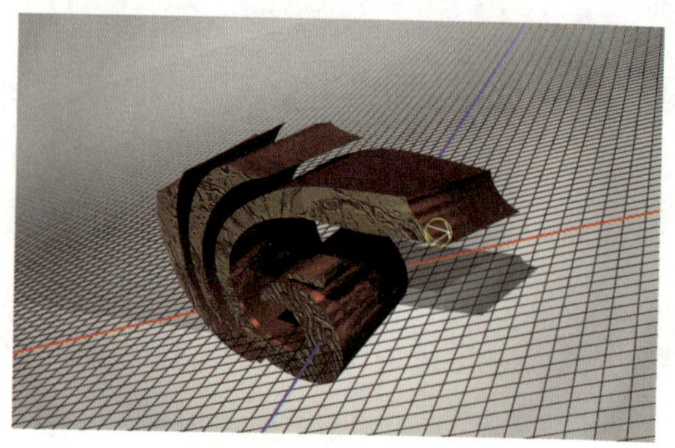

图 8-4-19

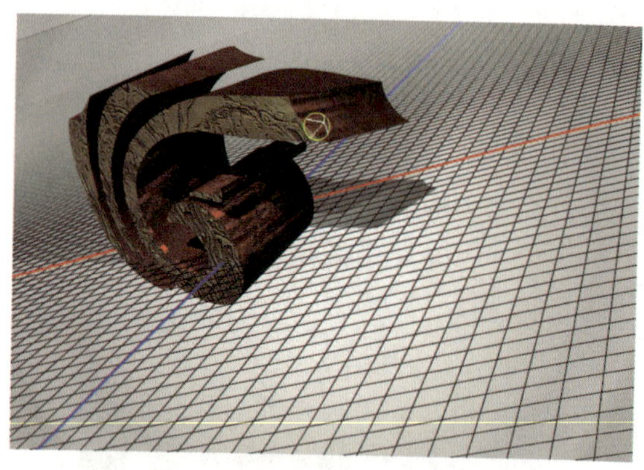

图 8-4-20

图 8-4-21

5. 缩放 3D 对象

选择“缩放 3D 对象”可以对 3D 对象进行等比例缩放，如图 8-4-22 所示。

图 8-4-22

8.4.6 3D 菜单

3D 菜单是对 3D 对象编辑应用的主要命令的集合，如图 8-4-23 所示。

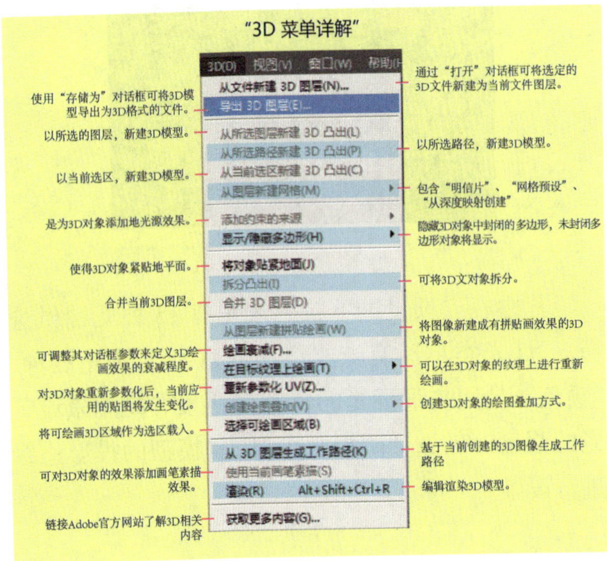

图 8-4-23

8.4.7 3D 属性面板

在 Photoshop CS6 工作区域中，选中 3D 图层，再执行“窗口→3D”命令，单击图像工作区右边底部的“3D”图标，弹出 3D 面板；面板包括场景、网格、材质和光源按钮等，如单击场景按钮即显示该按钮所供编辑的命令，如图 8-4-24 所示。

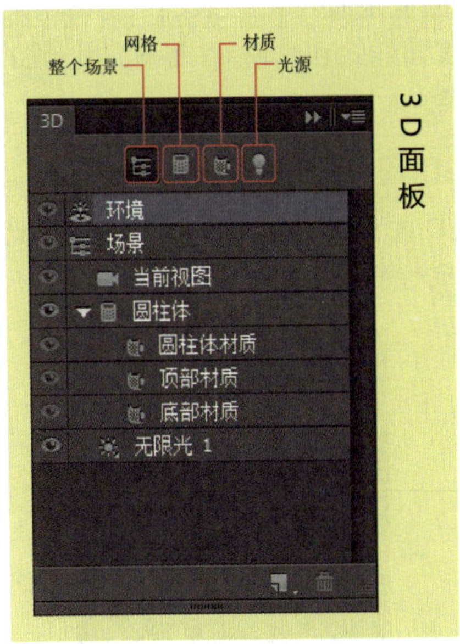

图 8-4-24

1. 3D 场景设置

在 3D 面板中单击“整个场景”按钮，即可打开 3D 场景属性面板，如图 8-4-25 所示。

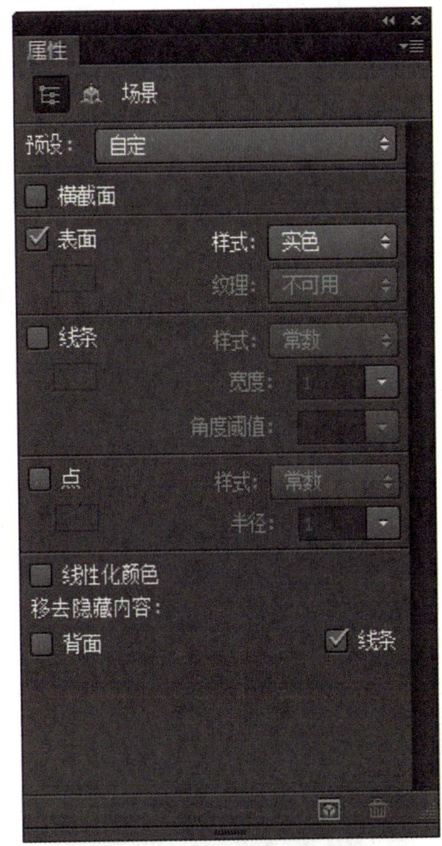

图 8-4-25

其中“预设”栏下拉列表里有很多自定义渲

染设置供用户参考使用。“横截面”可以直接显示3D对象的横截面效果。“表面”主要用来设置3D对象的表面样式和纹理。“线条”显示3D对象的线状效果。

2. 3D 网格属性面板

在3D面板中单击“网格”按钮，即可打开3D网格属性面板，如图8-4-26所示。

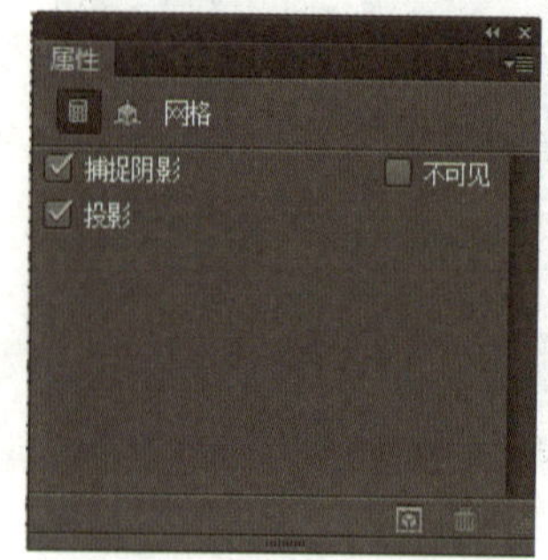

图 8-4-26

其中，“捕捉阴影”是指在“光线跟踪”渲染模式下控制选定的网格是否在其表面显示来自其他各网格的阴影。“投影”是指在“光线跟踪”渲染模式下可控制选定网格是否在其他网格产生投影。“不可见”是指“隐藏网格”，但显示其表面的所有阴影。

3. 3D 材质属性面板

在3D面板中单击“材质”按钮，即可打开3D材质属性面板，如图8-4-27所示。

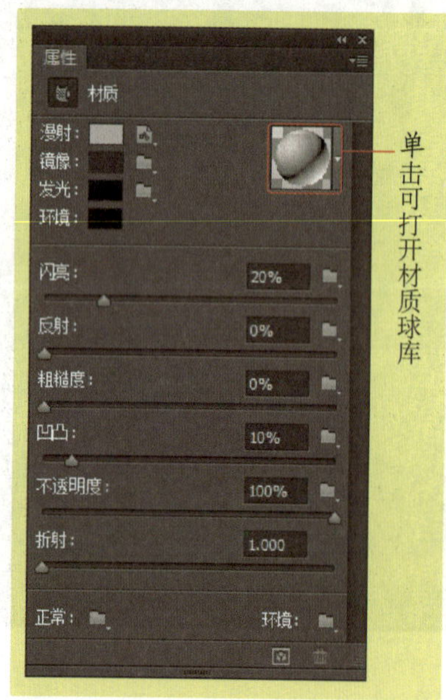

图 8-4-27

其中，单击“材质球”即可打开供选择的材质球库。“漫射”是用来设置材质的颜色，可使用实色或2D图像，单击色块可设置3D对象材质新的颜色，在其后的按钮可以弹出的菜单中包括新建、载入纹理的相关命令。“镜像”是用镜面属性来设置显示的颜色，如高光的光泽度、反光度等。“发光”是用来设置不同于光照的颜色，创建的光可以由内到外照亮模型。“环境”是用来设置和存储3D对象周围环境的图像。

而“闪亮”“反射”“粗糙度”“凹凸”“不透明度”和“折射”都是用来设置影响材质质感的其他选项。

4. 3D 光源属性面板

在3D面板中单击“光源”按钮，即可打开3D光源属性面板，如图8-4-28所示。

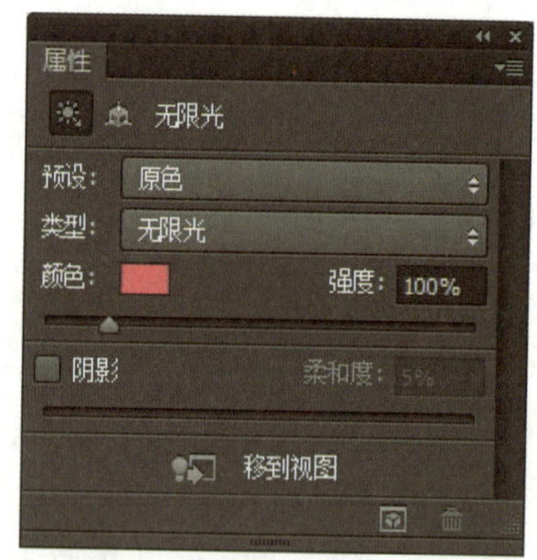

图 8-4-28

其中在“预设”下拉列表里有15种光源供选择。“灯光类型”有点光、聚光灯和无线光三种。“颜色”是用来设置光的色彩；“强度”是用来设置光的强度。勾选“阴影”可对3D模型的投影边缘进行设置。

8.4.8 拆分 3D 图像

打开3D图像素材文件，如图8-4-29所示，此时使用3D突出的3D模型是一个整体。

执行“3D→拆分突出”命令，在弹出的拆分对话框中单击“确定”按钮，即可将单词“LOVE”拆分为四个字母，如图8-4-30所示。

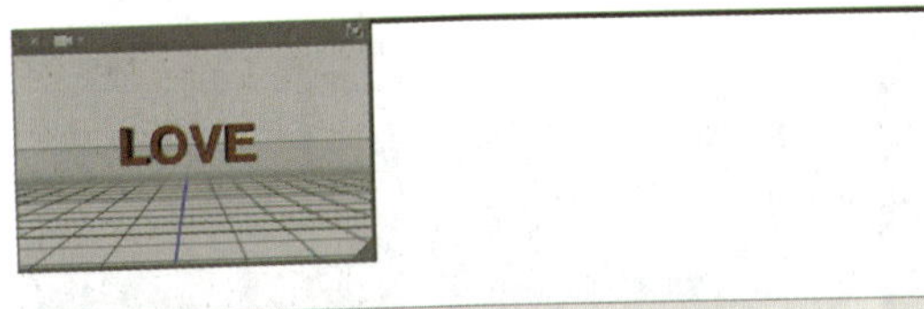

图 8-4-29

图 8-4-32

8.4.9 存储和导出 3D 文件

在 Photoshop CS6 中创建 3D 模型并编辑满意后，对 3D 文件的存储和转化有多种方法，如可以对 3D 图层栅格化，也可将其转化为智能对象，或将 3D 图层的 3D 对象转化为普通的 2D 图层等。

1. 存储 3D 文件

存储 3D 文件较为简单，执行“文件→存储”命令，选择文件格式为 PSD、PDF 和 TIF 三种格式存储，因为这三种文件格式能够保存 3D 文件需要的光源、位置以及渲染模式等 3D 属性。

2. 导出 3D 图层

“导出 3D 图层”是对选中的 3D 图层选中后，执行“3D→导出 3D 图层”命令，弹出“存储为”对话框，如图 8-4-33 所示。

图 8-4-30

使用 3D 面板及其属性工具可对每个字母进行单独操作编辑，如图 8-4-31 所示为对字母“V”的材质和大小编辑等。

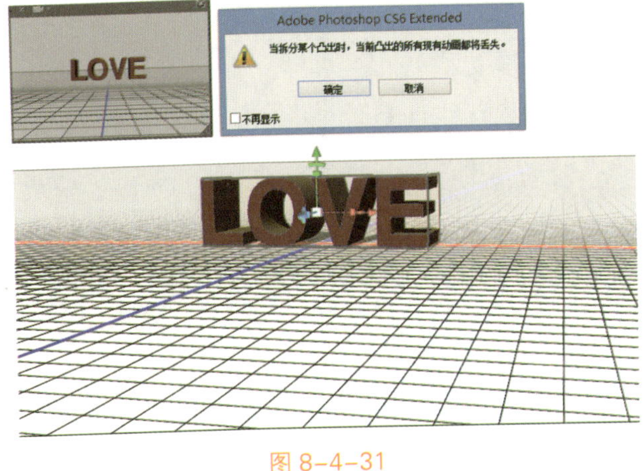

图 8-4-31

编辑调整的 3D 图像，最终效果如图 8-4-32 所示。

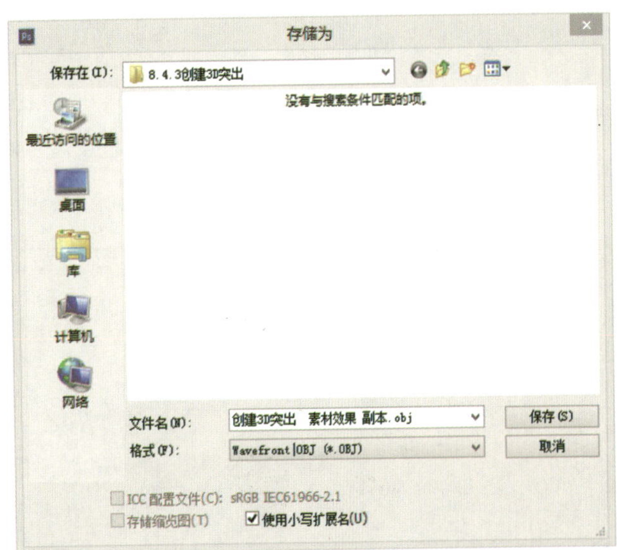

图 8-4-33

选择合适的文件格式，单击“保存”按钮，再次弹出“3D 导出选项”对话框，选择“纹理”格式，单击“确定”按钮即可，如图 8-4-34 所示。

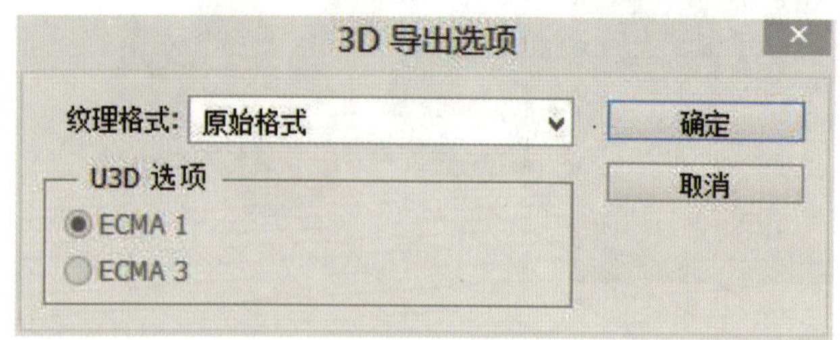

图 8-4-34

3. 合并 3D 图层

“合并 3D 图层”的前提是在 Photoshop CS6 中文件具有 2 个或 2 个以上的 3D 图层，在图层面板中使用“移动工具”，在按“Shift”键的同时选中“汽水”和“圆环”，如图 8-4-35 所示。

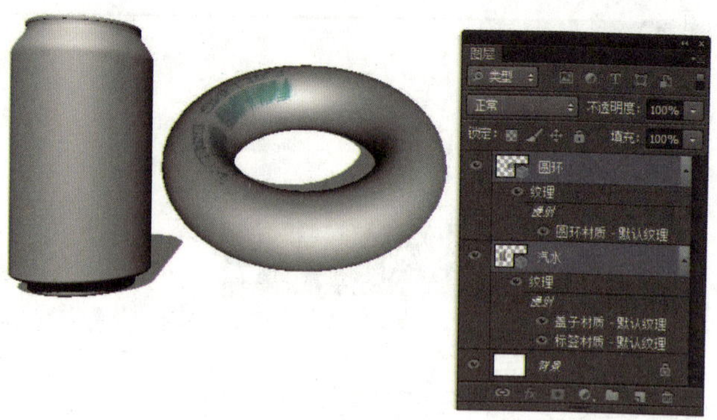

图 8-4-35

执行“3D→合并 3D 图层”命令，即可合并 3D 图层。

4. 栅格化 3D 图层、将 3D 图层转化为智能对象

在打开的 3D 文件中的图层面板中选择 3D 图层，右击，在弹出的对话框中即可选择“栅格化 3D 图层”或“将 3D 图层转化为智能对象”选项。

第9章 图像色彩调整与校正

学习目标

了解常用的图像色彩几种模式以及色彩模式之间的相互转换。掌握自动校正图像色彩 / 色调的方法，能执行“色阶”命令来调整图像亮度范围，能执行“曲线”命令来调整图像亮度范围，掌握图像色调的高级调整，学会对色彩和色调的特殊调整，如执行“通道混合器”命令调整图像色彩，以及执行“渐变映射”命令来制作彩色渐变效果等。

知识导图

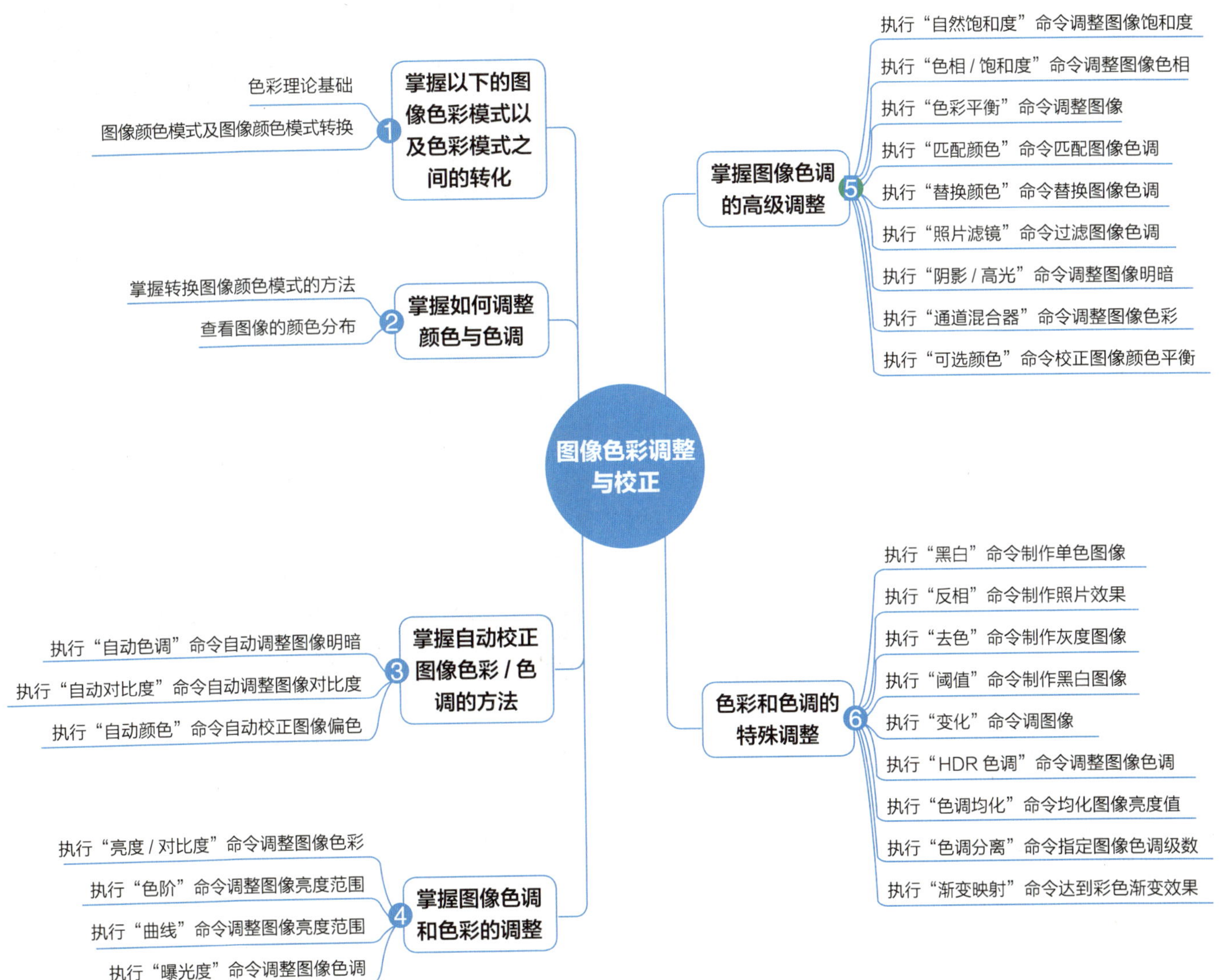

9.1 掌握以下的图像色彩模式以及色彩模式之间的转化

9.1.1 色彩理论基础

光分为可见光和不可见光，可见光波长为380—780nm，电磁波为可见光。可见光透过三棱镜可以呈现出红、橙、黄、绿、蓝、靛、紫七种颜色组成的光谱。红色光波最长，为640—780nm；紫色光波最短，为380—430nm。人们通过研究发现，人的肉眼对其中的3种波长的感受特别强烈，只要适当地调整这3种波长光线的长度，就可以使人感受到自然界几乎所有的颜色。红（Red）、绿（Green）、蓝（Blue）就是我们常说的RGB光的三原色，除自然光以外，所有人工设计制造的显示器等荧幕都具有产生这3种基本颜色光线的发光设备。由于这3种颜色组合后基本可以模拟自然界中的所有色彩，所以在计算机里我们常用RGB来表示颜色，根据计算机二进制的原理，1位的颜色深度有2个可能的数值，1或0。常用颜色深度是1位、8位、24位和32位。颜色位深度是1时，只有两种颜色，那就是2的一次方，是黑和白2种颜色，每个颜色用8位颜色深度来记录，即为2的8次方，有0~255共256级灰度的变化。RGB三者之积就有1670万（2的24次方）种变化，这也是我们常说的24位全色彩。

由于颜料的特性与光线合成颜色原理相反，颜色是吸收光线而不是增强光线，因此颜料的三原色必须是可以吸收红、绿、蓝的颜色，所以就应当是红绿蓝的补色，即青、品红（也称洋红）与黄色（CMY）。颜料的比例是按照0~100%浓度来表示的，把黄色与青色颜料混合在一起，因为黄色颜料会吸收蓝色光，青色颜料会吸收红色光，因此，最后只剩下绿色光可以反射出来，这就是黄色颜料加青色颜料会变成绿色的道理了。

按照理论来说，混合印刷百分百三原色以后，红、绿、蓝光通通吸收而得到黑色，但是世界上没有100%纯度的颜料材料，所以将3种颜色混合后还是会有些许光线反射出来，从而显现深灰色或深褐色。事实上除了黑色外，用颜料三原色也无法混合出许多暗色系的颜色，为了弥补颜料纯度的不足，在实际印刷的时候会加入纯黑颜色来解决这一问题。因此，CMY模式就变成了CMYK色彩模式，K表示黑色（黑色Black首字母“B”为蓝色Blue所用，故采用尾字母“K”代替）。

9.1.2 图像颜色模式及图像颜色模式转换

1. 位图模式

位图模式的图像只有黑色和白色两种像素组成，位图模式的图像在Photoshop中也被称为黑白图像。在位图模式下的图像中的每一个像素都是用1Bit为分辨率记录信息的，如图9-1-1所示。

图 9-1-1

打开色彩模式为RGB的文件，执行“图像→模式→灰度”命令，如图9-1-2所示，值得注意的是，只有灰度图像或多通道图像才能被转化位图模式，转换时将出现一个对话框，可以在这里设置文件的输出分辨率和转换方式，如图9-1-3所示。

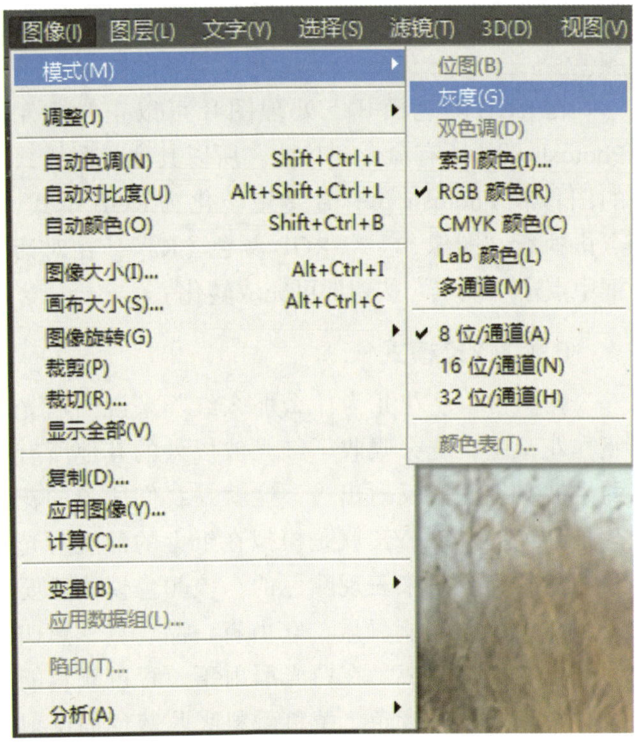

图像(I) 图层(L) 文字(Y) 选择(S) 滤镜(T) 3D(D) 视图(V)
模式(M)
调整(J)
自动色调(N) Shift+Ctrl+L
自动对比度(U) Alt+Shift+Ctrl+L
自动颜色(O) Shift+Ctrl+B
图像大小(I)... Alt+Ctrl+I
画布大小(S)... Alt+Ctrl+C
图像旋转(G)
裁剪(P)
裁切(R)...
显示全部(V)
复制(D)...
应用图像(Y)...
计算(C)...
变量(B)
应用数据组(L)...
陷印(T)...
分析(A)
位图(B)
灰度(G)
双色调(D)
索引颜色(I)...
✔ RGB 颜色(R)
CMYK 颜色(C)
Lab 颜色(L)
多通道(M)
✔ 8 位/通道(A)
16 位/通道(N)
32 位/通道(H)
颜色表(T)...

图 9-1-2

图 9-1-3

2. 灰度模式

灰度模式可以使用 256 个灰度色阶来表现图像，从 0~255 之间来表现由黑到白的亮度变化，有点像黑白照片那样有阶调层次的变化。该命令在将彩色图片转换成灰度文件时，图像中所有的颜色信息都将从文件中被去掉，而且无法通过选择任何色彩模式恢复回色彩模式。

在灰度文件中，图像的色彩饱和度为 0，灰度值采用黑色油墨覆盖的百分比来表示。明度代表着光线的强弱，是唯一可以影响图像的选项，0% 代表黑色，100% 代表白色，灰度模式如图 9-1-4 所示。

图 9-1-4

3. 双色调模式

双色调模式是使用 2~4 种油墨混合其色阶来创建双色调、三色调以及四色调的图像。要转换成为双色调模式，必须先将图像转换成灰度模式，此命令只能在印刷领域中使用，并可以对色调进行编辑，产生新的效果。它的主要功能是使用较少的颜色来表现尽量多的色彩层次，这样可以减少印刷成本。

执行“图像→模式→双色调”命令，如图 9-1-5 所示；可以在类型栏内选择单色调、双色调、三色调以及四色调，颜色可以选择自定或在预设栏内选择已经设定的颜色。

图 9-1-5

4. 索引颜色模式

索引颜色模式是网络和动画常用的单通道图像模式，因此，图像的编辑功能非常有限。当图像转化为索引颜色模式后，索引颜色图像会建设一个颜色表，用来存放图像中的色彩并为之建立色彩索引。如果我们使用的图像色彩超出了这 256 种颜色，系统会选择与之最相近的色彩模拟替换该颜色。

索引颜色模式虽然减少图像中的色彩数量，但是从未减少文件大小。该模式可以基本保持视觉上的品质效果，常常用于多媒体动画或网页图像，我们熟悉的 GIF 图像就是使用该模式。

5. RGB 模式

我们生活中的可见光谱大部分都是 Red、Green、Blue（RGB）三色按照不同强度和不同比例混合而成。三种颜色的重叠处产生青色、洋红、黄色和白色，如图 9-1-6 所示。红色 + 绿色 = 黄色、绿色 + 蓝色 = 青色、红色 + 蓝色 = 品红、红色 + 绿色 + 蓝色 = 白色。黄色、青色、品红都是由两种基色相混合而成，所以它们又称相加二次色。另外，红色 + 青色 = 白色、绿色 + 品红 = 白色、蓝色 + 黄色 = 白色，所以青色、黄色、品红分别又是红色、蓝色、绿色的补色。由于每个人的眼睛对于相同的单色有不同的感受，所以，如果我们用相同强度的三基色混合时，假设得到白光的强度为 100%，这时候人的主观感受是绿光最亮，红光次之，蓝光最弱。红、绿、蓝三基色按照不同的比例相加合成混色称为加色混合。

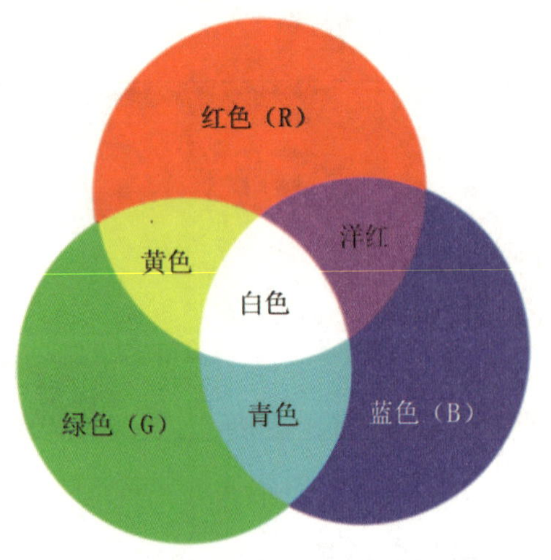

图 9-1-6　RGB 模式的色彩混合

RGB 模式是图像处理软件中最常用的一种色彩模式。RGB 颜色模式图像为三通道图像，其中每个像素都包含 24（8×3）位颜色深度，这个 24 位全色彩可以在显示设备上模拟约 1670 万种颜色。

在 RGB 颜色模式下处理图片可以正常应用 Photoshop 的所有命令和功能。所以其他色彩模式的图像在 Photoshop 中需要先转化为 RGB 模式，点击执行“图像 / 模式 /RGB 颜色（R）”，在对话框中点击“确定”按钮即可完成转化。

6. CMYK 模式

我们常以“花儿为什么那么红”来说明白光照在花朵上，花朵吸收了红光波以外的其他所有的光波，红光被反射出去，这就是我们所说的花朵是红色的。CMYK 就是模拟在纸上的油墨对光线的吸收和反射来表现颜色的，该颜色模式重要应用在出版与印刷领域，它由青、品、黄、黑四种颜色的油墨组成。在白光照射下，青色颜料能吸收红色而反射青色，黄色颜料吸收蓝色而反射黄色，品红颜料吸收绿色而反射品红，我们称之为减色混合，如图 9-1-7 所示。颜料（黄色 + 青色）= 白色 - 红色 - 蓝色 = 绿色、颜料（品红 + 青色）= 白色 - 红色 - 绿色 = 蓝色、颜料（黄色 + 品红）= 白色 - 绿色 - 蓝色 = 红色、以上是相减混色，相减混色就是以吸收色光三原色比例不同而形成色彩三原色的。在相减二次色中有（青色 + 黄色 + 品红）= 白色 - 红色 - 蓝色 - 绿色 = 黑色。

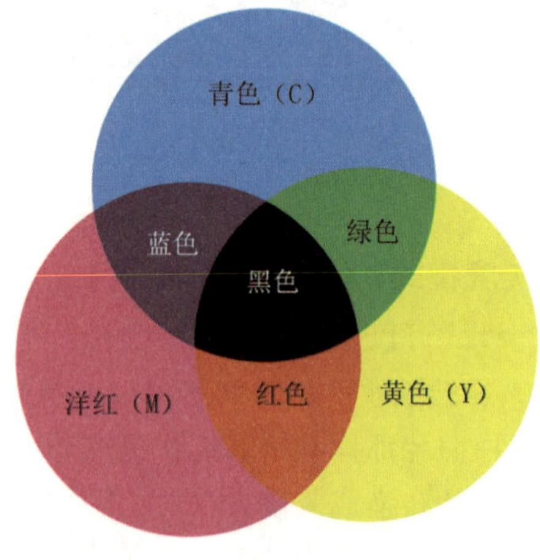

图 9-1-7　CMY（K）模式的色彩混合

减色（CMY）和加色（RGB）是补色关系，RGB 加色的每两种颜色混合会产生一种加色；同样，CMY 减色的每两种颜色混合会产生一种减色。

在 Photoshop 中应用 CMYK 模式时，我们发现 Photoshop 的部分功能命令不可用，这是由于计算机显示器以 RGB（加色）颜色模式显示颜色的，应该说所有的显示器都是以 RGB（加色）颜色模式来显示的。

在 Photoshop 中制作 CMYK 模式时，先以 RGB 色彩模式执行命令操作，完成后再执行“图像→模式→CMYK 颜色（C）”命令即可完成转化。

RGB（加色）颜色模式下任何图像都显得通透、亮丽。同一张图片采用不同的色彩模式，显示会略有差异，CMYK 模式的图片较之于 RGB 模式图片偏暗，如图 9-1-8（a）、（b）所示。

(a)

(b)

图 9-1-8

7. Lab 模式

Lab 模式是由国际照明委员会（CIE）于 1976 年公布的一种色彩模式，它是 CIE 组织确定的一个理论上包括了人眼可以看见的所有色彩的色彩模式，是 Photoshop 在不同颜色模式之间转换时使用的内部颜色模式。

Lab 模式由三部分组成，它由亮度值（L）、色度值的 a 值（色彩由绿色到红色）、b 值（色彩由蓝色到黄色）。a 值包括的颜色是从深绿色（底亮度值）到灰色（中亮度值）再到亮粉红色（高亮度值），b 值则是从亮蓝色（底亮度值）到灰色（中亮度值）再到黄色（高亮度值）。

Lab 模式是目前色彩模式中色域范围最广泛的模式，如图 9-1-9 所示。计算机将 RGB 模式转换为 CMYK 模式时，在后台的操作实际上是首先将 RGB 模式转换成 Lab 模式，然后再将 Lab 模式转换成 CMYK 模式。

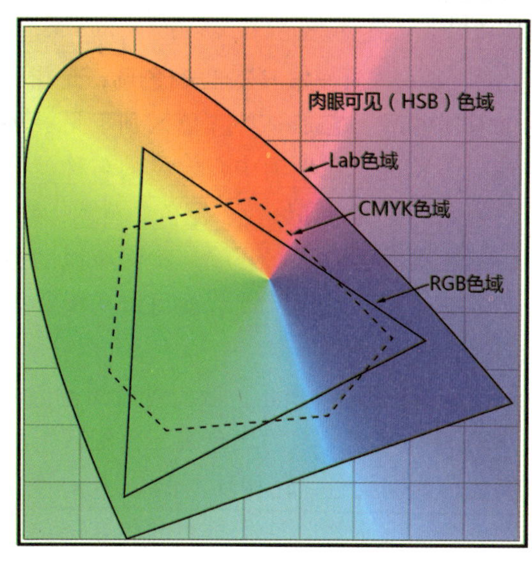

图 9-1-9 常见色彩模型色域图

8. 多通道模式

多通道模式适用于有特殊打印需求的图像。各个通道中均使用 256 个灰度级记录图像中颜色元素的信息。通过执行“图像→模式→多通道（M）”命令可以将由一个通道合成的任何图像转换为多通道图像，复合通道自动删除，各单色通道成为独立专色通道。如果输出图片使用的颜色只有 2 种或不超过 3 种颜色时，使用多通道可以节约印刷成本并保证颜色信息的正确输出。

9.2 掌握如何调整颜色与色调

Photoshop CS6 软件拥有强大的色彩调整功能，如“色阶”“曲线”“曝光度”等命令都能很好地调整图像的色相、饱和度、对比度和亮度，并对色彩平衡、黑白照片都有着特殊的处理效果。

9.2.1 掌握转换图像颜色模式的方法

1. 了解色彩的基本属性

颜色是我们视觉范围内认知世界物体给予的色彩感知印象，可以分为彩色系和无彩色系两大类。无彩色系包括黑色、白色和深浅不一的各种灰色，除此之外的所有颜色都为彩色系色彩。从视觉本身和视觉心理学的角度出发，彩色系色彩具有三个属性：色相、明度、纯度（彩度）。

2. 色相

色相（Hue，简写为 H），也叫色调，是指一种颜色的基本相貌，它是一种颜色区别于另一种颜色的最显著特征。在生活中，颜色的名称就是根据其色相来决定的，如红色、橙色、黄色、绿色、蓝色、紫色等。红、黄、蓝就是我们所说的色彩三原色，将这些颜色相互混合就可以产生许多不同色相的颜色。

如图 9-2-1 色相环所示，我们可以知道色相环是表示最基本色相关系的颜色表。色相环上相邻三种颜色称为同类色，色相环上 180° 相对位置的颜色叫补色（互补色），它们等量的相互调和会形成黑色或灰色。如红色与绿色是补色关系，紫色与黄色也是补色关系。

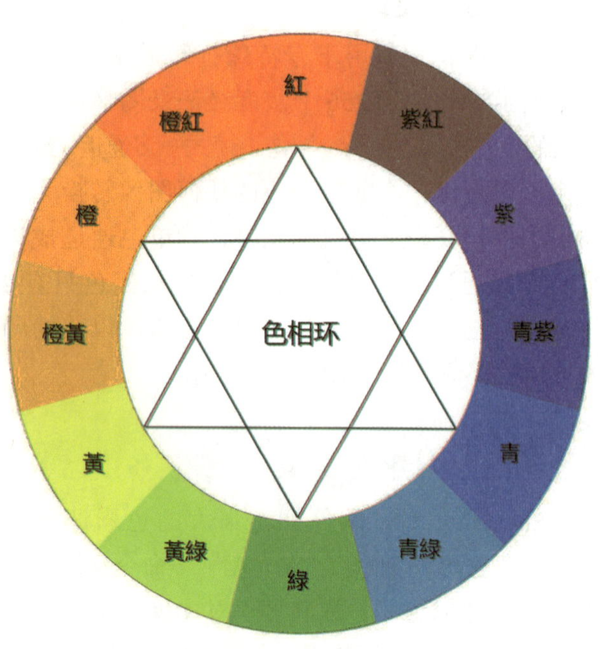

图 9-2-1

补色的应用非常巧妙，要注意他们之间明度、饱和度以及面积的对比。

3. 亮度

亮度（Value，简写为 V，又称为明度）是指颜色的深浅、明暗程度，无彩色系色彩的黑、灰、白较能形象地表达这一特质。通常使用从 0%~100% 的百分比来度量。

明度即有不同色相之间的差异，又有同一色相明度的差异。通常在正常光线照射下的色相被定义为标准色相，若亮度高于标准色相，则为高明度色相，反之，称为低明度色相。

不同颜色的亮度给人的视觉感受不同，高亮度颜色给人以敞亮、清爽、静怡的感觉，低亮度颜色则让人感觉沉重、严肃、神秘甚至恐惧的感觉。

4. 饱和度

饱和度（Chroma，简写为 C，也称彩度）是指颜色的纯度或饱和度，它表示色相中颜色本身含有黑色或白色成分分量所占的比例，使用 0%~100% 的百分比来度量。在色相饱和度的调和中，从中心到右边，饱和度逐渐增高，其鲜艳程度也就增高，相反，从中心到左边，饱和度逐渐降低，直至成为灰色。

高低饱和度的色彩给人带来不同的视觉感受，高饱和度的颜色给人以积极、上进、活力、喜庆热闹的感觉；低饱和度的颜色给人以消极、乏味、安静、沉稳、稳重和神秘的感觉，如图 9-2-2 所示。

图 9-2-2

9.2.2 查看图像的颜色分布

颜色与色调调整在整个图像编辑过程中非常重要，任何一张图片都会存在不同的问题，曝光过度或光线不足等。在对图片开始进行颜色校正之前或者对图像做出调整之后，都应分析图片色阶所处状态和分布，Photoshop CS6 软件提供了“信息”面板和“直方图”面板供我们查看图片色阶所处状态和分布。

1. “信息”面板

执行菜单栏“窗口→信息”命令或按快捷键“F8”键，如图 9-2-3 所示，即可调出信息面板。

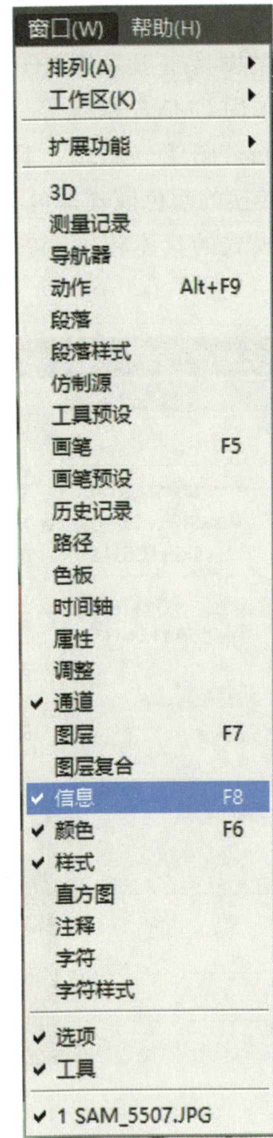

图 9-2-3

“信息”面板通过“颜色取样器工具”读取图像中任意像素的颜色参数值，从而客观地分析颜色校正前后图像的状态，如图 9-2-4（a）、（b）所示。

（a）

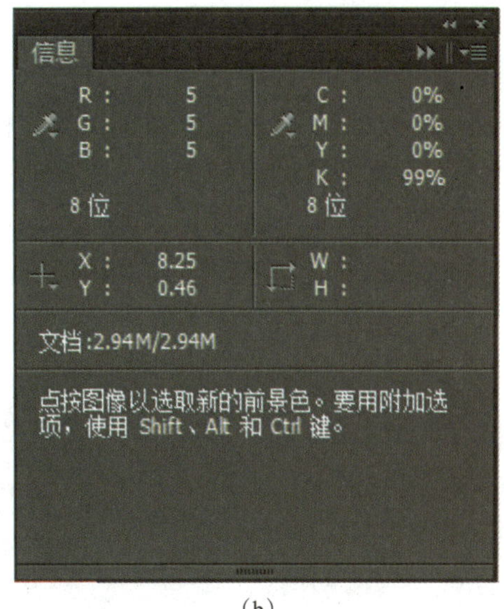

（b）

图 9-2-4

当我们使用各种色彩调整对话框时，取样工具在画面的任何一处上，其色彩在“信息”面板都会显示像素的两组颜色参数值，即像素原来的颜色参数值和调整后的颜色参数值，同时我们还可以使用“颜色取样器工具”查看单独像素的颜色信息或添加多个像素的颜色信息，如图 9-2-5 所示。

图 9-2-5

2. “直方图”面板

“直方图”信息面板可快速浏览图像色调基本类型。一般默认情况下，直方图显示整幅图像的色调范围。

执行菜单栏“窗口→ 直方图”命令，弹出如图 9-2-6 所示“直方图”面板，这样便于了解图像的色调分布情况，其中以图形的形式表示图形每个亮度级别处的像素数量。依照颜色模式显示各通道颜色信息，如 RGB 色彩模式文件可以以 R、G、B 三通道显示各颜色信息，犹如图像“色阶”，为色调调整和颜色校正提供依据。在面板中还可以了解图像色彩的平均值、标准偏差、中间值、像素、高速缓存级别、色阶、数量和百分位的相关信息。

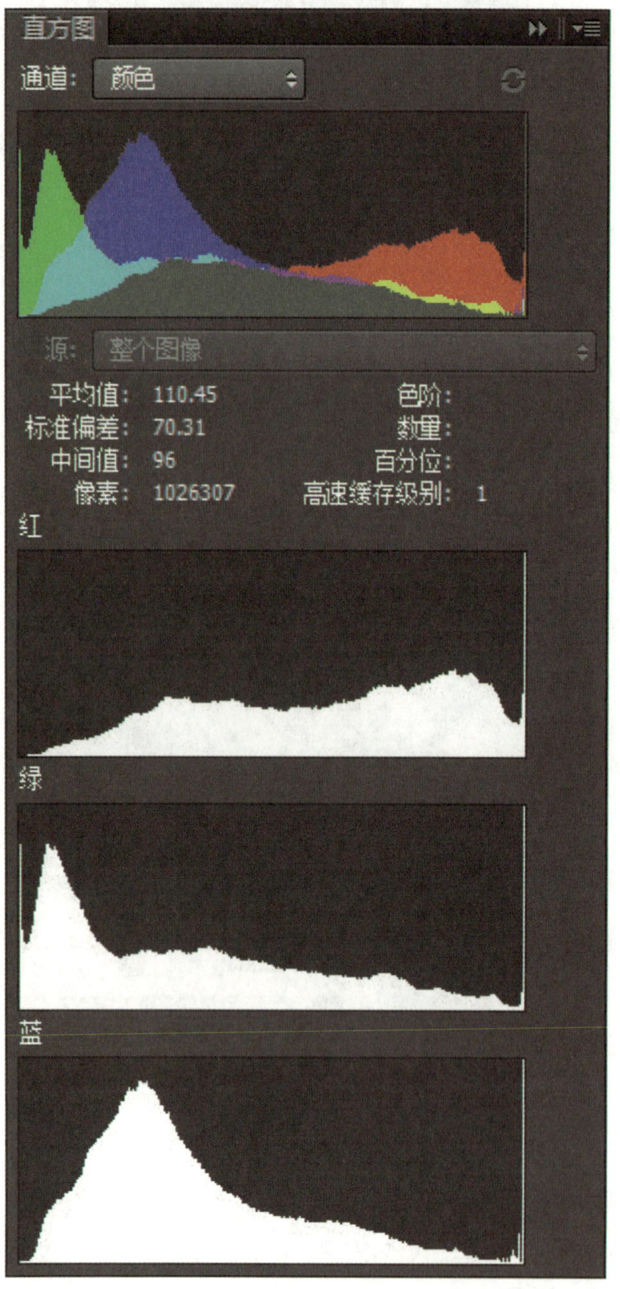

图 9-2-6

3. 转换图像颜色模式

我们在设计制作图片时要根据其用途来选择输出方式，不同输出要求的色彩模式也不同，如制作在网页上的图像一般采用 RGB 的色彩模式，打印输出图像采用 CMYK 模式等。对于颜色模式的转化可以执行“图像→模式”下的下拉菜单命令来选择需要转换的颜色模式即可，如图 9-2-7 所示。其他颜色模式的具体转化请参照本章第一部分内容。

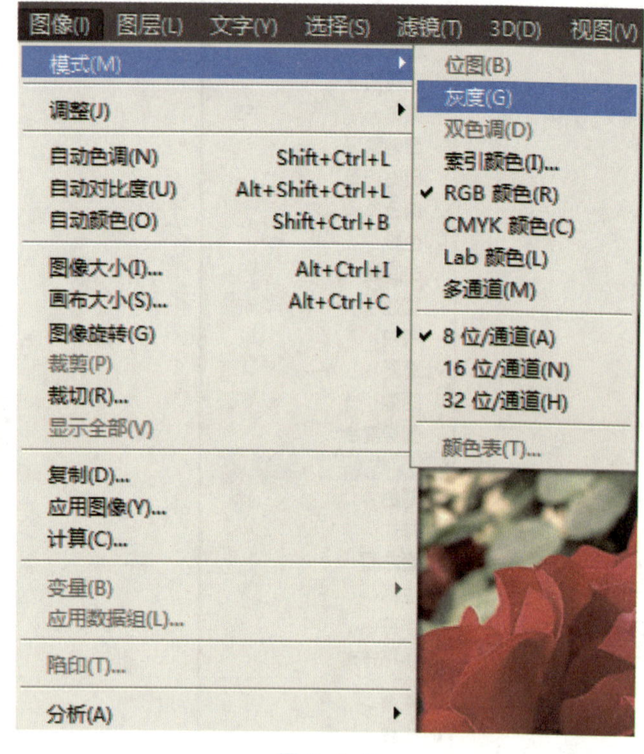

图 9-2-7

4. 识别色域范围外的颜色

高清图像的获取一般是通过扫描仪扫描获取或专业摄影相机拍摄，虽然 Photoshop CS6 对有缺陷的图像可进行修饰，但对于颜色信息丢失过于严重的图像，Photoshop 也无能为力。有了达到要求的图片以后，我们还要了解不同媒介下色彩自身显示的不同，常规我们需要了解图像在显示设备和纸张上的异同。

（1）预览 RGB 颜色模式里的 CMYK 颜色：执行“视图→校样设置”命令，如图 9-2-8 所示。在下拉菜单中可以选择校样使用的命令，在 Photoshop CS6 中，“校样设置”提供单复色版，甚至还有红绿色盲型校样显示。

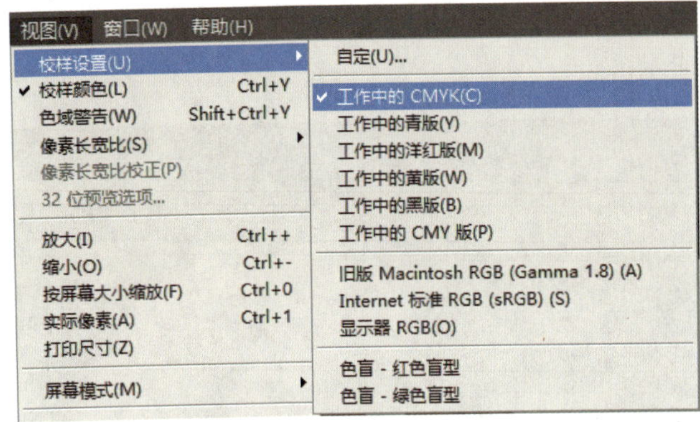

图 9-2-8

若执行“视图→校样设置→工作中的 CMYK（C）”命令，那么执行“视图→校样颜色”命令或按“Ctrl+Y”组合键时，可以不用将 RGB 颜色模式转换为 CMYK 颜色模式就能看到转换后的图像效果，如图 9-2-9（a）、（b）所示。

（a）

（b）

图 9-2-9

（2）识别图像色域外的颜色：不同色彩模式其色域也不同，色彩模式在显示和打印转化上就会发生溢色现象，那么色域范围是指颜色系统可以显示或打印的颜色范围。在将图像转换为 CMYK 模式之前，可以通过执行“色域警告”命令识别图像中的溢色并手动进行校正。

执行“视图 / 色域警告”命令或按“Shift+Ctrl+V”组合键，即可识别图像色域外的颜色，效果如图 9-2-10（a）、（b）所示。

（a）

（b）

图 9-2-10

（3）掌握自动校正图像色彩 / 色调的方法：在 Photoshop CS6 软件中，有自动色调、自动对比度、自动颜色 3 个命令来校正图像颜色和色调。它们按照系统要求分析图像并对图像自动校正其色彩和对比度，对拍摄条件不好而影响图像质量的图像有较大的帮助。

9.3 掌握自动校正图像色彩 / 色调的方法

9.3.1 执行“自动色调”命令自动调整图像明暗

“自动色调”命令可以自动调整图像的亮部和暗部。“自动色调”命令对每个颜色通道进行调整，将每个颜色通道中最亮和最暗的像素分别设置为白色和黑色，而中间像素值则是依照比例重新分布。值得注意的是，因为“自动色调”命令单独调整每个通道，有时会带来部分颜色信息丢失或偏色。

打开图像，执行“图像→自动色调（N）”命令或按“Shift+Ctrl+L”组合键，即可自动调整图像明暗，调整效果如图 3-1-1、图 3-1-2 所示。

图 9-3-1

图 9-3-2

9.3.2 执行“自动对比度”命令自动调整图像对比度

执行 Photoshop CS6“自动对比度”命令可以自动调整图像中颜色的对比度。由于自动调整图像中颜色的总体对比度和混合颜色，容易产生色彩信息丢失或色偏问题。“自动对比度”命令将图像中最亮和最暗的像素映射为白色和黑色，使亮部显得更亮，而暗部显得更暗，画面整体对比度增强。但是对于单色或颜色不丰富的图像几乎不产生作用。

打开图像，执行“图像→自动对比度（U）”命令或按“Alt+Shift+Ctrl +L”组合键，即可自动调整图像对比度，调整效果如图 9-3-3（a）、（b）所示。

(a)

(b)

图 9-3-3

9.3.3 执行“自动颜色”命令自动校正图像偏色

执行 Photoshop CS6“自动颜色”命令可以通过查看实际图像对比度和颜色来调整图像的色相饱和度，使 Photoshop CS6 中图像颜色更为靓丽、鲜艳。如果图像中有色偏或者饱和度过高的现象，均可执行该命令进行自动调整。

打开图像，执行“图像→自动颜色（O）”命令或按“Shift+Ctrl +B”组合键，即可自动调整图像对比度，调整效果如图 9-3-4（a）、（b）所示。

(a)

(b)

图 9-3-4

9.4 掌握图像色调和色彩的调整

色调和色彩的调整是 Photoshop 较为重要的内容，前面我们通过学习“信息面板”了解了图像色彩的分布情况，根据图像需要我们可以执行“亮度 / 对比度”“色阶”“曲线”“色调均化”和“曝光度”等命令对图像色调进行调整。

9.4.1 执行“亮度 / 对比度”命令调整图像色彩

通过执行“亮度 / 对比度”命令可以对图像整体的色彩进行简单的调整。因为该命令不单独调整单个通道色彩，所以不适合高精度图像的使用。

亮度对比度

打开图像，如图 9-4-1 所示。执行“图像→调整→亮度 / 对比度（C）”命令，在打开的“亮度 / 对比度”对话框中拖动亮度下面的滑块（或输入数值），即可调整图像的亮度。若拖动对比度下面的滑块（或输入数值），即可调整图像的对比度。若勾选“使用旧版”选项，图像中的每一个像素都可以被调整亮度 / 对比度。调整效果如图 9-4-2 所示。

图 9-4-1

图 9-4-2

9.4.2 执行“色阶”命令调整图像亮度范围

色阶主要调整图像色彩的明暗程度，既适用于整体调整也可借助选区或单独颜色信息进行局部调整。通过执行“色阶”命令调整图像的阴影、中间调和高光的强度级别，校正图像的色调范围和色彩平衡，对图像色彩暗淡，整体发灰的图像或照片较为适合。

打开图像，执行“图像→调整→色阶（L）”命令或按“ Ctrl +L”组合键，即可弹出“色阶”对话框，如图 9-4-3 所示。

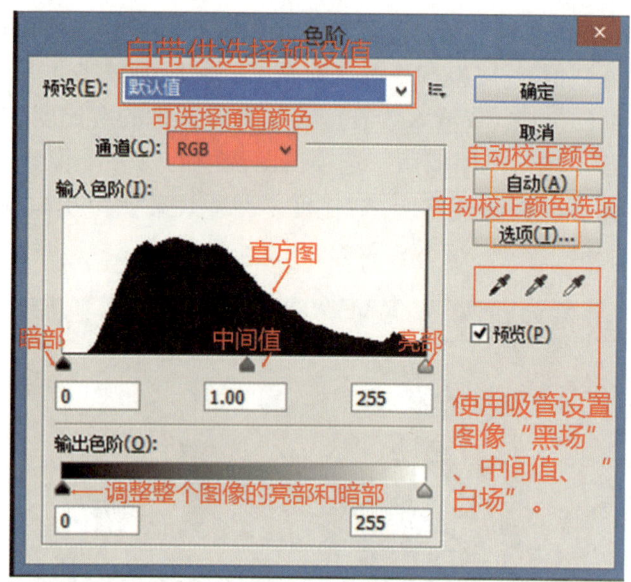

图 9-4-3

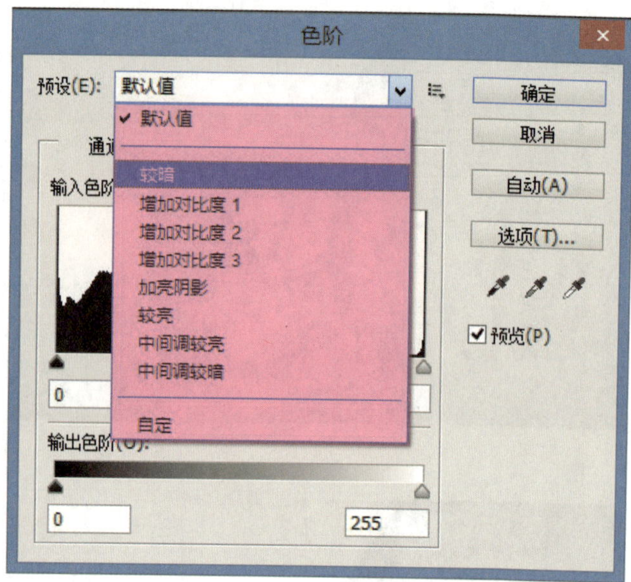

图 9-4-4

在"通道"选项里，可以选择需要调整色调的颜色通道。

在"输入色阶"框里，我们可以直观地看到图像的整体明暗关系，左边滑块主要调整图像暗部色调，其取值范围是 0~255；中间滑块控制图像中间色调，其取值范围是 0.10~9.99；右边滑块主要调整图像亮部色调，其取值范围是 0~255。在"输出色阶"选项中，其两端主要在于调整图像暗部色调和亮部色调，其取值范围是 0~255。

在单击"自动"后，Photoshop CS6 以 0.5% 的比例对图像进行调整，把最暗的颜色调成黑色，最亮的颜色调成白色。

在"预设"菜单栏下拉列表中，可以直接选择自带选项对图像进行调整。单击"预设"右侧的按钮，弹出包含存储、载入和删除当前预设选项的下拉列表，可以自定预设选项并进行编辑，如图 9-4-4 所示。

吸管工具选项有三个按钮，一是"设置黑场"按钮：在图像编辑窗口中进行取样时，单击该按钮，取样位置的图像将会变暗。二是"设置灰场"按钮：在图像编辑窗口中进行取样时，单击该按钮，取样位置的图像的中间色调变成平均亮度。三是"设置白场"按钮：在图像编辑窗口进行取样时，单击该按钮，取样位置图像的亮度值将变得更亮。

打开图像，如图 9-4-5 所示。选择使用"色阶→通道"选项中的"红通道（Alt+3）"，调整红通道中的中间值向右边亮部靠拢，即可得到红色枫树叶变成绿色树叶，如图 9-4-6 所示。

图 9-4-5

图 9-4-6

9.4.3 执行“曲线”命令调整图像亮度范围

通过执行曲线调节命令不仅可以调整整体图像的高亮色调、中间调和暗色调，同时也可以调整局部区域的明暗调。

打开图像。执行“图像→调整→曲线”命令或按“Ctrl +M”组合键，即可弹出“曲线”面板，如图 9-4-7 所示。

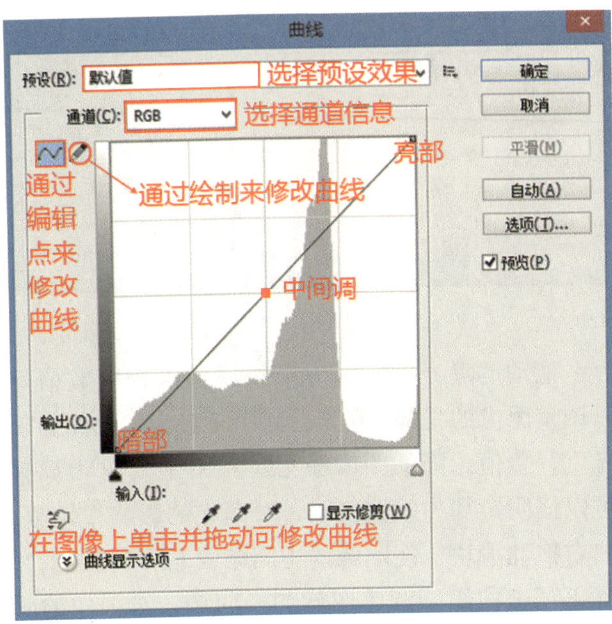

图 9-4-7

预设：点击“预设”下拉列表中，可以选择使用软件自身设置好的曲线，如图 9-4-8 所示。

图 9-4-8

输入：显示当前图像原来的亮度值，与色调曲线的水平轴相同。

输出：显示处理后的图像亮度值，与色调曲线的垂直轴相同。

“编辑点以修改曲线”：该工具可在图表中以添加节点的方式而构成色调曲线。在节点上按住鼠标左键并拖动可以改变节点位置，向上拖动时色调变亮，向下拖动则变暗。若需继续添加控制点，再在曲线上单击即可；若需要删除控制点，拖动控制点到对话框外即可。

“通过绘制来修改曲线”：选择该工具后，鼠标指针形状变成一个铅笔形状，可以随意在图标区中绘制需要的曲线，如果要将曲线绘制为一条线段，可以按住“Shift”键，在图表中单击定义线段的端点。按住“Shift”键的同时单击图表的左上角和右下角可以绘制一条反向的对角线，这样可以将图像中的颜色像素转换为互补色，使图像变为反色。单击“平滑”按钮可以使曲线变得平滑。

光谱条：拖动光谱条下方的滑块，可在黑色和白色之间切换。需要提醒的是，若要使曲线网格显示得更精细，按住“Alt”键，“取消”按钮将转换为“复位”按钮。此时，默认的 4 × 4 的网格就会变成 10 × 10 的网格，单击“复位”按钮可回到默认的 4 × 4 的网格状态。

打开图像，如图 9-4-9 所示，执行“图像→调整→曲线”命令或按“Ctrl +M”组合键，即可弹出曲线面板，设置如图 9-4-10 所示，即可得到修改后的效果，如图 9-4-11 所示。

图 9-4-9

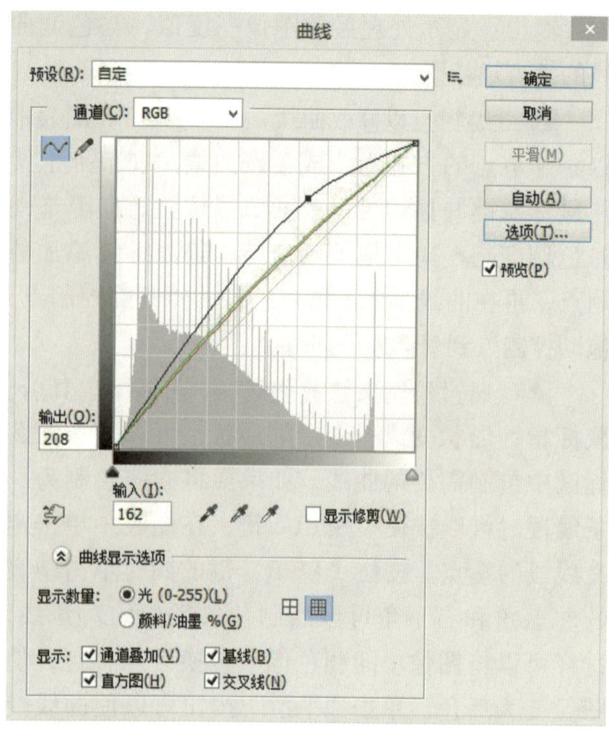

图 9-4-10

图 9-4-11

9.4.4 执行“曝光度”命令调整图像色调

“曝光度”命令的原理是软件通过模拟相机电子曝光程序对图片进行再曝光处理，一般用于调整图片的曝光不足或曝光过度。

打开图像，执行“图像→调整→曝光度（E）”命令，即可弹出“曝光度”面板。在“预设”栏里有软件自身所带供选择的数值，如图 9-4-12 所示。

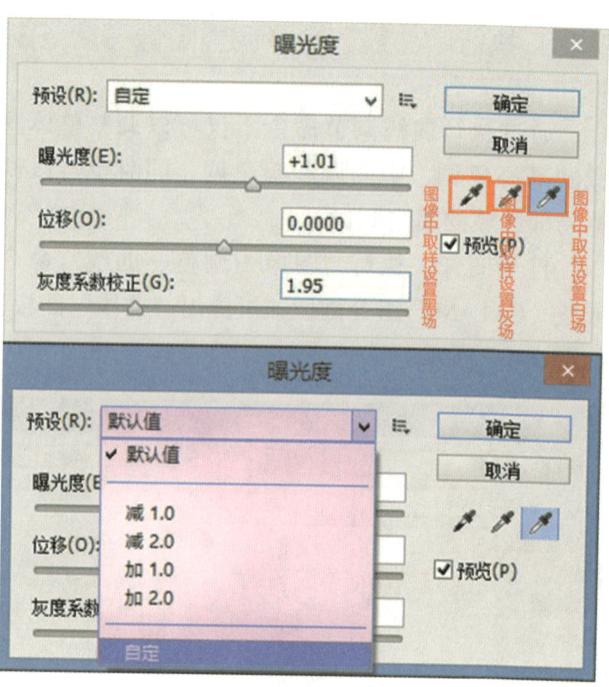

图 9-4-12

拖动“曝光度”下方滑块或输入相应数值可以调整图像的亮部 / 高光。其中正值为增加图像曝光度，负值为降低图像曝光度。“位移”选项调整可以使阴影和中间调变暗，对高光的影响很轻微；向右拖动滑块，使图像的中间调变亮。“灰度系数校正”选项用于调整图像的中间调，对图像的阴影和高光区域影响小；向左拖动滑块，使图像的中间调变亮。

此面板中的黑场、灰场、白场设置与色阶面板使用方法基本相同。

曝光度是通过在线性颜色空间（灰度系数为 1.0），而不是当前颜色空间执行计算得出的。

打开图像，如图 9-4-13 所示，执行“图像→调整→曝光度（E）”命令，即可弹出“曝光度”面板，如图 9-4-14 所示。

图 9-4-13

图 9-4-14

拖动滑块来调节曝光度，单击“确定”按钮或者单击“在图像中取样以设置白场（黑场、灰场）”按钮，移动鼠标指针至图像编辑窗口中，指针呈吸管状，设置后均可得到如图 9-4-15 所示的图片。

图 9-4-15

9.5 掌握图像色调的高级调整

对图像色调的高级调整的命令比较多，如“自然饱和度（V）”“色相→饱和度（H）”“色彩平衡（B）”“黑白（K）”“照片滤镜（F）”“通道混合器（X）”“颜色查找”等命令。下面将分别介绍执行各命令进行色调调整的方法。

9.5.1 执行“自然饱和度”命令调整图像饱和度

“自然饱和度”命令通过滑块左右拖动调整图像色彩的饱和度，向左拖动滑块是降低图像色彩饱和度，向右拖动滑块是提高色彩饱和度，使其画面效果更为细腻。该命令主要处理图像中部分不够饱和的颜色，对图像色彩影响不明显，同时自动保护图像中已饱和的部位。

打开图像，如图 9-5-1 所示，执行“图像→调整→自然饱和度”命令，弹出“自然饱和度”面板，如图 9-5-2 所示。拖动“自然饱和度”下面的滑块或直接输入参数值，向右拖动滑块可以增强图像的自然饱和度，如图 9-5-3 所示。

图 9-5-1

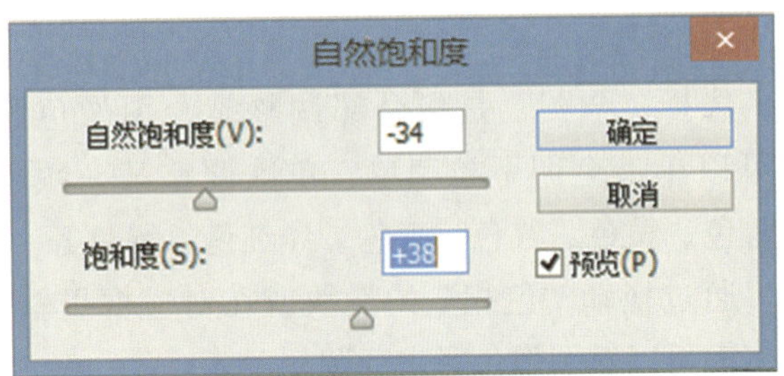

图 9-5-2

图 9-5-3

9.5.2 执行“色相 / 饱和度”命令调整图像色相

执行“色相 / 饱和度”命令不仅能调整图像或单个颜色分量的色相、饱和度和亮度值，还可以同步调整图像中所有的颜色。

打开图像，执行“图像→调整→（色相 / 饱和度）”命令或按“Ctrl+U”组合键，打开“色相 / 饱和度”面板，如图 9-5-4 所示。

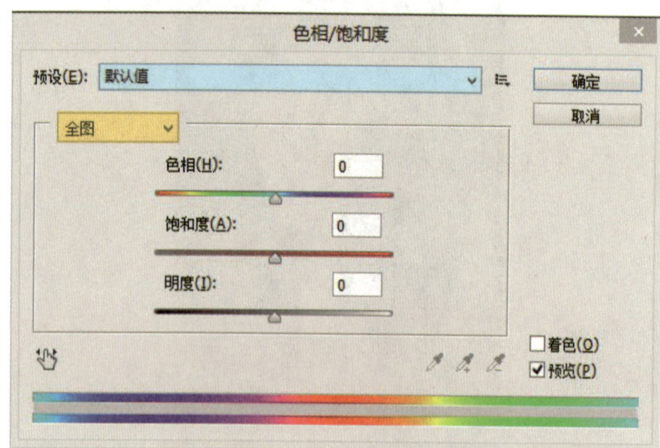

图 9-5-4

在“预设”栏里有软件自身所带供选择的数值。

选择“全图”是指全部调整整个图像色彩。也可以单击全图下拉菜单，单独调整某一颜色，如蓝色、黄色、红色、青色、洋红色、绿色等。

通过拖动“色相”的滑块或在对应框里输入数值都可以对图像色彩进行调整。

通过拖动“饱和度”的滑块或在对应框里输入数值都可以对图像饱和度进行调整。向左拖动，饱和度降低，向右拖动，饱和度升高。

通过拖动“明度”的滑块或在对应框里输入数值都可以对图像明暗程度进行调整。向左拖动滑块，亮度降低，向右拖动滑块，亮度升高。

通过勾选“着色”选项可以消除图像中的黑白或彩色元素，图像变为单色调。

打开图像，执行“图像→调整→（色相 / 饱和度）”命令或按“Ctrl+U”组合键，弹出“色相 / 饱和度”面板，如图 9-5-5 所示；选择“红色（Alt+3）”调整色相、饱和度、明度各参数，再单击“确定”按钮，效果如图 9-5-6 所示。

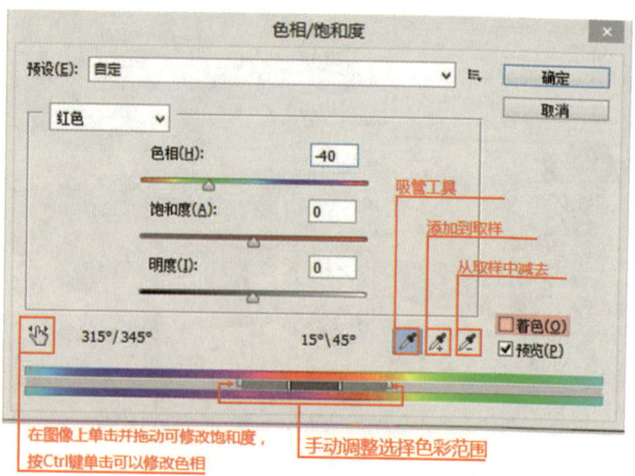

图 9-5-5

图 9-5-6

当对图像的单色进行调整时，吸管工具（包括吸管工具、添加到取样、从取样中减去）处于可应用状态。根据需要可以使用吸管工具取样并可使用添加到取样、从取样中减去或手动调整选择颜色范围。也可使用工具在图像上单击并拖动可修改饱和度，按“Ctrl”键的同时单击可以修改色相，效果如图 9-5-7 所示。

图 9-5-7

打开图像，如图 9-5-8 所示，执行“图像→调整→(色相 / 饱和度)”命令或按“Ctrl+U”组合键，弹出色相 / 饱和度面板。通过勾选“着色”选项，调整色相、饱和度、明度各参数，再单击“确定”按钮，效果如图 9-5-9 所示。

图 9-5-8

图 9-5-9

同时，“色相 / 饱和度”命令可以在输出图像 CMYK 的颜色前对色彩进行微调，以便图像颜色值均处在输出设备的色域范围内。

9.5.3 执行“色彩平衡”命令调整图像

“色彩平衡”命令可通过调整色调平衡的高光（H）、中间调（D）及阴影（S）区域中的特定颜色，平衡图像的色彩从而改变图像的总体颜色混合。

打开图像，如图 9-5-10 所示，执行“图像→调整→色彩平衡”命令或按“Ctrl+B”组合键，弹出“色彩平衡”面板，如图 9-5-11 所示。通过选择“高光（H）/ 中间调（D）/ 阴影（S）”选项调整“青色和红色、黄色和蓝色、洋红和绿色”这 3 对互补的颜色各参数，再单击“确定”按钮，效果如图 9-5-12 所示。

图 9-5-10

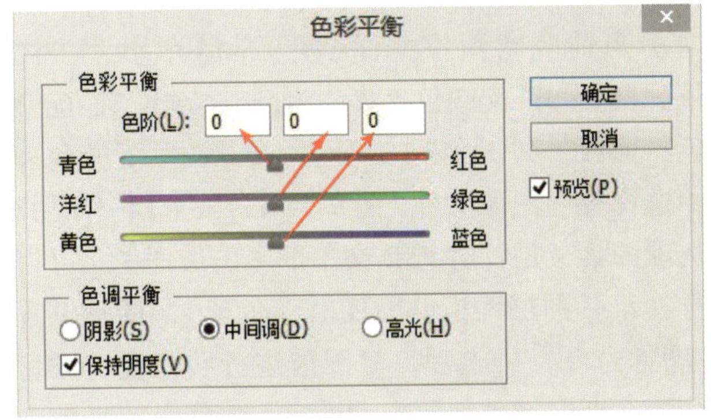

图 9-5-11

图 9-5-12

下面我们来认识色彩平衡面板中各参数含义。“色彩平衡”显示了青色和红色、黄色和蓝色、洋红和绿色这 3 对互补的颜色，其中一种颜色的增加都代表其补色的减少。

在“色调平衡”中单击该区域中的 3 个按钮的任一个，可以调整图像颜色的暗部阴影、中间灰度和亮部高光。

勾选“保持明度”选项，图像整体亮度值不会发生变化。

9.5.4 执行“匹配颜色”命令匹配图像色调

“匹配颜色”是一个智能的颜色调整工具，它可以使多个图像文件、图层以及色彩选区之间进行颜色匹配，从而使源图像与目标图像的亮度、色相和饱和度相统一（注意：该命令只适应 RGB 色彩模式的图像），对图像合成有重要意义。

打开 2 个图像，如图 9-5-13、图 9-5-14 所示，单击当前较暗图像文件（图 9-5-13），执行“图像→调整→匹配颜色（M）”命令，弹出“匹配颜色”面板，如图 9-5-15 所示。在“源”下拉列表中选择较亮图像文件（图 9-5-14，其下面“图层”选项的含义是针对 PSD 文件的多图层图像，可以选择某一图层匹配其明度和颜色值）；调整设置“图像选项”中选项，对图像进行明亮度、颜色强度、渐隐调整，单击“确定”按钮，效果如图 9-5-16 所示。若勾选“中和”选项，可消除目标图像中色彩偏差，得到匹配后色彩过渡较为自然的图像。同时，该命令也可以针对局部选区进行匹配。

图 9-5-13

图 9-5-14

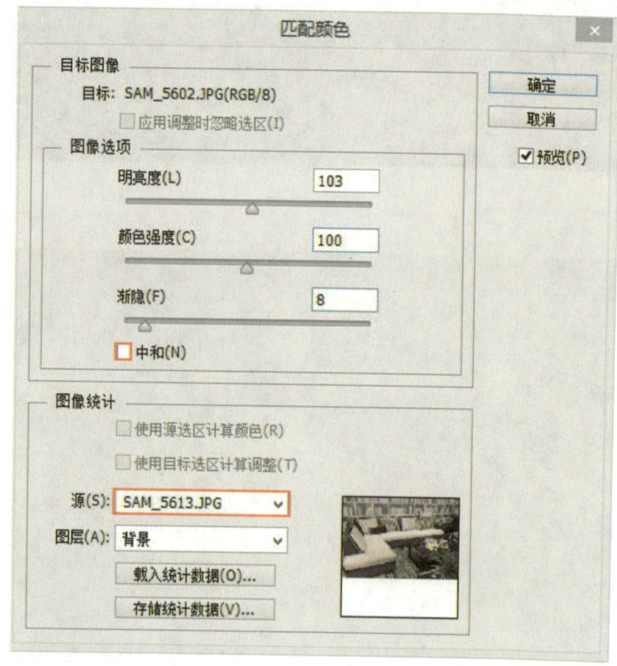

图 9-5-15

图 9-5-16

9.5.5 执行“替换颜色”命令替换图像色调

“颜色替换”命令可以替换图像中的某一特定范围内的颜色，从而来调整该区域内色彩的色相、饱和度、明度值。

打开图像，执行“图像→调整→替换颜色(R)”命令，弹出“替换颜色”面板，如图 9-5-17 所示。其中“选区”区域中有吸管工具（包括吸管工具、添加到取样、从取样中减去），若按“Shift”键并单击选定区域，能增加所选择的区域，若按“Alt”键并单击选定区域，能减少所选择的区域。“颜色容差”滑块向右可以扩大颜色区域的选择。在“替换”选项区域中的色相、饱和度、明度都是针对调整的颜色而言的。

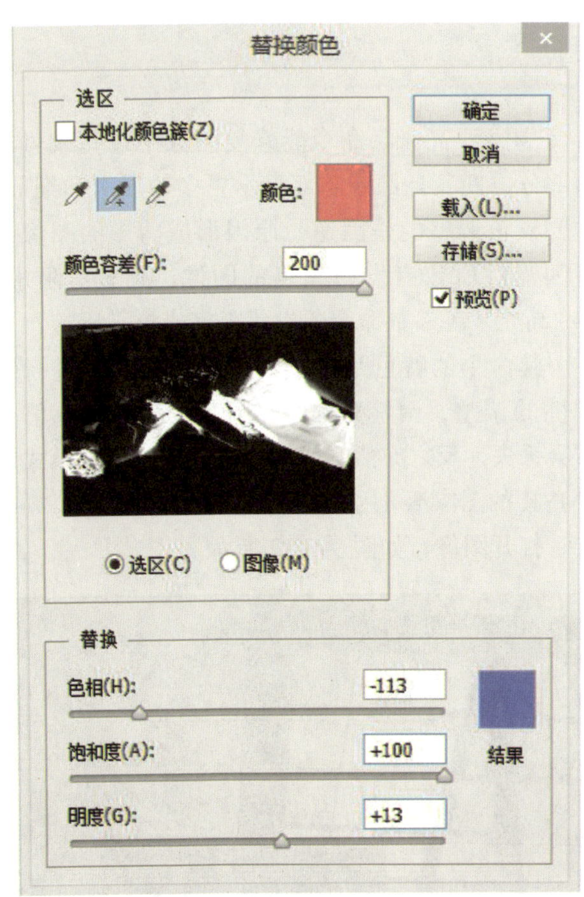

图 9-5-17

通过选择“吸管工具”在图像上点选色彩，再通过“添加到取样”“从取样中减去”命令的调整；再调整“颜色容差”“替换的色相、饱和度、明度”各颜色参数，最后单击“确定”按钮，效果如图 9-5-18（a）、（b）所示。

（a）

（b）

图 9-5-18

9.5.6 执行“照片滤镜”命令过滤图像色调

“照片滤镜”命令是模拟摄影中光学效果的一种调色工具（也就是模仿镜头前面加彩色滤镜的效果），可以用来平衡某一色调或追求一种特殊效果。

打开图像，如图 9-5-19 所示。

图 9-5-19

执行“图像→调整→照片滤镜（F）”命令，弹出“照片滤镜”面板，如图 9-5-20（a）所示。其中“使用”栏里有“滤镜”和“颜色”两个选项，在“滤镜”栏有诸多供选择的设置，如加温滤镜、冷却滤镜以及其他颜色等，如图 9-5-20（b）所示。单击“颜色”色框内颜色，可以在弹出的拾色器中选择各种需要的色彩。“浓度”数值用来调整应用于图像的颜色数量，若其应用的颜色调整大，其数值就越大。“保留明度”就是保留原来的图像明度不受影响。

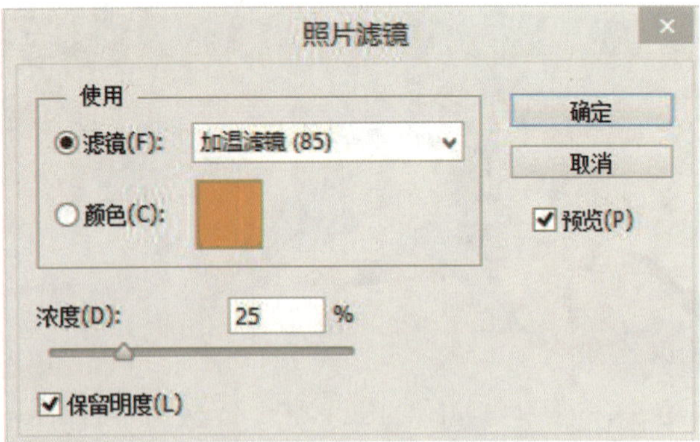

（a）

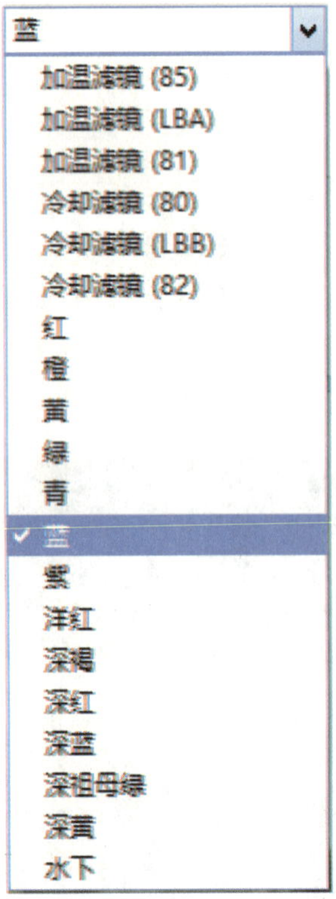

（b）

图 9-5-20

各参数调整完毕，再单击“确定”按钮，效果如图 9-5-21 所示。

图 9-5-21

9.5.7 执行“阴影 / 高光”命令调整图像明暗

“阴影 / 高光”命令能修复图像中过亮或过暗的部分，使其亮部或暗部显示更多的层次和细节；主要校正调整的是因逆光原因形成剪影的图像和因闪光灯所致有发白焦点的图像。通过“阴影”和“高光”各参数命令的设置来完成校正调整。

其命令的特色是可以对暗部或高光区进行针对性的调整，调整亮部时，暗部区域的颜色信息不会丢失，反之亦然。值得注意的是，色彩模式为 CMYK 的图像不可用。

打开图像，如图 9-5-22 所示。

图 9-5-22

执行“图像→调整→阴影 / 高光（W）”命令，弹出“阴影 / 高光”面板，勾选“显示更多选项

（O）”，如图 9-5-23 所示。

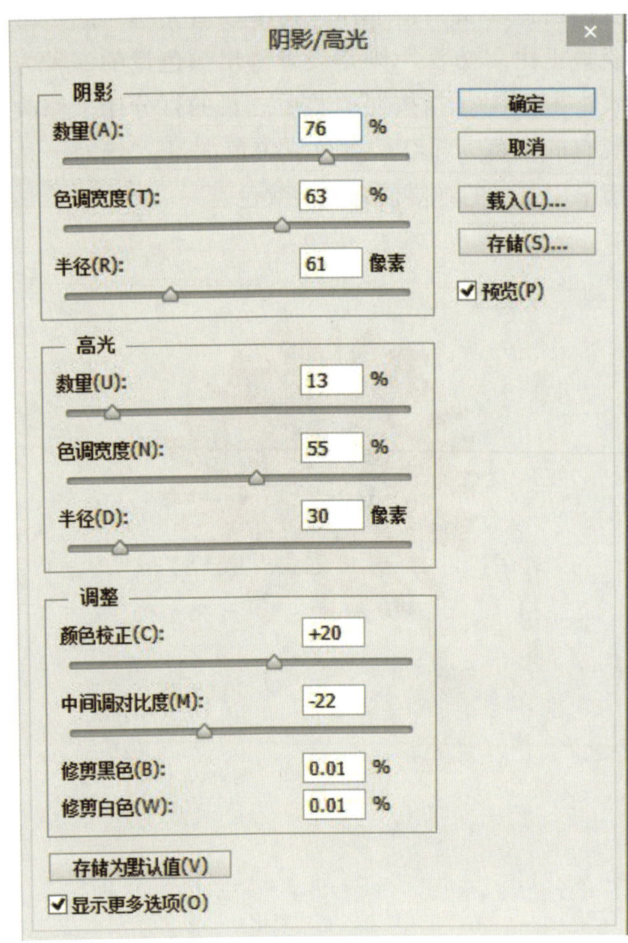

图 9-5-23

在“阴影”栏里，有三个选项供我们调整：“（阴影）数量”即阴影变亮的程度；“（阴影）色调宽度”即调整阴影色调的修改范围；“（阴影）半径”即控制应用阴影的范围。

在“高光”栏里，也有三个选项供我们调整：“（高光）数量”即高光变暗的程度；“（高光）色调宽度”即调整高光色调的修改范围；“（高光）半径”即控制应用高光的范围。

在“调整”栏里，有四个选项供我们调整：“颜色校正”即在区域图像中微调颜色；“中间调对比度”即调整中间调中的对比度。其中的“修剪黑色（修剪白色）”数值越大，调整后的图像对比度就越大。

各参数调整完毕后，再单击“确定”按钮，效果如图 9-5-24 所示。

图 9-5-24

9.5.8 执行“通道混合器”命令调整图像色彩

“通道混合器”命令可以将目标颜色通道与源通道各选项以一定的比值进行调整，从而合成新的颜色通道。

打开图像，如图 9-5-25 所示。

图 9-5-25

执行“图像→调整→通道混合器（X）”命令，弹出“通道混合器”面板，如图 9-5-26 所示。

其中，“预设”栏里有预设效果供选择，“输出通道”是指选择需要调整的通道；“源通道”则指调整源通道在输出通道中所占的比例百分比（这里的源通道相当于复合通道，RGB 模式图像和 CMYK 模式图像其通道混合器面板选项不同）；“常数”则调整输出通道的不透明度；若勾选“单色”选项，可将彩色图像变成只含灰度值的黑白图像。

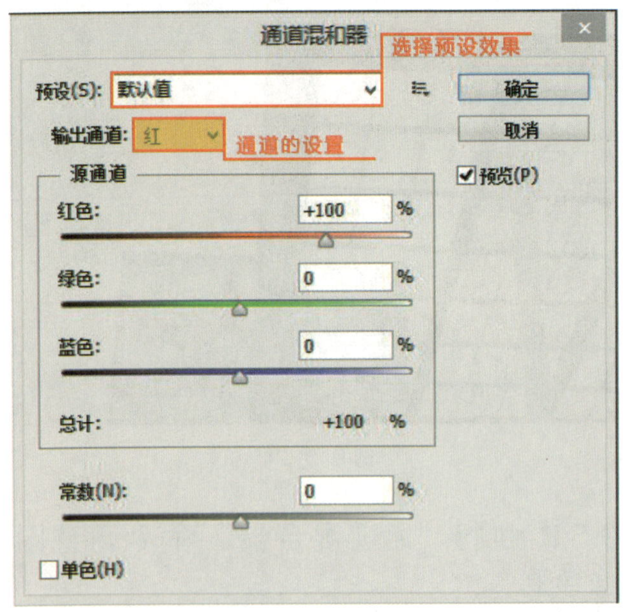

图 9-5-26

在输出通道中选择“红”并对其各项参数进行设置，通过增加该输出通道中的红色信息得到如图 9-5-27 所示效果。

图 9-5-27

9.5.9 执行“可选颜色”命令校正图像颜色平衡

“可选颜色”命令能选择性地对某一种颜色进行修整，即可以有选择地对图像某一主色调成分增加或减少印刷颜色的含量，而不影响该印刷色在其他主色调中的表现，从而对颜色进行调整。该命令为高档扫描仪和分色程序使用的一种技巧。

打开图像，如图 9-5-28 所示，执行“图像→调整→可选颜色（S）”命令，弹出“可选颜色”面板，如图 9-5-29 所示。其中，“预设”栏里有预设效果供选择；“颜色”栏里红色、黄色、绿色以及黑白色等供调整选择，其参数值大小与颜色浓淡呈正比；“方法”则是设置输出颜色量的一种方式；“相对”是指按照调整后总量的百分比来修改现有的青色、洋红、黄色或黑色的量；“绝对”是指采用总量的绝对值来调整颜色。

图 9-5-28

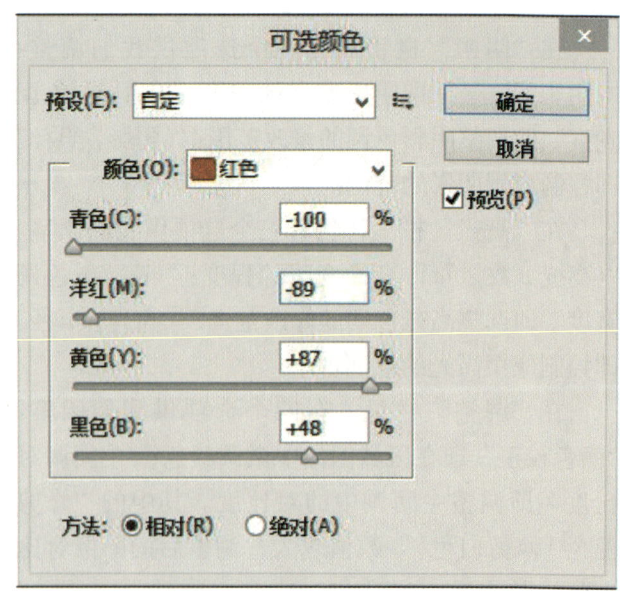

图 9-5-29

在图 9-5-30 中的“颜色”选项中选择“红色”，并对其各项参数进行设置，再单击“确定”按钮，效果如图 9-5-31 所示。

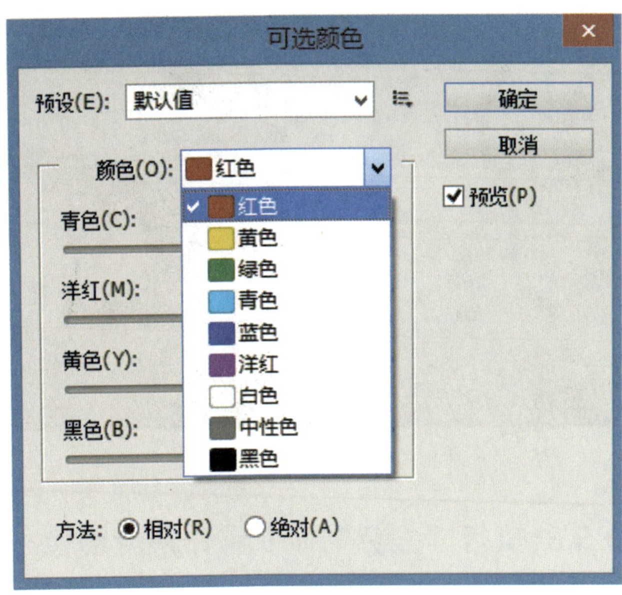

图 9-5-30

图 9-5-31

9.6 色彩和色调的特殊调整

Photoshop CS6 对图像的调整除了调整、校正色调外，还可以使用“去色”“黑白”“反相”和“色调均化”等命令来更改图像中的面貌，一般会产生不同特殊效果。

9.6.1 执行“黑白”命令制作单色图像

“黑白”命令是丢弃其他颜色信息，将图像调整成黑白效果，该命令不同于简单的去色，是通过对菜单的各项参数设置来调整出极具艺术效果的经典黑白照片。

打开图像，如图 9-6-1 所示，执行“图像→调整→黑白（K）”命令或按“Alt+Shift+Ctrl +B”组合键，即可弹出“黑白”面板，如图 9-6-2 所示。

图 9-6-1

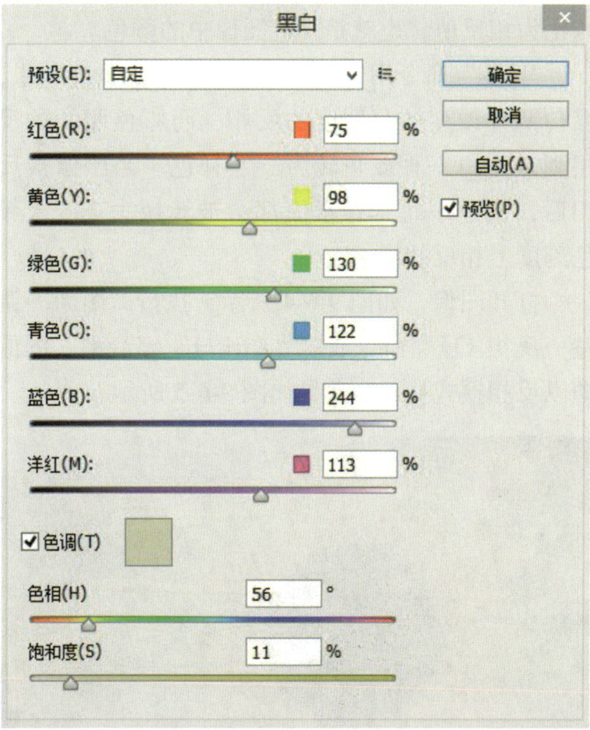

图 9-6-2

完成各项参数的调整设置后。再单击“确定”按钮，效果如图 9-6-3 所示。若勾选“色调”复选框，单击颜色色块，在弹出“选择目标颜色”

对话框中选择需要的色彩，即可处理出单一色彩图像。

图 9-6-3

9.6.2 执行“反相”命令制作照片效果

“反相”命令是把图像中每个通道的像素亮度转化为相反值，也就是反转图像中的颜色。

“反相”命令用于制作类似于照片的负片效果，黑白照片改变的是明度的反相，而彩色照片的反相则是把每一种颜色转为其互补色。当图像被反相后，通道中每个像素值都会被转换为 256 级颜色刻度上相反的值。

打开图像，如图 9-6-4 所示，执行“图像→调整→反相（I）”命令或按“Ctrl +I”组合键，图像即以反相模式显示，效果如图 9-6-5 所示。

图 9-6-4

图 9-6-5

9.6.3 执行“去色”命令制作灰度图像

“去色”命令能将彩色图像转换为灰度图像，所有色彩信息去除，但图像的颜色模式保持不变。

打开图像，如图 9-6-6 所示，执行“图像→调整→去色（D）”命令或按“ Shift+Ctrl +U”组合键，图像颜色信息去除即以灰度显示，如图 9-6-7 所示。

图 9-6-6

图 9-6-7

9.6.4 执行“阈值”命令制作黑白图像

“阈值”命令可以将灰度或彩色图像转换为高对比度的黑白两色图像。

打开图像，如图 9-6-8 所示，执行“图像→调整→阈值（T）”命令，即可弹出“阈值”面板，如图 9-6-9 所示。“阈值色阶”默认值为 128，该阈值可以输入数值或通过滑块调整，画面中比该阈值色阶亮的像素即被转化为白色，比该阈值色阶暗的像素即被转化为黑色。

图 9-6-8

结合图像预览，设置数值，单击“确定”按钮，即可得到效果如图 9-6-10 所示。

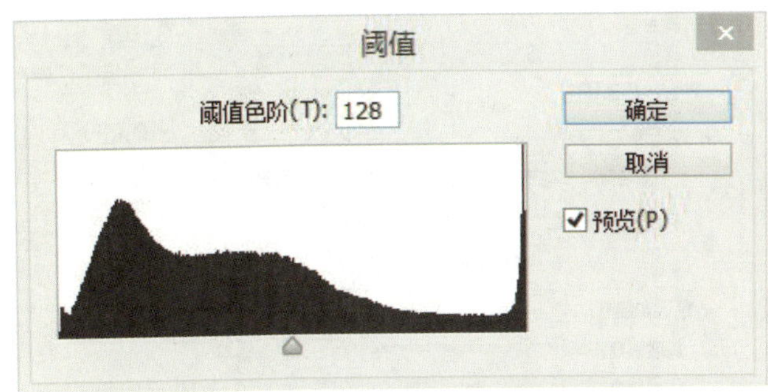

图 9-6-9

图 9-6-10

9.6.5 执行“变化”命令调整图像

“变化”命令能直观方便地调整图像色彩平衡、对比度、饱和度，效果相当于“色彩平衡”命令和“色相 / 饱和度”命令功能的相加。

打开图像，如图 9-6-11 所示，执行“图像→调整→变化”命令，即可弹出“变化”面板，如图 9-6-12（a）、（b）所示。

图 9-6-11

通过选择阴影、中间调、高光、饱和度会有不同选项参数的调整设置。下图是选择“中间调”在原稿基础上两次单击“加深黄色”和两次单击“加深青色”，如图 9-6-12（a）所示。满意“当前挑选”后，单击“确定”按钮，即可得到色调偏绿图像，如图 9-6-13 所示。

（a）

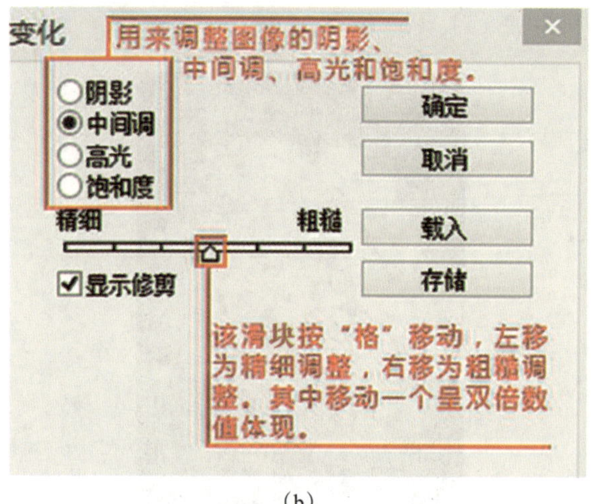

（b）

图 9-6-12

图 9-6-13

9.6.6 执行"HDR 色调"命令调整图像色调

"HDR"的英文全称是 High Dynamic Range，"H（High）"即高动态范围，动态范围是指信号最高和最低值的相对比值。"HDR 色调"图像调整有三个特点：能使亮的地方更亮，暗的地方更暗，亮暗部的细节都很明显。

打开图像，如图 9-6-14 所示。

执行"图像→调整→ HDR 色调"命令，即可弹出"HDR 色调"面板，如图 9-6-15 所示。

图 9-6-14

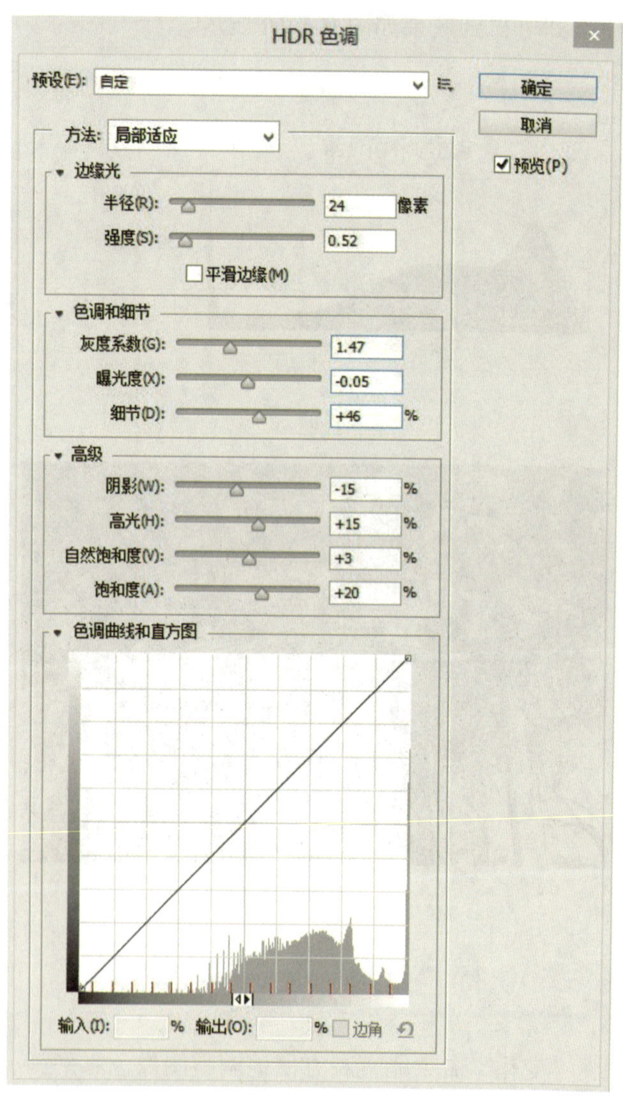

图 9-6-15

单击"预设（E）"栏，即可看到有多项预设效果的下拉菜单，如图 9-6-16 所示。

单击"方法"栏，即可看到有四项可供选择

的菜单，不同选项其下拉参数设置不同，如图 9-6-17 所示。

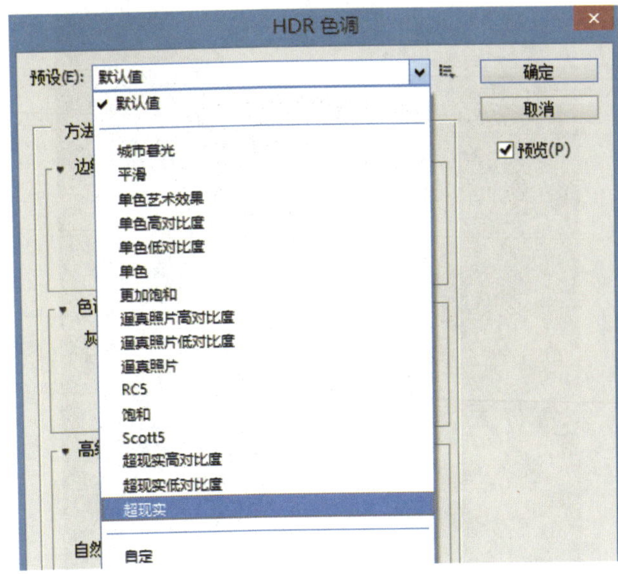

图 9-6-16

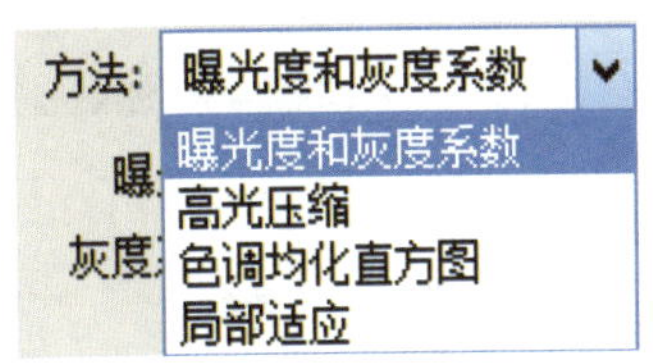

图 9-6-17

在“方法”栏选择“局部适应”项目时，有“边缘光”“色调和细节”和“高级”三选项来进行设置和调节。

“边缘光”选项区域包括控制发光效果大小的“半径”，控制发光效果的对比度的“强度”。其中若勾选“平滑边缘”选项，则可以保留边缘细节平滑。

“色调和细节”选项区域包括调整高光和阴影之间的差别的“灰度系数”，调整图像的色调“曝光度”以及关注细节处理的“细节”。

“高级”选项区域包括调整阴影部分明亮度的“阴影”和调整高光亮部明亮度的“高光”。

单击“色调曲线和直方图”直方图前面的三角形，即可直接调整整个图像的明暗度，如图 9-6-18 所示。

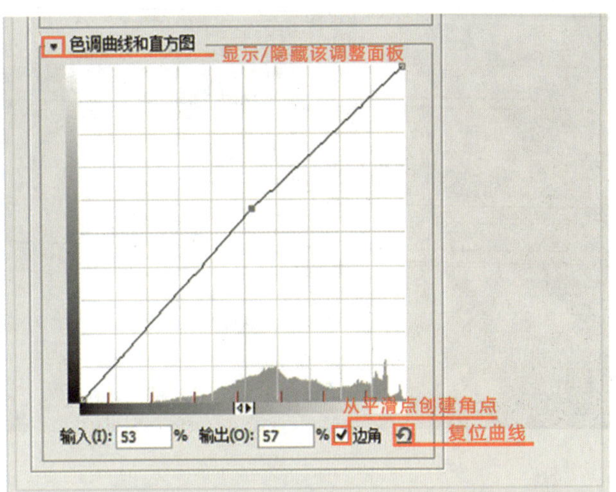

图 9-6-18

结合图像预览，设置各项数值，再单击“确定”按钮，效果如图 9-6-19 所示。

图 9-6-19

9.6.7 执行“色调均化”命令均化图像亮度值

“色调均化”命令就是重新分布图像中各像素的亮度值，使图像更均匀地呈现所有范围的亮度值。执行该命令后，图像中最亮的颜色被软件修改为白色，最暗的颜色被转为黑色，中间像素按灰度重新分配调整。

打开图像，如图 9-6-20 所示，执行“图像→调整→色调均化（Q）”命令，图像亮度值增大，对比度增强，效果如图 9-6-21 所示。

图 9-6-20

图 9-6-21

图 9-6-22

图 9-6-23

9.6.8 执行“色调分离”命令指定图像色调级数

“色调分离”命令可给图像色阶重新定义，在色调分离面板中，通过移动滑块或输入数值来定义色阶的多少。在灰色图像中可以使用该命令减少灰阶数量，对于彩色图像则能够指定图像中每个通道的色调级（或亮度值）的数量，将像素映射为最接近的匹配级别。

打开图像，如图 9-6-22 所示，执行“图像→调整→色调分离（P）”命令，即可弹出色调分离面板。色阶数值越小，每个通道拥有的颜色就少，画面色彩强化的特殊效果就越明显。结合图像预览，设置数值，再单击“确定”按钮，效果如图 9-6-23 所示。

9.6.9 执行“渐变映射”命令达到彩色渐变效果

“渐变映射”命令可将相等图像灰度范围映射到指定的渐变填充色。若我们应用“黑白渐变”映射，则会出现黑白图像，对于各种“彩色渐变”，则是按灰度值的明暗制定映射，中间调则会映射到两个端点间的层次。

打开图像，如图 9-6-24 所示，执行“图像→调整→渐变映射（G）”命令，即可弹出“渐变映射”对话框，如图 9-6-26 所示。

图 9-6-24

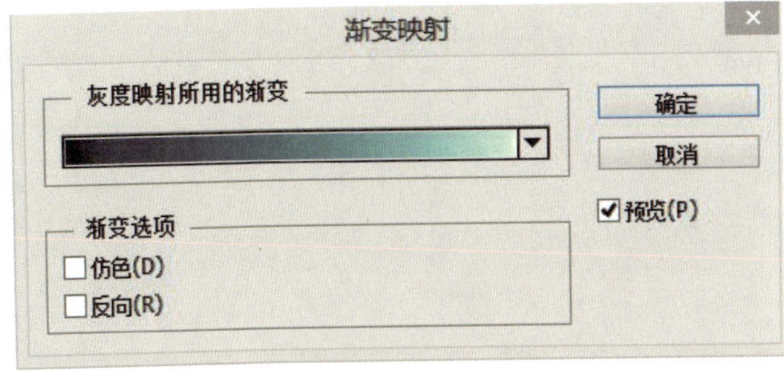

图 9-6-25

单击“灰度映射所用的渐变”栏，即有多项预设效果可供选择，如图 9-6-26 所示。

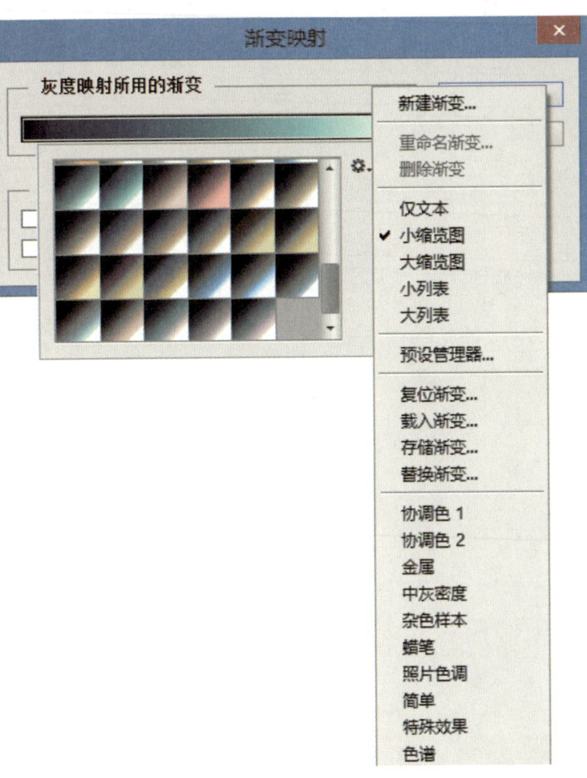

图 9-6-26

其中，勾选“仿色”栏是使色彩平滑过渡；勾选“反向”栏则是可使渐变色呈逆向转换。

结合图像预览，设置数值，再单击“确定”按钮，即可得到彩色渐变效果图像，如图 6-9-27 所示。

图 9-6-27

第10章 滤镜的特殊效果

学习目标

了解滤镜的概念以及作用，掌握常用的几种滤镜，如风格化、极坐标、模糊、渲染、杂色等滤镜组的使用方法。

知识导图

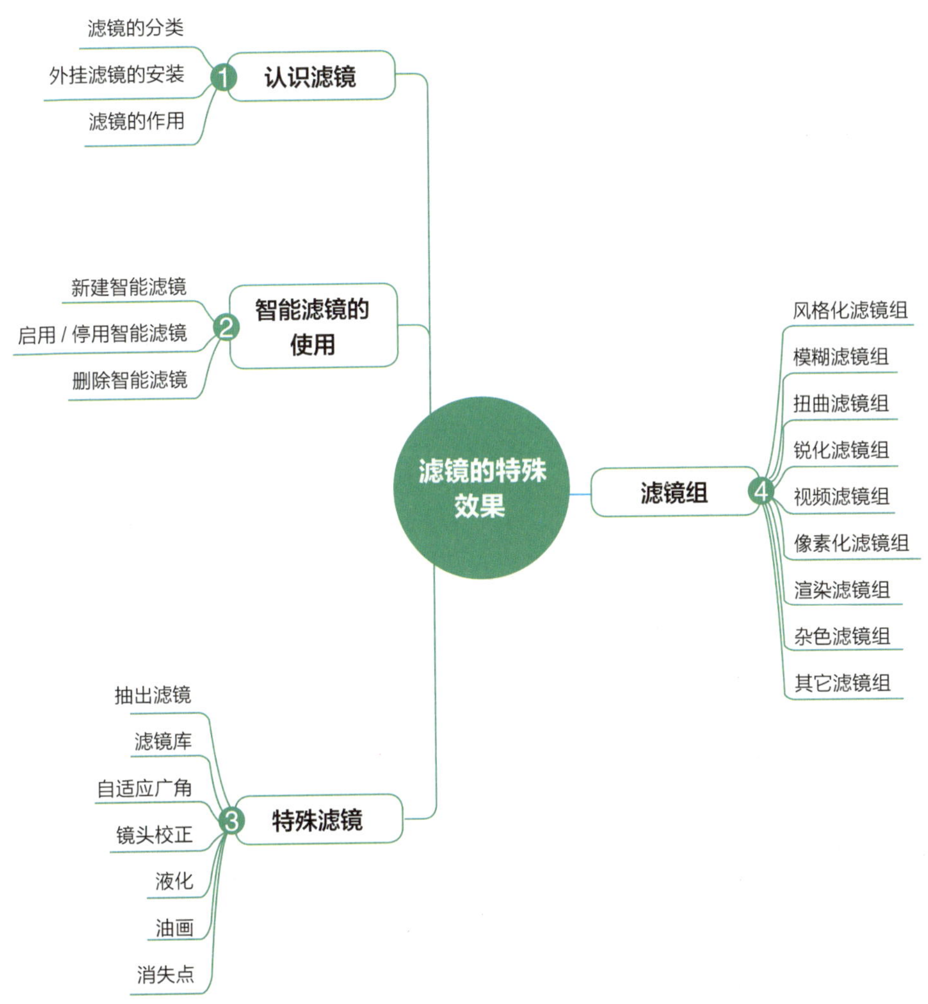

“滤镜”一词原是摄影师为追求特殊拍摄效果而使用的一种摄影器材，Photoshop 的“滤镜”也是能够对图像做特殊效果处理的。Photoshop CS6 中更是拥有强大的“滤镜”功能，通过不同滤镜设置来改变图像像素的位置和颜色信息，从而达到魅力精彩的魔幻效果。

10.1 认识滤镜

“滤镜”是 Photoshop 作为全球第一图像处理软件的主要特色工具。很难想象，Photoshop 若没有“滤镜”特效，是否还会使亿万用户所向往。

10.1.1 滤镜的分类

Photoshop CS6 软件内，单击菜单栏里的“滤镜”，弹出滤镜菜单，如图 10-1-1 所示。

滤镜一般分为内置滤镜（智能滤镜、特殊滤镜、滤镜组）和外挂滤镜。

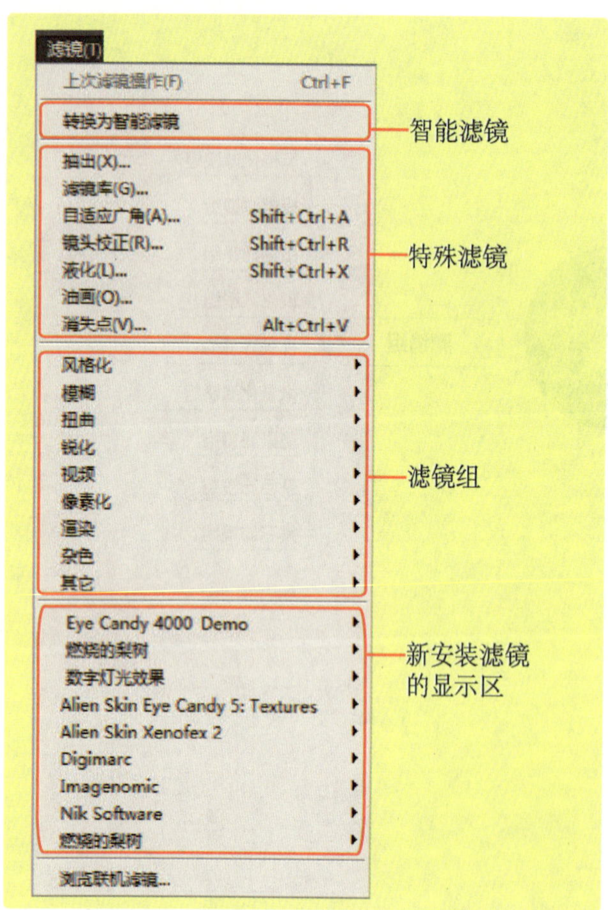

图 10-1-1

10.1.2 外挂滤镜的安装

外挂滤镜是其他图像处理公司开发的 Photoshop 专用滤镜，通过安装才可以使用。将绿色外挂滤镜文件解压后根据自己的系统位数（目前系统位数有 32 位和 64 位）选择相应文件并拷贝，找到 Photoshop CS6 安装目录中的滤镜“Plug-Ins”文件夹，把拷贝的文件粘贴进来（常规安装路径是 C:\Program Files（x86）\Adobe\Adobe Photoshop CS6\Plug-ins\Panels）。启动 Photoshop CS6 后即可运行该滤镜。如上图“新安装滤镜显示区”内都是安装的外挂滤镜。

10.1.3 滤镜的作用

不同的滤镜，其作用也不同，但整体来说，滤镜有以下几种作用。一是编辑和修饰图像，如抽出滤镜、液化滤镜、镜头校正、消失点滤镜以及“去斑”“减少杂色”等。二是对图像特殊效果的模拟，通过使用油画、滤镜库的各滤镜和滤镜组的模糊、素描以及像素化等来实现图像特殊效果。

需要注意的是，滤镜可以针对 Photoshop CS6 的图像选区执行操作，对于没有创建选区的图像，滤镜则对整个图像执行操作。同样，滤镜还可以针对图像的某一图层或某一通道执行操作。但是，很多滤镜效果只能应用在 RGB 模式图像上，不能应用在位图模式、索引模式、CMYK 等模式图像上。

10.2 智能滤镜的使用

智能滤镜是 Photoshop CS6 又一强大功能的体现，主要针对图像中智能对象的滤镜应用。通过使用智能滤镜可以对图像所添加的滤镜进行反复修改。

10.2.1 新建智能滤镜

新建智能滤镜的前提是需要新建智能对象，打开素材图像，如图 10-2-1 所示。

执行“文件→置入”命令，打开“置入”对话框，选择需要置入文件的路径和名称（素材 2），如图 10-2-2 所示。

图 10-2-1

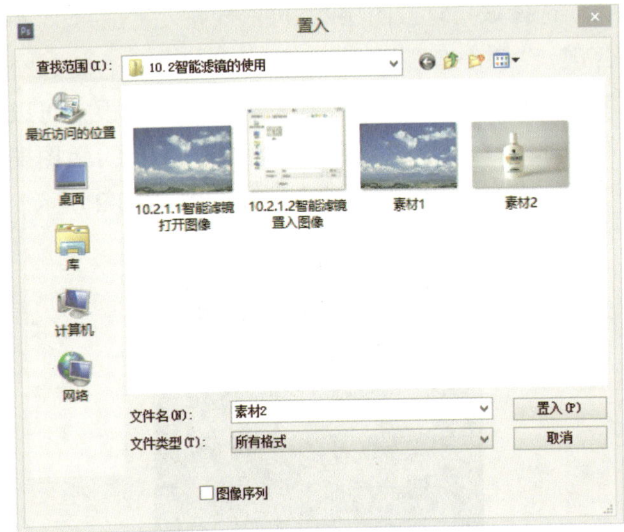

图 10-2-2

单击“置入”按钮，“素材 2”被置入到“素材 1”图像中，在“素材 1”图像中双击“素材 2”或按“ Enter”键，完成置入，并生成智能图层，如图 10-2-3 所示。

图 10-2-3

选择“素材 2”图层，执行“滤镜→渲染→光照效果”命令，在弹出的“光照效果”属性面板中设置相关参数，如图 10-2-4 所示。

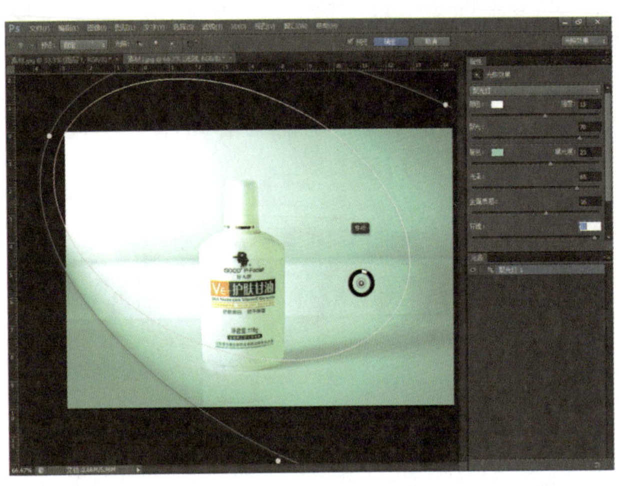

图 10-2-4

设置完毕后，再单击“确定”按钮，如图 10-2-5 所示。若对当前“光照效果”滤镜不满意，可以双击图层面板“智能图层”的“光照效果”，即可再次弹出“光照效果”属性面板进行新的编辑。

图 10-2-5

或者使用鼠标选择需要编辑滤镜，再右击，在弹出的快捷菜单里选择“编辑智能滤镜”，即可弹出“光照效果”属性面板进行新的编辑。

选择“素材 2”图层，设置图层混合模式为“强光”，效果如图 10-2-6 所示。

图 10-2-6

10.2.2 启用 / 停用智能滤镜

启用 / 停用智能滤镜需要借助图层面板来实现，如图 10-2-7 所示。

图 10-2-7

通过“眼睛”图标可以启用 / 停用所有智能滤镜或单个滤镜。

10.2.3 删除智能滤镜

在图层面板，选择某一智能滤镜，鼠标右击，在弹出的快捷菜单里选择“删除智能滤镜”，即可删除智能滤镜。或像删除图层一样，使用鼠标选中需要删除的智能滤镜并按住拖动到图层底部的删除按钮。

10.3 特殊滤镜

特殊滤镜是指滤镜功能较为强大、又较常使用的滤镜。包括“抽出”“滤镜库”“自适应广角”“镜头校正”“液化”“油画”和“消失点”滤镜。

10.3.1 抽出滤镜

抽出滤镜原来是 Photoshop 软件的内置滤镜，但是在 Photoshop CS6 版本已经作为外挂滤镜存在了。若需要很精确完美的抠图，用户先安装该滤镜，安装外挂滤镜的方法在 10.1.2 章节有详细阐述，这里不再赘述。

抽出滤镜抠图案例如下所示。

打开素材图像，如图 10-3-1 所示。

图 10-3-1

选择该“背景图层”，再依次按“Ctrl+A”组合键、“Ctrl+C”组合键、“Ctrl+V”组合键，全选该图层并复制粘贴该图层，在图层面板上可以看到原“背景图层”被复制成新的“图层 1”图层（复制的目的是为了保护原图层），如图 10-3-2 所示。

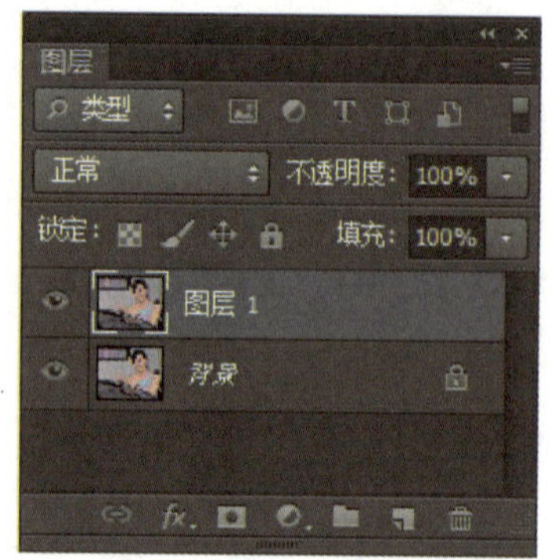

图 10-3-2

单击背景图层“眼睛”图标，隐藏背景图层，再单击“图层 1”，并执行“滤镜→抽出”命令，在弹出的“抽出”面板中设置相关参数，使用“边缘高光器”工具，绘制需要保护的区域，如图 10-3-3 所示。

图 10-3-3

然后将描绘的区域用“填充工具”填充，再单击“预览”按钮，“抽出”滤镜面板如图 10-3-4 所示。

图 10-3-4

借助“缩放工具”和“抓手工具”的放大和移动图像功能，使用“清除工具”“修饰边缘工具”对细节部分进行修改（清除工具就是橡皮擦，将不想要的部分擦掉。而边缘修饰工具正好相反，有的地方抠多了，可以用它来恢复），效果如图 10-3-5 所示。

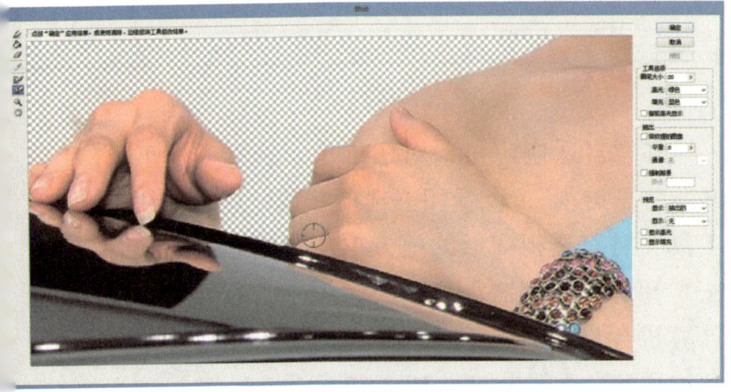

图 10-3-5

使用“抽出”滤镜抠图效果最终如图 10-3-6 所示。

图 10-3-6

10.3.2 滤镜库

Photoshop CS6“滤镜库”包含了大部分常用内置滤镜组的滤镜设置。使用“滤镜库”可以应用多个滤镜或多次应用同一个滤镜，并可以重新排列滤镜顺序或更改已应用的滤镜设置。

滤镜库应用案例如下所示。

打开素材图像，如图 10-3-7 所示。

图 10-3-7

执行“滤镜→滤镜库”命令，打开“滤镜库”对话框。在滤镜库对话框中共有六组滤镜可供使用，即风格化、扭曲、画笔描边、素描、纹理和艺术效果，如图 10-3-8 所示。

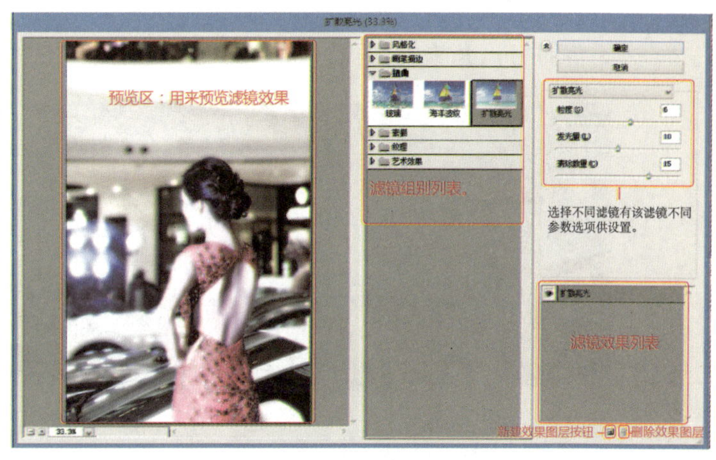

图 10-3-8

单击“扭曲”组别，打开扭曲滤镜组列表。再单击“扩散亮光”滤镜预览图标，对话框左侧将出现图像预览效果，根据效果可以对该滤镜的“粒度”“发光量”“清除数量”进行重新设置。

设置完毕，再单击“确定”按钮，关闭“滤镜库”对话框，使用工具箱中的“历史画笔工具”，调整该工具软硬度和不透明度等相关参数，在人物图像上描绘，最终效果如图 10-3-9 所示。

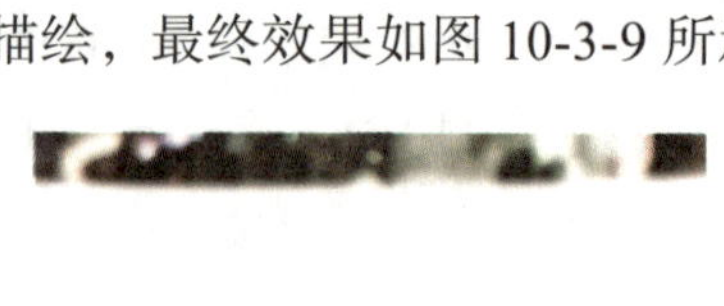

图 10-3-9

10.3.3 自适应广角

对于户外采风使用广角镜头拍摄的照片，照片边角都会出现弯曲变形的问题，为便于处理该类图片，Photoshop CS6 的滤镜菜单中添加了“自适应广角”命令。该命令主要处理广角镜头拍摄的照片所产生的景物变形。

自适应广角滤镜应用案例如下所示。

打开广角素材图像，如图 10-3-10 所示。

图 10-3-10

在图层面板，选中“背景”图层，执行“滤镜→转换为智能滤镜”命令或者右击，在弹出的快捷菜单中选择“转化为智能对象”，都可以将图层转换为智能对象，如图 10-3-11 所示。

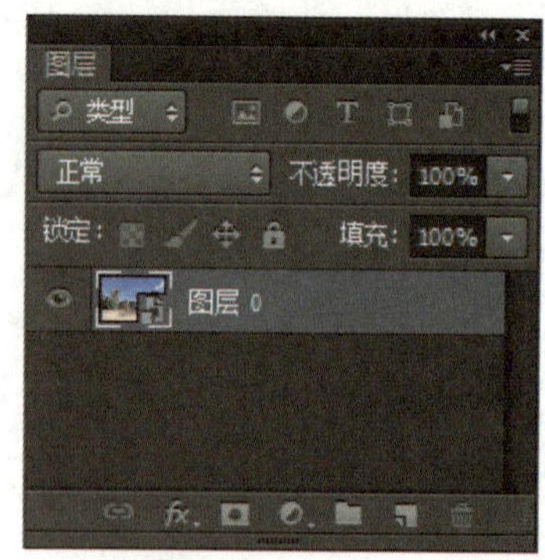

图 10-3-11

执行“滤镜→自适应广角”命令，或按“Shift+Ctrl+A”组合键，打开“自适应广角”对话框，如图 10-3-12 所示。

图 10-3-12

在“自适应广角”对话框中，选择“校正模式”为“透视”，设置相关选项参数，选择“约束工具”对有透视变形的地方单击绘制起点，同时按“Shift”键强制水平和垂直方向约束绘制终点。计算机会自动沿着起点到终点的这条线来修整广角透视变形，效果如图 10-3-13 所示。

图 10-3-13

使用上述方法对透视变形其他位置进行校正，调整设置透视变形结束后，再单击“确定”按钮，效果如图 10-3-14 所示。

图 10-3-14

使用工具箱的“裁剪工具”裁剪该图像，最终画面效果如图 10-3-15 所示。

图 10-3-15

10.3.4 镜头校正

“镜头校正”滤镜可对失真或倾斜的图像自动校正，还可以对图像的扭曲变形以及图片色差、四周晕影、暗角等进行校正调整。

镜头校正滤镜的案例应用如下所示。

打开需要校正的素材图像，如图 10-3-16 所示。

执行“滤镜→镜头校正”命令或按“Shift+Ctrl+R”组合键，打开“镜头校正”对话框，如图 10-3-17 所示。

选择“自动校正”模式，在其选项栏里，设置“校正”栏勾选“几何扭曲”选项，“边缘”选择“透明度”选项；“搜索条件”选项区域中，设置相机制造商为“Canon”、相机型号为“全部”、镜头型号为“15cm”；在镜头配置文件栏选择第一个镜头，如图 10-3-18 所示。

图 10-3-16

图 10-3-17

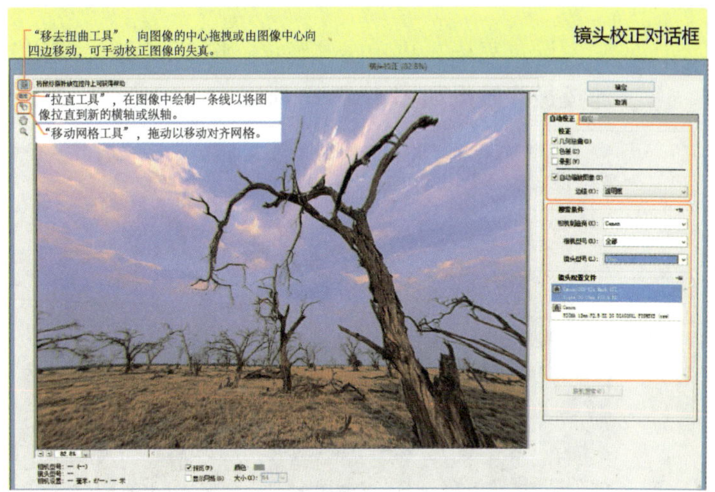

图 10-3-18

选择“自定”模式切换到“自定”选项对话框，这里我们设置垂直透视与水平透视参数，如图

10-3-19 所示。

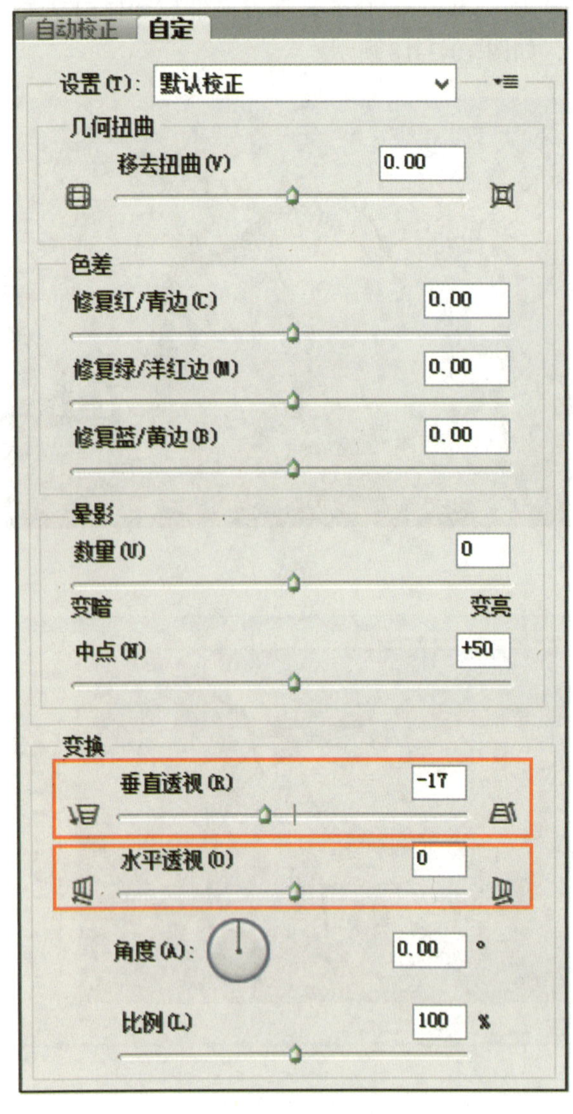

图 10-3-19

设置完毕，再单击“确定”按钮，“镜头校正”滤镜最终效果如图 10-3-20 所示。

图 10-3-20

10.3.5 液化

“液化”滤镜是可以模拟液体流动的效果来扭曲变形图像，在其滤镜对话框中，使用相关工具来推、拉、旋转、反射、折叠和膨胀图像，而达到图像画面自然流动的艺术效果。但是“液化”滤镜需要在 RGB 色彩模式下应用。

液化滤镜的案例应用如下所示。

打开素材图像，如图 10-3-21 所示。

图 10-3-21

执行“滤镜→液化”命令，或按“Shift+Ctrl+X”组合键，弹出“液化”对话框，选择“向前变形工具”移动指针缩略图至人物腰部，如图 10-3-22 所示。

图 10-3-22

首先使用“冻结蒙版工具”，对人物的右手肘部绘制蒙版进行冻结，再选择“向前变形工具”，在对话框右侧设置好该工具选项的“画笔大小”“画笔密度”和“画笔压力”等，然后按住鼠标左键在人物腰间向里推动，效果如图 10-3-23 所示。

图 10-3-23

同时，可以借助“膨胀”工具将需要增大的部位增大，设置调整完毕，再单击“确定”按钮，液化滤镜最终效果如图 10-3-24 所示。

图 10-3-24

10.3.6 油画

“油画”滤镜可以模拟油画笔触，将普通图像打造成油画效果。

油画滤镜的案例应用如下。

打开素材图像，如图 10-3-25 所示。

图 10-3-25

执行“滤镜→油画”命令，打开“油画”对话框，设置调整右侧的“画笔”和“光照”参数值，如图 10-3-26 所示。

图 10-3-26

设置完毕后，再单击“确定”按钮，油画滤镜制作的油画效果如图 10-3-27 所示。

图 10-3-27

10.3.7 消失点

“消失点”滤镜是根据透视原理来修饰带有透视效果的图像。使用“消失点”滤镜可以自定义透视参考线来进行复制、粘贴或移动到透视结构上。而对于图像校正，则可以指定平面进行复制、绘制及粘贴操作，使图像内容产生正确的透视变形效果等。

消失点

消失点滤镜的案例应用如下。

打开素材图像，如图 10-3-28 所示。

执行“滤镜→消失点”命令或按“Shift+Ctrl+V”组合键，弹出“消失点”对话框。选择“创建平面”工具，在预览窗口中单击创建一个透视矩形框，再使用“编辑平面工具”调整透视矩形框，如图 10-3-29 所示。

图 10-3-28

图 10-3-29

选择“图章工具”，按住“Alt”键的同时在透视矩形框里取样，然后在树叶处反复涂抹，如图 10-3-30 所示。

图 10-3-30

修饰完毕后，再单击“确定”按钮，消失点滤镜修复的图像效果如图 10-3-31 所示。

图 10-3-31

10.4 滤镜组

Photoshop CS6 滤镜组包含了大部分的常用滤镜，如风格化滤镜组、模糊滤镜组、扭曲滤镜组、锐化滤镜组、视频滤镜组、像素化滤镜组、渲染滤镜组、杂色滤镜组和其它滤镜组，共 9 组 60 个滤镜。

10.4.1 风格化滤镜组

“风格化”滤镜组中的滤镜命令是使用置换像素和查找图像边缘对比度的方法达到手绘或“印象派”画风的图像效果。

风格化滤镜组包含 8 个滤镜，它们分别是：“查找边缘”滤镜、“等高线”滤镜、“风”滤镜、“浮雕效果”滤镜、“扩散”滤镜、“拼贴”滤镜、“曝光过度”滤镜、“凸出”滤镜。风格化滤镜组如图 10-4-1 所示。

风格化 ▸	查找边缘
模糊 ▸	等高线...
扭曲 ▸	风...
锐化 ▸	浮雕效果...
视频 ▸	扩散...
像素化 ▸	拼贴...
渲染 ▸	曝光过度
杂色 ▸	凸出...

图 10-4-1

“查找边缘”滤镜就是强化图像边缘像素来生成一个清晰的图形轮廓。“等高线”滤镜是以相同亮度区域的轮廓边缘来生成轮廓线，达到地理学科中等高线的概念。“风”滤镜就是模拟风吹的效果。“浮雕效果”滤镜就是使图像生成浮雕效果。“扩散”滤镜是模拟毛玻璃的分离模糊效果。“拼贴”滤镜可生成不规则图形拼凑的图像效果。“曝光过度”滤镜就是模拟出摄影过度曝光的照片效果。“凸出”滤镜就是生成类似 3D 效果的图像。

“查找边缘”滤镜的案例应用如下。

打开素材图像，如图 10-4-2 所示。

执行“滤镜→风格化→查找边缘”命令，画面效果如图 10-4-3 所示。

图 10-4-2

图 10-4-3

10.4.2 模糊滤镜组

模糊滤镜组是可以去除图像的杂色或创建模糊特效的滤镜。模糊滤镜组包含 14 个滤镜，它们分别是：“场景模糊”滤镜、“光圈模糊”滤镜、“倾斜偏移”滤镜、“表面模糊”滤镜、“动感模糊”滤镜、“方框模糊”滤镜、“高斯模糊”滤镜、“进一步模糊”滤镜、“径向模糊”滤镜、“镜头模糊”滤镜、“模糊”滤镜、“平均”滤镜、“特殊模糊”滤镜、“形状”模糊滤镜。模糊滤镜组如图 10-4-4 所示。

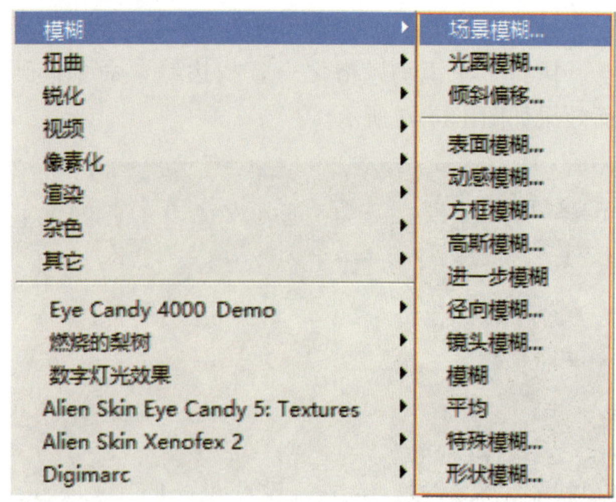

图 10-4-4

图 10-4-5

“场景模糊”滤镜和“光圈模糊”滤镜主要用来修饰数码照片，通过在图像中添加多个模糊点来打造不同的景深效果。“倾斜偏移”滤镜是用来模拟移轴摄影时移轴镜头的虚化效果。“表面模糊”滤镜是在保留边缘清晰的同时模糊图像，用来消除图像的杂色或颗粒。“动感模糊”滤镜使得图像像素发生位移，生成运动的模糊效果。“方框模糊”滤镜是基于相邻像素的平均颜色值来模糊图像，生成类似于方块状的模糊效果。“高斯模糊”滤镜可以使图像产生一种朦胧效果。“模糊”滤镜和“进一步模糊”滤镜功能基本相同，都可以对图像进行轻微模糊的处理，对图像中有显著颜色变化的地方进行杂色的消除。“径向模糊”滤镜能够生成旋转动态的模糊效果或者从中心向四周辐射的图像模糊效果。“镜头模糊”滤镜是模拟亮光在照相机镜头所产生的折射效果，制作镜头景深模糊效果。“平均”滤镜是将图层或选区中的颜色平均分布产生一种新颜色，然后用该颜色填充图像或选区以创建平滑的外观。“特殊模糊”滤镜就是精确地模糊图像。“形状模糊”滤镜是根据预置形状或自定义形状对图像进行模糊处理。

“表面模糊”滤镜的案例应用如下。

打开素材图像，如图 10-4-5 所示。

执行“滤镜→模糊→表面模糊”命令，在弹出的“表面模糊”对话框中设置相关参数，如图 10-4-6 所示。

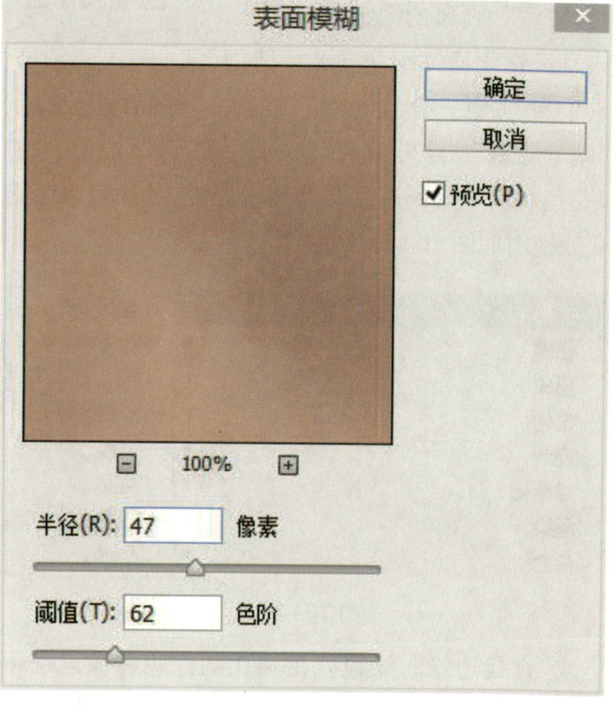

图 10-4-6

设置完毕后，再单击“确定”按钮，表面模糊效果如图 10-4-7 所示。

图 10-4-7

10.4.3 扭曲滤镜组

使用“扭曲”滤镜组可以将图像进行几何扭曲，以创建波浪、波纹、挤压以及平面和三维图像的变形效果。

扭曲滤镜组包含 9 个滤镜，它们分别是：“波浪”滤镜、“波纹”滤镜、“极坐标”滤镜、“挤压”滤镜、“切变”滤镜、“球面化”滤镜、“水波”滤镜、“旋转扭曲”滤镜和“置换”滤镜。扭曲滤镜组如图 10-4-8 所示。

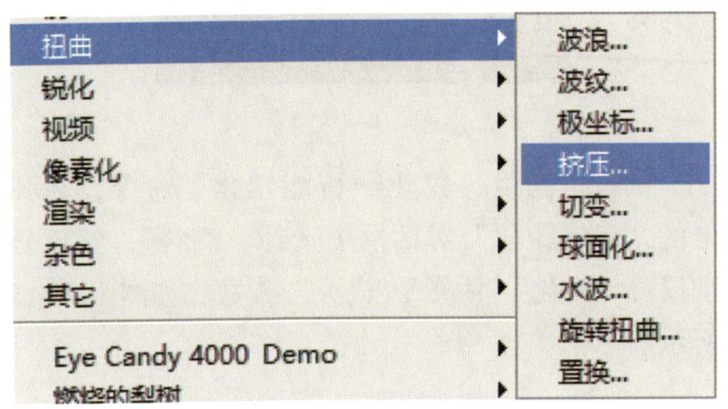

图 10-4-8

“波浪”滤镜就是可以在图像上生成波浪效果。“波纹”滤镜就是能够创建风掠水面的波纹效果。“极坐标”滤镜能将图像从平面坐标转换到极坐标，或者将图像从极坐标转换到平面坐标以生成扭曲图像的效果。“挤压”滤镜能够把图像向内或向外进行挤压变形。“切变”滤镜可以通过用户设置的曲线来扭曲图像。“球面化”滤镜可以使图像产生凹陷或凸出的球面效果。“水波”滤镜就是可以创建水面波纹荡漾的效果。“旋转扭曲”滤镜以图像中心顺时针或逆时针对图像进行旋转。“置换”滤镜可以指定一个用于置换的 PSD 格式的图像，以该图像的颜色、形状和纹理等来确定当前图像中的扭曲方式，使两幅图像交错组合在一起，产生位移扭曲效果。

“极坐标”滤镜的案例应用如下。

打开素材图像，如图 10-4-9 所示。

执行“选择→全部”命令或按“Ctrl+A”组合键，全选该图像，右击，在弹出的快捷面板中选择“垂直翻转”，效果如图 10-4-10 所示。

图 10-4-9

图 10-4-10

再执行“滤镜→扭曲→极坐标”命令，在弹出的“极坐标”对话框中选择“平面坐标到极坐标”，如图 10-4-11 所示。

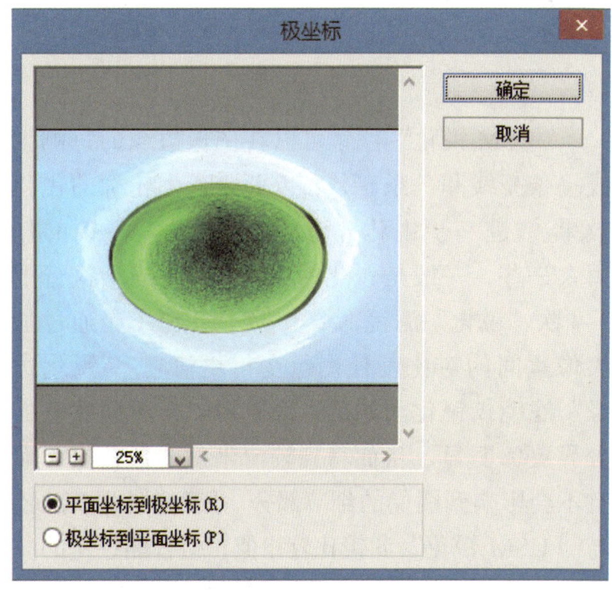

图 10-4-11

单击“确定”按钮，效果如图 10-4-12 所示。

图 10-4-12

10.4.4 锐化滤镜组

锐化滤镜组通过增强图像中相邻像素间的对比度来聚焦模糊的图像，可以使图像变得更加清晰。

锐化滤镜组包含 5 个滤镜，它们分别是：“USM 锐化”滤镜、“进一步锐化”滤镜、“锐化”滤镜、“锐化边缘”滤镜、“智能锐化”。锐化滤镜组如图 10-4-13 所示。

图 10-4-13

“USM 锐化”滤镜可以在图像边缘的每侧生成一条亮线和一条暗线，以此来产生轮廓的锐化效果。“进一步锐化”滤镜比“锐化”滤镜的作用大一些，一般是锐化的 3~4 倍，相当于执行了 3~4 次“锐化”滤镜命令。“锐化”滤镜是通过加大像素间的对比度使图像变得更清晰。“锐化边缘”滤镜仅锐化图像的边缘轮廓，使不同颜色的分界更为明显，从而得到较清晰的图像效果，而且不会影响到图像的细节部分。“智能锐化”滤镜与“USM 锐化”滤镜比较相似，但智能锐化的滤镜可以通过控制锐化选项来实现精确锐化。

“智能锐化”滤镜的案例应用如下。

打开素材图像，如图 10-4-14 所示。

图 10-4-14

执行“滤镜→锐化→智能锐化”命令，在弹出的“智能锐化”对话框中选择“高级”，然后分别设置“锐化”“阴影”“高光”参数，如图 10-4-15 所示。

图 10-4-15

设置完毕，再单击“确定”按钮，效果如图 10-4-16 所示。

图 10-4-16

10.4.5 视频滤镜组

视频滤镜组中共有 2 种滤镜，主要提取一些老旧设备用隔行扫描方式产生的图像，可以将图像转化为视频接收图像，起到因系统差异视频图像转化的媒介作用。

视频滤镜组包含“NTSC 颜色”滤镜和“逐行”滤镜。视频滤镜组如图 10-4-17 所示。

图 10-4-17

“NTSC 颜色”滤镜，NTSC（National Television Standards Committee）是“美国国家电视机标准委员会”的英文缩写，它能够将色域限制在电视机可接收的范围内，使得所处理的图片可以被电视机接收。

“逐行”滤镜，不论是电视机还是计算机显示器都有隔行与逐行扫描的区别，只是二者的扫描频率不同，所以捕捉电视机的画面会有交错的扫描线，“逐行”滤镜可以去除捕捉的视频图像中的“奇数扫描线”或“偶数扫描线”，把该图像变得平滑自然，如图 10-4-18 所示。

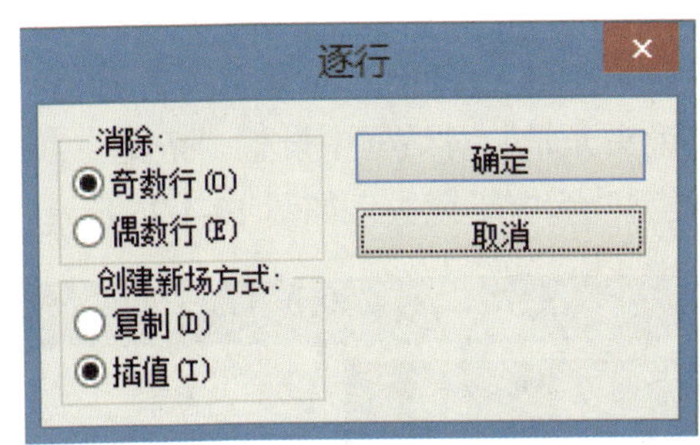

图 10-4-18

可以选择“消除”中的奇数行或偶数行。“创建新场方式”若选择“复制”，则表示用复制所删除区域周围的像素来填补删除区域；若选择“插值”，则是利用被删除区域周围的像素以插值的方法填补删除区域。

10.4.6 像素化滤镜组

像素化滤镜组可以通过单元格中颜色值相近的像素结成许多块面，并将这些小块重新组合或有机分布，生成彩块、点状、马赛克等效果。

像素化滤镜组包含 7 个滤镜，它们分别是“彩块化”滤镜、“彩色半调”滤镜、“点状化”滤镜、“晶格化”滤镜、“马赛克”滤镜、“碎片”滤镜、“铜版雕刻”滤镜。像素化滤镜组如图 10-4-19 所示。

图 10-4-19

“彩块化”滤镜是将图像中所有的颜色以黄、品红、青、黑四色网点相互叠加而生成彩块化效果。“彩色半调”滤镜可以模拟对图像的每个通道使用放大的半调网屏的效果。“点状化”滤镜可以将图像中的颜色分解为随机分布的网点，并使用背景色作为网点之间的画布颜色，生成点状化描绘的图像效果。“晶格化”滤镜能够使图像产生结晶般的块状效果。“马赛克”滤镜可以让图像中的像素集结大块色彩效果。“碎片”滤镜可以使图像产生重叠位移的模糊效果。“铜版雕刻”滤镜可以在图像中随机生成各种不规则的直线、曲线和斑点，使图像产生表面斑驳的金属板效果。

“彩色半调”滤镜的案例应用如下。

打开素材图像，如图 10-4-20 所示。

图 10-4-20

执行“滤镜→像素化→彩色半调”命令，在弹出的“彩色半调”对话框中设置“最大半径”为 4，“网角（度）”为默认，如图 10-4-21 所示。

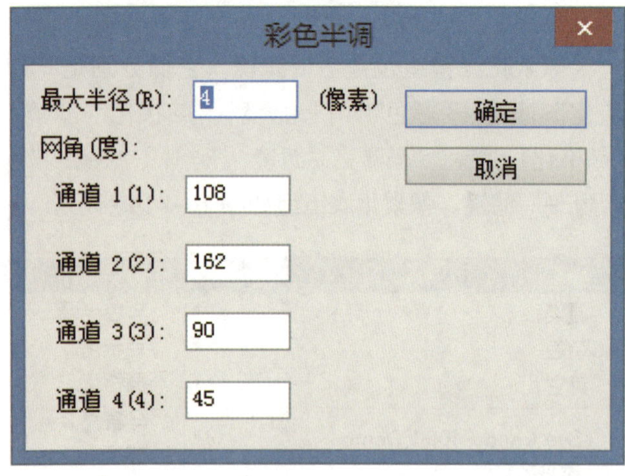

图 10-4-21

网角（度）是用来设置图像各个原色通道的网点角度。

设置完毕，再单击“确定”按钮，图像效果如图 10-4-22 所示。

图 10-4-22

10.4.7 渲染滤镜组

渲染滤镜组可以用来制作云彩图案、折射图案以及模拟光照等特殊效果。其包含 5 个滤镜，它们分别是“分层云彩”滤镜、“光照效果”滤镜、“镜头光晕”滤镜、“纤维”滤镜和“云彩”滤镜。渲染滤镜组如图 10-4-23 所示。

图 10-4-23

“分层云彩”滤镜就是将工具箱的前景色和背景色混合生成云彩图像，并和底图以差值模式进行混合。“光照效果”滤镜就是模拟光照在图像上的效果，但是 Photoshop CS6 中的“光照效果”滤镜功能较为强大，拥有 3 种光源和 17 种光照模式，可以产生丰富的光照效果。“镜头光晕”滤镜可以模拟太阳光照在图像上形成的光斑效果，因图像为相机拍摄，所以该滤镜对话面板的选项是镜头类型。“纤维”滤镜可以将前景色和背景色进行混合处理，生成编织纤维的图像效果。“云彩”滤镜可以根据前景色和背景色之间的变化随机生成类似云彩的效果，并以满幅形式显示在画面中。

“镜头光晕”滤镜的案例应用如下。

打开素材图像，如图 10-4-24 所示。

图 10-4-24

执行“滤镜→渲染→镜头光晕”命令，在弹出的“镜头光晕”对话框中设置“亮度”为 123%，“镜头类型”为电影镜头，如图 10-4-25 所示。

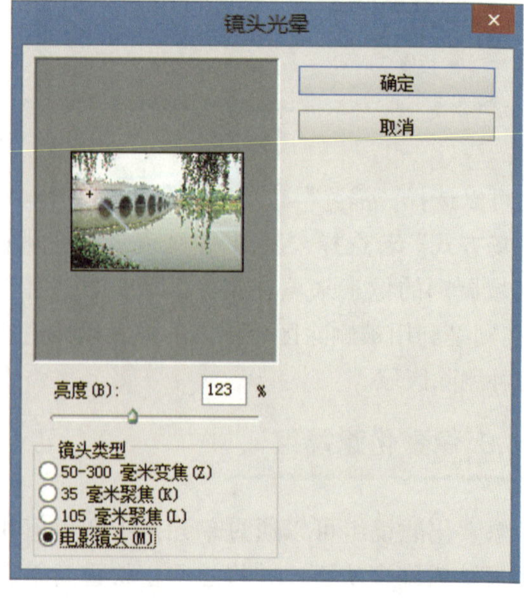

图 10-4-25

设置完毕，再单击“确定”按钮，效果如图 10-4-26 所示。

图 10-4-26

10.4.8 杂色滤镜组

杂色滤镜组是用来添加或去除杂色（一些颜色在图像中随机分布色阶的像素），并生成新的纹理，也可以用于去除有问题的区域。

杂色滤镜组包含 5 个滤镜，它们分别是“减少杂色”滤镜、“蒙尘与划痕”滤镜、“去斑”滤镜、“添加杂色”滤镜和“中间值”滤镜。杂色滤镜组如图 10-4-27 所示。

图 10-4-27

“减少杂色”滤镜可以通过对图像整体或各个通道的参数调整来减少图像中的杂色成分。“蒙尘与划痕”滤镜能够去除像素邻近区域差别较大的像素，以减少杂色，但是该命令会降低图像的清晰度。“去斑”滤镜用于清除图像中一些有规律的杂色或噪音点，并模糊除边缘区域以外的所有部分，但会降低图像的清晰度。“添加杂色”滤镜能够在图像上随机添加一些杂点，从而产生有沙石感的图像效果。“中间值”滤镜就是搜索相邻像素的颜色值并以此为半径来计算其亮度值来替换中心原有像素的亮度值，但图像会变得模糊。

“蒙尘与划痕”滤镜的案例应用如下。

打开素材图像，如图 10-4-28 所示。

右击背景图层，在弹出的快捷菜单中选择“复制图层”，在“复制图层”面板中单击“确定”按钮，图层面板上就出现新图层“背景 副本”，如图 10-4-29 所示。

图 10-4-28

图 10-4-29

选择新图层“背景 副本”，执行“滤镜→杂色→蒙尘与划痕”命令，在弹出的“蒙尘与划痕”对话框中设置“半径”为 10 像素，“阈值”为 0，如图 10-4-30 所示。

设置完成后，再单击“确定”按钮，效果如图 10-4-31 所示。

图 10-4-30

图 10-4-31

单击图层面板底部“添加图层蒙版”按钮，为新图层“背景 副本”添加蒙版，如图 10-4-32 所示。

单击选中“图层蒙版缩略图”，在工具箱中选择画笔工具，设置“前景色”为黑色，调整画笔“大小”为 400 像素、“硬度”为 0、“模式”为正常、“不透明度”为 20%、流量为“30%”；在人物五官处涂抹，使得五官更为清晰，效果如图

10-4-33 所示。

图 10-4-32

图 10-4-33

10.4.9 其它滤镜组

“其它”子菜单中的滤镜可以自创滤镜或使用滤镜修改蒙版，也可以使得图像中的选区发生位移和快速调整颜色。

其它滤镜组包含 5 个滤镜，它们分别是“高反差保留”滤镜、“位移”滤镜、“自定”滤镜、“最大值”滤镜和“最小值”滤镜。杂色滤镜组如图 10-4-34 所示。

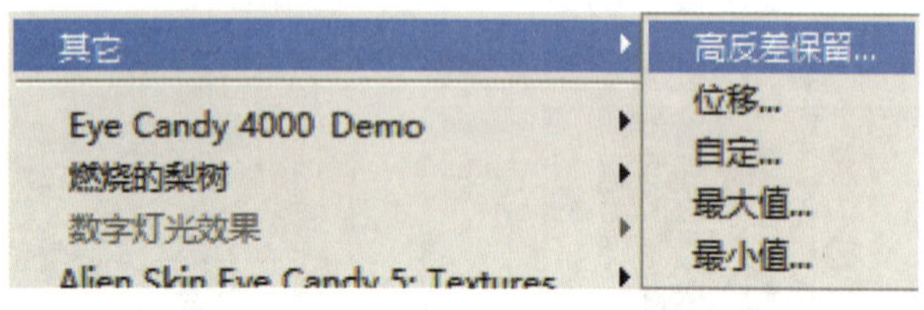

图 10-4-34

“高反差保留”滤镜可以把图像中变化较缓的过渡部分删除，而保留色彩变化较大的部分，也就是保留了图像的边缘效果。“位移”滤镜一般在选区通道中应用，通过对水平或垂直像素的设置来移动，并可以选择位移后原位置的图像处理效果。“自定”滤镜可以根据用户需要，在“自定”对话框中输入数值（数值范围是：-999～+999）来定义自己的滤镜，该数值是指图像中像素的亮度值，对图像的颜色和饱和度没有影响。“最大值”滤镜能够强调图像中较亮的像素，可以在通道中扩展白色区域并收缩黑色区域。“最小值”滤镜能够强调图像中较暗的像素，可以收缩白色区域并扩展黑色区域。

“高反差”滤镜的案例应用如下。

打开素材图像，如图 10-4-35 所示。

图 10-4-35

执行“滤镜→其它→高反差保留”命令，在弹出的“高反差保留”对话框中设置“半径”为 1.6 像素，如图 10-4-36 所示。

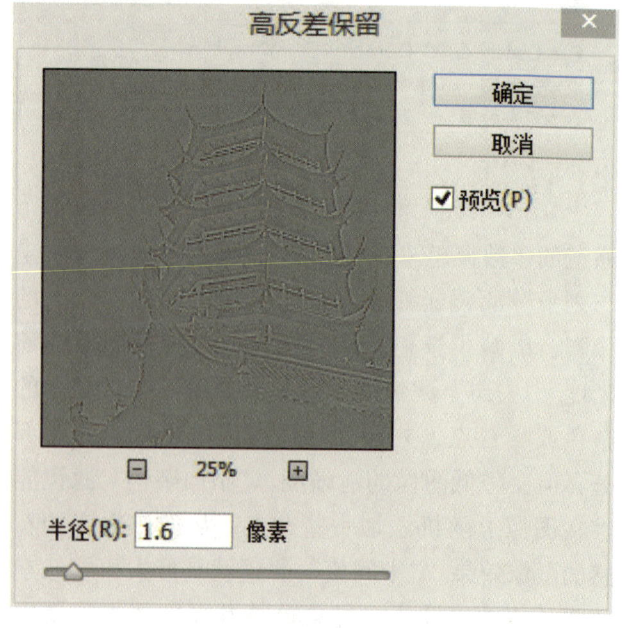

图 10-4-36

再执行“图像→调整→阈值”命令，在弹出

的“阈值”对话框中设置“阈值半径”为 127 像素，如图 10-4-37 所示。

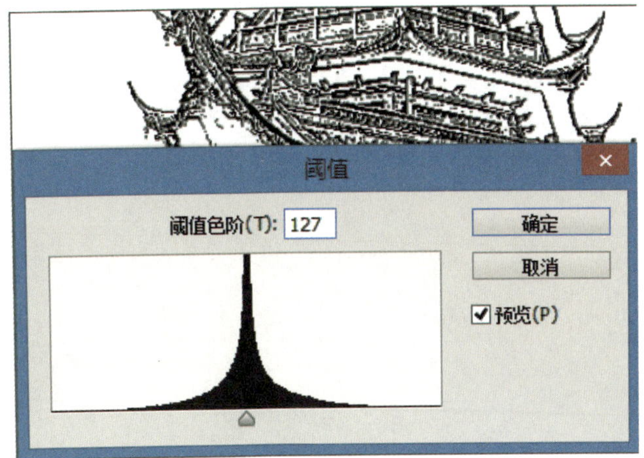

图 10-4-37

单击“确定”按钮，得到素描图像效果，如图 10-4-38 所示。

图 10-4-38

第11章 标志设计与制作

学习目标

通过本章案例的学习，能够熟练掌握选框工具、标尺工具、形状工具、钢笔工具、渐变编辑器、文字等工具来绘制标志图形，同时要注意图层的顺序安排问题。

知识导图

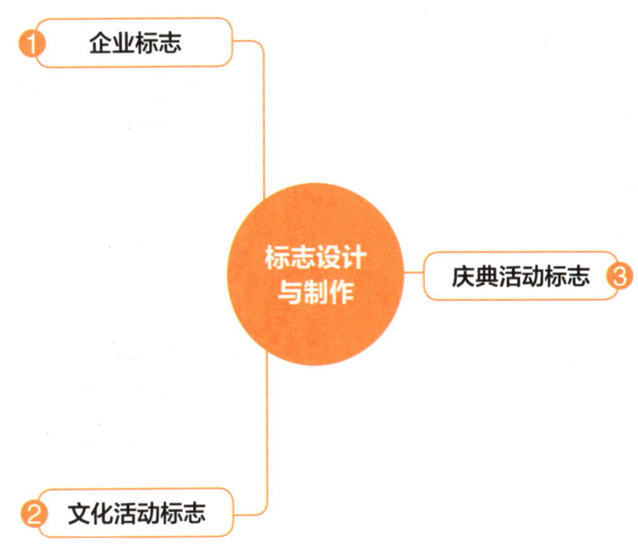

11.1 企业标志

PS 工具要点：主要是矢量工具组的钢笔工具组、形状工具组。

设计思路的分析如下。

修存堂文化艺术公司为文化类企业，一直以传播和弘扬中国传统文化为己任，举办各种形式的文化交流活动，为广大艺术爱好者提供优质文化交流的公益平台。所以在设计上要体现出该企业的文化属性，以传统图案符号为创意基础来体现其清、静、雅的高端视觉效果。

启动 Adobe Photoshop CS6，按“Ctrl+N”组合键新建一个“修存堂标志设计方案”文件，具体参数设置如图 11-1-1 所示。

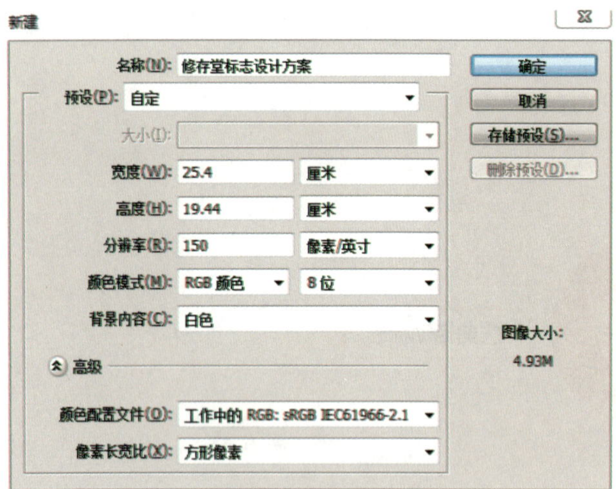

图 11-1-1

打开素材图像，如图 11-1-2 所示。

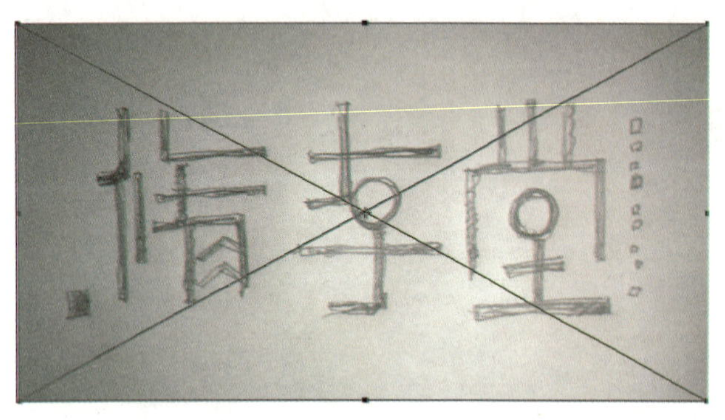

图 11-1-2

执行“视图→标尺”命令或按“Ctrl+R”组合键，即能在文件的上方和左边显示标尺，如图 11-1-3 所示。

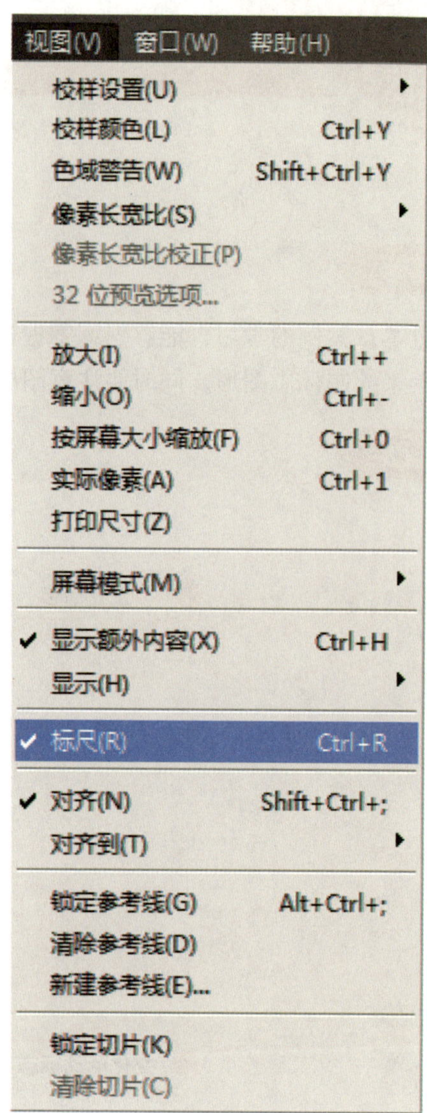

图 11-1-3

按住鼠标左键顶部或左边的标尺，分别拖动出水平或垂直参考线；然后设置好前景色，在矢量工具组中单击“矩形工具”，如图 11-1-4 所示，在该工具选项栏上设置“选择工具模式”为“形状”，“设置形状填充颜色”为“蓝色（C：97、M：76、Y：48、K：11）”，“设置描边宽度”为零，其他选项默认；按住鼠标左键，沿着标志草图绘制出矩形线条，在图层面板上新建“矩形 1”图层，横竖线条通过复制“矩形 1”和自由变换来调整，如图 11-1-5 所示。

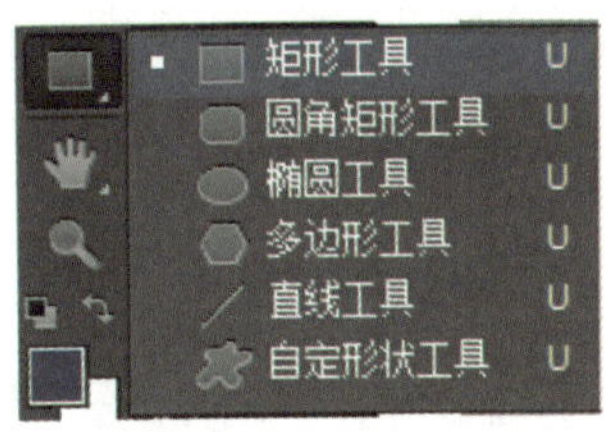

图 11-1-4

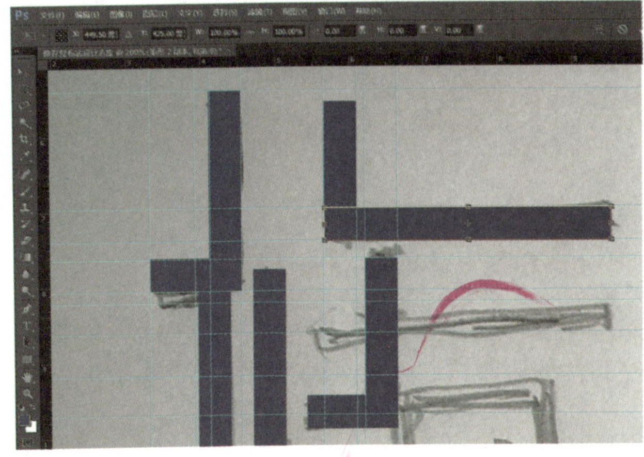

图 11-1-5

在工具箱中选择椭圆工具，在该工具选项栏上设置“选择工具模式”为“形状”，“设置形状填充颜色”为“蓝色（C：97、M：76、Y：48、K：11）”，“设置描边宽度”为零，其他选项默认；按住“Shift+Alt”组合键，拖动鼠标，绘制出正圆形状图形，在图层面板上新建“椭圆 1”图层，效果如图 11-1-6 所示。

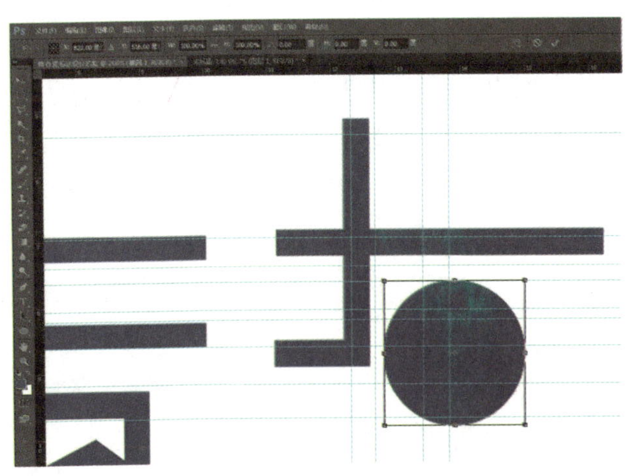

图 111-1-6

在图层面板中，选中“椭圆 1”图层，再将其拖动至图层面板底部的“新建图层”按钮，在“椭圆 1”图层上面新建“椭圆 1 副本”图层，如图 11-1-7 所示。

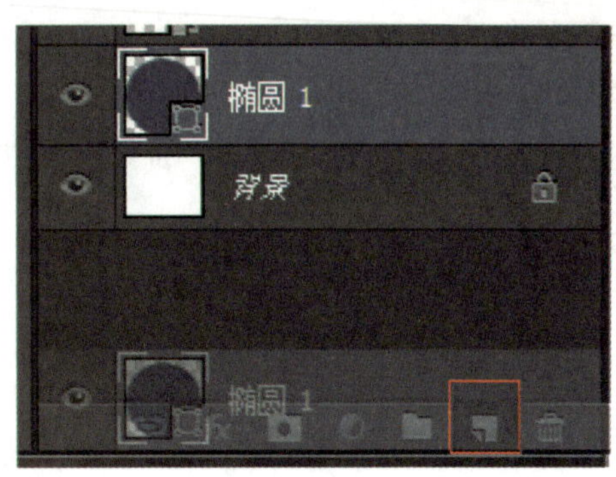

图 11-1-7

选中“椭圆 1 副本”图层，单击椭圆工具，在选项栏上设置“选择工具模式”为“形状”，“设置形状填充颜色”为“白色”，执行“编辑 / 自由变换路径”命令或按“Ctrl+T”组合键，调出自由变换对话框，再按住“Shift+Alt”组合键的同时移动鼠标，调整圆形大小至合适位置。效果如图 11-1-8 所示。

图 11-1-8

以此类推绘制出另一圆形和余下的图形，再使用文字工具，选中“直排文字工具”竖式输入拼音文字；再执行“视图→显示→参考线”命令或按“Ctrl+H”组合键，即能显示文件上的参考线，“修存堂文化艺术公司”标志最终效果如图 11-1-9 所示。

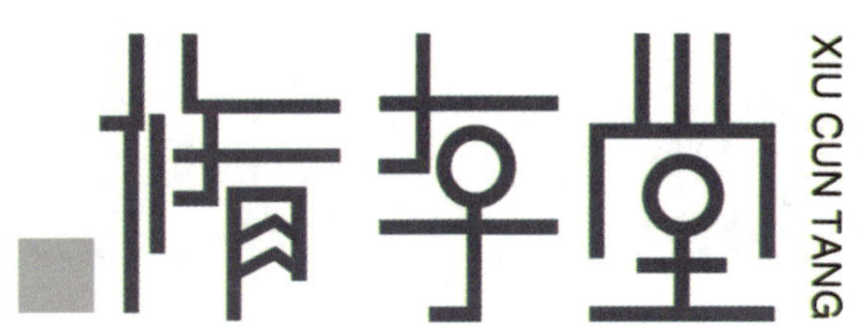

图 11-1-9

11.2 文化活动标志

PS 工具要点：主要是矢量工具组的钢笔工具组、形状工具组。

设计思路的分析如下。

长三角文化馆论坛为文化活动类标志，该活动依托长三角各文化馆举办各种形式的文化交流活动，所以在设计上既要体现出该企业的文化属性，也要体现交流、共生、协作、发展的理念。

启动 Adobe Photoshop CS6，按“Ctrl+N”组合键新建一个“长三角文化馆论坛设计方案”文件，具体参数设置如图 11-2-1 所示。

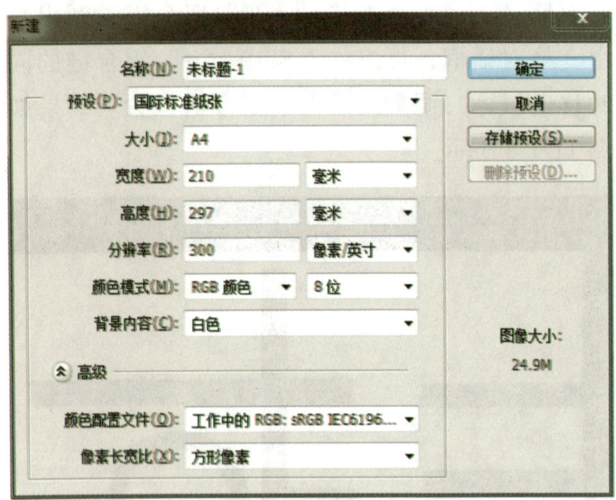

图 11-2-1

打开素材图像，如图 11-2-2 所示。

图 11-2-2

选择钢笔工具，在钢笔工具选项栏中“类型”选项设置为“路径”，其他选项为默认，下面来绘制第一个字母“L”，钢笔工具在草图上单击一下，生成的“点”就是“锚点”，具体操作如图 11-2-3 所示。

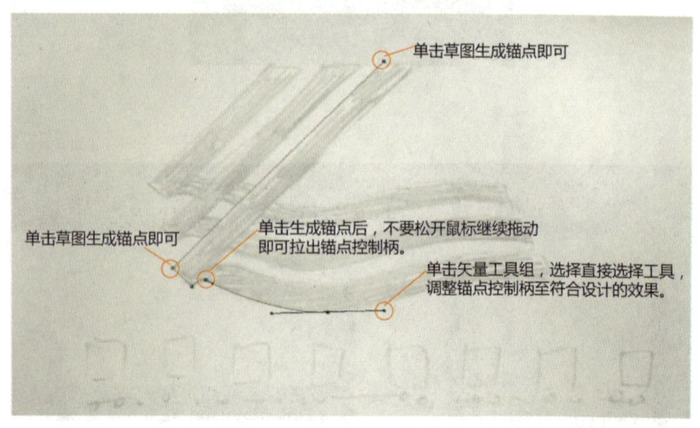

图 11-2-3

在使用钢笔工具绘制路径时，按住鼠标拖动控制柄的同时按“Alt”键，如图 11-2-4 所示。

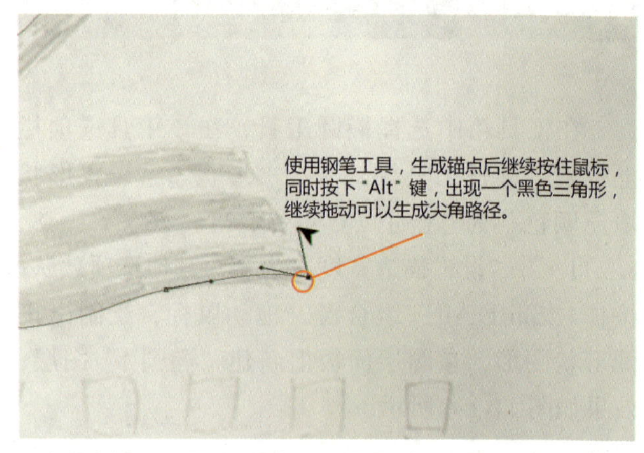

图 11-2-4

绘制出第一个字母“L”，效果如图 11-2-5 所示。若要进行细部调整，在当前使用钢笔工具的同时按住“Ctrl”键，单击锚点，拖动控制柄对图像进行进一步调整。

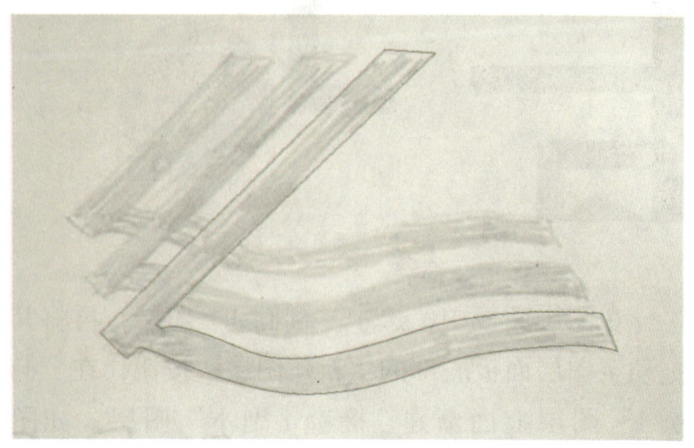

图 11-2-5

执行“窗口→路径”命令即可弹出“路径”面板，“路径”面板中有当前路径信息，通过“路径”面板底部的按钮（“用前景色填充路径”“用画笔描边路径”……）可以实现对路径的管理。先设置前景色为“蓝色（C：77、M：31、Y：27、K：0）”，再单击路径面板底部第一个按钮“用前景色填充路径”，如图 11-2-6、图 11-2-7 所示。

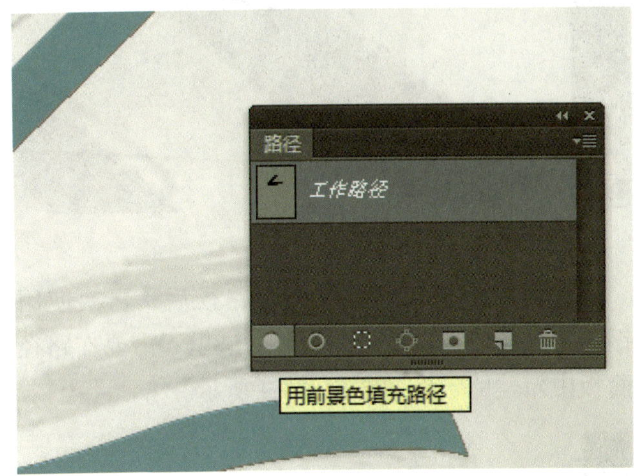

图 11-2-6

图 11-2-7

依照刚才的路径编辑方法，绘制出第二个字母“L”，执行“窗口→路径”命令即可弹出“路径”面板，“路径”面板中有当前路径信息，通过“路径”面板底部的按钮（“将路径作为选区载入”……）。单击渐变编辑器，选择“线性渐变”，设置“黄色”（C：7、M：50、Y：93、K：0）和“红色”（C：42、M：98、Y：91、K：9），再单击路径面板底部第三个按钮“将路径作为选区载入”，生成选区后填充渐变色彩，如图 11-2-8 所示。

图 11-2-8

第三个字母“L”和第一个字母“L”制作技法相似，参考第一个字母“L”的制作步骤即可完成，然后调整图层顺序、输入文字、微调文字的字距等，该标志的设计效果如图 11-2-9 所示。

长三角文化馆论坛

The Changjiang River Delta Cultural Center Forum

图 11-2-9

该标志延伸效果如图 11-2-10 所示。

图 11-2-10

11.3 庆典活动标志

PS 工具要点：主要是矢量工具组的钢笔工具组、形状工具组和制作路径文字。

设计思路的分析如下。

马鞍山师范高等专科学校建校 60 周年校庆标示为庆典活动类标志，标志是 CIS 整体的核心，是最重要的传达要素，给予企事业单位庆典活动的特定意义，它强调了作为文化事业单位的独立性及服务性的作用。同时也创造着重要的信息价值，以标志所具有的意义和后期有意识的宣传将和社会公众进行着务实、有效的沟通。

启动 Adobe Photoshop CS6，按“ Ctrl+N”组合键新建一个“马鞍山师专建校 60 周年校庆标志”文件，具体参数设置如图 11-3-1 所示。

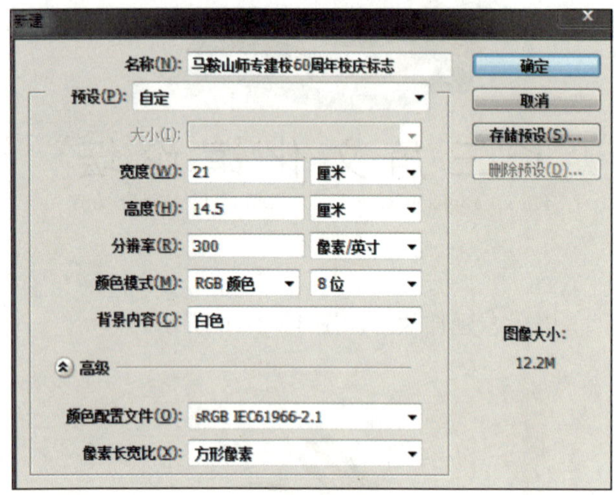

图 11-3-1

打开素材图像，如图 11-3-2 所示。

图 11-3-2

选择钢笔工具，在钢笔工具选项栏中“类型”选项设置为“路径”，其他选项为默认。下面来绘制“马鬃”部分，钢笔工具在草图上单击一下，生成的“点”就是“锚点”，具体操作如图 11-3-3 所示。

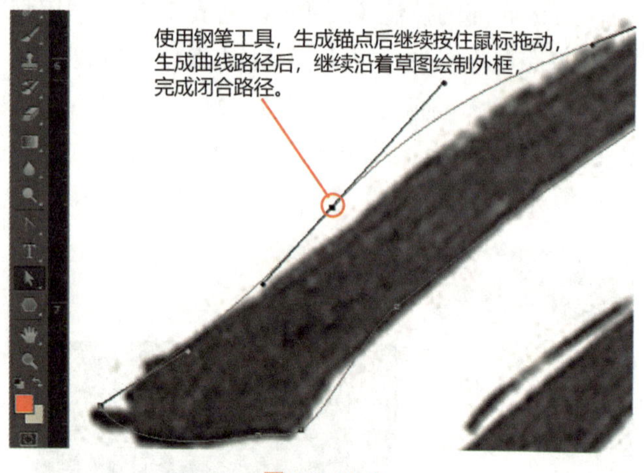

图 11-3-3

在使用钢笔工具绘制闭合路径后，再次使用钢笔工具绘制草图的空白区域（这里不需要在路径面板中新建路径），如图 11-3-4 所示。

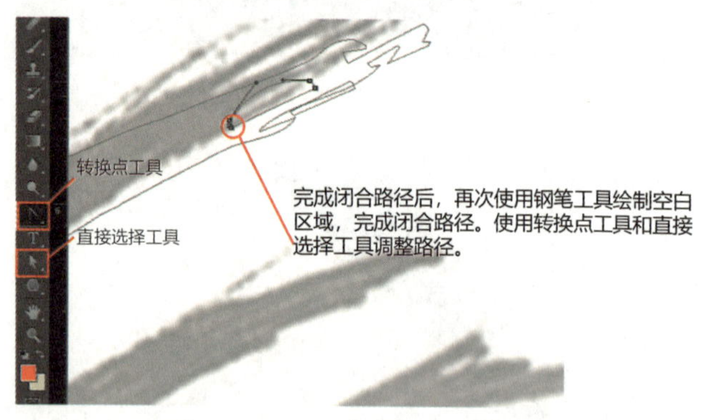

图 11-3-4

绘制出第一条“马鬃”，效果如图 11-3-5 所示。先在图层面板底部单击创建新图层，再在路径面板单击其底部的“将路径作为选区载入”，在新的图层生成新的选区。

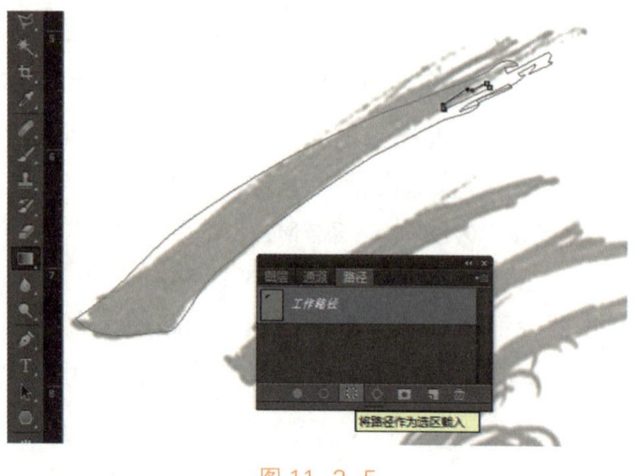

图 11-3-5

单击渐变编辑器，选择“线性渐变”，设置“黄色”(C：7、M：19、Y：86、K：0)和“玫红”(C：13、M：96、Y：16、K：0)，具体设置参数如图 11-3-6 所示。

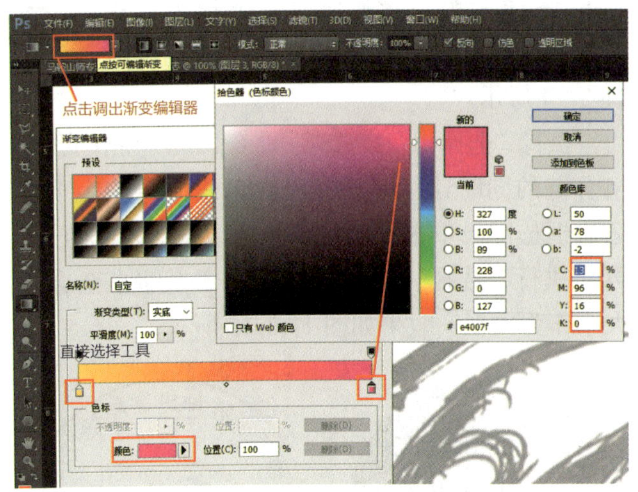

图 11-3-6

生成选区后填充渐变色彩，效果如图 11-3-7 所示。

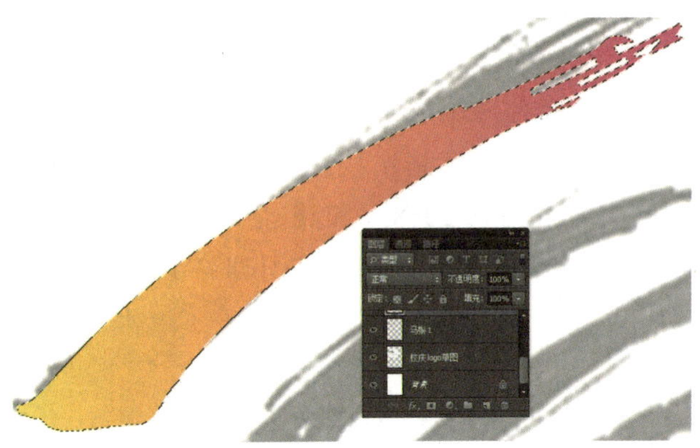

图 11-3-7

按照以上操作方法，我们依次绘制出后面两个“马鬃”，分别在原有图层上生成通过路径面板底部的“将路径作为选区载入”。单击渐变编辑器，选择“线性渐变”，第二个“马鬃”设置为“浅蓝色”(C：50、M：9、Y：4、K：0)和“深蓝”(C：89、M：61、Y：7、K：0)；第三个“马鬃”设置为“土黄色”(C：10、M：52、Y：94、K：0)和“暗红色”(C：42、M：98、Y：90、K：8)，效果如图 11-3-8 所示。

图 11-3-8

下面我们来使用钢笔工具继续绘制“60”这个变形数字，如图 11-3-9 所示；继续调整路径，生成选区，参考第三个“马鬃”的渐变色彩来填充颜色，效果如图 11-3-10 所示。

图 11-3-9

图 11-3-10

最后使用钢笔工具绘制出马尾部分，生成选区后继续参考第三个“马鬃”的渐变色彩来填充颜色，主体标志效果如图 11-3-11 所示。

图 11-3-11

选择矢量工具组的椭圆工具，在椭圆工具属性栏上设置“工具模式”为形状，“设置形状填充类型”为无颜色，“设置形状类型”为无颜色，其他为默认项，详情参见“第五章——文字的编辑”的第五部分“制作路径文字”。

在标志图形中心，按“Shift+Alt”组合键的同时画出正圆形状（也可以在按“Shift+Alt”组合键的同时按下空格键来调整路径位置），如图 11-3-12 所示。

在图像中选择合适位置单击生成点文本，文本图层自动建立，输入文字“马鞍山师范高等专科学校建校六十周年”，如图 11-3-13 所示。

图 11-3-12

图 11-3-13

按“Ctrl+R”组合键，显示标尺，选择该文本图层，再按“Ctrl+T”组合键，通过横竖参考线找出该圆形的中心点，再选择“椭圆选框工具”，新建图层，并调整至底层，在合适的位置按“Shift+Alt”组合键的同时画出正圆形状，并参考第三个“马鬃”的渐变色彩来填充颜色，如图 11-3-14 所示。

执行“选择→变换选区”命令，按“Shift+Alt”组合键的同时让鼠标指针沿对角线方向缩小至合适边框选区，单击“Delete”键，删除内部色彩，再次执行“选择→变换选区”命令，缩小至合适大小作为内框，效果如图 11-3-15 所示。

图 11-3-14　　图 11-3-15

将内框参考第三个“马鬃”的渐变色彩来填充颜色，重复外框制作技法，再使用文字工具制作点文本“1958-2018”和路径文字输入英文即可，该标志设计的最终效果如图 11-3-16 所示。

图 11-3-16

第12章 广告设计与制作

学习目标

通过本章案例的学习，能够熟练掌握蒙版工具进行抠图，如何为图层添加图层样式，学会使用钢笔工具、形状工具、文字工具等绘制平面海报，注意图层的顺序排列问题。

知识导图

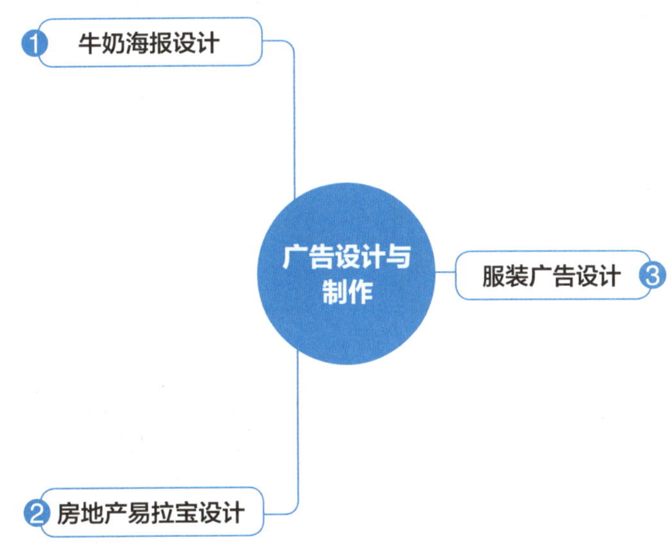

12.1 牛奶海报设计

PS 工具要点：主要是调整边缘抠图、蒙版抠图等，运用图层样式制作文字的立体效果。

设计思路的分析如下。

作为牛奶海报，奶牛在绿色、环保、健康的环境中生活，传达出其品质安全、营养、健康的理念，给消费者留下深刻印象。

启动 Adobe Photoshop CS6，按“Ctrl+N”组合键新建一个“牛奶海报设计”文件，具体参数设置如图 12-1-1 所示。

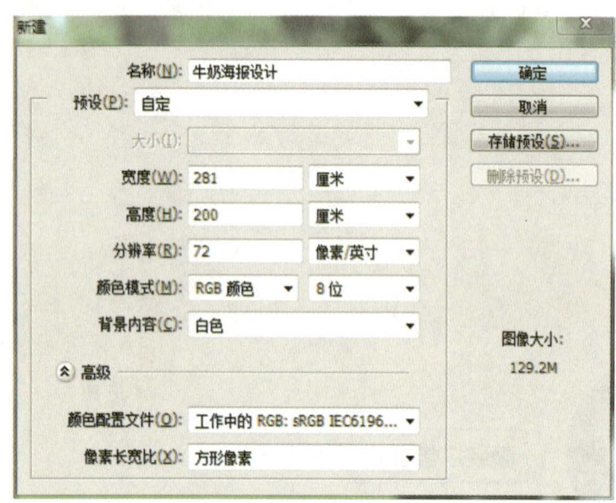

图 12-1-1

执行“文件→置入”命令，选择文件路径，置入“蓝天白云”素材图像，如图 12-1-2 所示。

图 12-1-2

调整素材大小至合适位置，如图 12-3-1 所示。

以同样方式分别置入“牛奶盒子”“花草”“导向牌”，调整位置和大小，注意图层的前后顺序，如图 12-1-4 所示。

图 12-1-3

图 12-1-4

在图层面板上，按住“Shift”键的同时加选以上三个图层，右击，在弹出的面板上选择“栅格化图层”选项，效果如图 12-1-5 所示。

在图层面板上选择“花草”“导向牌”图层，使用魔棒工具、橡皮擦工具（在其工具选项栏里，注意调整其“画笔预设”选取器里画笔的大小和硬度等数值）和背景橡皮擦工具删除白色背景，在图层面板上选择“牛奶盒子”图层，使用“多边形套索”工具，画面如图 12-1-6 所示。然后执行“选择→反向选择”命令或按“Shift+Ctrl+I”组合键即可形成反向选区，再按“Delete”键删除背景。

图 12-1-5

图 12-1-6

在“导向牌”图层上方，选择“横排文字工具”，输入“瘦马牧场”，设置色彩“蓝色”（C：60、M：0、Y：18、K：0），在字符面板设置字体为“方正超粗黑”，字符大小为“170”，字距为320（也可以通过文字工具全选文字，按“Alt+”组合键来增加字距），效果如图 12-1-7、图 12-1-8 所示。

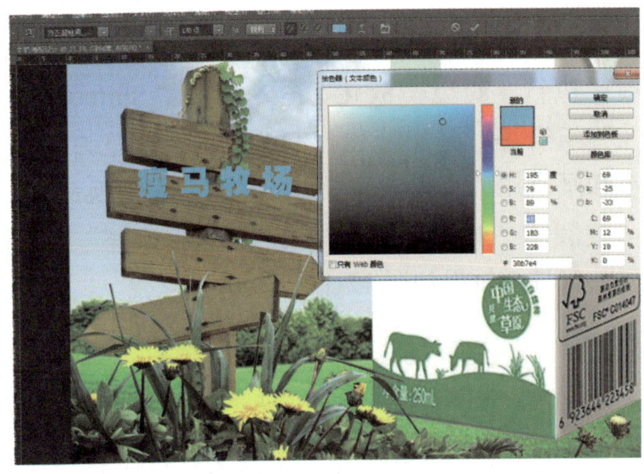

图 12-1-7

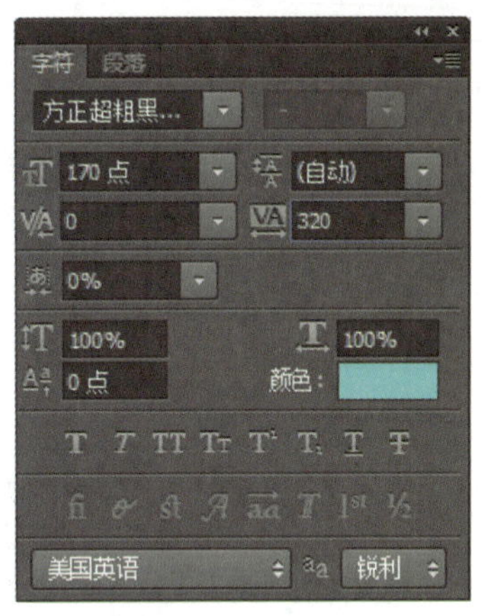

图 12-1-8

在图层面板中选择“瘦马牧场”文字图层，再右击，在弹出的面板中选择“栅格化文字”，执行“编辑→自由变换”命令或按“Ctrl+T”组合键，在出现的变换定界框中，选择移动工具，按“Ctrl”键即可调整变形该图层。

单击图层面板底部的“添加图层样式 fx.”，弹出图层样式面板，再单击“斜面与浮雕”选项，设置样式为“枕状浮雕”，方法为“雕刻柔和”，等高线为“环形”，如图 12-1-9、图 12-1-10 所示。“图层样式”具体应用参见本书第六章内容。

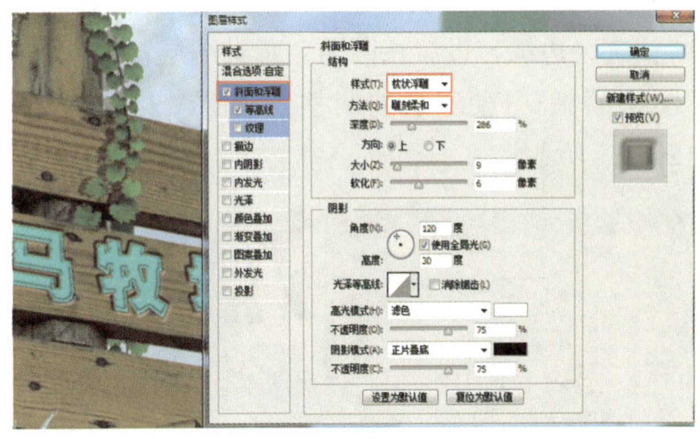

图 12-1-9

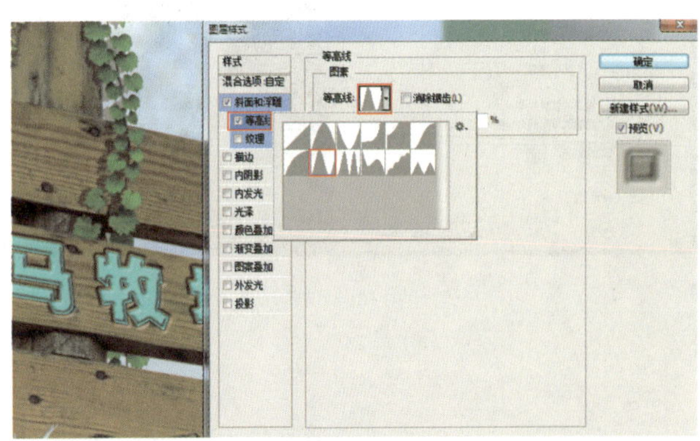

图 12-1-10

执行“文件→置入”命令，选择文件路径，分别置入“奶牛”“奶牛 2”两个素材图像，在图层面板按“Shift”键的同时加选这两图层，再右击，在弹出的面板上，选择“栅格化图层”选项；选中“奶牛”图层，使用背景橡皮擦，调整其大小，删除其白色背景，如图 12-1-11 所示。

图 12-1-11

选中“奶牛 2”图层，使用“快速选择工具”，调整其选项栏中画笔选取器中的画笔大小以及“添加到选区”和“从选区中减去”等设置；绘制出奶牛的选区，在“快速选择工具”选项栏中单击调整选区边缘，设置视图为“背景图层”，输出到“图层蒙版”（便于后期调整），如图 12-1-12、图 12-1-13 所示。

图 12-1-12

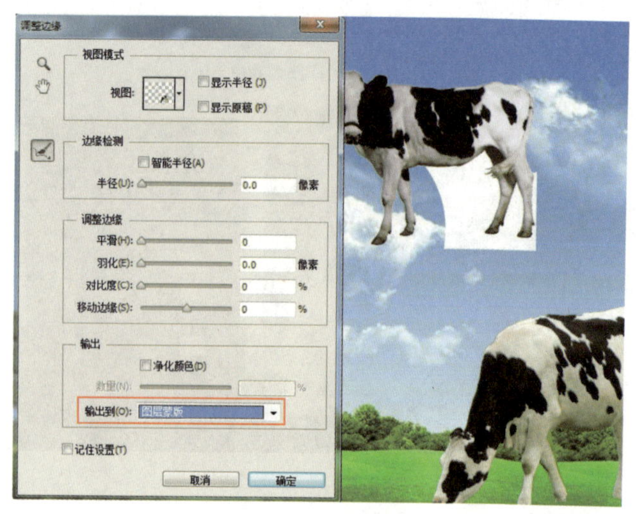

图 12-1-13

调整各素材大小、位置，在图层面板中选择“蓝天白云”图层，右击，在弹出的面板中选择“栅格化图层”选项，在工具箱中选择“加深工具”，画出两头牛的投影，画面效果如图 12-1-14 所示。

图 12-1-14

打开素材“牛奶液体”，在图层面板中选中该图层，在弹出的面板上，选择“栅格化图层”选项；执行“滤镜→液化”命令或按“Shift+Ctrl+X”组合键，弹出液化控制对话框，调整画笔大小和画笔压力；设置完成后，结合自由变换命令，调整液体牛奶的造型；使用“背景橡皮擦”工具删除背景，效果如图 12-1-15 所示。

图 12-1-15

使用钢笔工具绘制曲线路径，选中“横排文字工具”，输入文本“健康牛奶，来自蒙马草原”；为该图层添加图层样式，设置“斜面浮雕、描边、投影”参数，画面最终效果如图 12-1-16 所示。

图 12-1-16

12.2 房地产易拉宝设计

PS 工具要点：主要是矢量工具组的魔棒工具组、文字工具和添加图层蒙版等操作命令。

设计思路的分析如下。

凤凰城易拉宝为房地产类广告设计，该广告为房地产在户外开展宣传活动而便捷展开的易拉宝设计；所以在设计尺寸上要符合易拉宝的规格要求，也要体现房地产广告的定位、产品买点和特色文案展示等理念。

启动 Adobe Photoshop CS6，按“Ctrl+N”组合键新建一个“凤凰城易拉宝广告设计”文件，具体参数设置如图 11-2-1 所示。

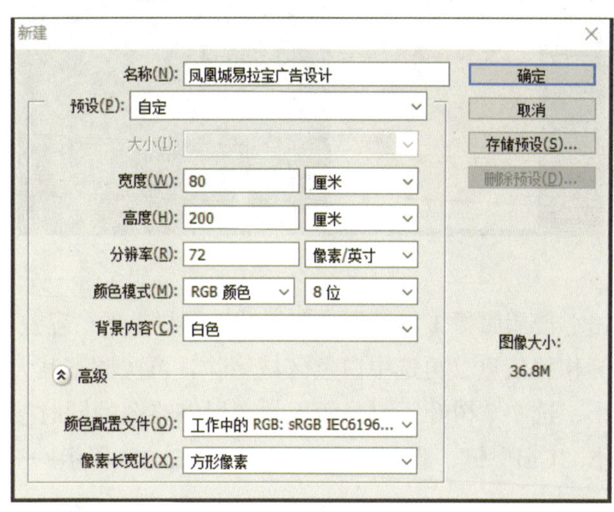

图 12-2-1

在图层面板中单击图层底部的“ ”按钮或按“Shift+Ctrl+N”组合键新建图层，并命名为“深蓝底色”，填充“蓝色”(C：100、M：95、Y：62、K：46)，并调整其大小（宽度为 80cm、长度为 172cm)，画面效果如图 12-2-2 所示。

图 12-2-2

置入素材文件“树叶”，并调整其大小，如图 12-2-3 所示，双击确认；在图层面板中，右击“树叶”图层，在弹出的面板中选择“栅格化图层”选项，将其转换为普通图层。

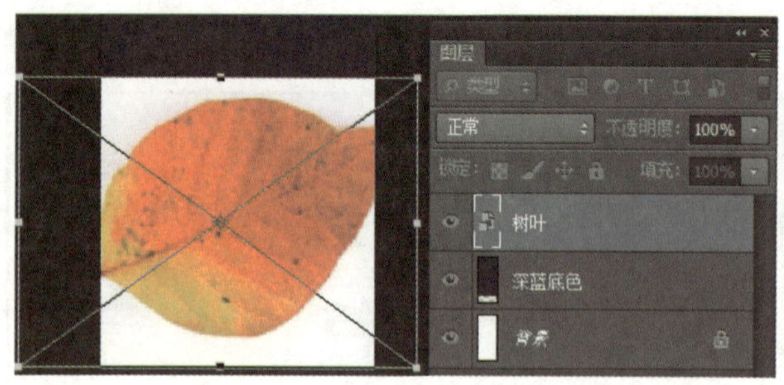

图 12-2-3

使用魔棒工具，先设置属性工具栏上的“容差”等相关信息，再选中白色区域删除，再次调整其大小，选中“树叶”图层面板的图层缩略图的同时按下“Ctrl”键，载入树叶选区，如图 12-2-4 所示。

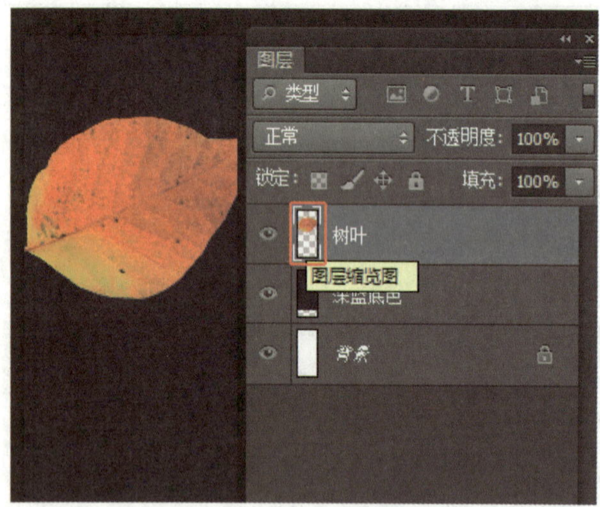

图 12-2-4

填充按照“蓝色”(C：100、M：96、Y：66、K：56)，并调整其大小。

置入“树叶”素材的方法置入“树叶 2”素材，载入其选区，填充“浅蓝色”(C：91、M：79、Y：40、K：4)，并调整其大小，设置图层不透明度为 50%，如图 12-2-5 所示。

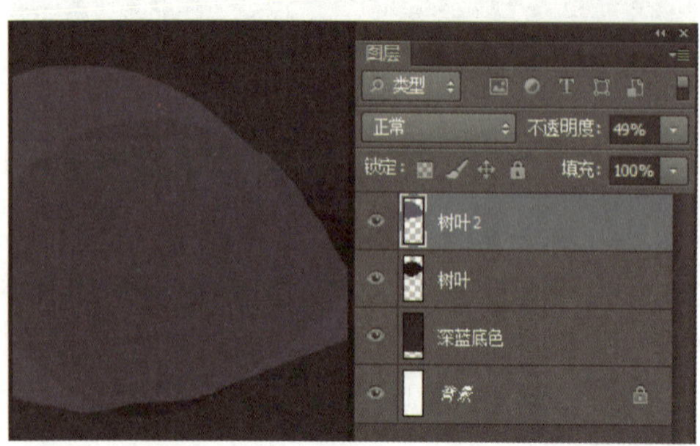

图 12-2-5

结合以上方法，再次置入“树叶 3”素材，再删除其白色背景；置入“房地产建筑图”素材，调整其大小，如图 12-2-6 所示。在图层“房地产建筑图”上，单击图层“树叶 3”面板的图像缩略图，载入其选区，再单击图层面板底部▣，为图层“房地产建筑图”添加图层蒙版，如图 12-2-7、图 12-2-8 所示。

图 12-2-6

图 12-2-7

图 12-2-8

置入素材文件“房地产横式 logo”，调整其大小，双击确认；在图层面板中右击“房地产横式 logo”图层，在弹出的面板中选择“栅格化图层”选项，将其转换为普通图层。使用魔棒工具，选中白色区域删除，再次调整其大小，选中该图层面板的图层缩略图的同时按下“Ctrl”键，载入 logo 选区，填充“金色”(C：52、M：70、Y：83、K：15)，如图 12-2-9 所示。

图 12-2-9

打开文本“内容”素材，第一部分内容使用文字横排工具，依次输入“凤凰城盛世开盘”（设置字体系列为“方正综艺简体”，设置字体大小为160，设置字体颜色为C：52、M：70、Y：83、K：15）；“凤凰城，为君所想！”（使用书法字体素材）；“地段，地段，还是地段！”(设置字体系列为“微软雅黑”，设置字体大小为160，设置字体颜色为C：52、M：70、Y：83、K：15)；“超豪华全景别墅，让你的生活舒服惬意；地段，特别珍贵。城市品位阶层弄清而生，不管如何定位，豪门生活不显而现。”（设置字体系列为“微软雅黑”，设置字体大小为86，设置字体颜色为白色)；“地段，特别珍贵。城市品位阶层弄清而生，不管如何定位，豪门生活不显而现。”(设置字体系列为“微软雅黑”，设置字体大小为50，设置字体颜色为白色)。

置入素材文件“独栋别墅”，调整其大小，双击确认，画面如图 12-2-10 所示。

再次置入素材文件“书法素材”，调整其大小，双击确认；使用魔棒工具删除其白色底色；然后执行“选择→反向选择”命令或按“Shift+Ctrl+I”组合键形成反向选区，再按“Alt+Delete”组合键填充前景色（C：52、M：70、Y：83、K：15)，画面如图 12-2-11 所示。

图 12-2-10

打开文本“内容”素材，制作第二部分内容，在广告底部的白色部分依次输入（0555-82888888”“设置字体系列为“微软雅黑”，设置字体大小为120，设置字体颜色为C：52、M：70、Y：83、K：15)；“电话：2891679 3999 QQ：155555555 、2564129354，地址：马鞍山市雨山新区江东大道 10 号 11 号楼 1604 室（设置字体系列为“微软雅黑”，设置字体大小为33，设置字体颜色为C：52、M：70、Y：83、K：15)；“地段，特别珍贵。城市品位阶层弄清而生，不管如何定位，豪门生活不显而现。”(设置字体系列为“微软雅黑”，设置字体大小为17，设置字体颜色为黑色)。

再次置入素材文件“房地产 logo”和“本案位置”，调整其大小，双击确认，易拉宝广告画面效果如图 12-2-12 所示，展架效果如图 12-2-13 所示。

图 12-2-11

图 12-2-12

图 12-2-13

12.3 服装广告设计

PS 工具要点：主要是矢量工具组的钢笔工具组、形状工具组和制作路径文字。

设计思路的分析如下。

“当朝一品”服饰广告设计是通过网络体现产品卖点，针对目标群体，基于对其生活方式、行为习惯、选择偏好等方面的洞察与调研，提升目标群体对产品的认知度及好感度，实现产品在青年女性中的快速渗透。

启动 Adobe Photoshop CS6，按“Ctrl+N”组合键新建一个“服装广告设计”文件，具体参数设置如图 12-3-1 所示。

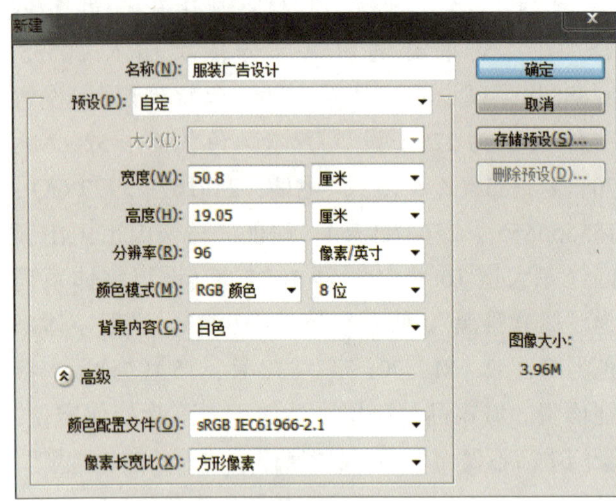

图 12-3-1

置入素材文件“花卉素材”，调整其大小，双击确认，如图 12-3-2 所示。

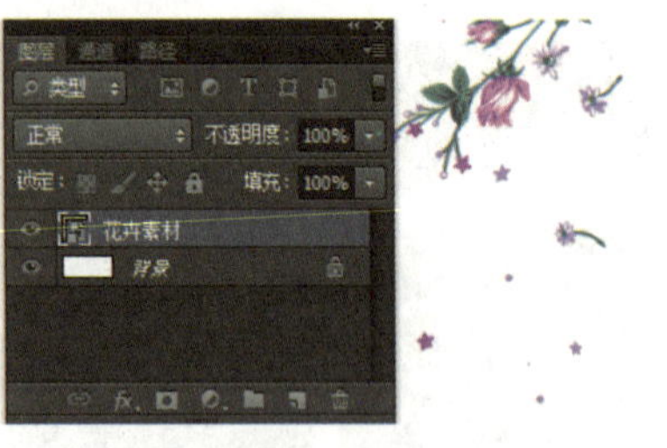

图 12-3-2

继续置入素材文件“模特 1”（该文件为 PSD 文件，并添加图层蒙版，作者可以适当调整其背景），调整其大小，双击确认，如图 12-3-3 所示。

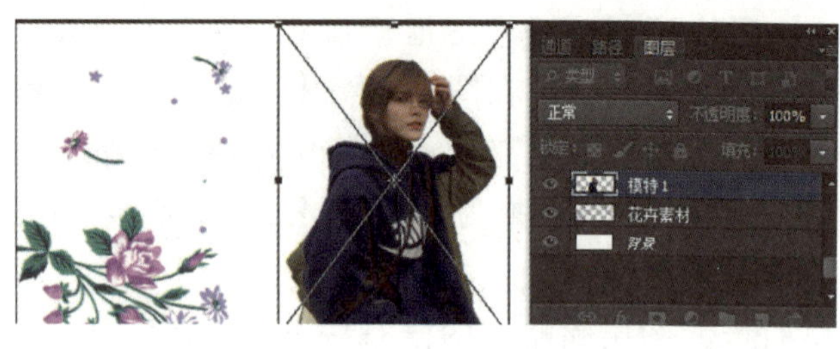

图 12-3-3

再次置入素材文件“模特 2”，调整其大小，在图像上右击，在弹出的对话框中，选择“水平翻转”双击确认，操作步骤如图 12-3-4 所示。

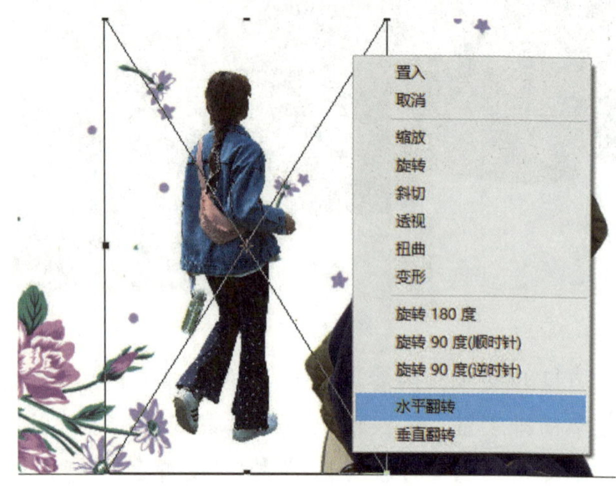

图 12-3-4

调整两人物图像位置，效果如图 12-3-5 所示。

图 12-3-5

打开文本“内容”素材，第一部分内容使用文字横排工具，依次输入“LEISURELLY!”（设置字体系列为“Arial”，设置字体大小为 18，设置字体颜色为 C：81、M：64、Y：56、K：12）；“惬意悠然！”（设置字体分别为“微软雅黑”和“方正细圆简体”，设置字体大小为 48，设置字体颜色为 C：31、M：78、Y：0、K：0）；“女人不要强势要优势”（设置字体系列为“微软简粗黑”，设置字体大小为 18，设置字体颜色为 C：31、M：78、Y：0、K：0）。

在“LEISURELLY!”图层上新建图层，命名为“方格”，使用“矩形选框工具”的同时按“Shift+Alt”组合键，绘制出一个小的正方形选框；填充“湖蓝色”(C：91、M：68、Y：55、K：16)，画面如图 12-3-6 所示。

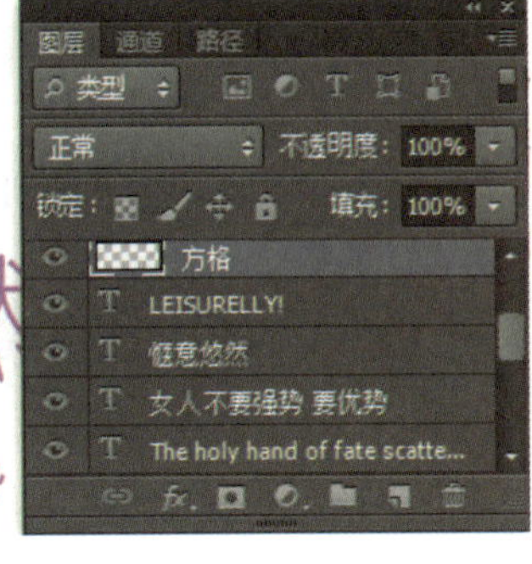

图 12-3-6

选中“方格”图层，使用移动工具的同时按“Alt”键拖动，连续复制多个图层，效果如图 12-3-7 所示。

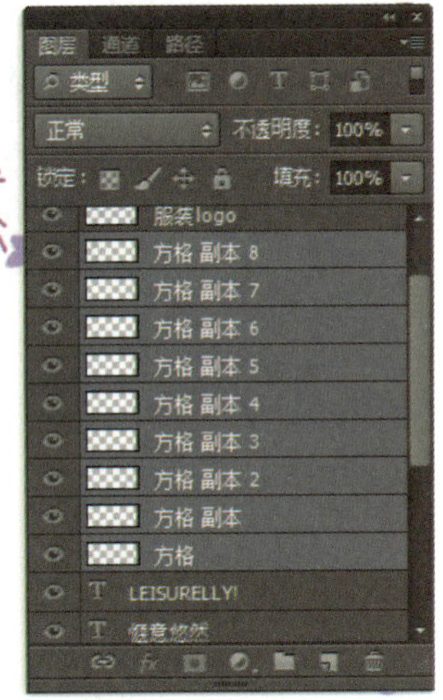

图 12-3-7

在图层面板上，按“Shift”键的同时选择“方格图层”系列，在移动工具属性栏面板上选择“水平居中分布”，如图 12-3-8 所示。

图 12-3-8

打开文本“内容”素材，第二部分内容使用文字横排工具，输入“The holy hand of fate scattered pearls and jades all over the place，Spring breeze brings pure messenger，holiday to see flowers bloom，A garden full of green vines and branches，t was a long feeling in the girl's heart”(设置字体系列为“方正细等线简体”，设置字体大小为 11，设置字体颜色为 C：85：66Y：63：23)，在该文字图层上新建图层，命名为“竖线”，使用“矩形选框工具”绘制一条细长矩形，填充其色彩为字体颜色，效果如图 12-3-9 所示。

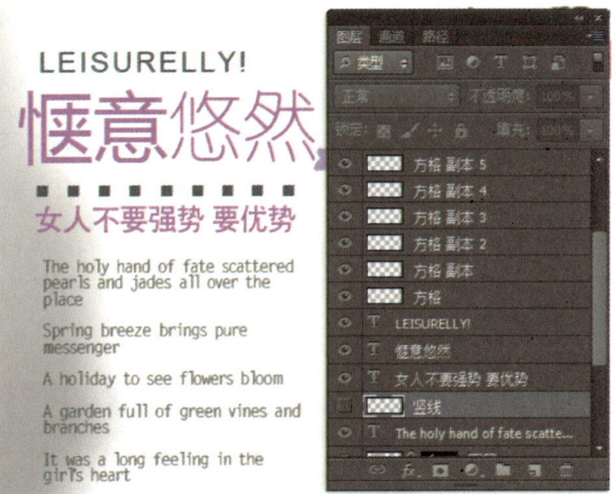

图 12-3-9

选中“模特 2”图层，生成“模特 2 副本”图层，在图层面板调整“模特 2 副本”图层在“模特 2”图层下部，如图 12-3-10 所示。

图 12-3-10

选中“模特 2 副本”图层，执行“图像→调整→色相 / 饱和度”命令或按“Ctrl+U”组合键，弹出“色相 / 饱和度”面板，将明度调整为“-100”，如图 12-3-11 所示。

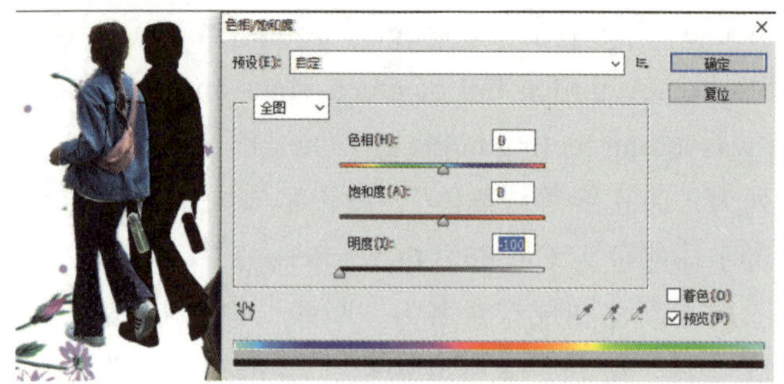

图 12-3-11

执行“图像→调整→色相 / 饱和度”命令或按“Ctrl+U”组合键，弹出“色相 / 饱和度”面板，将明度调整为“+65”，使其成为灰度图像。

通过执行“滤镜→液化”或按“Shift+Ctrl+X”组合键，弹出“液化”面板，调整画笔大小，使用“向前变形工具” 调整图像底部，再次执行“滤镜→模糊→高斯模糊”命令，设置其半径为“10 像素”，如图 12-3-12 所示。

图 12-3-12

为“模特 2 副本”图层添加矢量蒙版，选择渐变工具，斜项拉出背影空间层次的投影。再通过“模特 1”图层生成“模特 1 副本”图层，如图 12-3-13 所示。

图 12-3-13

最后，置入 素材文件“服饰 logo”，放在图像的右下角，调整其大小，双击确认，最终画面效果如图 12-3-14 所示。

图 12-3-14

第13章 包装设计

学习目标

通过对本章案例的学习，能够学会使用选框工具、自由变换、图层蒙版、渐变编辑器、文字工具等制作包装的立体效果图。

知识导图

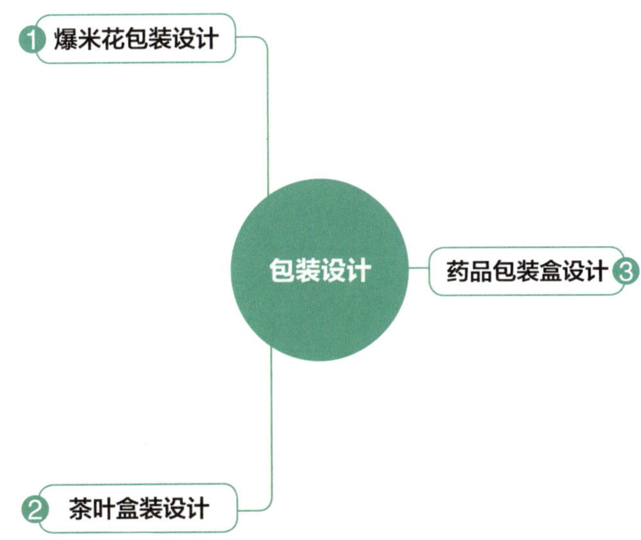

13.1 爆米花包装设计

PS 工具要点：主要是使用选框工具、自由变换、图层蒙版、文字工具等制作立体效果。

设计思路的分析如下。

这是一款爆米花的包装，用绘制的图块、组合成爆米花盒子与爆米花素材拼图在一起完成创作。

启动 Adobe Photoshop CS6，按“Ctrl+N”组合键新建一个“爆米花”文件，具体参数设置如图 13-1-1 所示。

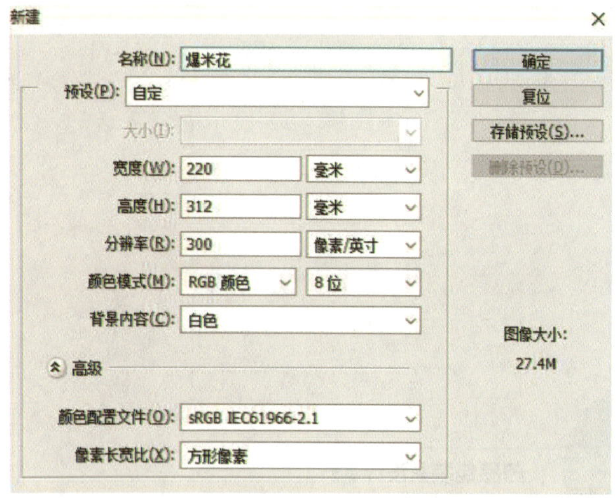

图 13-1-1

双击前景色图标，设置前景色（R:138、G:22、B:27），将背景图层填充为暗红色，然后按“Ctrl+Shift+N”组合键新建一个图层 1，在图层面板上选择图层 1，然后在工具栏选择矩形选框工具，在状态栏设置样式为固定大小，宽度为 240 像素，高度为 320 像素，再在选区中填充白色，如图 13-1-2 所示。

新建图层 2，在左侧工具栏选择椭圆选框工具，在状态栏设置样式为固定大小，宽度为 60 像素，高度为 60 像素，再在选区中填充白色，在图层面板中选择图层 2，然后按“Ctrl+J”组合键复制三个图层，拉到相应位置，如图 13-1-3 所示。

新建图层 3，在左侧工具栏选择矩形选框工具，在状态栏设置样式为固定大小，宽度为 12 像素，高度为 320 像素，再在选区中填充红色（R:255、G:10、B:45）。在图层面板中选择图层 3，然后按“Ctrl+J”组合键复制四个图层，拉到相应位置，如图 13-1-4 所示。

图 13-1-2

图 13-1-3

新建一个图层 5，在左侧工具栏选择矩形选框工具，在状态栏设置样式为固定大小，宽度为 6 像素，高度为 350 像素，再在选区中填充红色（R:255、G:10、B:45）。在图层面板中选择图层 5，然后按“Ctrl+J”组合键复制四个图层，拉到相应位置。

新建一个图层 6，在左侧工具栏选择椭圆选框工具，在状态栏设置样式为固定大小，宽度为 159 像素，高度为 120 像素，在选区中填充白色，再选择文字工具输入“POP CORN”，并选择合适的字体，摆放到相应的位置，如图 13-1-5 所示。

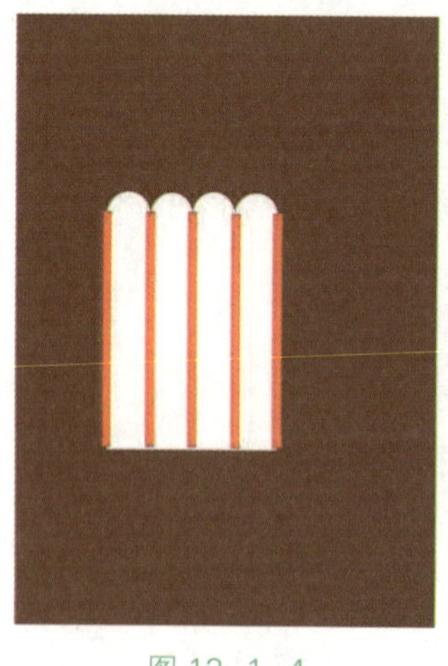

图 13-1-4

图 13-1-5

然后在图层面板中合并除背景层以外的图层，将得到的合并图层重命名为“爆米花一面”，然后按“Ctrl+J”组合键复制一个图层，如图 13-1-6 所示。

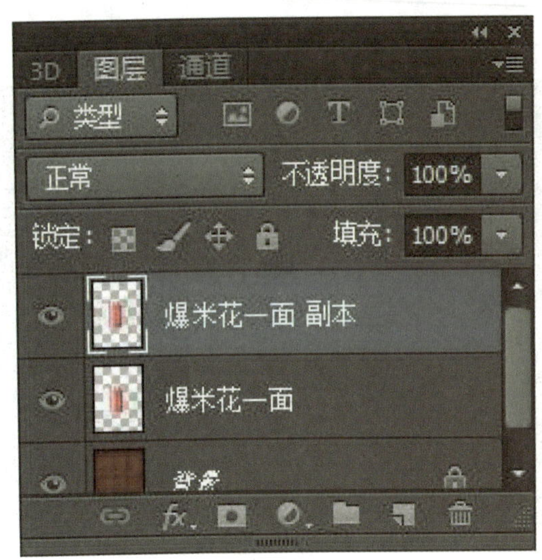

图 13-1-6

隐藏“爆米花一面副本”图层，对“爆米花一面”图层执行“Ctrl+T”命令进行自由变换，再执行“斜切”命令，效果如图 13-1-7 所示。

再用同样的方法，对“爆米花一面副本”图层进行操作，打开“爆米花素材”文件，将爆米花素材放入图中，将“爆米花一面”图层与素材合并为一个图层，效果如图 13-1-8 所示。

图 13-1-7

图 13-1-8

给“爆米花一面”图层添加图层蒙版并使用渐变工具中的“线性渐变”，绘制渐变效果，效果如图 13-1-9 所示。

分别将“爆米花一面”和“爆米花一面副本”图层进行复制并垂直翻转，然后制作倒影效果，效果如图 13-1-10 所示。

图 13-1-9

图 13-1-10

13.2 茶叶盒装设计

PS 工具要点：主要是使用选框工具、自由变换、文字工具等制作立体效果。

设计思路的分析如下。

这是一款茶叶的包装，用绘制的图块、组合成茶叶盒子完成创作。

启动 Adobe Photoshop CS6，按“Ctrl+N”组合键新建一个“茶叶”文件，具体参数设置如图 13-2-1 所示。

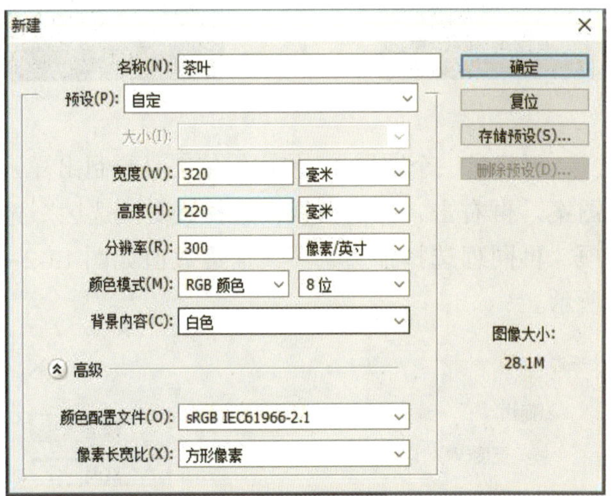

图 13-2-1

设置前景色（R:124、G:0、B:0），按“Alt+Delete”组合键给背景填充前景色，新建一个图层 1，使用矩形选框工具居中绘制一个矩形，并填充浅黄色（R:252、G:234、B:184），再新建一个图层 2，选择单列选框工具画出两条居中线条，再使用单行选框工具绘制出四条水平线，如图 13-2-2 所示。

图 13-2-2

再新建一个图层 3，然后选择工具栏中的文字工具，选择合适的字体写出“毛峰”以及描写茶叶的优美诗句，效果如图 13-2-3 所示。

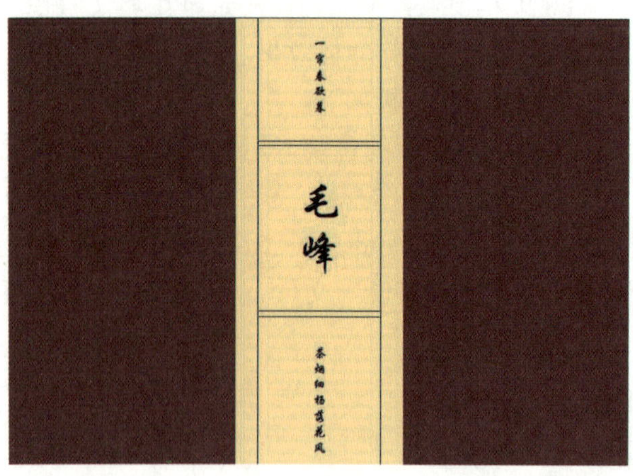

图 13-2-3

再新建一个图层 4，使用钢笔工具绘制出祥云图案，再右击，弹出面板，选择“变换选区”选项，再同理选择描边选项，描边数值如图 13-2-4 所示。

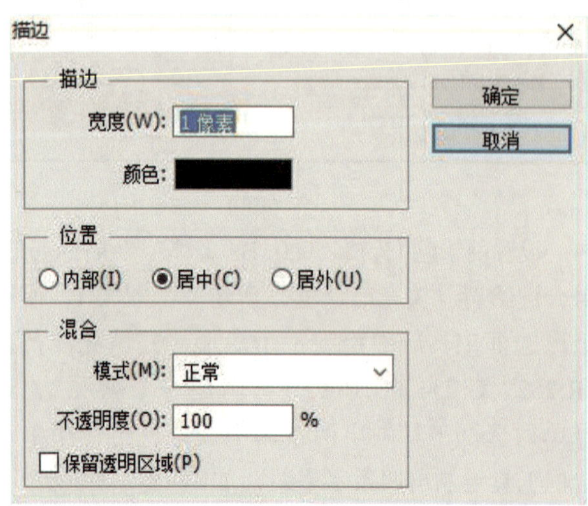

图 13-2-4

效果如图 13-2-5 所示。

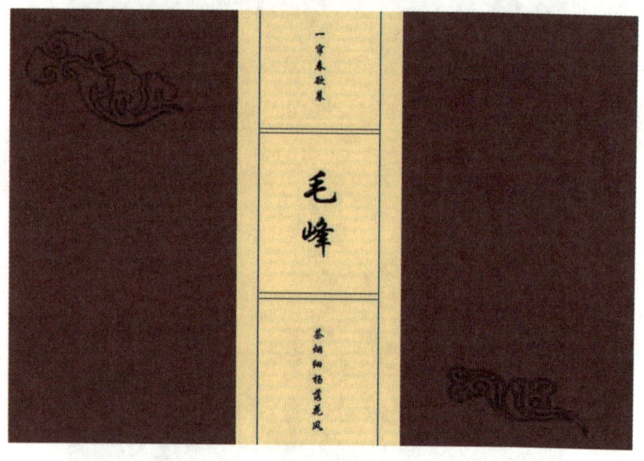

图 13-2-5

按“Ctrl+N”组合键新建一个“茶叶包装”文件，具体参数设置如图 13-2-6 所示。

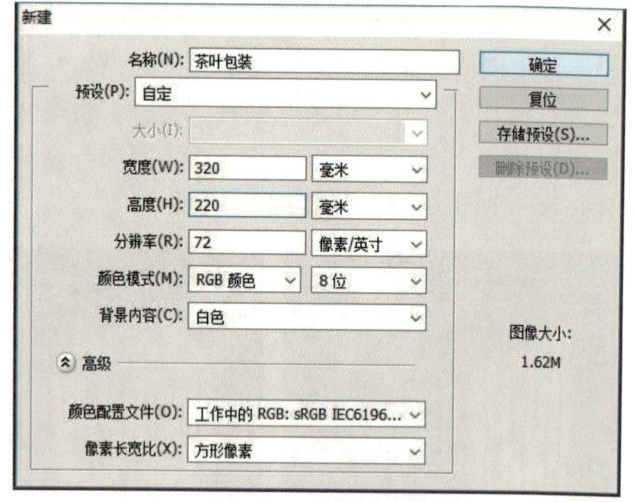

图 13-2-6

新建一个图层 1，设置前景色颜色（R:209、G:217、B:254），按“Alt+Delete”组合键填充前景色，再新建一个图层 2，选择工具栏矩形选框工具绘制一个矩形，再右击，弹出面板，选择“变换选区”选项，再同理选择“斜切”选项绘制出一个矩形，再填充任意颜色，将前面绘制好的茶叶图片拖动到画面中来，再按“Ctrl+T”组合键进行自由变换，再通过“切斜”将“茶叶”图片安放在该矩形中，如图 13-2-7 所示。

再新建一个图层 3，选择工具栏“矩形选框”工具绘制一个矩形，再通过“变换选区”“斜切”选项绘制出一个矩形，再填充颜色（R:184、G:0、B:0），使用同样的方法继续绘制出盒子的上盖造型，并调整颜色的明暗，如图 13-2-8 所示。

图 13-2-7

图 13-2-8

再新建一个图层 4，选择工具栏“矩形选框”工具绘制一个矩形，再通过“变换选区”“斜切”选项绘制出一个矩形，再填充颜色（R:88、G:70、B:18），使用同样的方法继续绘制出盒子的中盖造型，并调整颜色的明暗，如图 13-2-9 所示。

图 13-2-9

再新建一个图层 5，选择工具栏“矩形选框”工具绘制一个矩形，再通过“变换选区”“斜切”选项绘制出一个矩形，再填充颜色（R:118、G:76、B: 8），使用同样的方法继续绘制出盒子的底盘造型，并调整颜色的明暗，如图 13-2-10 所示。

图 13-2-10

继续给盒子调整明暗与投影，最终效果如图 13-2-11 所示。

图 13-2-11

13.3 药品包装盒设计

PS 工具要点：主要是使用选框工具、自由变换、图层蒙版、文字工具等制作立体效果。

设计思路的分析如下。

这是一款药品包装盒，用绘制的图块、组合成药品盒子完成创作。

启动 Adobe Photoshop CS6，按“Ctrl+N”组合键新建一个“药品包装盒”文件，具体参数设置如图 13-3-1 所示。

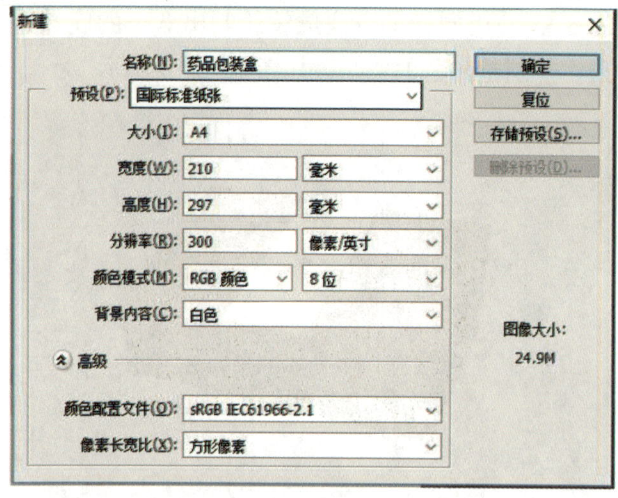

图 13-3-1

给背景填充渐变色，数值如图 13-3-2 所示。

图 13-3-2

新建一个图层 1，使用“矩形选框”工具居中绘制一个矩形，并填充浅灰色（R:182、G:181、B:179），再在该矩形中画一个矩形，填充蓝色（R:95、G:139、B:158），并写上英文“I AM BOX”，并做透视，效果如图 13-2-3 所示。

再新建一个图层 2，然后使用同样方法制作出盒子的另一个面，效果如图 13-3-4 所示。

再新建一个图层 3，使用“矩形选框”工具，填充灰白色（R:219、G:215、B:211），并写上“I AM BOX”，效果如图 13-3-5 所示。

图 13-3-3

图 13-3-4

图 13-3-5

再新建一个图层 4，填充蓝色（R:95、G:139、B:158）在盒子的顶端，并按“Ctrl+T”组合键自由变换斜切，效果如图 13-3-6 所示。

再新建一个图层 5，使用钢笔工具在盒顶的矩形中居中绘制出一个五边形，再按“Ctrl+Enter”组合键建立选区，再填充背景颜色。给盒子的侧面执行“图像→调整→亮度 / 对比度”命令，将亮度降低，再给盒子正面的图层使用同样的方法增加一定的亮度。再给盒子添加投影，效果如图 13-3-7 所示。

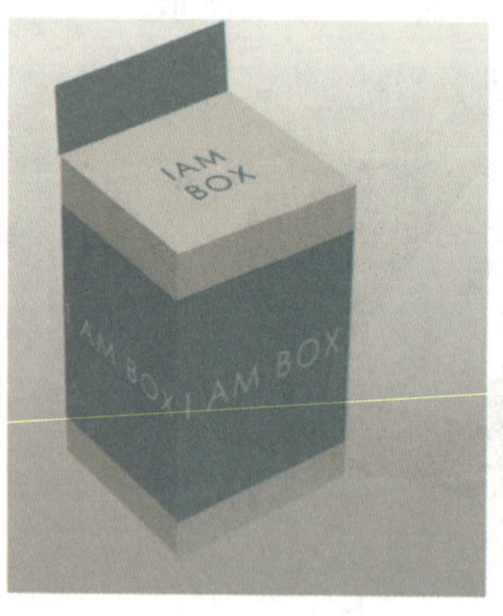

图 13-3-6

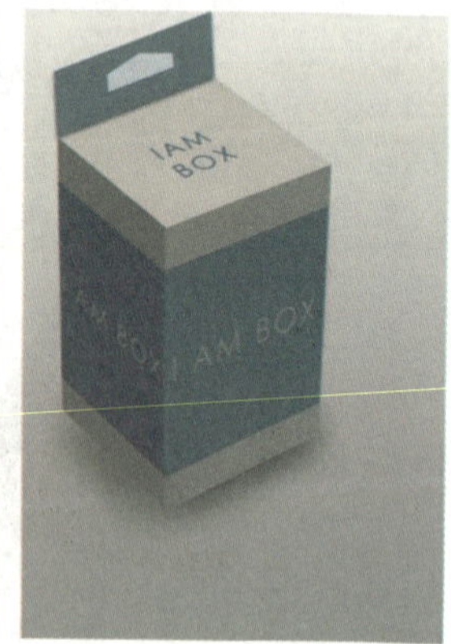

图 13-2-7

第14章 书籍装帧设计

学习目标

通过对本章案例的学习，能够学会使用选框工具、标尺工具、自由变换、图层蒙版、渐变编辑器、文字工具等制作书籍的立体效果图。

知识导图

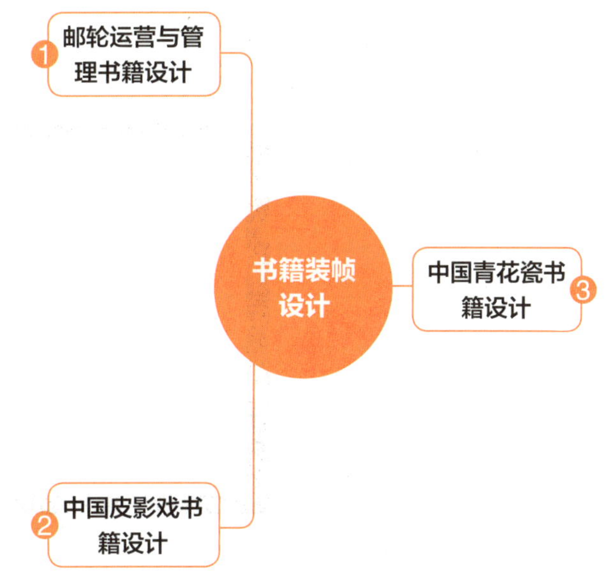

14.1 邮轮运营与管理书籍设计

PS 工具要点：主要是使用选框工具、自由变换、文字工具等完成书籍设计。

设计思路的分析如下。

这是书籍装帧设计，用选框工具、填充工具等完成创作。

启动 Adobe Photoshop CS6，按“Ctrl+N”组合键新建一个“邮轮运营与管理”文件，具体参数设置如图 14-1-1 所示。

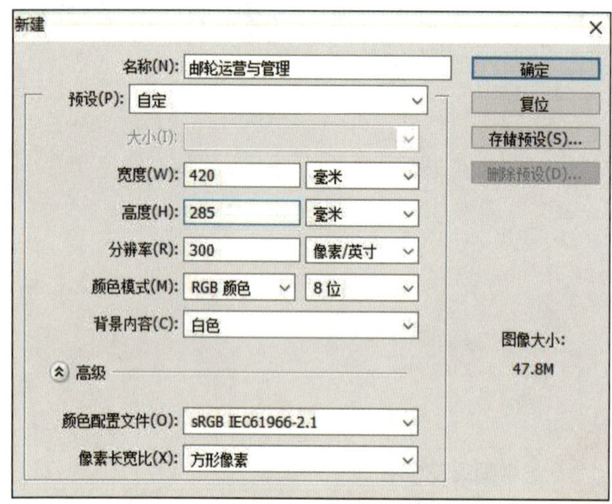

图 14-1-1

按“Ctrl+R”组合键调出标尺工具，在画面中心拉出两条参考线作为书脊的位置，新建一个图层 1 在如图位置绘制两个色块（R：211、G：210、B：209），新建一个图层 2 并插入素材，效果如图 14-1-2 所示。

图 14-1-2

使用横排文字工具在相应位置写上“邮轮运营与管理”，在状态栏选择字体为“隶书”，字体大小为 60 像素，其中“邮轮”两字颜色为红色，其他字体颜色为黑色，使用同样的方法在下方写上“马鞍山师范大学出版社”，字体大小为 24 像素，效果如图 14-1-3 所示。

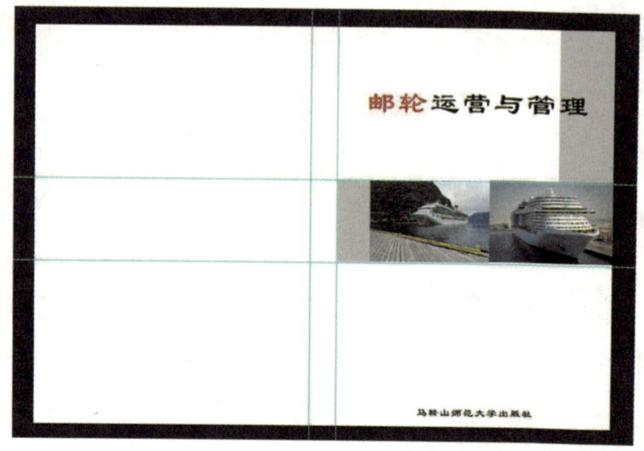

图 14-1-3

再使用同样方法使用文字工具在相应位置写上其他文字，效果如图 14-1-4 所示。

图 14-1-4

新建一个图层 3，在中心参考线位置使用矩形选框工具并填充蓝色（R：52、G：145、B：242），使用直排文字工具写上“邮轮运营与管理”和“马鞍山师范大学出版社”，效果如图 14-1-5 所示。

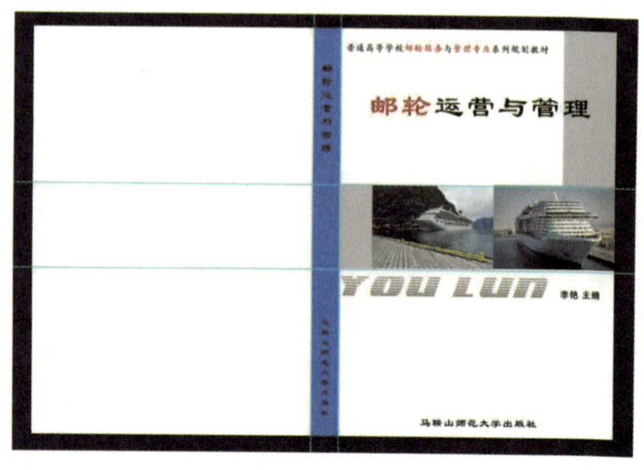

图 14-1-5

然后在封底位置拖入素材，效果如图 14-1-6 所示。

图 14-1-6

最后制作出该书籍的立体效果，如图 14-1-7 所示。

图 14-1-7

14.2 中国皮影戏书籍设计

PS 工具要点：主要是使用选框工具、自由变换、文字工具等制作立体效果。

设计思路的分析如下。

这是一款中国皮影戏书籍装帧设计，用拖移图层、调整颜色等工具完成创作。

启动 Adobe Photoshop CS6，按“Ctrl+N”组合键新建一个“中国皮影戏”文件，具体参数设置如图 14-2-1 所示。

按“Ctrl+R”组合键调出标尺工具，在画面中心拉出两条参考线作为书脊的位置，在如图位置拖入素材，并放在封面底部位置，如图 14-2-2 所示。

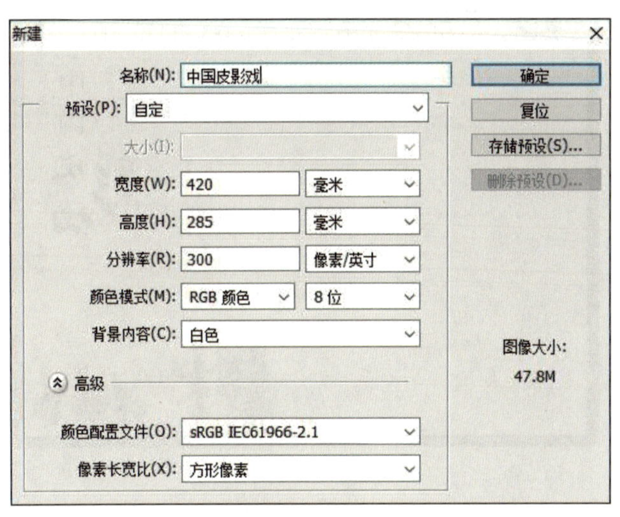

图 14-2-1

图 14-2-2

在工具箱选用直排文字工具，在封面右上角写上“中国皮影戏”，状态栏设置“皮戏”字体样式为“禹卫书法隶书简体”，大小为 100 像素，颜色为黑色；“影”字体样式为“禹卫书法隶书简体”，大小为 150 像素；“中国”字体样式为“宋体”，大小为 68 像素。在“中国皮影戏”的左边使用“直排文字工具”，写上“皮影戏，旧称影子戏、灯影戏，是一种用蜡烛或燃烧的酒精等光源照射兽皮或纸板做成的人物剪影以表演故事的民间戏剧。”设置字体大小为 12 像素，颜色为黑色，使用同样的方法在右边写上“李丽编”，在左侧写上出版社，字体大小为 12 像素，再将素材右边的两个人物截取下来，执行去色命令，再把该图层不透明度改成 40%，效果如图 14-2-3 所示。

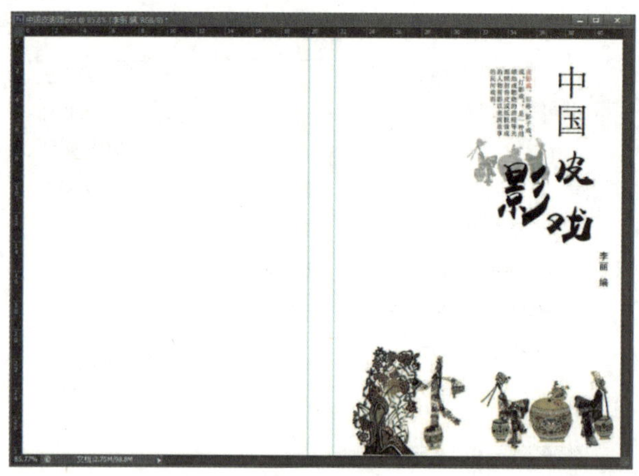

图 14-2-3

再新建图层，在中心参考线位置使用直排文字工具写上“中国皮影戏”和“马鞍山师范大学出版社”，字体和样式大小参考上述操作，效果如图 14-2-4 所示。

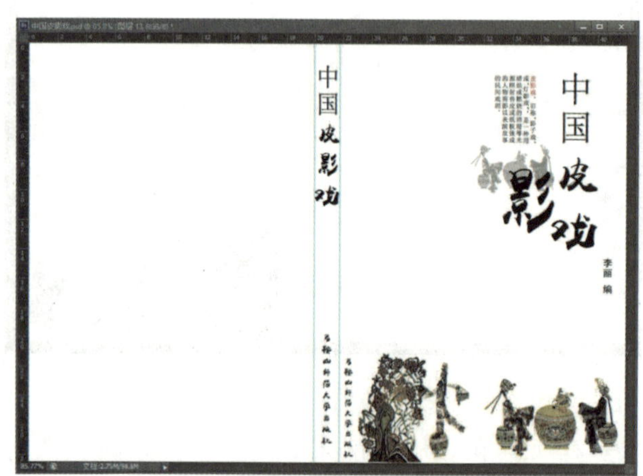

图 14-2-4

在封底中心位置，按“Ctrl+T”组合键，并调整其为合适的大小，然后拖入素材图片（图 14-2-3）放在合适的位置，如图 14-2-5 所示。

图 14-2-5

拖入素材图片（图 14-2-5），调整不透明度为 70%，效果如图 14-2-6 所示。

图 14-2-6

制作该书籍的立体效果如图 14-2-7 所示。

图 14-2-7

14.3 中国青花瓷书籍设计

PS 工具要点：主要是使用选框工具、自由变换、文字工具等制作立体效果。

设计思路的分析如下。

这是一款中国青花瓷书籍装帧设计，运用拖移图层、调整颜色等操作完成创作。

启动 Adobe Photoshop CS6，按“Ctrl+N”组合键新建一个“中国青花瓷”文件，具体参数设置如图 14-3-1 所示。

按“Ctrl+R”组合键调出标尺工具，在画面中心拉出两条参考线作为书脊的位置，再使用矩形选框工具将封面位置选框，为封面的背景图层填充蓝色渐变色，如图 14-3-2 所示。

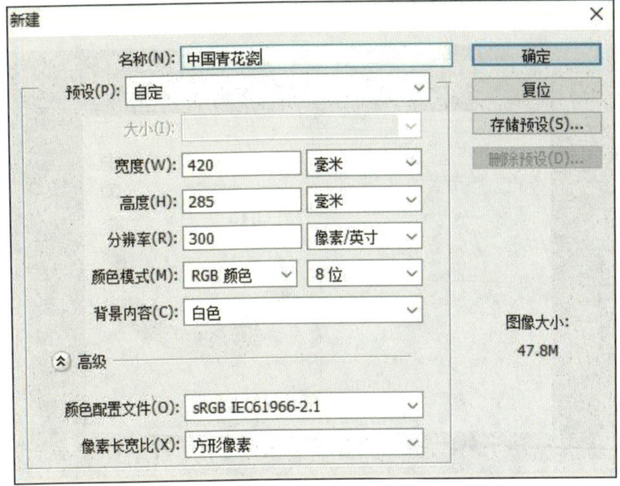

图 14-3-1

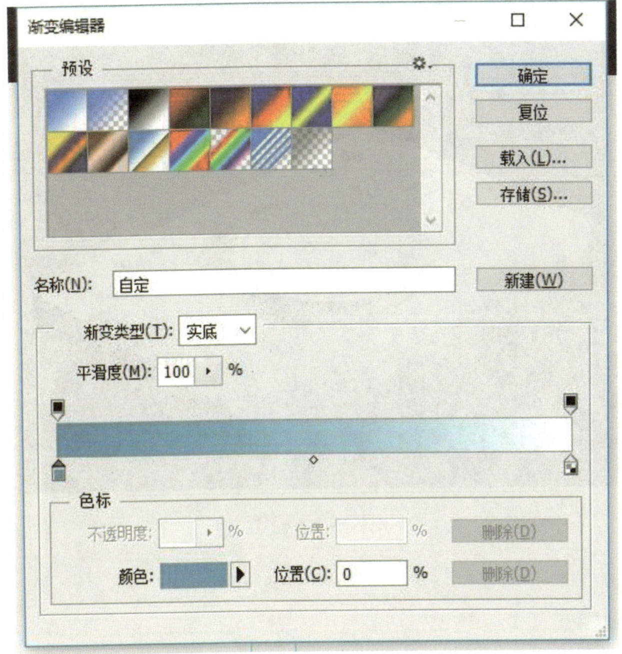

图 14-3-2

具体数值如图 14-3-3 所示。

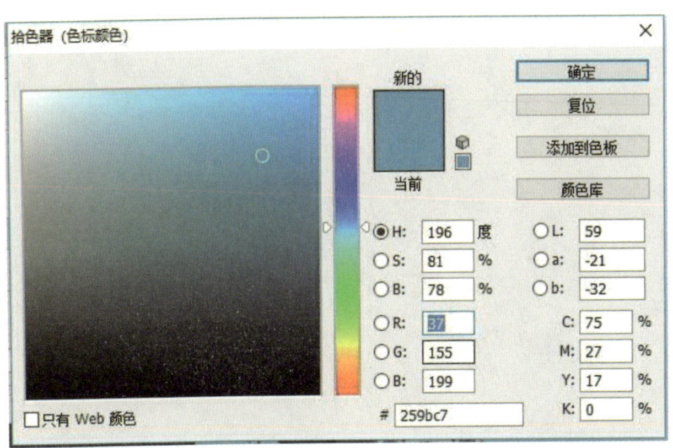

图 14-3-3

填充后效果如图 14-3-4 所示。

图 14-3-4

取消选择，然后将图 14-3-5（a）拖入画面中，按“Ctrl+T”组合键进行自由变换，将瓷瓶素材调整到合适的大小，再使用同样的方法将图 14-3-5（b）拖入画面中，并将瓷瓶素材图层置于水墨素材之上。将左边未填色部分填充渐变样式，色值如图 14-3-2、图 14-3-3 所示进行设置，效果如图 14-3-6 所示。

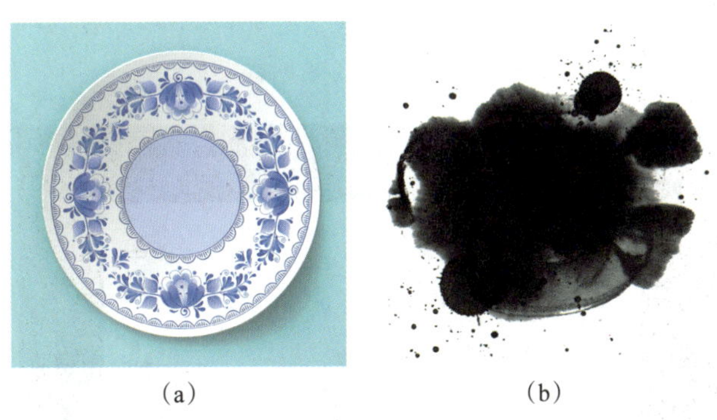

（a）　（b）

图 14-3-5

图 14-3-6

使用直排文字工具在封面右上角写上“中国青花瓷”，其中“中国”字体大小为 70 像素，颜色为黑色，字体样式为“隶书”，而“青花瓷”字体大小为 96 像素，字体样式为“郑板桥行书体”，颜色为红色，效果如图 14-3-7 所示。

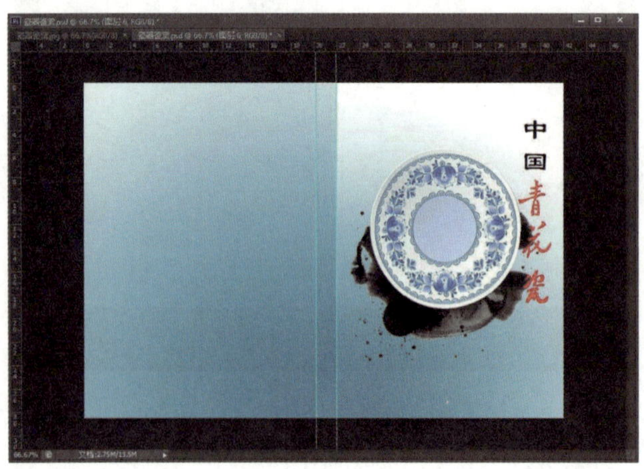

图 14-3-7

使用直排文字工具在书脊位置写上“中国青花瓷”，字体大小为 55 像素，字体样式为“郑板桥行书体”，颜色为蓝色（R：52 G：145 B：242）。下方写上“马鞍山师范大学出版社”，字体大小为 24 像素，字体样式为“宋体”，颜色为黑色，再写上编著作者“李平”，字体样式为隶书，颜色为黑色，效果如图 14-3-8 所示。

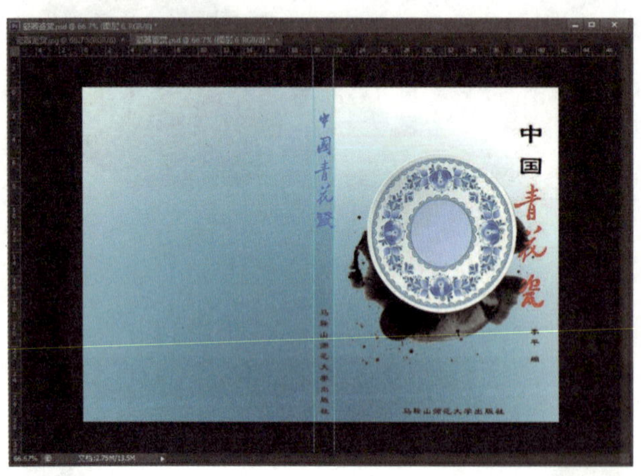

图 14-3-8

再在封底插入条形码素材，中心位置插入素材，效果如图 14-3-9 所示。

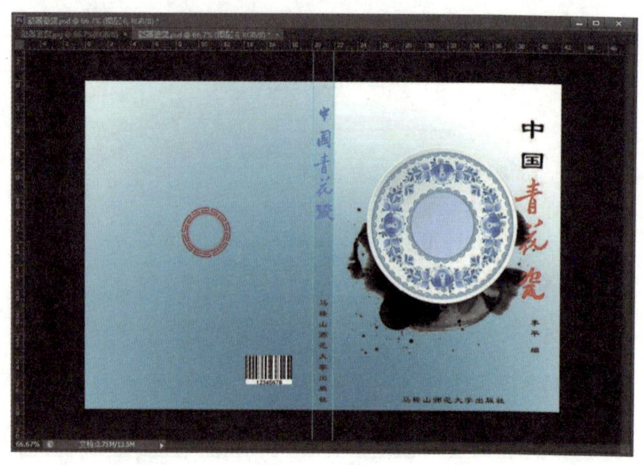

图 14-3-9

制作该书籍的立体效果如图 14-3-10 所示。

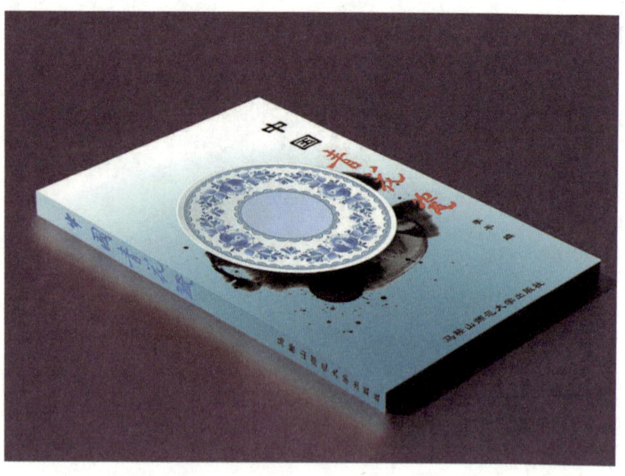

图 14-3-10

附录 Photoshop CS6 快捷键技巧大全

参考文献

[1] 陈志民 . Photoshop CS3 完全自学教程（中文版）[M]. 北京：机械工业出版社，2007.

[2] 许鹏 . Photoshop CS 平面设计师就业实战教程 [M]. 北京：中国青年电子出版社，2005.

[3] 汪可，张明真，闫晶 . Adobe Photoshop CS3 标准培训教材 [M]. 北京：人民邮电出版社，2008.

[4] 李若岩，韩煦 . Photoshop CS 平面设计基础 [M]. 北京：海洋出版社，2006.

[5] 乐江源 . Photoshop CS4 实用案例教程 [M]. 北京：现代教育出版社，2011.

[6] 龙飞 . Photoshop CS5 完全自学手册 [M]. 北京：清华大学出版社，2011.

[7] 力行工作室 . Photoshop CS4 完全自学教程 [M]. 北京：中国水利水电出版社，2009.

[8] 罗二平 . Adobe Photoshop CS4 实训教程 [M]. 北京：兵器工业出版社，2011.

[9] 龙马工作室 . Photoshop CS 经典创意设计 [M]. 北京：人民邮电出版社，2005.

[10] 时代印象 . 中文版 Photoshop CS6 平面设计实例教程 [M]. 北京：人民邮电出版社，2014.